フォトサイエンス 地学図録

新課程

■ はじめに

日本は，四季が豊かで，水に恵まれた国です。一方，世界有数の地震・火山国でもあります。また，日本は，人工衛星や探査機，すばる望遠鏡による観測において，太陽系の小天体から広大な宇宙の果てまで，さまざまな成果をあげています。

このような日本に住んでいる私たちにとって，「地学」は欠かせない学問です。本書では，身近な地学現象を写真や図を用いて解き明かし，地球や地球を取り巻く環境について学びます。

■ 本書の特徴

①図解が充実していて，しくみがわかりやすい。

地学では地震・火山など，現象とそのしくみを理解することが欠かせません。写真だけではしくみがわかりにくい，図だけでは現象をイメージしにくい，そういったものは，本書では写真と図を対比させることで，現象としくみを理解しやすいよう工夫しました。

②身近な話題が満載で楽しい。

新聞やニュースでよく目や耳にする話題や，身のまわりの地形・地学現象を，コラムやズームアップなどで地学的な視点で解説しています。そのため楽しみながら地学を学ぶことができます。

③最新の研究に基づいている。

観測技術などの進展に伴い，地球や宇宙に対する考えは変化し続けています。本書では最新の研究成果や観測結果を豊富に取り入れましたので，最新の研究に基づき学ぶことができます。

■ 表紙写真の解説

❶ 日光白根山と冬の星座 日光白根山は，栃木県と群馬県の県境に位置する標高2578mの活火山である。山頂には溶岩ドームが形成されている。常時観測火山(😊p.66)に指定されており，日々活動のようすが見守られている。山頂の左上の空にはオリオン座，右上にはおうし座が見える(😊p.180)。

❷ 積乱雲と落雷 夜，発達した積乱雲から起こった雷。雷の光に照らされたことで，雲頂が平らに広がった「かなとこ雲」だとわかる(😊p.119)。積乱雲の中では上昇気流が生じており，雲の中の氷の粒がぶつかりあって，その摩擦で電気を帯びる。落雷は，雲と地表の間を電気が流れる現象である。

❸ アンテロープキャニオン アメリカ・アリゾナ州にある砂岩(😊p.76)の渓谷。鉄砲水や風雨による風化，侵食(😊p.68)を受けて独特の造形となった。

❹ 蛇行河川 北海道・釧路湿原で釧路川が蛇行(😊p.70)するようす。カーブの外側では流れが速いために侵食が進み，内側では流れがゆるやかなために堆積が進む(😊p.68)。

❺ 土星 太陽系の中では木星に次いで2番目に大きい惑星(😊p.163)。密度は太陽系の惑星の中で最も小さい。環(リング)は小さな岩石や氷の粒からなる。見かけの等級(😊p.192)が約0等級と明るいため，街中でも観察できる。

❻ 孔雀石(マラカイト) 銅を含む炭酸塩鉱物(😊p.57)。微細な結晶が層状に集合しているようすがしま模様として見えている。鮮やかな緑色をしているため，装飾品や日本画を描く岩絵具として使用されてきた。

❼ アイスランドの噴火 アイスランドのファグラダルスフィヤル火山が2021年に噴火した際のようす。アイスランドは大西洋中央海嶺(😊p.26)が地上に現れている場所であり，火山活動が活発である。

❽ 崩れる氷河 南米大陸南端にあるペリト・モレノ氷河。アンデス山脈に降り積もった雪が押し固められ，ゆっくりと流れ下って湖に崩れ落ちている。近年は地球温暖化の影響によって，世界中で氷河の縮小が進んでいる(😊p.151)。

■映像・アニメーション コンテンツ一覧

本文中にアイコン()が配置されている箇所では，学習事項に関連した映像・アニメーション・Web サイトなどを見ることができます。
各ページ右上の QR コードからアクセスできます。
右記の QR コードまたは下記の URL からアクセスすることもできます。

https://cds.chart.co.jp/books/w5pr2bdkej

※学校や公共の場所では，先生の指示やマナーを守ってスマートフォンなどをご利用ください。
※ Web ページへのアクセスにはネットワーク接続が必要となります。ネットワーク接続に際し発生する通信料はお客様のご負担となります。
※ QR コードは株式会社デンソーウェーブの登録商標です。

第1編　地球の構成と活動

アニメ	地球が球形であると考えた理由	12
映像	P 波の伝わり方	20
映像	S 波の伝わり方	20
映像	曲がった地層　神奈川県・城ヶ島	31
映像	偏光顕微鏡での観察　片岩	34
映像	偏光顕微鏡での観察　片麻岩	34
映像	偏光顕微鏡での観察　ホルンフェルス	34
映像	偏光顕微鏡での観察　大理石	34
映像	味噌汁の対流	36
映像	地震のゆれの広がりかたは？	38
映像	地震とマグニチュード	38
映像	震源・震央の決定の原理	40
映像	緊急地震速報を揺れる前にだせるのは	40
映像	地震のゆれを記録するしくみ	41
映像	地震による被害	44
Web	長周期地震動説明ビデオ（気象庁）	44
映像	液状化現象の実験	45
アニメ	液状化現象のしくみ	45
映像	津波のしくみ・到達時間と大きさ	46
映像	東北地方太平洋沖地震による津波	46
Web	気象庁「津波警報・津波注意報」	46
Web	みんなで翻刻ウェブサイト	49
映像	噴火のしくみは？	50
映像	マグマの発泡のモデル	50
映像	噴火の様子が違うのは？	52
映像	かんらん石	56
映像	輝石	56
映像	角閃石	56
映像	黒雲母	56
映像	磁鉄鉱	56
映像	自然金	57
映像	ざくろ石	57
映像	トパーズ（黄玉）	57
映像	ダイヤモンド	60
映像	ダイヤモンドの燃焼	60
映像	トルマリン	61
映像	サファイア	61
映像	オパール	61
映像	エメラルド	61
映像	偏光顕微鏡での観察　玄武岩	64
映像	偏光顕微鏡での観察　安山岩	64
映像	偏光顕微鏡での観察　デイサイト	64
映像	偏光顕微鏡での観察　流紋岩	64
映像	偏光顕微鏡での観察　かんらん岩	65
映像	偏光顕微鏡での観察　斑れい岩	65
映像	偏光顕微鏡での観察　閃緑岩	65
映像	偏光顕微鏡での観察　花崗岩	65
映像	御嶽山の噴火で発生した火砕流	66
映像	火山災害への対策は？	67
Web	ハザードマップポータルサイト	67

第2編　地球の歴史

映像	生きものからできた石　チャート	77
Web	気象庁 キキクル	79
映像	不整合の形成	80
映像	クロスラミナの形成過程	81
映像	巣穴の化石	81
映像	化石が生きていたのは？	88
映像	虫入り琥珀	88
映像	ティラノサウルスの足跡	88
映像	カンブリア紀の生物たち	98
映像	フズリナ	98
映像	腕足動物	98
映像	リンボク	99
映像	フウインボク	99
映像	ティラノサウルスの歯	100
映像	ベレムナイト	100
映像	トリゴニア	100
映像	イノセラムス	100
映像	アンモナイトの化石	100
映像	ニッポニテス	100
映像	バイエラ	101
映像	カヘイ石	106
映像	ビカリア	106
映像	カルカロドンの歯	106
映像	デスモスチルスの歯	107

第3編　地球の大気と海洋

映像	大気圧でおし上げられる水	113
映像	まわりから受ける圧力？	113
映像	断熱変化の実験	114
アニメ	雲のでき方	114
映像	大気の大循環に伴う雲の分布	122
映像	天気の変化に関係するのは？	124
映像	日本列島を前線が通過すると？	124
映像	前線が通過すると天気は？	124
映像	春の天気は？	128
映像	季節風がふくのは？	129
映像	梅雨の天気は？	130
映像	夏の天気は？	130
映像	秋の天気は？	130
映像	冬の天気は？	131
映像	2013年台風第25号と第26号の赤外画像	132
映像	天気予報のもとになる気象観測	134
映像	潮の満ち引きのようす（香川県土庄町）	143
アニメ	降水量と蒸発量の緯度別分布	146

第5編　宇宙の構造

映像	火星の夕日	161
映像	木星の大赤斑	162
映像	土星	163
映像	日食がおこるのは？	167
映像	皆既日食	167
映像	金環日食	167
映像	月食がおこるのは？	167
映像	ダイモスとフォボス	168
映像	木星の衛星　イオ	168
映像	土星の衛星　タイタン	169
映像	土星の衛星　エンセラダス	169
映像	冥王星と衛星カロン	171
映像	星はどう動いて見える？	178
映像	フーコーの振り子	179
映像	金星の太陽面通過	182
映像	黒点	187
映像	粒状斑	187
映像	プロミネンス	188
映像	X 線で観測した太陽	188
映像	2014 年 10 月に現れた 超巨大黒点群で起きたフレア	190
映像	フレア	190
映像	コロナ質量放出	190
映像	黒点の 11 年周期	191
Web	情報通信研究機構「宇宙天気予報」	191
映像	巨大な星の最期　超新星爆発	198
映像	銀河系の水素分布	202
映像	宇宙の大規模構造	205

○ 本書の構成 ○

本書は写真と図を中心としたビジュアルな構成です。紙面は次のような要素から構成され、幅広く学べるようになっています。

Zoom up
少しレベルの高い内容や、
細かい知識にふれています。

Column
地学に関連した話題を
取りあげました。

Point
注意したいことや、覚えておくと
よいことを整理しました。

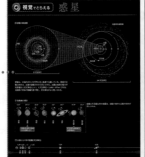

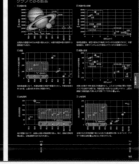

英語
基本的な用語を取りあげ、
英語を示しました。

視覚でとらえる
重要事項を図や写真を用いて
視覚的にまとめました。

特集
特定のテーマを深く掘り下げて
わかりやすく解説しました。

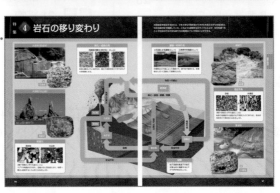

第1編●地球の構成と活動
Ⅰ 地球の形と重力・地磁気
Ⅱ 地球の内部
Ⅲ プレートの運動
Ⅳ 地震と地殻変動
Ⅴ 火山

第2編●地球の歴史
Ⅰ 地表の変化と堆積岩
Ⅱ 地層の観察
Ⅲ 地球環境と生物の変遷
Ⅳ 日本列島の成りたち

第3編●地球の大気と海洋
Ⅰ 大気の構造と運動
Ⅱ 海洋の構造と運動

第4編●地球の環境
Ⅰ 気候変動
Ⅱ 環境と人間

第5編●宇宙の構造
Ⅰ 太陽系の天体
Ⅱ 惑星の運動
Ⅲ 太陽
Ⅳ 恒星の世界
Ⅴ 宇宙と銀河

巻末資料
文献・出典
索引

編ごとにページわきのつめが ⬆
色分けされていますので、
各編を迅速に検索できます。

地球の構成と活動　地球の歴史　地球の大気と海洋　地球の環境　宇宙の構造　巻末資料

🔵 **視覚でとらえる** 日本列島の地形 ———————— 前Ⓐ

グラフを読みとく ————————————————— 8

指数・対数と対数グラフ ——————————————— 11

第1編　地球の構成と活動

第Ⅰ章　地球の形と重力・地磁気

基地 **1　地球の形と大きさ** ———————— 12
　　A. 地球の概形と大きさ　B. 地球だ円体
　　C. 標高の基準　D. 地球の表面

地 **2　重力** ——————————————— 14
　　A. 万有引力と重力　B. 重力異常

地 **3　地磁気** —————————————— 16
　　A. 地磁気　B. 地磁気の分布
　　C. 残留磁気　D. 地磁気の逆転

第Ⅱ章　地球の内部

基地 **4　地球の構造** ——————————— 18
　　A. 地球内部の層構造　B. 地球内部の組成
　　C. 地球内部の性質　D. アイソスタシー

地 **5　地球内部を伝わる地震波・地殻熱流量** —— 20
　　A. 地震波の伝わり方
　　B. 地球内部を伝わる地震波
　　C. モホロビチッチ不連続面　D. 地殻熱流量

特集1 地球内部を探る ———————————— 22

第Ⅲ章　プレートの運動

基地 **6　プレートテクトニクスの成立** ———— 24
　　A. 大陸移動説　B. 海洋底拡大説と古地磁気
　　C. プレートテクトニクスへの発展

基 **7　プレートテクトニクス** ——————— 26
　　A. プレートテクトニクス　B. 地震・火山の分布

基 **8　プレートの境界** —————————— 28
　　A. プレート発散境界　B. プレートすれ違い境界
　　C. プレート収束境界

基地 **9　プレートの運動と地質構造** ————— 30
　　A. 断層の種類　B. 断層にはたらく力　C. 褶曲
　　D. 地殻変動と測量

基地 **10 プレートの運動と変成作用(1)** ——— 32
　　A. 変成作用　B. 温度・圧力の変化と変成作用
　　C. 日本の地質と広域変成作用
　　D. 大陸の成長と広域変成作用

基 **11 プレートの運動と変成作用(2)** ——— 34
　　A. 変成岩の露頭と岩石

基地 **12 プレート運動のしくみとマントル対流** —— 36
　　A. ホットスポット　B. プレート運動のしくみ
　　C. マントル対流

第Ⅳ章　地震と地殻変動

基 **13 地震の発生** ———————————— 38
　　A. 地震発生のしくみ　B. 震度とマグニチュード
　　C. 本震と余震

基地 **14 震源の決定と震源メカニズム** ——— 40
　　A. 震源の決定　B. 押し波・引き波

基 **15 地震の起こる場所** ————————— 42
　　A. プレートの運動と地震
　　B. 日本列島周辺の地震分布　C. 深発地震面
　　D. アスペリティ　E. 日本で起こる地震

基 **16 地震災害(1)** ——————————— 44
　　A. 地震災害の種類　B. 地震動による被害
　　C. 液状化現象

基 **17 地震災害(2)** ——————————— 46
　　A. 津波　B. 日本の地震災害　C. 地震の予測と防災

特集2 古記録と地学 ————————————— 48

第Ⅴ章　火山

基 **18 火山噴火と火山噴出物** ——————— 50
　　A. 火山噴火のしくみ　B. 火山噴出物
　　C. 溶岩流の形状

基 **19 噴火の様式と火山地形** ——————— 52
　　A. 噴火の様式　B. 火山地形

基地 **20 火山とマグマ** —————————— 54
　　A. マグマの発生と変化
　　B. 沈みこみ帯でのマグマの生成

基地 **21 鉱物** —————————————— 56
　　A. おもな造岩鉱物　B. 多形・固溶体
　　C. さまざまな鉱物

基 **22 鉱物の観察** ———————————— 58
　　A. 鉱物の性質　B. 偏光顕微鏡
　　C. 偏光顕微鏡による鉱物の観察

特集3 宝石の科学 ————————————— 60

基 **23 火成岩の分類と産状** ———————— 62
　　A. 火成岩の分類　B. 火成岩の組織と化学組成
　　C. 火成岩の産状

基……地学基礎の内容を含む　　　地……地学の内容を含む　　　基地……地学基礎と地学の内容を含む

| 基 | 24 火成岩の露頭と岩石 | 64 |

A. 火山災害の種類　B. 日本の活火山分布
C. 火山噴火の予測と防災　D. おもな噴火記録と災害

| 基 | 25 火山災害 | 66 |

第2編　地球の歴史

第Ⅰ章　地表の変化と堆積岩

| 基地 | 1 地表の変化(1) | 68 |

A. 地表の変化　B. 風化　C. 土壌

| 基地 | 2 地表の変化(2) | 70 |

A. 河川地形　B. 河川のはたらき
C. 河岸段丘と海岸段丘

| 地 | 3 地表の変化(3) | 72 |

A. 海岸地形　B. 風の作用と地形

| 基地 | 4 地表の変化(4) | 74 |

A. 氷河地形　B. 堆積の場所
C. 混濁流・タービダイト

| 基 | 5 堆積岩 | 76 |

A. 堆積物と堆積岩　B. 続成作用

| 基 | 6 土砂災害 | 78 |

A. 土砂災害の原因　B. 斜面崩壊
C. 地すべり　D. 土石流　E. 土砂災害への対応

第Ⅱ章　地層の観察

| 基地 | 7 地層の形成 | 80 |

A. 地層　B. 整合と不整合
C. 堆積構造と堆積環境

| 地 | 8 地質図(1) | 82 |

A. 地質調査　B. 走向・傾斜の測定
C. 地質調査の方法　D. 地質図の例

| 地 | 9 地質図(2) | 84 |

A. 地質図の作成方法　B. 露頭線のつなぎ方
C. 地質平面図の読み方

| 特集4 | 岩石の移り変わり | 86 |

第Ⅲ章　地球環境と生物の変遷

| 基 | 10 化石 | 88 |

A. 化石のでき方　B. さまざまな化石
C. 示準化石と示相化石　D. 微化石

| 基地 | 11 地層の対比 | 90 |

A. 地質柱状図　B. 地質柱状図と地層の分布
C. 火山灰鍵層による地層の対比
D. 示準化石による地層の対比

| 基地 | 12 地質年代の区分と数値年代 | 92 |

A. 地質年代の区分　B. 数値年代

| 視覚でとらえる | 地球の歴史 | 94 |

| 基 | 13 先カンブリア時代 | 96 |

A. 原始大気・原始海洋の形成　B. 最古の岩石
C. 大気の進化と縞状鉄鉱層
D. 真核生物の誕生　E. 全球凍結
F. エディアカラ生物群

| 基 | 14 古生代 | 98 |

A. 生物の陸上進出

| 基 | 15 中生代 | 100 |

A. アンモナイトの進化　B. 中生代の温暖化

| 特集5 | 恐竜はどんな生物か? | 102 |

| 基地 | 16 大量絶滅と進化 | 104 |

A. 絶滅と進化の関係　B. 古生代末の大量絶滅
C. 中生代末の大量絶滅　D. 大空への進出

| 基 | 17 新生代(1) | 106 |

A. 哺乳類の繁栄　B. 人類の進化

| 基地 | 18 新生代(2) | 108 |

A. 氷期と間氷期　B. 海進と海退

第Ⅳ章　日本列島の成りたち

| 地 | 19 日本列島の生いたち | 109 |

A. 日本列島形成の歴史

| 地 | 20 日本列島の地体構造 | 110 |

A. 日本列島の地体構造
B. 日本列島の地質断面と付加体

📖 Column　コラム　タイトル一覧

場所によって変わる重力の大きさ	15	霊長類化石「イーダ」	107	日本の自然トップ3	157
地球内部の組成推定	18	360万年前の足跡	107	ウラン鉱石	158
身近な石材	35	大気は高度何kmまであるか?	112	メタンハイドレート	159
福徳岡ノ場海底火山の2021年8月噴火	51	熱くない熱圏	113	水素(燃料電池)	159
ミマツダイアグラム	53	なぜ雲凝結核が必要か?	115	月・惑星探査	169
成長を続ける西之島	55	「大気の状態が不安定」とは?	117	スペースガード	172
破局噴火と巨大カルデラ火山	67	逆転層	121	小惑星探査機「はやぶさ2」とリュウグウ	173
地下における水の振る舞い	68	南岸低気圧と春一番	129	太陽が描く8の字	177
地すべり・斜面崩壊とスキー場	79	爆弾低気圧	131	天動説と地動説	178
生きている化石	88	IPCC	150	ヨハネス・ケプラー	183
水月湖の年稿	93	気候変動問題の解決に向けた取り組み	151	天体カタログ	205

第3編　地球の大気と海洋

第Ⅰ章　大気の構造と運動

基 **1 大気の構造** ······················· 112
　　A. 大気の組成　B. 大気の層構造　C. 大気圧

基地 **2 雲の形成と降水のしくみ** ··········· 114
　　A. 大気中の水蒸気　B. 雲の形成　C. 降水のしくみ

地 **3 大気の安定性** ····················· 116
　　A. 大気の安定性　B. フェーン現象

特集6 **いろいろな雲** ····················· 118

基 **4 地球全体の熱収支** ················· 120
　　A. 太陽放射と地球放射
　　B. 地球全体のエネルギー収支　C. 温室効果

基地 **5 大気の大循環** ····················· 122
　　A. 熱収支の不均衡と熱輸送　B. 大気の大循環
　　C. 大気の大規模な流れ

基地 **6 温帯低気圧と偏西風波動** ··········· 124
　　A. 前線　B. 温帯低気圧　C. 偏西風波動

地 **7 高層天気図と上空の風** ············· 126
　　A. 高層天気図　B. 上空の風

基 **8 日本の天気(1)** ····················· 128
　　A. 気団　B. 春の天気

基地 **9 日本の天気(2)** ····················· 130
　　A. 梅雨・夏・秋の天気　B. 冬の天気

基 **10 熱帯低気圧** ······················· 132
　　A. 熱帯低気圧　B. 台風

地 **11 日本の気象観測網** ················· 134

基 **12 気象災害** ························· 136
　　A. 台風　B. 集中豪雨　C. 竜巻　D. 雪による災害

第Ⅱ章　海洋の構造と運動

基地 **13 海洋の構造** ····················· 138
　　A. 海水の組成　B. 海洋の層構造

基地 **14 海水の運動** ····················· 139
　　A. エクマン吹送流と地衡流

基地 **15 海洋の大循環** ··················· 140
　　A. 海洋表層の水平循環
　　B. 北太平洋と日本付近の海流
　　C. 海洋の鉛直循環

地 **16 波と潮汐** ························· 142
　　A. 波の性質　B. 海洋に生じる波
　　C. 潮汐　D. 潮流

視覚でとらえる **大気と海洋** ··············· 144

基地 **17 地球上の水の循環** ··············· 146

第4編　地球の環境

第Ⅰ章　気候変動

基地 **1 気候変動** ······················· 147
　　A. 気候変動の要因

基地 **2 気候の自然変動** ················· 148
　　A. エルニーニョとラニーニャ
　　B. 北大西洋振動と北極振動

第Ⅱ章　環境と人間

基 **3 地球環境問題(1)** ··················· 150
　　A. 温暖化する地球　B. 気候変動の予測
　　C. 地球温暖化の影響

基 **4 地球環境問題(2)** ··················· 152
　　A. オゾン層の破壊　B. 森林破壊　C. 砂漠化

基 **5 地球環境問題(3)** ··················· 154
　　A. 黄砂　B. 大気汚染　C. 酸性雨

基 **6 人間をとりまく自然** ··············· 156
　　A. 地球システム　B. 自然の恵み

基 **7 鉱物資源・エネルギー資源** ········· 158
　　A. 地球資源　B. 鉱物資源と鉱床
　　C. 化石燃料　D. 再生可能エネルギー

第5編　宇宙の構造

第Ⅰ章　太陽系の天体

基 **1 惑星⑴** ……………………………… 160
　　A. 水星　B. 金星　C. 火星

基 **2 惑星⑵** ……………………………… 162
　　A. 木星　B. 土星　C. 天王星　D. 海王星

○ 視覚でとらえる　**惑星** ……………………… 164

基 **3 月** ………………………………… 166
　　A. 月　B. 月の誕生と内部構造　C. 日食・月食

基 **4 衛星** ……………………………… 168
　　A. 火星の衛星　B. 木星の衛星
　　C. 土星の衛星　D. その他の衛星

基 **5 太陽系の小天体** …………………… 170
　　A. 小惑星　B. 太陽系外縁天体　C. 彗星　D. 流星

基 **6 隕石と系外惑星** …………………… 172
　　A. 隕石　B. 系外惑星

基 **7 太陽系の誕生** ……………………… 174
　　A. 太陽系の誕生　B. 惑星の形成と内部構造
　　C. 地球の進化

第Ⅱ章　惑星の運動

地 **8 天球座標と暦** ……………………… 176
　　A. 天球座標　B. 暦　C. 時刻

地 **9 地球の自転** ……………………… 178
　　A. 天体の日周運動　B. フーコーの振り子
　　C. 歳差運動

地 **10 地球の公転** ……………………… 180
　　A. 太陽の年周運動　B. 地球の公転

地 **11 惑星の運動** ……………………… 182
　　A. 惑星の視運動　B. 会合周期　C. ケプラーの法則

特集7 **天体観測の基礎** ………………… 184

第Ⅲ章　太陽

基 **12 太陽の構造⑴** …………………… 186
　　A. 太陽の構造　B. 太陽のエネルギー源
　　C. 太陽の表面　D. 太陽の自転

基 地 **13 太陽の構造⑵** ………………… 188
　　A. 太陽の外層　B. 太陽のスペクトル

基 地 **14 太陽の活動** …………………… 190
　　A. フレア　B. 太陽風　C. 太陽の周期活動
　　D. 太陽の活動と地球への影響

第Ⅳ章　恒星の世界

基 地 **15 恒星の性質** …………………… 192
　　A. 見かけの等級　B. 絶対等級
　　C. 恒星までの距離　D. 恒星の色とスペクトル型

地 **16 HR図** …………………………… 194
　　A.HR図　B. 恒星の諸量

基 地 **17 星の一生⑴** …………………… 196
　　A. 星の一生　B. 星間雲　C. 星の誕生

地 **18 星の一生⑵** ……………………… 198
　　A. 惑星状星雲　B. 重い星の最期

地 **19 星団と連星・変光星** ……………… 200
　　A. 星団　B. 連星　C. 脈動変光星

第Ⅴ章　宇宙と銀河

基 地 **20 銀河系と銀河** ………………… 202
　　A. 銀河系　B. 銀河の分類　C. 活動銀河

基 **21 宇宙の構造** ……………………… 204
　　A. 銀河群　B. 銀河団　C. 宇宙の大規模構造

基 地 **22 宇宙観の発展** ………………… 206
　　A. 宇宙の膨張　B. 宇宙の進化

特集8 **宇宙の観測** ……………………… 208

巻末資料

1 気象庁震度階級関連解説表（抜粋） ……… 210
2 おもな鉱物の分類 ……………………… 211
3 大気の諸量 ……………………………… 212
4 飽和水蒸気圧 …………………………… 212
5 気象庁が発表する注意報・警報 ………… 213
6 天気図の記号 …………………………… 213
7 台風の名称 ……………………………… 214
8 地学学習のための基礎知識 …………… 215

Zoom up　ズームアップ　タイトル一覧

地磁気の成因と時間変化	17	深層崩壊	78	ニュートリノ	186
地球内部の熱源	21	千葉セクション	93	CNOサイクル	186
断層にはたらく力	30	日本海の拡大	111	太陽の周期活動の原因	191
地震波トモグラフィー	37	偏西風波動のモデル実験	125	標準光源法	192
緊急地震速報	40	温度風	127	ブラックホール	199
震源メカニズム解	41	ミランコビッチサイクル	147	腕が巻きつかない理由	202
内陸活断層で発生する地震	46	インド洋ダイポールモード現象	149	ダークマター	204
プレート境界で発生する地震	47	将来予測を可能にする気候モデル	151	ダークエネルギー	206
カルデラ	53	フィードバックとシステムの安定性	156		
柱状節理形成のしくみ	63	ボーデの法則	183		

グラフを読みとく

表・グラフを使う

表やグラフを用いることでデータをわかりやすく表すことができる。下の例のように，文章より表で示したほうが山の高さを比較しやすい。さらに，グラフを用いるとその違いを視覚的に比較できる。

文 章

アジアで最も高いエベレストは8848m，ヨーロッパで最も高いモンブランは4810m，アフリカで最も高いキリマンジャロは5892m，北米で最も高いデナリは6194m，南米で最も高いアコンカグアは6959mである。

表

■世界の各地域の高山 　　　　（♪ p.13）

地域	山の名称	高さ(m)
アジア	エベレスト	8848
ヨーロッパ	モンブラン	4810
アフリカ	キリマンジャロ	5892
北米	デナリ(マッキンリー)	6194
南米	アコンカグア	6959

グラフ

■世界の各地域の高山

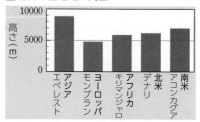

グラフの種類と読みとれること

1 棒グラフ　量や大きさが横軸(例：月，年)によってどのように異なるかを示すときに，棒グラフが用いられる。

■月別黄砂観測日数(1991～2020年の平均)　（♪ p.154）

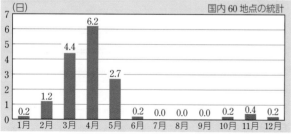

黄砂が観測される日数は，2月ごろに増加し始め，3～5月の春季にピークとなっている。

■世界の降水量の変化　（♪ p.151）

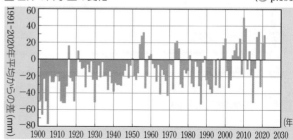

平均からの差が正(＋)の場合は緑で，負(－)の場合は橙で示されている。1950年代，2000年代半ば以降に降水量の多い時期がある。

2 折れ線グラフ　横軸(例：時間)とともにデータがどのように変化しているのかを示すときに，折れ線グラフが用いられる。増加しているのか，減少しているのか，一定なのか，不規則に変動しているのかなどを読みとることができる。棒グラフや折れ線グラフでは，縦軸と横軸には関連があると期待されている量(変数)がとられる。

■世界の年平均気温偏差　（♪ p.150）

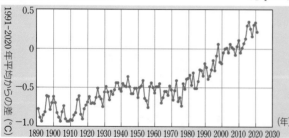

時間(年)の経過とともに平均気温が上下動をくり返しながら，全体としては上昇している。

■地質年代と生物の多様性(科の数)の推移　（♪ p.104）

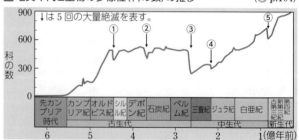

時間とともに科の数は増加しているものの，科の数が急激に減少する時期が5回あったことが読みとれる。

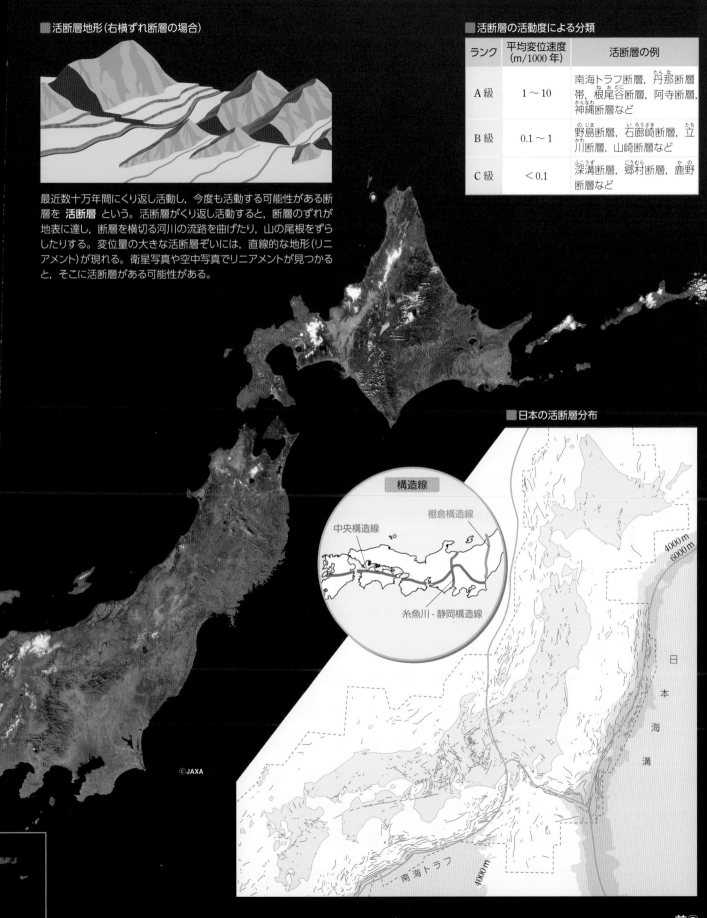

■ 活断層地形 (右横ずれ断層の場合)

■ 活断層の活動度による分類

ランク	平均変位速度 (m/1000 年)	活断層の例
A 級	1 ～ 10	南海トラフ断層，丹那断層帯，根尾谷断層，阿寺断層，神縄断層など
B 級	0.1 ～ 1	野島断層，石廊崎断層，立川断層，山崎断層など
C 級	< 0.1	深溝断層，郷村断層，鹿野断層など

最近数十万年間にくり返し活動し，今度も活動する可能性がある断層を **活断層** という。活断層がくり返し活動すると，断層のずれが地表に達し，断層を横切る河川の流路を曲げたり，山の尾根をずらしたりする。変位量の大きな活断層ぞいには，直線的な地形 (リニアメント) が現れる。衛星写真や空中写真でリニアメントが見つかると，そこに活断層がある可能性がある。

ⓒJAXA

構造線

中央構造線

棚倉構造線

糸魚川 - 静岡構造線

■ 日本の活断層分布

4000 m
6000 m

日本海溝

南海トラフ

4000 m

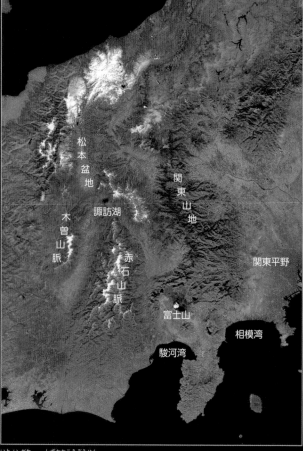

■ 中部地方の地形

松本盆地
関東山地
諏訪湖
木曽山脈
赤石山脈
関東平野
富士山
相模湾
駿河湾

■ 北海道の地形

屈斜路湖
洞爺湖
日高山脈

Isozaki et al.(2010)より作成

神居古潭帯
空知帯
日高帯
常呂帯
根室帯
北部北上渡島帯

糸魚川 － 静岡構造線（● p.110）は，新潟県の糸魚川から，松本盆地，諏訪湖付近を通り，赤石山脈の東側を通って，駿河湾へ抜けるように走っている。また諏訪湖付近では，糸魚川 － 静岡構造線と中央構造線が交わっていると考えられており，山脈や盆地が入り組んだ複雑な地形が形成されている。

北海道の火山は，北東から南西方向に，プレート境界と平行に並んでおり，有珠山そばにある洞爺湖やアトサヌプリの近くにある屈斜路湖などのカルデラ湖を確認できる。洞爺湖と屈斜路湖の中央にある陸地（緑色の部分）は火山で，中央火口丘という。

一方，性質の異なる地質帯（● p.110）の境界はおおむね南北方向に走っている。神居古潭帯と日高帯の境界は，日高山脈として衛星写真から見いだすことができる。

■ 中央構造線ぞいの地形

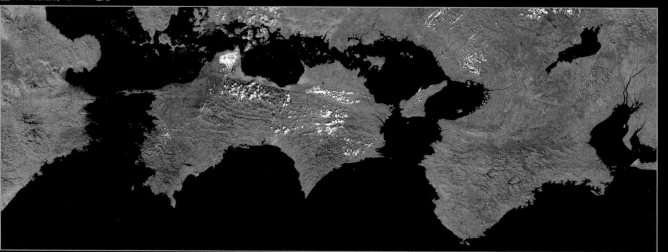

九州から四国，紀伊半島にかけては，中央構造線が発達しているようすが明瞭に認識できる。

©JAXA

前 ©

3 円グラフ・帯グラフ

全体に対する各要素の割合を示すときには，円グラフや帯グラフが用いられる。複数のデータについて割合を比較する場合は，円グラフより帯グラフを用いたほうが比較しやすい。

■ 地表付近の大気の組成　（🎵 p.112）

オ素 O_2 21%　アルゴン Ar 0.93%
窒素 N_2 78%
（体積比）

窒素 N_2 78%	酸素 O_2 21%

（体積比）　アルゴン Ar 0.93%

その他：
二酸化炭素 CO_2 …0.04%
ネオン　　Ne …1.8×10^{-3}%
一酸化炭素 CO …1.2×10^{-5}%　など

左の円グラフと右の帯グラフは同じデータを示したグラフである。大気のおもな成分が窒素であることや，二酸化炭素が空気中にほとんど含まれないことがわかる。

■ 地球内部の組成（質量%）　（🎵 p.18）

地殻	O 45.6	Si 26.7	Al 8.4 Ca 5.8 Fe 6.1		Na 2.2 K 1.1 その他 0.7	
			Mg 3.4			
マントル	O 44.8	Si 21.5	Mg 22.8 Fe 5.8		その他 0.6	
		Al 2.2 Ca 2.3				
核	Si 7.4	Fe 79.4		S 2.3 その他 1.9		
	O 4.1	Ni 4.9				

地殻とマントルの組成は似ているが，核は組成が大きく異なることがわかる。

---

4 分布図

データの分布を視覚的に示すときに，分布図が用いられる。

■ 乾燥地域の世界分布　（🎵 p.153）

乾燥の程度
高（砂漠）
低

現在の砂漠の周囲に，砂漠化の危険性の高い地域が広がっていることがわかる。

■ 海面水温の分布（年平均）　（🎵 p.139）

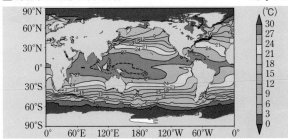

赤道付近に温かい海水が分布していることがわかる。太平洋と大西洋の亜熱帯から中緯度（緯度 20°〜 40°付近）では，東側より西側のほうが海水温が高い。

---

5 複数の縦軸があるグラフ

単位が異なる 2 つの量を，1 つのグラフで重ねて示すことがある。この場合，左右それぞれに縦軸を設定することなどによって，共通の横軸（例：時間）に対してどのような変化をしているかを示す。

■ 顕生累代の酸素と二酸化炭素の変化

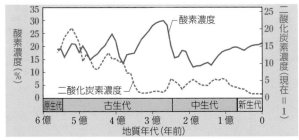

2 つの折れ線グラフを重ねて示した例である。3.59 億年前に始まった石炭紀で，二酸化炭素濃度が減少した一方で酸素濃度が増加している。

■ 東京の雨温図

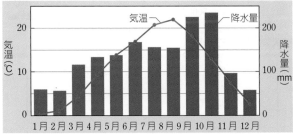

折れ線グラフと棒グラフを 1 つのグラフで示した例である。気温は 1 月に最低，8 月に最高となっている。1 月から 10 月にかけて降水量が増加傾向にあること，6 月ではなく 9 〜 10 月に降水量のピークがあることが読みとれる。

グラフを読む

右のグラフは，地震の回数を表したものである。
このグラフを例に，グラフを読むポイントを整理して
みよう。

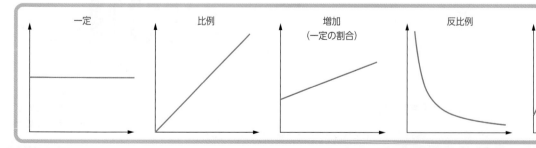

1 ── 地震の回数（2011年東北地方太平洋沖地震）

2 ──

本震の発生

5日ごとの地震の数（回）

前震

3

本震の発生日を基準とした時間（日）

1 グラフのタイトルを確認する。

 はじめに，タイトルを見て何を表したグラフなのか確認しましょう。

このグラフには，「地震の回数（2011年東北地方太平洋沖地震）」というタイトルがついています。

2011年東北地方太平洋沖地震のときに発生した地震の回数を表したグラフであることがわかります。

2 縦軸と横軸のタイトル・単位・目盛りを確認する。

 軸のタイトルから縦軸と横軸には何が示されているのか，その単位や目盛りの範囲（グラフに示された範囲）を確認しましょう。

横軸には，「本震の発生日を基準とした時間」が示されています。単位は日で，本震が発生した日を0日とし，本震が発生した100日前から1000日後までが示されています。

 縦軸には，「5日ごとの地震の数」が示されています。単位は回で，0～5000回までが示されています。

3 グラフの大まかな傾向をとらえる。

 右にいくほど増加するのか，増減をくり返すのか，大まかな特徴をとらえましょう。
大きな変化がある箇所や，傾向が変化している箇所にも注目しましょう。

5日ごとの地震の数は，0日に急激に増加し，その後は時間（日）とともに減少する傾向がみられます。

4 グラフ中の説明やグラフの説明文に書かれた箇所に注目する。

 注目してほしい箇所には，グラフ中に補足説明があったり，グラフの外に説明文があったりします。それらの箇所に注目してグラフを見てみましょう。

 前震と示された位置を見ると，それまでは100回程度であった5日ごとの地震の数が，500回程度に増えています。

 本震の発生と示されている位置は，横軸の0日です。そこで地震の数が急激に増えています。

■代表的なグラフの形

| 一定 | 比例 | 増加（一定の割合） | 反比例 | 増減をくり返しながら増加 |

指数・対数と対数グラフ

指　数

a を n 個かけたものを a の n 乗といい，a^n とかく。n を a^n の指数という。10^n については，例えば次のようになる。

$$10^1 = 10, \ 10^2 = 10 \times 10 = 100$$
$$10^0 = 1$$
$$10^{-1} = \frac{1}{10} = 0.1, \ 10^{-2} = \frac{1}{10 \times 10} = 0.01$$

a が n 個
$$\overbrace{a \times a \times \cdots\cdots \times a}^{} = a^n$$

対　数

$a > 0$，$a \neq 1$ のとき $y = a^x$ となる x を $x = \log_a y$ と表し，x を a を底とする y の対数という。$\log_{10}y$ については，例えば次のようになる。

$y = a^x \Leftrightarrow x = \log_a y$

$$\log_{10}10 = \log_{10}10^1 = 1, \ \log_{10}100 = \log_{10}10^2 = 2$$
$$\log_{10}1 = \log_{10}10^0 = 0$$
$$\log_{10}0.1 = \log_{10}10^{-1} = -1, \ \log_{10}0.01 = \log_{10}10^{-2} = -2$$

10 を底とする対数 $\log_{10}y$ を常用対数という。
地学で用いられる対数は，ほとんどが常用対数である。

■指数関数 $y = 10^x$ のグラフ

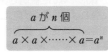

指数関数は，すぐに大きく（小さく）なる。

■指数関数 $y = 10^x$ のグラフ（縦軸に対数を用いた場合）

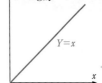

$y = 10^x \ \Leftrightarrow \ x = \log_{10}y$
$\log_{10}y = Y$ とおくと
$Y = x$ となる。

対数を用いると，指数関数が直線で表せる。

対数グラフ

数桁もの変化がある値をグラフに表す場合，軸に対数を用いた対数グラフがよく用いられる。

例えば，惑星の質量を比較する場合，一般的なグラフ（線形グラフ[※1]）では，木星の質量が非常に大きいため，地球型惑星（水星・金星・地球・火星）の 4 点が 0 に近い位置になり，比較することは難しい。地球型惑星の質量の違いがわかるようにグラフをかくと木星や土星はグラフ用紙に収まらない。

こうした場合に，対数グラフを用いると，値の小さな水星から大きな木星までを表すことができ，全体の傾向をとらえやすくなる。

※1 一般的に使用されるグラフや目盛りは，線形グラフや線形目盛りとよばれる。

■惑星の質量

線形グラフ

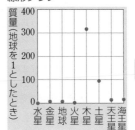

対数グラフ（片対数グラフ）

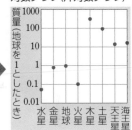

●対数目盛り

線形目盛りでは x が等間隔になるが，対数目盛りでは $\log_{10}x$ が等間隔になる。例えば右の図のように，線形目盛りであれば 1 目盛り（一定間隔）進むごとに 10 増加するが，対数目盛りでは 1 目盛り（一定間隔）進むごとに 10 倍になる。

対数目盛りでは，主目盛りの間隔は均等で，$1(=10^0)$，$10(=10^1)$，$100(=10^2)$，$1000(=10^3)$ となっている。補助目盛りは不均等で，2，3，4，…とその間の値を示している。また，対数目盛りには 0 が存在しない。

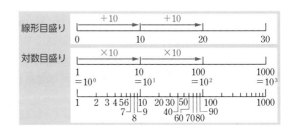

●片対数グラフ

縦軸と横軸のうち，片方に対数目盛りを用いたグラフが片対数グラフである。

右図は，縦軸に対数目盛りを用いた片対数グラフである。

例：p.112　上層大気の分子・原子の密度分布
　　p.188　太陽の大気と厚さと温度
　　p.194　HR 図の右軸

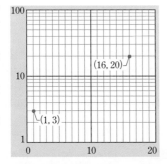

●両対数グラフ

縦軸と横軸の両軸に対数目盛りを用いたグラフが両対数グラフである。

例：p.71　粒径と流速の関係
　　p.120　放射スペクトルと地球大気による吸収率

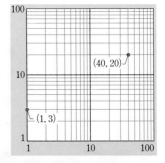

基地 1 地球の形と大きさ

基 A 地球の概形と大きさ

古代ギリシャにおいても，アリストテレスなど，地球の形は丸いと考えている人々がいた。

■月食

皆既月食は，満月が地球の影の中に入ることで起こる（ p.167）。日周運動を追尾して撮影した月食の写真を並べると，星空の中に地球の影が浮かび，その中で月が赤くなっているのがわかる。

■地球が球形でないと説明できない現象

高い所に登ればより遠くが見え，陸地に近づく船からは，崖の上の灯台が浜より先に見えてくる。また，北極星の高度は，観測地点の緯度にほぼ等しく，南に行くほど低くなる。

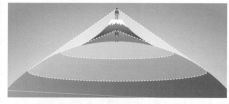

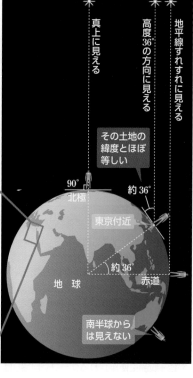

■エラトステネスが考えた地球の大きさの求め方

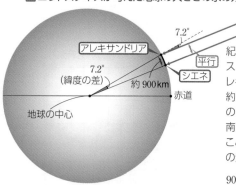

紀元前220年ごろ，エラトステネスは，エジプトのアレキサンドリアとその南方約900kmのシエネ（現在のアスワン）では，太陽の南中高度に7.2°の差があることから，次のように地球の全周の長さを計算した。

$$900\text{km} \times \frac{360°}{7.2°} = 45000\text{km}$$

■アレキサンドリアとシエネ

基 B 地球だ円体

だ円を対称軸のまわりに回転したときにできる立体を回転だ円体という。地球は南北方向につぶれた偏平な回転だ円体である。実際の地球の大きさや形に近似させた回転だ円体を，**地球だ円体**という。

$$偏平率 = \frac{赤道半径 - 極半径}{赤道半径}$$
$$= \frac{a-b}{a}$$
$$= \frac{1}{298}$$

■緯度差1°の経線弧の長さ（GRS80だ円体での値）

緯度	緯度差1°の経線弧の長さ(km)
90°	111.69
60°	111.41
30°	110.85
0°	110.57

緯度とは，その地点の天頂方向と赤道面のなす角度である。緯度差1°に対する経線弧の長さは，だ円の弧の曲がりの度合いがゆるやかである高緯度ほど長くなる。

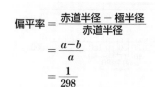

■おもな地球だ円体　日本の国土地理院では，GRS80だ円体を基準として地図を作成している。

だ円体	ベッセル (1841)	改訂クラーク (1880)	クラソフスキー (1940)	サウスアメリカ1969 (1969)	GRS80※ (1979)
赤道半径(km)	6377.397155	6378.249145	6378.245	6378.160	6378.137
偏平率	$\frac{1}{299.152813}$	$\frac{1}{293.4663}$	$\frac{1}{298.3}$	$\frac{1}{298.25}$	$\frac{1}{298.257222101}$
使用している国		アフリカ各国	ロシア	南米各国	日本，アメリカ，ヨーロッパ各国

※ Geodetic Reference System 1980：測地基準系 1980

地 C 標高の基準

海の水面の高さは変わらないものとして，陸地に海水を引き入れて地球全体を海水でおおったときにできる曲面を，**ジオイド** という。山の高さなど各地点の高さは，このジオイド面からの高さで表されている。

■ ジオイド
p.31（GNSS測量）

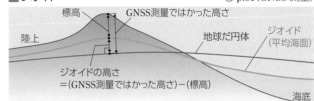

地下で起こっているダイナミックな変動のために，地球の密度分布は不均一である。このために，ジオイドは完全な回転だ円体ではなく，局所的な起伏をもっている。例えば高い山があると，山の質量によって山に向かって引力がはたらき，山の下のジオイド面は高くなる。地球だ円体の面とジオイドとのずれを **ジオイドの高さ** とよぶ。

■ 日本のジオイドの高さ
(EGM2008)

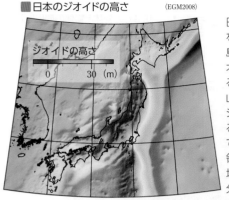

日本周辺のジオイドの分布を見ると，東日本，紀伊半島，伊豆・小笠原諸島にジオイドの高い領域が存在する。特に東北地方では，火山フロント（p.55）付近でジオイドが盛り上がっていることが確認できる。一方で海に目を向けると，他の領域よりジオイドの低い領域が，海溝にそって帯状に分布していることがわかる。

■ 世界のジオイドの高さ

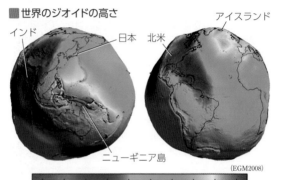

(EGM2008)

地球のジオイドはでこぼこしていることがわかる。インド周辺と北米東方沖の2つの領域でへこみが大きく，ニューギニア島周辺とアイスランド周辺で盛り上がっている。このような大局的なパターンは，地下で発生している大規模なマントル対流（p.37）と関係し，上昇流のある所で盛り上がり，下降流のある所でへこむと考えられている。

■ 地球に関する諸量（GRS80だ円体）

赤道半径	6378.137 km
極半径	6356.752 km
赤道全周	40075.02 km
子午線全周	40007.86 km
表面積	5.10066×10^8 km²
陸の表面積	1.47244×10^8 km²(28.9%)
海の表面積	3.62822×10^8 km²(71.1%)
質量	5.972×10^{24} kg
体積	1.083207×10^{12} km³
平均密度	5.51 g/cm³

基 D 地球の表面

地球表面の高さ・深さの分布をヒストグラムにすると2つのピークが現れる。一方，同じ地球型惑星（p.175）である金星と火星の地形の高度分布には，ピークは1つしか見られない。

■ 世界の各地域の高山

地域	山の名称	高さ(m)
アジア	エベレスト	8848
ヨーロッパ	モンブラン	4810
アフリカ	キリマンジャロ	5892
北米	デナリ（マッキンリー）	6194
南米	アコンカグア	6959

■ 世界のおもな海溝

海溝の名称	最大の深さ(m)
マリアナ海溝（p.29）	10920
トンガ海溝	10800
フィリピン海溝	10057
ケルマデック海溝	10047
伊豆・小笠原海溝	9780

■ 金星と火星の表面
■ 地形の高低

	最高高度(km)	最低高度(km)	高低差(km)
金星	13	−2	15
火星	26	−5	31

■ 地形の高度分布

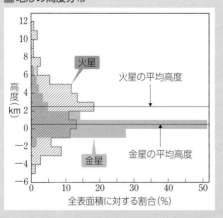

全表面積に対する割合(%)

■ 地球表面の高さ・深さの分布

ヒストグラムの上のピークは陸地の平野に，下のピークは深海に広がる平らな深海平原に対応する。これは，大陸地殻と海洋地殻という2種類の地殻が存在する地球の特徴であり，プレートテクトニクス（p.26）がはたらいていることの現れである。

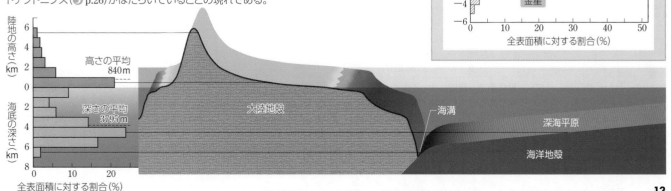

全表面積に対する割合(%)

地 2 重力

地 A 万有引力と重力

すべての物体と物体の間には万有引力が作用して，互いに引きあう。
地球上の物体にはたらく重力は，地球との間にはたらく万有引力と，地球の自転による遠心力との合力である。

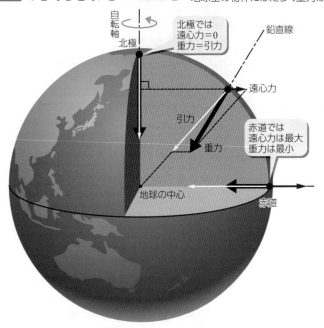

（図中のラベル）
自転軸
北極では遠心力＝0 重力＝引力
北極
鉛直線
遠心力
引力
重力
赤道では遠心力は最大 重力は最小
地球の中心
赤道

■ 万有引力

すべての2つの物体の間には，互いに引きあう力がはたらいている。この力を **万有引力** または単に **引力** という。

万有引力の大きさ $f = G\dfrac{Mm}{r^2}$ 〔N〕

$G = 6.67430 \times 10^{-11}$ m³/(kg·s²)：万有引力定数
$M,\ m$〔kg〕：2つの物体の質量
r〔m〕：2つの物体の間の距離

■ 遠心力

地球は自転しており，地上の物体も地球の自転とともに回転しているから，物体には自転軸から遠ざかる向きに **遠心力** がはたらいている。遠心力の大きさは，自転軸からの距離に比例して大きくなる。

遠心力の大きさ $F = mR\omega^2$ 〔N〕

m〔kg〕：地上の物体の質量
R〔m〕：自転軸から地上の物体までの距離
ω〔rad/s〕：地球が1秒間に回転する角度（角速度）

■ 重力

引力と遠心力の合力を **重力** という。物体が落下しているとき，落下するにつれて物体の速度はしだいに大きくなる。物体が重力だけを受けて落下するとき，物体の速度が1秒間に変化する量を **重力加速度** という。重力の大きさは，一般にこの加速度の大きさで表現される。場所によって物体にはたらく重力が異なるので，重力加速度も異なる。

重力の大きさ $W = mg$〔N〕

m〔kg〕：地上の物体の質量
g〔m/s²〕：重力加速度の大きさ

補足 角度の表し方

rad は「ラジアン」と読み，角度を表す単位である。
1 rad ≒ 57.3° で
π rad ＝ 180°
2π rad ＝ 360°
となる。

π rad＝180°　　2π rad＝360°

■ 緯度による重力の違い

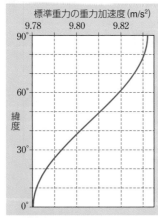

標準重力の重力加速度 (m/s²)

緯度	標準重力の重力加速度の大きさ (m/s²)
90°	9.83218637
80°	9.83061588
70°	9.82609620
60°	9.81917838
50°	9.81070357
40°	9.80169830
30°	9.79324870
20°	9.78636954
10°	9.78188384
0°	9.78032677

重力は，引力と遠心力のベクトル和なので，緯度によって重力の大きさは変わる。地球の形は，回転だ円体である地球だ円体で表現される。現在では，地球だ円体として，GRS80だ円体が広く用いられている（🔵 p.12）。この地球だ円体上の物体にはたらく重力を計算したものが **標準重力** もしくは **正規重力** とよばれる。極では赤道より0.5％ほど標準重力が大きい。

■ 緯度による万有引力と遠心力の違い

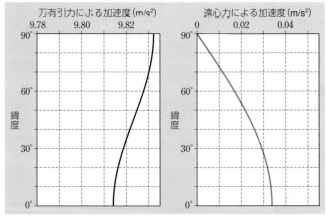

万有引力による加速度 (m/s²)　　　遠心力による加速度 (m/s²)

地球は，極半径が赤道半径より短い回転だ円体であるから，地上の物体にはたらく引力は，地球の中心に近い両極で大きく，赤道で小さい。これにより，極のほうが0.2％ほど引力が大きくなる。一方，物体にはたらく遠心力は両極で0，赤道付近では0.03m/s²程度となる。この2つの効果が足し合わされることによって，標準重力の緯度変化が決まる。遠心力は引力よりはるかに小さいため，重力は引力にほぼ等しい。

場所によって変わる重力の大きさ

■緯度や高度によって変わる体重

体重計は，人の体に作用する重力の大きさを測定している。重力は高緯度ほど大きいので，緯度の異なる場所で体重を測定すると，高緯度ほど重くなる。赤道と極で正規重力を使って体重を比較すると，赤道（緯度0°）ではかった体重より極（緯度90°）での体重は0.5%重くなる。例えば，体重計の表示が赤道で60.0kgの人は，極では表示が60.3kgとなる。

また，同じ場所であれば重力は上空ほど小さい。地表で測った体重よりも，高度約3.2kmでの体重のほうが0.1%軽くなる。

■陸上競技の記録

緯度による重力の違いは，陸上競技の記録にも現れる。例えば走り幅跳びでは，踏切の角度が30°の場合，赤道で8.00mの記録が，極では約7.96mとなって4cmほど短くなる。

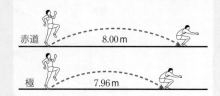

■月面上の重力

月の質量は地球の約0.012倍，半径は約0.27倍であるため，月での重力は地球の0.17倍（約$\frac{1}{6}$倍）になる。月面で宇宙飛行士が飛ぶように歩くのは，月面での重力が小さいからである。

地 B 重力異常

実際の重力の測定値は，測定場所の高さ，地形や地下の構造などの影響により，標準重力からずれてしまう。このずれを **重力異常** とよぶ。重力の実測値をジオイド面上の値に変換することを **重力補正** という。

■フリーエア補正

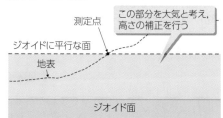

重力は，万有引力の大きさにほぼ等しい。万有引力の大きさは，地球の中心からの距離によって変化する。すなわち，地球の中心から離れるほど（標高が高いほど）重力は小さくなる。この効果を取り除いて，ジオイド面における重力値に変換することを **フリーエア補正** という。

■地形補正

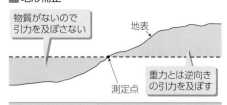

実際の地表はジオイド面と平行ではなく，でこぼこしている。測定点より上にある物質は引力を及ぼし，測定点よりへこんでいる部分は引力を及ぼさない。このような地形による効果を測定値から取り除き，ジオイド面と平行な地形における重力値に変換することを **地形補正** という。

■ブーゲー補正

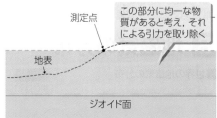

測定点とジオイド面の間には物質が存在し，引力を及ぼす。この物質の密度を，平均的な地殻の密度と仮定して，測定値から取り除くことを **ブーゲー補正** という。重力の実測値を，フリーエア補正・地形補正・ブーゲー補正した値と，標準重力との差を **ブーゲー異常** とよぶ。

■地球内部の構造とブーゲー異常との関連

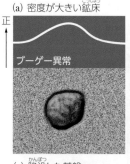

(a) 密度が大きい鉱床
(b) 背斜構造

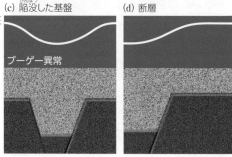

(c) 陥没した基盤
(d) 断層

ブーゲー異常は，地下の構造を反映している。地下に密度の大きな鉱床が存在する場合や，褶曲によって，深部にあった密度の大きな層が持ち上げられている背斜構造の場合は，正のブーゲー異常が見られる。また，断層運動によって深部の地層が鉛直方向にずれている場合もブーゲー異常に表れる。

日本のブーゲー異常の分布を見てみると，密度の小さな大陸地殻からなる日本列島では負の値をもつ傾向があり，密度の大きな海洋地殻からなる太平洋プレートやフィリピン海プレートでは正の値をもつ傾向がある。九州・パラオ海嶺が沈みこんでいると考えられる九州の日向灘沖では，大きな負の重力異常が観測されている。

■日本周辺のブーゲー異常

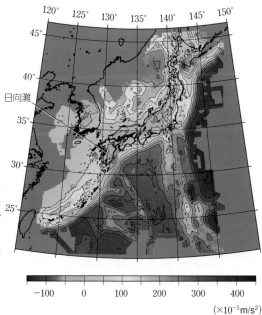

正規重力（標準重力）：normal gravity　　重力異常：gravity anomaly　　ブーゲー異常：Bouguer anomaly

3 地磁気

A 地磁気

方位磁石がほぼ北をさすのは，地球が磁場をもち，その方向に方位磁石がそろうからである。地球の磁場を **地磁気** といい，その大部分は地球内部でつくられる。地磁気は太陽活動の影響を受けることもある（**磁気嵐**，♪ p.190）。

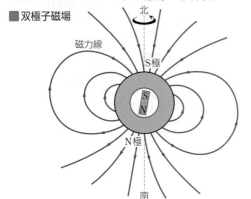

■ 双極子磁場

地磁気は，地球の中心に置いた仮想的な棒磁石を，自転軸から約 10° 傾けたときにできる磁場で近似的に表現できる。地磁気のように，棒磁石がつくる磁場と磁力線の形が同じになる磁場を **双極子磁場** という。

■ 地磁気の 5 つの要素

地磁気は，向きと強さ（大きさ）をもつ。地磁気の強さを **全磁力** といい，水平方向の成分の強さを **水平分力**，鉛直方向の成分の強さを **鉛直分力** とよぶ。また，水平方向の成分が真北方向となす角度を **偏角**，地磁気の向きと水平面のなす角度を **伏角** という。全磁力・水平分力・鉛直分力・偏角・伏角の 5 つのうちの 3 つによって，その場所の地磁気を定めることができる。この 3 つを **地磁気の三要素** といい，全磁力・偏角・伏角の 3 つを用いることが多い。2020 年の東京都庁におけるそれぞれの値は，全磁力がおよそ 46700 nT，偏角が − 7° 37′（西に 7° 37′），伏角が 49° 38′（下向きに 49° 38′）である。

B 地磁気の分布

地球は大きく見ると 1 つの磁石に例えられるが，場所によって地磁気の成分は変化に富んでいる。

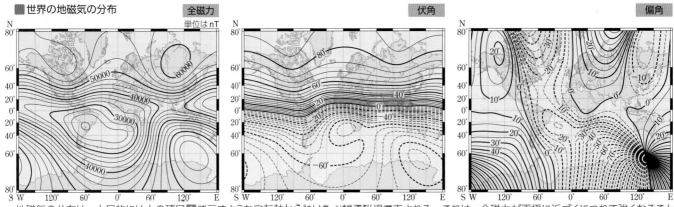

■ 世界の地磁気の分布 ［全磁力］単位は nT ［伏角］ ［偏角］

地磁気の分布は，大局的には上の項目 A で示すような自転軸から傾いた双極子磁場で表される。これは，全磁力が両極に近づくにつれて強くなること，また，伏角が赤道付近でほとんど 0°（水平）であり，極に向かうに従って大きくなるが，全磁力の極大地点が自転軸からは外れることからわかる。さらに，双極子磁場のみでは表されない磁場がシベリア，南アメリカ大陸から大西洋南部の地域，およびオーストラリア南部において見られる。なお，偏角の等値線が集中している点が見られるが，ここでは水平分力が 0 となり，偏角が定義できない。

（国際標準地球磁場（IGRF），2020 年による）

■ 日本周辺の地磁気の分布

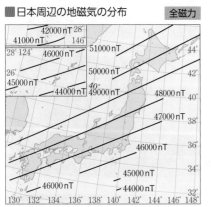 ［全磁力］

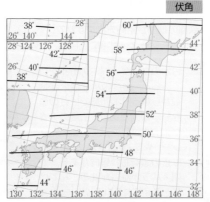 ［伏角］

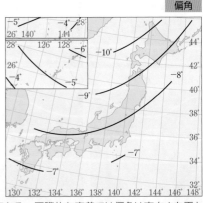 ［偏角］

日本周辺の地磁気は，全磁力がおよそ 41000 ～ 51000 nT，伏角は 38°〜 60°，偏角は西向きに 4°〜 10° である。国際的な定義では偏角は東向きを正とするため，これに合わせて上図では日本付近の偏角を負としている。

（国土地理院，2020 年による）

Zoom up　地磁気の成因と時間変化

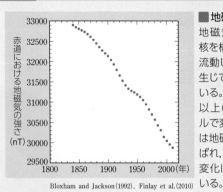

■ **地磁気の永年変化**
地磁気の大部分は、外核を構成する液体の鉄が流動し、電磁石となって生じていると考えられている。この磁場は、数年以上の長い時間スケールで変化する。この変化は地磁気の永年変化とよばれ、外核内部の流れの変化によると考えられている。

Bloxham and Jackson(1992), Finlay et al.(2010)

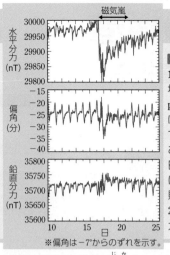

■ **地磁気の短期変動**
1年より短い時間スケールの磁場変動は、地球の電離層（●p.113）や太陽風（●p.190）の影響によって生じる。代表的な例として、地磁気の日変化と磁気嵐があげられる。図は2015年3月10日から25日までの柿岡（茨城県）における地磁気変化であり、規則的な日変化に加え、17日から21日には、磁気嵐による水平分力の急激な減少がみられる。

※偏角は-7°からのずれを示す。

地 C　残留磁気
岩石が磁性鉱物を含む場合、岩石の生成時にその地点の地磁気の方向に磁化することがある。こうして得られた磁気はその後も保持され、**残留磁気** とよばれる。残留磁気により地磁気の歴史を調べる学問を **古地磁気学** という。

■ **熱残留磁気**
熱残留磁気は、強磁性鉱物を含む高温の岩石が冷却することにより岩石が獲得する磁気である。

マグマなどが冷却し火成岩ができる。／キュリー点より低い温度になるとそのときの地磁気の方向に磁化される。／冷却当時の磁気が保持される。

■ **堆積残留磁気**
堆積残留磁気は、磁性をもった鉱物が堆積し、堆積岩となる際に地磁気の方向にそろうことによって獲得される磁気である。

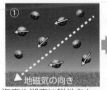

海底や湖底に磁性をもった鉱物が堆積する。／徐々に地磁気の方向に向きながら堆積岩となる。／地磁気の方向が変わっても堆積時の磁性を保つ。

■ **磁鉄鉱（Fe₃O₄ ●p.57）の熱磁化曲線**

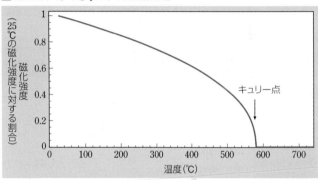

強磁性体は加熱によりある温度に達すると、磁性を失う。この温度を発見者のピエール・キュリーにちなみ、**キュリー点** という。一方、磁場中で強磁性体を冷却すると、キュリー点以下の温度では磁化を獲得する。図は、代表的な磁性鉱物である磁鉄鉱の温度と獲得できる磁化の関係（熱磁化曲線）を示す。磁性鉱物は磁鉄鉱のほかにも数多く存在し、それらの集合体としての岩石全体では一般に、上図より複雑な熱磁化曲線になる。地球では内部にいくほど高温になるため、地殻の岩石のみが磁化しうる。しかし、地殻の磁化による磁場はたかだか数百nTである。数万nTに達する地磁気の原因は、核が電磁石であると考えると説明できる。

地 D　地磁気の逆転
地球の磁場の磁極は不規則に逆転をくり返している。

Jump　千葉セクション→ p.93

■ **地磁気逆転のイメージ**

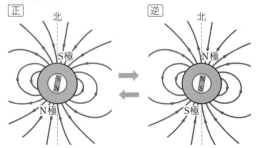

過去の地磁気を調べると、不規則に逆転をくり返してきたことがわかってきた。現在の磁極の向き（北極付近がS極）を正の向きとすると、中生代以降、数十回にわたって「正」と「逆」をくり返している。

■ **地磁気逆転の歴史**

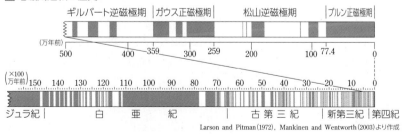

Larson and Pitman(1972), Mankinen and Wentworth(2003)より作成

古地磁気学的な研究により、過去1億5000万年前までの地磁気逆転の歴史が明らかになっている。平均的には地磁気は約30万年に一度の頻度で逆転してきたが、逆転と逆転の間隔はさまざまである。例えば、最も新しい逆転は77万4000年前であり、すでに平均より2倍以上長い時間が経過している。また、白亜紀の中ごろには3000万年以上にわたって地磁気が逆転しなかった時期があり、これは「白亜紀スーパークロン」とよばれる。

基地 4 地球の構造

基 A 地球内部の層構造

地球内部は，構成物質や地震波の伝わり方の違いなどから **地殻**，**マントル**，**外核**，**内核** に分けられる。マントルがとけてできたマグマが上昇・固化して地殻をつくり，金属は中心部に沈んで核を形成し，地球が冷えるに従って内核が成長している。大まかには，重力と冷却により層構造が形成されたといえる。

■ 地殻の構造

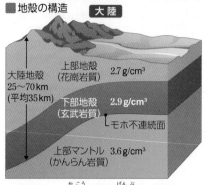
大 陸

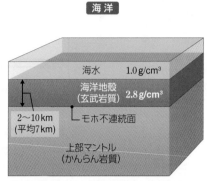
海 洋

大陸地殻は，花崗岩質や玄武岩質岩石を含む多様な岩石からなり，ヒマラヤ山脈やアンデス山脈では厚さが 60 km をこえる。海洋地殻は，平均 7 km の厚さで，比較的均質な玄武岩質岩石からなる。地殻の底は地震波速度の不連続面（モホ不連続面）で上部マントルと接する。

■ 地球内部の層構造

PREM (Preliminary Reference Earth Model, Dziewonski and Anderson, 1981) などによる

層構造			おもな構成物質	密度 (g/cm³)	地震波速度(km/s) P波	地震波速度(km/s) S波	質量比 (%)	体積比 (%)
大陸地殻	厚さ 25～70 km	上部	花崗岩質岩石	2.7	6.0	3.5	0.5	0.9
		下部	玄武岩質岩石	2.9	7.0	4.0		
海洋地殻	厚さ 2～10 km		玄武岩質岩石	2.8	6.5	3.8		
上部マントル	深さ 660 km		かんらん岩質岩石	3.6	8.9	4.9	67.0	約83
下部マントル	深さ 2900 km			4.9	12.3	6.7		
外核	深さ 5100 km		液体金属	10.9	9.1	0.0	32.5	16.3
内核			固体金属	12.9	11.1	3.6		

上部マントルのかんらん岩質岩石はおもにかんらん石からなるが，深くなるにつれて鉱物の結晶構造が変わる（深さ 410～660 km のマントル遷移層）。深さ 660 km では主要鉱物がブリッジマナイトという鉱物に変化して，急に密度と地震波速度が増加し，マントル遷移層をはさんで上部マントルと下部マントルを分ける不連続面が観測される（マントル遷移層を上部マントルに含めることもある）。

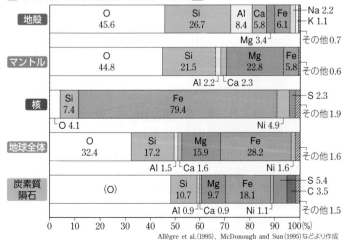

地殻
上部マントル
下部マントル
外核
モホ不連続面
マントル遷移層 深さ 410～660 km
核-マントル境界（グーテンベルク不連続面）深さ 2900 km
内核-外核境界（レーマン不連続面）深さ 5100 km

基 B 地球内部の組成

地球は大まかに，おもに鉄からなる金属の核を，岩石質のマントルが包みこむような構造をしている。

■ 地球内部と炭素質隕石の組成（質量%）地

地殻: O 45.6, Si 26.7, Al 8.4, Ca 5.8, Fe 6.1, Na 2.2, K 1.1, Mg 3.4, その他 0.7

マントル: O 44.8, Si 21.5, Mg 22.8, Fe 5.8, Al 2.2, Ca 2.3, その他 0.6

核: Si 7.4, Fe 79.4, O 4.1, Ni 4.9, S 2.3, その他 1.9

地球全体: O 32.4, Si 17.2, Mg 15.9, Fe 28.2, Al 1.5, Ca 1.6, Ni 1.6, その他 1.6

炭素質隕石: (O), Si 10.7, Mg 9.7, Fe 18.1, Al 0.9, Ca 0.9, Ni 1.1, S 5.4, C 3.5, その他 1.5

Allègre et al. (1995)，McDonough and Sun (1995) などより作成

Column 地球内部の組成推定

これまでに掘削した最大の深さは，ロシアのコラ半島における 12262 m である。より深部の岩石やその組成の情報は，プレート運動や造山運動に伴って地表に露出する地殻や最上部マントルの岩石，地下深部から噴出するマグマや地下深部の捕獲岩（ダイヤモンドを含むものもある）などから得られる。これにより，地下約 200 km 程度までは直接的な推定が可能である。一方，太陽の大気組成と炭素質隕石の組成（左の最下図）が類似することから，地球も同様の材料物質からなると考えられている。ただし，揮発性元素は地球誕生時に一部失われてしまうため，難揮発性元素どうしの比を基準にして全地球の組成が推定されている（左図）。地球全体の約 32.5 % を占める核の組成は，全地球組成から，地殻，マントルを差し引くことなどにより推定されている。

基 C 地球内部の性質

地球内部は，構成する物質の違いから，地殻・マントル・外核・内核に分けられる。一方，硬さや流動性などに着目すると，上部マントルの上層は岩石が部分融解しており，やわらかく流れやすい性質をもつ。この領域は，地震波速度が小さくなる低速度層として観測され，**アセノスフェア** という。それより上の **リソスフェア** が，プレートとして水平方向にゆっくりと運動している（♪ p.26）。

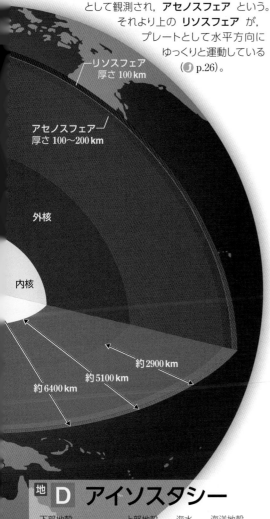

リソスフェア
厚さ 100 km

アセノスフェア
厚さ 100〜200 km

外核

内核

約6400 km
約5100 km
約2900 km

地 D アイソスタシー

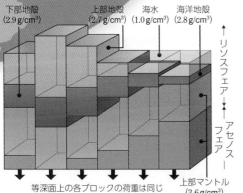

下部地殻
(2.9 g/cm³)
上部地殻
(2.7 g/cm³)
海水
(1.0 g/cm³)
海洋地殻
(2.8 g/cm³)

← リソスフェア →
↑
アセノスフェア
↓

上部マントル
(3.6 g/cm³)

等深面上の各ブロックの荷重は同じ

リソスフェアは流動するアセノスフェアに浮かんでいるような状態にある。このとき，ある深さにおいて一定面積当たりの荷重が等しくなっている。このような状態を **アイソスタシー** とよぶ。

■ 地球内部の状態 地

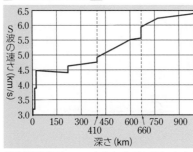

地震波速度は，マントルに入ると急に大きくなるが，深さ約 100 〜 200 km でやや小さくなる。この領域を低速度層という。その後，深さの増加とともに地震波速度は増加し，深さ 410 km と 660 km で再び不連続に増加する。これは鉱物の結晶構造の変化に対応する。

■ 地球内部の構造の分け方

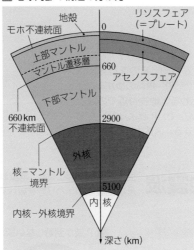

地殻
モホ不連続面
上部マントル
マントル遷移層
下部マントル
660 km 不連続面
核-マントル境界
外核
内核-外核境界
内核
深さ (km)

リソスフェア（=プレート）
0
660
アセノスフェア
2900
5100

外核は液体金属からなり，密度は大きくなるが剛性率（変形のしにくさ）は 0 となる。そのため S 波は伝わらず，P 波の速度も小さくなる。内核は外核より高温だが，圧力が高いため固体状態となる。重力加速度は核-マントル境界までほぼ一定だが，核に入ると減少し，地球の中心で 0 となる。

■ スカンジナビア半島の隆起速度

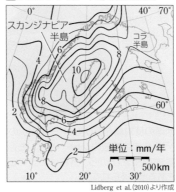

スカンジナビア半島
コラ半島

単位：mm/年
0　　　500 km

Lidberg et al. (2010) より作成

スカンジナビア半島は，過去 1 万年間に 300 m 近く隆起しており，現在も年間約 1 cm 隆起している。この地方は最終氷期（♪ p.108）に厚い氷でおおわれ，その時点でアイソスタシーが成りたっていた。やがて氷が短期間にとけて荷重が小さくなり，再びアイソスタシーが成りたつように，現在も地殻が隆起している。

右側のグラフ（深さ方向）:

地震波の速さ(km/s)
P波
S波

地球内部の密度(g/cm³)

体積弾性率(GPa)／剛性率(GPa)
剛性率
体積弾性率

地球内部の圧力(GPa)

地球内部の温度(℃)

重力加速度(m/s²)

深さ(km)　0　1000　2000　3000　4000　5000　6000
PREM, 唐戸(2000)

上部マントル
地殻
下部マントル
外核
内核

地球の構成と活動

5 地球内部を伝わる地震波・地殻熱流量

A 地震波の伝わり方

地球内部を伝わる地震波には，P波とS波がある。P波は縦波，S波は横波であり，伝わる速度や伝わることのできる媒質など，波の性質に違いがある。

■地震波の記録と地震波の種類

地球内部の物質の弾性（ばねの性質）によって，地震の振動が伝わる。振動の方向や地表面でのゆれ方などにより，さまざまな性質をもつ波が生じ，それぞれ伝わる速さが異なる。このため，ゆれ方の異なる波が，速く伝わるものから順に観測点に到着し，地震波の記録は複雑なものとなる。

長野県松代で観測された 2015年ネパール地震の上下動

P波　S波　表面波　500秒

■P波（Primary wave）

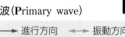
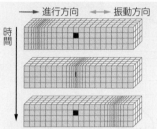

P波は，媒質の振動方向と波の進行方向が一致し（縦波），圧縮・膨張を伴って速く伝わり，地表付近での速度は5～7km/sである。地震発生後，最初に観測点に到着して初期微動をもたらす。

■S波（Secondary wave）

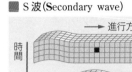
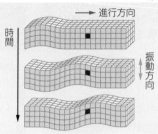

S波は，振動方向と波の進行方向が垂直であり（横波），媒質のゆがみを伴いながら伝わる。地表付近での速度は3～4km/sで，P波より遅いため後から到着する。液体中は伝わらない。

■表面波

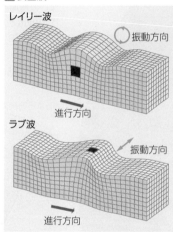

レイリー波　振動方向　進行方向

ラブ波　振動方向　進行方向

地震波が地球内部から地表面に到着すると，地表面を鉛直方向にも水平方向にもゆがめ，レイリー波やラブ波とよばれる表面波（地表面にそって伝わる地震波）が生じる。表面波の速度は3km/s程度で，P波やS波よりも後から到着するが，表面付近に限って伝わるためにゆれがおとろえにくい。超巨大地震の際には，何度も地球を周回することがある（2011年東北地方太平洋沖地震では7回ほど周回した）。

B 地球内部を伝わる地震波

巨大な地震が起こると，地震波が地球全体に伝わっていく。その地震波の伝わり方を調べることにより，地球内部の構造を知ることができる。

■P波とS波の伝わり方と到着までの時間

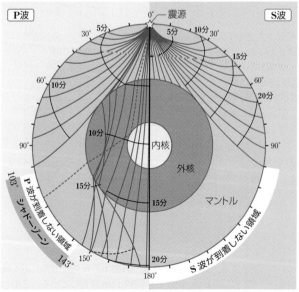

P波　S波　震源　内核　外核　マントル　シャドーゾーン　P波が到着しない領域　S波が到着しない領域

P波は核-マントル境界で屈折するため，震源から見て地球の反対側を取り巻くドーナツ状の領域にはP波が到着しない。この領域を シャドーゾーン という。S波はP波のシャドーゾーンも含め，震源から見て地球の裏側には到着しない。このような地震波の伝わり方から，外核はP波の伝わる速度が遅く，かつS波を伝えることのできない液体状態であると考えられる。

■P波が到着しない領域

震源

■S波が到着しない領域

震源

■遠地地震の走時曲線

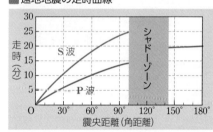

S波　P波　シャドーゾーン　走時（分）　震央距離（角距離）

地震波の到着時刻を縦軸にとり，震央距離を横軸にとってグラフにしたものを 走時曲線 という。地球全体の走時曲線を描くには，横軸の震央距離を角距離で表す。P波・S波ともに震央から離れるほど到着時刻は遅くなるが，角距離103°～143°の領域には，P波もS波も到着しない。実際の走時曲線は，地震波が不連続面や地表面で何回も反射・屈折するために非常に複雑なものとなる。

■角距離

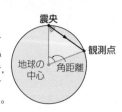

震央　観測点　地球の中心　角距離

震央と観測点をそれぞれ地球の中心と直線で結んだとき，この2直線のなす角度を角距離という。

20　地震波：seismic wave　表面波：surface wave　レイリー波：Rayleigh wave　ラブ波：Love wave　角距離：angular distance

C モホロビチッチ不連続面

クロアチア(旧ユーゴスラビア)の地震学者であったモホロビチッチは，走時曲線の折れ曲がりから，地下に地震波の速度が急激に大きくなる面(モホロビチッチ不連続面またはモホ不連続面)があることを発見した。

アンドリア・モホロビチッチ

■ 地震波の進み方と走時曲線

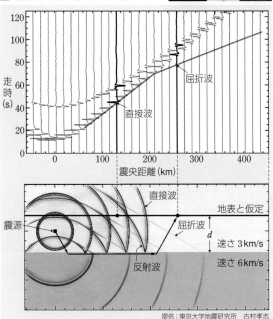

提供：東京大学地震研究所 古村孝志

ある深さ *d* より深部に，地表付近よりも地震波が速く伝わる層があると，地下にもぐった波が境界面で屈折し，高速層を伝わってから地表に現れ，直接波より早く到着することがある。このとき，走時曲線はある地点を境に折れ曲がる。少し遠回りをしても高速道路を使うほうが遠地には早く着くことに似ている。

D 地殻熱流量

地球内部から地表を通して流れ出る熱量を 地殻熱流量 という。

■ 地殻熱流量の測定

地殻熱流量は，地下の温度勾配と，そこでの熱伝導率を測定することにより求められる。

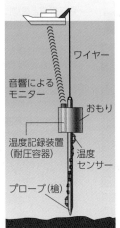

■ 日本付近の地殻熱流量

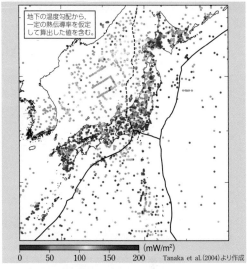

地下の温度勾配から，一定の熱伝導率を仮定して算出した値を含む。

(mW/m²)

Tanaka et al.(2004)より作成

■ 世界の地殻熱流量

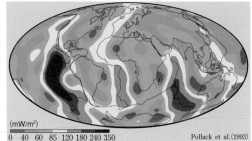

(mW/m²)

Pollack et al.(1993)

地殻自体の放射性発熱量は大陸のほうが大きいにもかかわらず，熱流量は海嶺にそって大きい。これはプレートが引きさかれ，マントル物質やマグマの上昇に伴って運ばれる熱量が大変大きいためである。地球内部の熱輸送に対流が重要な役割をはたしていることがわかる。

Zoom up 地球内部の熱源

地表 1m² 当たりから流れ出る熱量を地殻熱流量という。その値は地殻を構成する岩石によって異なり，海洋域 ＝101mW/m²，大陸域(大陸棚を含む)＝65mW/m²，全球平均 ＝87mW/m² である。全球平均の値に地球の全表面積をかけた総量は 44TW(＝ 44×10¹²W)に達する(いずれも 5% 程度の誤差を含む)。このうち，およそ 20TW は地球内部の放射性発熱，残る 24TW は地球形成時の熱[*]に由来する。地球形成時には，放射性発熱量は今の 4 倍程度大きく(地球形成から現在までの積算は約 1×10³¹J)，地球内部はより高温であった。地球の冷え方はマントル対流の激しさに依存し，過去ほど対流は激しく熱流量も大きかったため，初期ほど地球が急速に冷え，現在の姿に至った。

[*]おもに微惑星の集積や核の形成に伴って重力による位置エネルギーが熱に変換されたもので 2.5×10³²J をこえる。しかし，その 90% 程度は形成時にすでに宇宙空間に失われたと考えられる。

■ 岩石中の元素の含有量と岩石の発熱量

岩 石	ウラン U (ppm)	トリウム Th (ppm)	カリウム K (ppm)	発熱量 (10⁻¹¹W/kg)
花崗岩質岩石(大陸地殻)	4	17	32000	96.0
玄武岩質岩石(海洋地殻)	0.1	0.35	2000	2.63
かんらん岩(マントル)	0.012〜0.018	0.035〜0.070	40〜180	0.23〜0.43

■ 地球内部の温度の変化

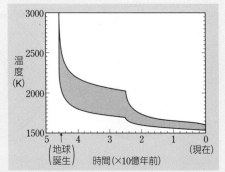

何でできているのか？

地球全体の組成：隕石や岩石の分析

炭素質コンドライト
（アエンデ隕石）

地球全体の組成は隕石から推定される。隕石が重力によって衝突合体をくり返し，現在の地球となったと考えられているからである。隕石のうち，炭素質コンドライトは揮発性成分を多く含み，太陽系初期からあまり組成が変化していないと考えられている。また太陽の組成※1と類似するため，太陽系の組成を代表する隕石だと考えられている。さらに，地球内部の岩石や地表に噴出した溶岩の組成からも地球の地殻やマントルの組成を知ることができる。現在は，隕石の組成，太陽の組成，地球の岩石の組成を組み合わせて，地球全体の組成が推定されている（♪ p.18 B）。

どのようなふるまいをしているのか？

地球全体のふるまい：計算機実験

地球全体がどのようにふるまうかは，計算機実験（コンピュータシミュレーション）によって調べられている。マントルは固体だが，地球内部が高温であるためにゆっくりと対流する。外核は激しく対流して地球の磁場を生み出している。マントルと外核は無関係に対流するのではなく，熱をやりとりしながら同時に対流する。まだ完全に地球と同じ条件での対流を再現することはできていないが，どのように熱をやりとりしてマントルと外核で対流が起こるのか，そのようすが少しずつ再現できるようになってきた。また，内核の中でも流れが起こっていると考えられており，地球表層の大陸とプレートの運動，マントルの対流，核（外核と内核）の対流が，どのように起こるのかが研究されつつある。

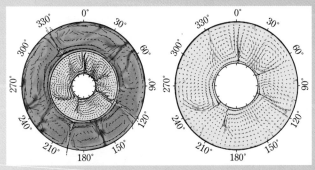

1 物理探査と掘削

物理探査と掘削によって，地表から数 km は高解像度で情報が得られる。海洋地殻を構成する岩石は，調査船によるドレッジ（容器を引きずって海底面から地層や岩石を採取），ピストンコアラーによる柱状の地層試料（コア試料）の採取，掘削（回転式のドリルで海底を掘り進む）や物理探査を組み合わせて観察・観測されている。また，より深部については，地球深部探査船「ちきゅう」のような大型船により，ライザー掘削（船上と海底の装置をライザーパイプでつなぎ，その中にドリルパイプを降ろして船上から特殊な泥水を流しながら掘削する）による海洋地殻やプレート境界の物質を採取しての観察・研究も進められており，将来的にはマントルに達しうる海底下 7 km の掘削を目指している。

地球深部探査船「ちきゅう」
©JAMSTEC/IODP

ピストンコアラーの先端は開口しており，海底に突きささったときにパイプの中に地層が採取される。

ピストンコアラー

a 断層や変形岩の観察と実験

四国・三波川変成帯（♪ p.110）の露頭。緑がかった部分（苦鉄質の岩石）と白っぽい部分（石英質や石灰質の岩石）が折れ曲がるように変形している。写真の右上－左下の方向に圧縮するような力がかかったと考えられる。

岩石は地表付近では硬く，大きな力が加わると破壊され，断層となる。どのような力が加わると岩石が破壊されるかは，プレート境界での地震発生とも関連して重要であり，実験で調べられている。一方，地球内部の温度が高い状態では，岩石はあたかも水あめのように粘っこく流れて変形する。変成帯では，しばしばそのような変形した地殻やマントル最上部の岩石がみられ，どのような力が加わったのかが推定できる。地表に露出していない，より深部の岩石がどのようにふるまうかは，実験によって調べることができる。例えばかんらん石は，マントルの温度や力の条件によって，変形することが知られており，このためマントル対流が起こる。

粘り気の強い流体（マントルに相当，緑色の領域）とさらさらした流体（外核に相当，黄色の領域）の熱対流。黄色のほうが高温。中心の白い部分は内核に相当する。

※1 太陽の組成は，光が太陽の大気を通過する際に吸収される光の波長の特徴から推定されている。

私たちが入手できるのは、地表から比較的浅い部分の物質だけであり、地球内部を直接観察することはできない。そのため、地震波や地球内部の電流を観測したり、地球内部の環境を再現して実験したりするなど、さまざまな手法によって地球内部の組成やふるまいが研究されている。

東京大学 教授
岩森 光
いわもり　ひかる

2 捕獲岩の分析

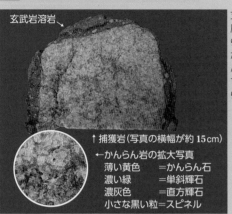

玄武岩溶岩

玄武岩溶岩(周囲の黒灰色部分)の中のかんらん岩の捕獲岩(緑がかった部分)。かんらん岩はマントルを構成するおもな岩石と考えられている。

↑捕獲岩(写真の横幅が約15cm)
←かんらん岩の拡大写真
薄い黄色　=かんらん石
濃い緑　　=単斜輝石
濃灰色　　=直方輝石
小さな黒い粒=スピネル

上部マントルは掘削の及ばない範囲であるが、岩石の種類や化学組成は比較的よくわかっている。かつて地殻深部や上部マントルにあった岩石がプレート運動や造山運動に伴って地表に露出したり、マグマの上昇過程で深部岩石の破片が取りこまれ、地表にもたらされることがある(捕獲岩とよぶ)。このような岩石の直接の観察や分析によって、マントルはおもにかんらん岩質の岩石からなると推定されている。

3 高圧実験・計算機実験

ダイヤモンドでできたパーツを向かい合わせに押し付けることにより、荷重をその先端(写真中央部分:間にはさんだ径0.02mmの実験試料)に集中させる。また、試料にレーザーを当てて加熱し、地球深部の高温高圧状態を再現する。透明であるため、レーザーを通し、また試料を観察できる。ダイヤモンドの高さは2mm。

提供:東京大学　廣瀬 敬

地球内部がどのような岩石からなるかは、化学組成のみでは決まらない。各元素がどのように結合し、鉱物結晶やその集合体としての岩石を構成するか、地球内部に相当する温度・圧力条件下の実験で探る必要がある。実際の試料が手に入らない下部マントルや核に加え、地殻下部や上部マントルについても、実験によって鉱物や岩石の相変化やばねの強さ(地震波の伝わり方を決める弾性)、電流の流れやすさ(電気伝導度)を調べ、物理探査やトモグラフィーの結果と照らし合わせながら、地球内部の実体が明らかにされつつある。

また、原子どうしの結合を計算機の中で再現し、地球深部で安定な鉱物やその物性を調べる方法もある。実験と計算を組み合わせ、地球、さらにはほかの惑星の深部がどのような物質でできているのかが研究されている。

3

| 2900 | 外核 | 5100 | 内核 | 6400 |

深さ(km)

c

b トモグラフィー

マントルのふるまいのようすは、トモグラフィーによって調べられている。これはさまざまな方向から地球内部を伝わる地震波や電流を用いて地球内部の構造を調べる方法である。地震波の伝わり方を用いる「地震波トモグラフィー」(♪p.37)や地球内部の電流の伝わり方を用いる「地磁気地電流法(MT法※2)トモグラフィー」などがある。地震波が伝わる速さは、温度が高いと遅く、低いと速い傾向があり、地球内部の温度分布と対流運動(高温部分は上昇、低温部分は下降しやすい)が推定され、地球内部の流れを可視化できる。MT法は地球内部の水成分の分布に敏感で、地震波とは違う情報が得られる。

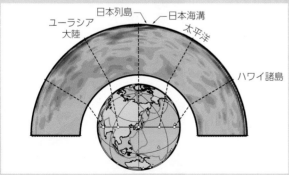

日本列島 — 日本海溝
ユーラシア大陸
太平洋
ハワイ諸島

赤〜橙色の領域は地震波速度が低速、青い領域は高速であることを示す。日本からアジア、インド大陸下には冷たい下降流が、ハワイやポリネシアの下には熱い上昇流があることが推定される。

c 地震波の伝わり方

核は鉄を主体とする金属からなる。地震波のP波(縦波)は、液体である外核中も伝わり、固体である内核に達する。さらに内核の内部を伝わった後、再び外核とマントルを通って地表付近に伝わる。このような波を解析し、内核を伝わる地震波の速度を推定できる。その結果、内核の東半球(図のおよそ真ん中より左側)では速度が大きく(赤〜桃の丸)、西半球では小さい(青〜紫の丸)ことがわかった。この原因はわかっていないが、マントル対流によって冷たい部分(かつて存在した超大陸の下)と温かい部分(海洋地域の下)とが核に影響を及ぼし、内核の成長のしかたや、内核の中の流れが東西で異なるという考えがある。

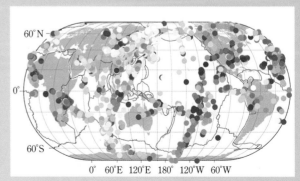

内核の表面付近を伝わる地震波の速さを地表の地図に投影した図。およそ地図の中央を境に、東西で速さが急に変わる。

※2 MT法とは、自然磁場の変化とそれによって地中に誘導される電流の変化から地下の電気伝導度分布を測定する物理探査法である。

基地 6 プレートテクトニクスの成立

基 A 大陸移動説

大陸は, その昔, 1つに合わさって巨大な大陸を形成していた。それが分裂・移動して, 現在の大陸分布となったと考えられている。

■ ウェゲナーが考えた大陸移動のようす

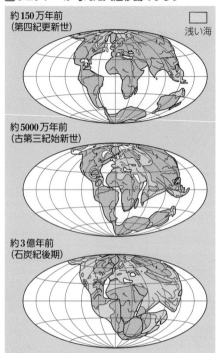

約150万年前
（第四紀更新世）

浅い海

約5000万年前
（古第三紀始新世）

約3億年前
（石炭紀後期）

アルフレッド・ウェゲナー

ドイツの気象学者であったウェゲナー（1880～1930）は, 大陸移動説を提唱した。この説では過去の氷床分布や地質・生物の分布を合理的に説明できたが, 大陸移動の原動力を解明できぬまま, グリーンランド調査中に遭難した。

■ 大陸の海岸線の一致

大西洋を取り巻く各大陸を, コンピュータを用いてうまく寄せ集めると, 海岸線が一致することがわかる。

ヨーロッパ
北アメリカ
アフリカ
南アメリカ

□ 陸地
▨ 大陸棚
■ 大陸棚や陸地が重複する部分

Bullard et al.(1965)より作成

■ 古生物の分布と大陸

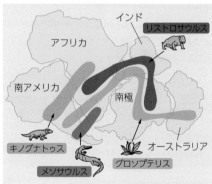

インド
リストロサウルス
アフリカ
南アメリカ
南極
キノグナトゥス
メソサウルス
オーストラリア
グロソプテリス

the U.S. Geological Survey

古生代から中生代にかけて陸上や淡水域に生息していた動物・植物の分布を復元すると, いくつもの大陸を横断して広い分布を示す。ミミズやカタツムリなど海を渡って移動することが困難な種にも同様の分布が見られることから, もとは大陸が合わさっていて, 巨大な大陸を形成していたと考えられる。

■ 石炭紀における氷床の分布と大陸

Holmes(1965)

氷成堆積物の分布と氷河の移動方向

赤道

ゴンドワナ大陸における氷床の分布

ヨーロッパ
北アメリカ
赤道
ユーラシア
アフリカ
インド
南アメリカ
オーストラリア
南極大陸

▨ 氷河が存在した範囲
↘ 氷河の氷が動いた方向

古生代の氷成堆積物（→p.97）を調べると, 過去の氷床の分布や氷河の流れた方向を推定することができる。現在の地図上では一見不自然に見える過去の氷床の分布も, 南アメリカ, アフリカ, インド, オーストラリアが1つの大陸（ゴンドワナ大陸）だったと仮定すると, 合理的に説明することができる。

■ 現在考えられている大陸移動のモデル

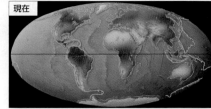
現在

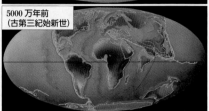
5000万年前
（古第三紀始新世）

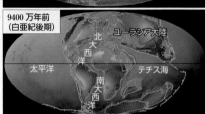
9400万年前
（白亜紀後期）
ユーラシア大陸
北大西洋
太平洋
テチス海
南大西洋

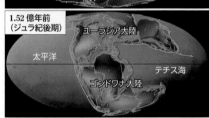
1.52億年前
（ジュラ紀後期）
ユーラシア大陸
太平洋
テチス海
ゴンドワナ大陸

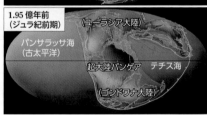
1.95億年前
（ジュラ紀前期）
（ユーラシア大陸）
パンサラッサ海
（古太平洋）
超大陸パンゲア　テチス海
（ゴンドワナ大陸）

2.55億年前
（ペルム紀後期）
パンサラッサ海
（古太平洋）
テチス海
超大陸パンゲア

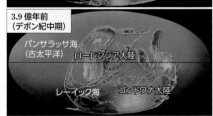
3.9億年前
（デボン紀中期）
パンサラッサ海
（古太平洋）
ローレンシア大陸
レーイック海　ゴンドワナ大陸

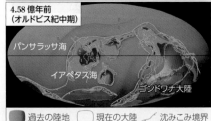
4.58億年前
（オルドビス紀中期）
パンサラッサ海
イアペタス海
ゴンドワナ大陸

■ 過去の陸地　□ 現在の大陸　／ 沈みこみ境界

24　大陸移動説：theory of continental drift　　海洋底拡大説：sea-floor spreading theory

C. R. Scotese, PALEOMAP Project

地 **B** 海洋底拡大説と古地磁気

1960年代前半，過去の地磁気の研究や海底の岩石の年代測定などから証拠が得られ，中央海嶺を中心に海底が拡大しているという **海洋底拡大説** が提唱された。

■ 磁気異常のしま模様（東太平洋海域）

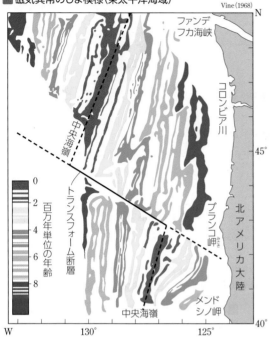

■ 海底の岩石の年代

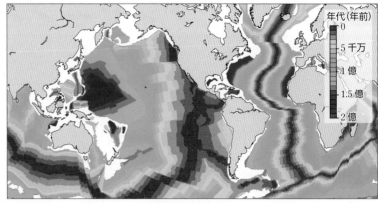

中央海嶺で生まれた海洋プレート（海洋地殻を含むリソスフェア）は，海嶺での年代を0として，そこから離れるにしたがって年代が古くなり，北大西洋の陸よりの部分や，太平洋の西岸付近で古く，ジュラ紀にまでさかのぼることがわかる。

■ インド大陸の移動と伏角変化

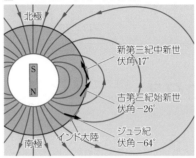

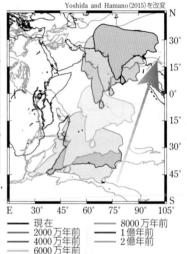

Yoshida and Hamano (2015)を改変

岩石が冷却される際，その岩石は磁気を獲得し，当時の地磁気の方向が記録される（🔵p.17）。中央海嶺周辺での磁気異常（現在の標準的な磁場とは異なる磁場の分布）から，海底の岩石が現在の地磁気と同じ向きにも逆向きにも磁化しており，それが海嶺を中心に左右対称のパターンをつくっていることがわかった。これは，海嶺で噴出した溶岩が当時の地磁気の向きに磁化し，左右に拡大していったことを示している。

インドに分布する岩石の残留磁気を調べると，ジュラ紀から新第三紀にかけて，上方を向いていた地磁気がしだいに下方を向くように変化する。このことから，インド大陸がプレート運動に伴って北上し，ユーラシア大陸に衝突したことがわかる。約6000万年前には最大で年間18cmもの速さで移動していた。

1億年前～2000万年前については，インド大陸以外の大陸移動を省略。

基 **C** プレートテクトニクスへの発展

海洋底拡大説は，海洋底や大陸がプレートとして水平方向に運動しているという **プレートテクトニクス** に発展した。

■ プレートテクトニクス成立までの流れ

1912年	ウェゲナーが大陸移動説を発表するも，広く受け入れられず
1950年代	海洋底の探査によって，中央海嶺や海溝のようすが明らかになる
1960年代前半	海洋底の古地磁学測定や岩石年代の測定により，海洋底拡大説が提唱
1960年代後半	プレートテクトニクスの成立

ウェゲナーの大陸移動説は，発表当時は広く受け入れられなかったが，その後海洋底拡大説やプレートテクトニクスが提唱される中で再評価されるようになった。

■ ウィルソン・サイクル

プレートテクトニクスの成立に貢献したウィルソン（カナダ）は，大陸の移動と海洋底の拡大を統一的に説明するモデルを考案した。超大陸が分裂し，新しい海洋底が生まれる。一方，別の場所ではプレートの沈みこみが進み，やがて大陸が衝突してまた超大陸が形成される。このように数億年周期で超大陸の形成と分裂，海洋底の形成をくり返すとしたモデルを **ウィルソン・サイクル** とよぶ。

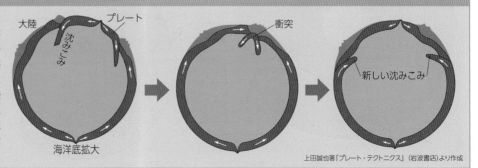

上田誠也著『プレート・テクトニクス』（岩波書店）より作成

基 7 プレートテクトニクス

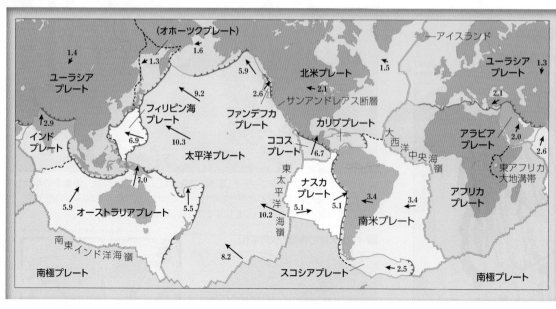

世界のプレート分布

プレートの境界は，地震分布，地形，地磁気，GPS観測などによって明らかにされてきた。

― プレートの発散境界

― プレートのすれ違い境界

▲▲ プレートの収束境界（▲はプレートの沈みこむ方向）

---- 不確かなプレートの境界

→ アフリカプレートを不動としたときのプレートの運動方向。数値は運動速度（cm/年）を表す。

（オホーツクプレート） 1.6
1.4
ユーラシアプレート 1.3
9.2
フィリピン海プレート 6.9
ファンデフカプレート 10.3
太平洋プレート
2.9
インドプレート
7.0
5.9 オーストラリアプレート 5.5
南東インド洋海嶺
南極プレート
5.9
2.6 サンアンドレアス断層
北米プレート 2.1
アイスランド 1.5
ユーラシアプレート 1.3
2.1
カリブプレート
ココスプレート 6.7
ナスカプレート
東太平洋海嶺 10.2
5.1 5.1
南米プレート 3.4 3.4
スコシアプレート 2.5
南極プレート
大西洋中央海嶺
アラビアプレート 2.0
東アフリカ大地溝帯 2.6
アフリカプレート
8.2

基 A プレートテクトニクス

地球の表面は **プレート** とよばれる厚さ約100kmの硬い岩盤でおおわれている。十数枚に分かれたプレートどうしの運動や衝突によって，火山活動や地震が引き起こされる。

■ プレートテクトニクスの概念

プレートはリソスフェア（→p.19）に相当し，大陸プレートと海洋プレートがある。それぞれのプレートは水平方向に運動しており，すべてのプレートの運動速度の平均値は4.4cm/年である。巨大な褶曲山脈や海底の中央海嶺・海溝は，プレートの運動と深くかかわっている。

ホットスポット
ハワイ諸島
日本海溝
東太平洋中央海嶺
海洋プレート
大陸プレート

ハワイ島
赤道
中東太平洋中央海嶺
ペルー・チリ海溝
太平洋プレート
マントル
外核
内核
ナスカプレート
南米海溝
アンデス山脈
南米プレート
東北日本
日本海溝
日本海
ユーラシアプレート
インドプレート
アジア大陸
ヒマラヤ山脈
カールスバーグ海嶺
赤道
アフリカ大陸
東アフリカ大地溝帯
アフリカプレート
大西洋中央海嶺

『科学』Vol.46, No.4（岩波書店）より作成

■ 日本周辺のプレート

Bird (2003)より作成

北米プレート（オホーツクプレート）
ユーラシアプレート
太平洋プレート
9.0cm/年
4.3cm/年
フィリピン海プレート
9.4cm/年

日本周辺には4つのプレートが分布している。太平洋プレートは東から，フィリピン海プレートは南東から日本列島に向かって動き，海溝やトラフを形成して地球内部に沈みこんでいる。

■ 北極上空から見たプレート

南米プレート カリブプレート
アラビアプレート ナスカプレート
アフリカプレート ココスプレート
北米プレート
ファンデフカプレート
ユーラシアプレート
太平洋プレート
インドプレート フィリピン海プレート

■ 南極上空から見たプレート

ユーラシアプレート
オーストラリアプレート
太平洋プレート
南極プレート
アフリカプレート
スコシアプレート
ナスカプレート
南米プレート

基 B 地震・火山の分布

地震は，海溝や中央海嶺の周辺に集中して起こり，線状の分布を示す。火山もほぼ同じ地域に分布しており，このことは，地震や火山活動がプレートの運動と関係が深いことを示している。

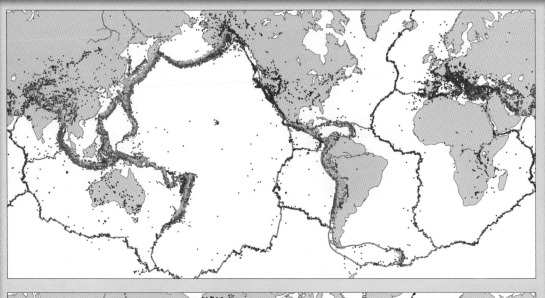

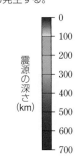

■ 世界で発生する地震の震央分布と発生深度

地震の多くはプレート境界付近と沈みこむプレートにそって発生し，一部はプレート内部でも発生する。

震源の深さ（km）

0
100
200
300
400
500
600
700

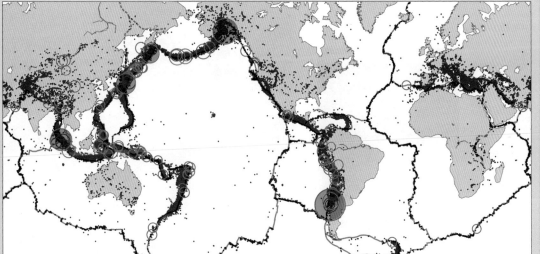

■ 1900年から2015年までに発生した地震の震央分布と規模

大きな地震は，おもに環太平洋の沈みこみ帯，およびユーラシア大陸内部（インド衝突の影響を受けている地域）で発生している。

○ は *M*8超の地震。マグニチュードが大きいほど半径は大きい。

● はおよそ*M*9超の地震であることを示す。

• は上記より小規模な地震活動を示す。

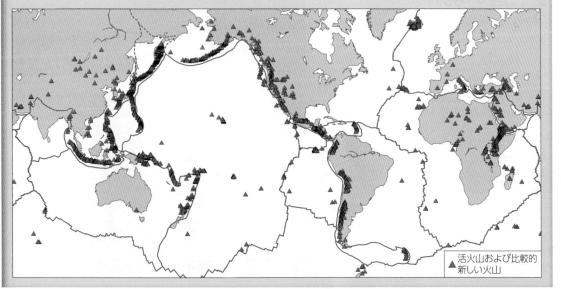

▲ 活火山および比較的新しい火山

■ 世界の活火山の分布

活火山は，出現する場所（プレートの発散境界，収束境界，内部）によって3タイプに分けられる。このうち，中央海嶺（プレート発散境界）は▲で示してはいないが，長大な海底火山山脈であり，地球上の全溶岩噴出量の7〜8割を占め，海洋地殻（玄武岩）を生み出している。

基 8 プレートの境界

基 A プレート発散境界

2つのプレートが離れていく場所では，地下からマグマが上昇して新しいプレートがつくられる。

■中央海嶺

プレート発散境界である **中央海嶺** では，プレートが引きさかれて生じるすき間を埋めるようにマントルが上昇し，圧力低下によりマグマが生じる。このマグマが海底に噴出して海洋地殻をつくる。海洋地殻と，マグマが抜けたマントルは，拡大に伴い冷却されプレートとなる。

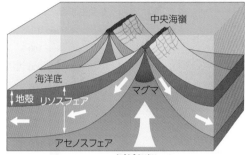
アイスランドのギャオ

アイスランドは，中央海嶺が地表に現れ，拡大のようすを陸上で見ることができる唯一の場所である。

東アフリカ大地溝帯の割れ目

東アフリカ大地溝帯は，大陸が引きさかれている現場で，将来，アフリカ大陸は分裂すると考えられる。

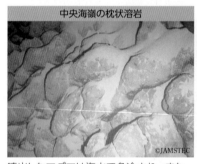
中央海嶺の枕状溶岩

噴出したマグマは海水で急冷され，また，水圧で発泡が抑えられるため，ガラス質の殻をもつ枕状の溶岩ができる。

熱水噴出孔

海嶺付近では，地下のマグマや岩石により熱せられ，金属を溶かした熱水が噴出している。

基 B プレートすれ違い境界

中央海嶺では，細かく分断された海嶺軸を橋渡しするように，プレートどうしがすれ違う横ずれ断層が存在する。

■トランスフォーム断層

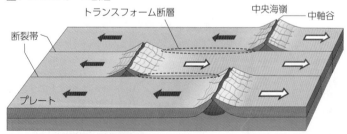

中央海嶺の中軸谷は，断裂帯とよばれるさけ目で分断されている。中軸谷を中心にプレートが両側に拡大していくと，断裂帯のうち中軸谷を橋渡しする部分のみ，両側のプレートが逆向きに移動して横ずれ断層となる。このような断層を，**トランスフォーム断層** とよぶ。断裂帯上での浅い地震は，トランスフォーム断層の部分でのみ発生する。

サンアンドレアス断層

カリフォルニア半島の北部には，太平洋プレートと北米プレートがすれ違うプレート境界が存在している。ここでは，大陸側は南東に，カリフォルニア半島側は北西に動いている。

28　中央海嶺：mid-ocean ridge　トランスフォーム断層：transform fault　断裂帯：fracture zone　中軸谷：rift valley

基C プレート収束境界

大陸プレートの下に海洋プレートが沈みこむと、**海溝**という深い溝や、**島弧**という海溝と平行に弓なりに並んだ島々の列が形成される（**島弧−海溝系**）。大陸プレートどうしがぶつかると**大山脈**が形成される。

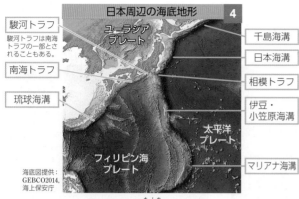

日本周辺の海底地形　4

左側ラベル	右側ラベル
駿河トラフ（駿河トラフは南海トラフの一部とされることもある。）	千島海溝
南海トラフ	日本海溝
琉球海溝	相模トラフ
	伊豆・小笠原海溝
	マリアナ海溝

ユーラシアプレート／太平洋プレート／フィリピン海プレート

海底図提供：GEBCO2014, 海上保安庁

太平洋プレートの沈みこみは、千島海溝からマリアナ海溝に至る深い海溝を形成する。フィリピン海プレートの沈みこみは、南海トラフから琉球海溝に至る比較的浅い溝をつくる。

©Marie Tharp Maps, LLC, 8 Edward Street, Sparkill, NY 10976

ヒマラヤ山脈で見られる地層　5

■ 沈みこみ帯

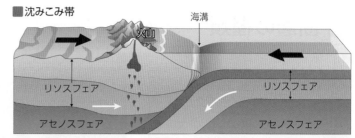

海溝／火山／リソスフェア／アセノスフェア

海洋プレートと大陸プレート（島弧あるいは大陸縁辺を含む）とが収束する場合、一般に海洋プレートが沈みこみ、その境界に海溝やトラフのような溝を形成する。海洋プレートは、沈みこむにつれて温度と圧力が上昇し、含んでいた水を放出する。この水は岩石の融点を下げてマグマを生じさせ、火山を形成する。

■ 衝突帯

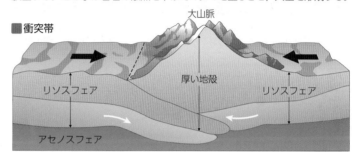

大山脈／厚い地殻／リソスフェア／アセノスフェア

大陸地殻をのせた大陸プレートどうしが衝突すると、双方とも密度が小さいためにマントルに沈みこめず、大陸地殻が二重に重なった厚い地殻構造となり、**大山脈**が形成される。このような地域を**衝突帯**という。ヒマラヤ山脈は、インド大陸がユーラシア大陸に南方から衝突することによって隆起してできた褶曲山脈である。

■ 世界の造山帯

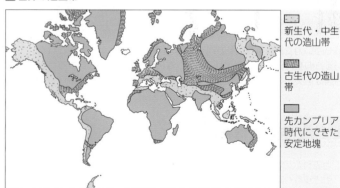

凡例：新生代・中生代の造山帯／古生代の造山帯／先カンブリア時代にできた安定地塊

海洋プレートは生成と沈みこみによって古い部分を失っていくが、大陸地殻には約40億年前の岩石も保存され（→p.96）、大陸成長や変形のようすが記録されている。プレート収束境界での激しい変形（褶曲や断層など）や火成・変成作用をこうむった地帯を**造山帯**とよぶ。

■ヒマラヤ山脈で産出するアンモナイト

1cm

ヒマラヤ山脈をつくる地層は、もともと海底に堆積した石灰岩や砂岩・泥岩（→p.76）から構成されており、アンモナイトのほかに、ウミユリや三葉虫（→p.98）の化石も見つかっている。インド大陸のユーラシア大陸への衝突時に、古生代の地層が8000m以上も隆起したことがわかる。

海溝：trench　島弧：island arc　島弧−海溝系：island arc-trench system　トラフ：trough　沈みこみ帯：subduction zone　衝突帯：collision zone

基地9 プレートの運動と地質構造

基A 断層の種類
プレートの運動に伴い，地表付近の岩盤や地層が変形する。力が加わって破壊され，ずれた面を **断層** という。

■正断層
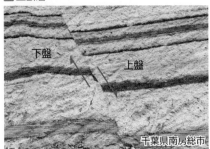
千葉県南房総市

断層面の上側(上盤)が下に，下側(下盤)が上にずれた断層を **正断層** という。

■逆断層
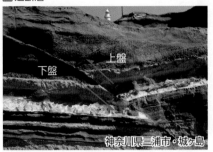
神奈川県三浦市・城ヶ島

断層面の上側(上盤)が上に，下側(下盤)が下にずれた断層を **逆断層** という。

■横ずれ断層(右横ずれ断層)

熊本県益城町

岩盤が水平方向にずれた断層を **横ずれ断層** という。

基B 断層にはたらく力
地盤には，鉛直方向と水平面内の2つの方向の，あわせて3方向から圧縮力がはたらいている。力の大きさの違いによってそれぞれの断層が形成される。

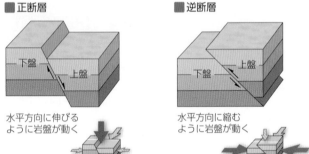

■正断層 ■逆断層 ■右横ずれ断層 ■左横ずれ断層

水平方向に伸びるように岩盤が動く

水平方向に縮むように岩盤が動く

断層の向こう側の岩盤が右にずれる

断層の向こう側の岩盤が左にずれる

岩盤を押す力

最も強い力で押されている方向を赤矢印(➡)，最も弱い力で押されている方向を青矢印(⇨)で表している。青矢印の方向は押し負けるため，岩盤は黒矢印(→)の向きにずれる。

断層をはさんで向こう側が右側にずれる断層を右横ずれ断層，左側にずれる断層を左横ずれ断層という。岩盤を押す力が同じでも，右横ずれ断層と左横ずれ断層のいずれも生じうる。どちらが生じるかは，岩盤の状態による。

🔍Zoom up 断層にはたらく力

地表付近の断層にはたらく力は，上下方向と水平方向(2成分)の合計3成分の面を押し引きする力に分解できる。3成分すべてを同じ大きさの力で押す場合は，物質が圧縮され体積が変化するが円形のものは円形のままである。一方で，ある1つの軸だけ強い力で押す場合は，その軸方向に大きくひずむため，円はだ円になり，場合によっては断層が生じて破壊される。つまり力は，体積の変化に関係する力と，形を変えたり断層を動かしたりする力に分解することができる。体積の変化に関係する力は気圧や水圧と同等のもので，地下では岩盤の荷重があるため，大きな圧縮する力が作用している。形を変えたり断層を動かしたりする力はプレートの運動によって生じうる。断層がどのように生じ，どのように動くかは，どちらの方向の力が大きいのか，その力の偏りによって変わってくる。

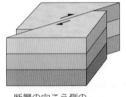

地下の力　体積を変える力　形を変える力

地下に作用する力は2つの成分に分けて考えることができる。
破線の円は力がはたらく前の形状で，矢印は力の方向と大きさを表現している。

■圧縮の力が加えられた岩石
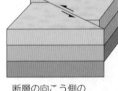
圧縮の力

断層のずれ方は，地下に作用している応力と密接にかかわっている。写真は，左右の方向に強い圧縮の力を作用させたときに，逆断層の地震が発生する場合に相当する。

補足 応力

岩石　面
応力　応力

岩石中に小さな面の領域を仮定し，面の両側の部分が互いに及ぼしあう単位面積当たりの力を，その面にはたらく応力という。

断層：fault　　正断層：normal fault　　逆断層：reverse fault　　横ずれ断層：lateral fault

QR

基 C 褶曲

地殻に加わる力によって地層が折れ曲がった構造を **褶曲** という。▶

■ 褶曲した地層

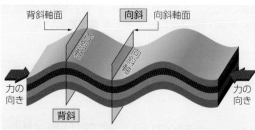

アメリカ

褶曲は水平方向の圧縮力によって形成される。山のように曲がった部分を **背斜**，谷のように曲がった部分を **向斜** という。背斜において両側の斜面のなす角を二等分する面を **背斜軸面**，向斜における同様の面を **向斜軸面** という。背斜軸面および向斜軸面と地層面との交線をそれぞれ **背斜軸** および **向斜軸** という。また，背斜軸と向斜軸をあわせて **褶曲軸** という。一般に，圧縮力が大きければ，褶曲の程度が著しいが，同じ大きさの力でも，力の作用する時間・地層の固結の程度・岩石の種類・地層のおかれている状態（温度・圧力など）によって，その程度はさまざまである。

■ プランジ褶曲（褶曲軸が水平状態から傾いた褶曲）地

プランジ褶曲　イギリス

■ 衝上断層と横臥褶曲

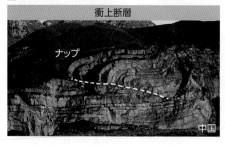

衝上断層　ナップ　中国

横臥褶曲　イギリス

岩石が水平方向に圧縮されたときにできる傾斜のゆるい（水平面から45°以下の傾斜）逆断層を衝上断層という。また，水平方向にかかる力が非常に強い場合，密に折りたたまれた褶曲が形成され，褶曲構造をはさんで上下の地層が水平になっていることがある。このように，布団をたたんだような褶曲を横臥褶曲という。
これらの作用によってスライドしたシート状の岩体の上盤部分をナップという。

地 D 地殻変動と測量

■ 水準測量による鉛直方向の変動の観測

水準測量は2地点の高低差をはかることで，標高や鉛直方向の変位を求める。高さの基準となる水準点は，おもな国道などにそって約2kmおきに設置されている。

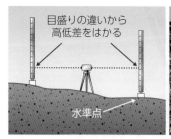

目盛りの違いから高低差をはかる　水準点

水準点　静岡県静岡市

右図は赤い四角（■）を固定したときの，2009年11月から1年間の相対的な運動を表す。2011年東北地方太平洋沖地震の前には，東日本は太平洋プレートに押されるように西向きに変位していた。海溝に垂直な方向に押しこまれる運動は，巨大地震の準備過程と関係している。この変形によって生じたひずみの大部分は，巨大地震時に解放されるため，長期的な地殻変動と巨大地震による変動を含まない短期的な地殻変動には違いが生じる。

■ GNSS測量によって観測された日本列島の水平方向の地殻変動

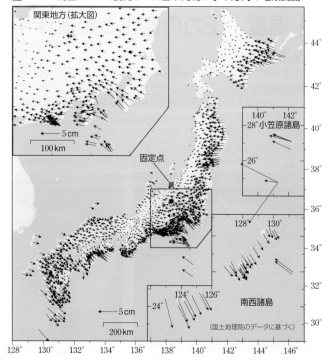

関東地方（拡大図）
固定点
小笠原諸島
南西諸島
（国土地理院のデータに基づく）

地球の構成と活動

褶曲：fold　　背斜：anticline　　向斜：syncline　　衝上断層：thrust　　横臥褶曲：recumbent fold　　地殻変動：crustal movement [diastrophism]

基 **A 変成作用** もとの岩石(原岩)が形成時とは異なる温度・圧力やその他の条件のもとで，大部分が固体のまま，岩石を構成する鉱物の組合せや岩石の組織が変化する現象のことを **変成作用** という。変成作用によって生じた岩石を **変成岩** という。

変成作用

原岩 → 温度・圧力が変化 → ①鉱物の組合せが変化 ②岩石の組織が変化 → 変成岩

・原岩は，堆積岩や火成岩に加え，変成岩の場合もある。
・鉱物が一定方向に配列して面状および線状の構造(片理)をもつ変成岩を片岩,縞状の組織(片麻状組織)をもつ変成岩を片麻岩とよぶ。

■広域変成作用

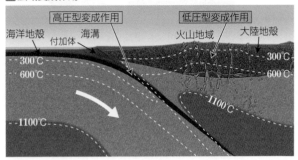

海洋地殻 付加体 海溝 高圧型変成作用 低圧型変成作用 火山地域 大陸地殻
-300℃ -600℃ -1100℃ 300℃ 600℃ 1100℃

■接触変成作用

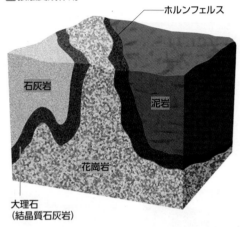

ホルンフェルス
石灰岩
泥岩
花崗岩
大理石(結晶質石灰岩)

プレート境界では，沈みこみに伴う温度や圧力の変化によって，**広域変成作用** が生じる。プレートが沈みこむ海溝付近の地下で高圧型変成作用が，マグマが上昇してくる火山帯の地下で低圧型変成作用が起こると考えられてきた。しかし近年の研究では，高圧型変成作用と低圧型変成作用，大規模な花崗岩体の形成は，海嶺の沈みこみに伴って同じ領域で起こる，一連の現象であると考えられている。

マグマが上昇して貫入岩体を形成する際，マグマの熱によって周囲の岩石が変成する作用を **接触変成作用** という。その範囲は比較的狭く，貫入岩体の周辺に限られている。砂岩や泥岩は，黒色で硬く緻密なホルンフェルスとなる。石灰岩は，白色で粗粒な結晶からなる大理石(結晶質石灰岩)となる。大理石は建材などに利用される(♪ p.35)。

	変成作用が起こる場所	熱源	圧力	代表的な変成岩や構造の特徴
広域変成作用 (広域変成岩)	プレート境界付近, 火山帯の地下	地球内部の温度構造	プレート沈みこみに伴う地球内部の圧力など	・片理が発達した片状組織が形成されると, 片岩となる ・片麻状組織が発達すると片麻岩となる
接触変成作用 (接触変成岩)	マグマが貫入した場所	マグマ, 高温岩体	原岩があった場所の圧力	・泥岩や砂岩を原岩とするものはホルンフェルスに変化する ・石灰岩は大理石(結晶質石灰岩)に変化する

地 **B 温度・圧力の変化と変成作用**

■変成相

変成作用によって新たに生じる鉱物を変成鉱物という。一定の温度・圧力の範囲では複数の種類の変成鉱物からなる一定の組合せが安定であるが，岩石が変成作用を受けて温度・圧力が増大していくと，新たな変成鉱物が出現して，異なる複数の変成鉱物からなる組合せが安定となる。このように，複数の変成鉱物の組合せで示される一定の温度・圧力の範囲のことを **変成相** という。温度・圧力分布の異なる地域では，温度・圧力の増大にあわせて，異なる変成相が出現する。そのため，変成岩体中の変成相の組合せが明らかになれば，その変成作用が生じた当時の，その地域の温度・圧力分布を知ることができる。

青色片岩

緑色片岩

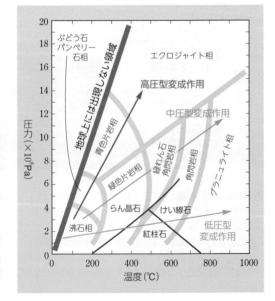

変成作用：metamorphism 　変成岩：metamorphic rock 　接触変成作用：contact metamorphism 　広域変成作用：regional metamorphism
変成相：metamorphic facies

地 C 日本の地質と広域変成作用

■変成帯とその分布

プレート沈みこみ帯では，沈みこむ海洋プレートにそって形成される高圧型変成岩と，大規模な花崗岩体によって形成される低圧型変成岩が分布する。日本列島はプレート沈みこみ境界にそってできた弧状列島（ 🔎 p.109）で，帯状に広域変成岩が分布し，これを変成帯という。

日本のおもな変成帯には，ペルム紀〜三畳紀付加体，ジュラ紀付加体，白亜紀〜古第三紀付加体を原岩とする高圧型変成岩，三畳紀や白亜紀の大規模な花崗岩バソリス形成に伴う低圧型変成岩などがある。

変成帯	変成条件	変成作用を受けたと考えられる期間（百万年前）						変成岩の種類
		300	250	200	150	100	50　0	
三郡−蓮華帯	高圧	●						片岩
三郡−周防帯	高圧		●					片岩
三郡−智頭帯	高圧			●				片岩
飛驒帯	低圧		●					片麻岩
三波川帯	高圧					▬		片岩
領家帯	低圧					▮		片麻岩
阿武隈帯	低圧				▬			片麻岩
神居古潭帯	高圧				▬▬▬▬			片岩
日高帯	低圧						▬	片麻岩

神居古潭変成帯

日高変成帯

飛驒変成帯
三郡変成帯

領家変成帯
三波川変成帯

花崗岩
低圧型変成岩
高圧型変成岩

地 D 大陸の成長と広域変成作用

■造山運動による大陸の成長と広域変成作用

プレートの沈みこみに伴って形成された変成岩が，その後の地殻変動などにより，日本列島や世界の沈みこみ帯にそって帯状に地表に露出し，広域変成帯が形成されたと考えられている。このような地殻変動，特に隆起運動を，造山運動とよぶ。

沈みこみ帯では，広域変成帯に加え，火成作用・マグマ活動に伴う火山帯が形成される。また，沈みこむプレートの物質が，沈みこまれる島弧・陸弧に張りつくようにして付加体が形成される。日本列島やアメリカ大陸西岸（太平洋側）のような沈みこみ帯では，さまざまな年代の広域変成帯，火山帯，付加体，および堆積岩・堆積物からなる地層が，多重にあるいは入り混じって形成される。このように，島弧や陸弧は複数の作用によって形成・発達し，その結果として大陸が成長していくと考えられている。

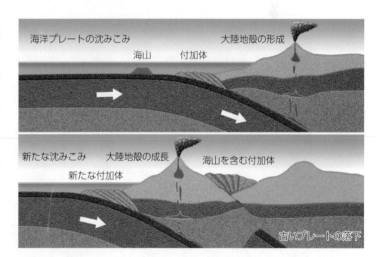

海洋プレートの沈みこみ　　　大陸地殻の形成
海山　　付加体

新たな沈みこみ　大陸地殻の成長　　海山を含む付加体
新たな付加体

古いプレートの落下

■大陸地殻の形成年代分布

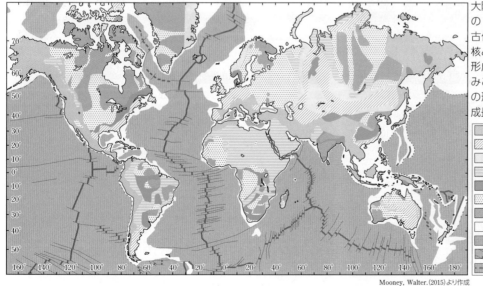

大陸地殻の形成年代（太古代から新生代までの7つの年代区分）を示したものである。太古代や原生代に形成された古い大陸地殻を核として，その縁にそってより新しい地殻が形成され（例えば，アメリカ大陸は現在の沈みこみ帯・陸弧である西岸に向かって地殻の形成年代が若くなる），全体として大陸が成長していくようすがわかる。

三畳紀〜第四紀
デボン紀中期ごろ〜ペルム紀
カンブリア紀〜デボン紀前期ごろ
新原生代
中原生代
古原生代
太古代
大陸棚
海洋地殻
中央海嶺とトランスフォーム断層
沈みこみ帯

Mooney, Walter.(2015)より作成

基 A 変成岩の露頭と岩石

変成鉱物が再結晶する際に，地殻内で方向性のある大きな力を受けると，鉱物はその力の方向にそった配列(片理や片麻状組織)を示すようになる。

	広域変成岩		接触変成岩
	片岩	片麻岩	ホルンフェルス
変形の影響	あり		なし
特徴	地殻内での変形作用を受けて細かい片理が発達し，薄くはがれやすい。針状鉱物が線状に，面状鉱物が面状に配列し，片理が形成される。	鉱物が配列して縞状の組織(片麻状組織)を示す。片岩よりも構成鉱物の粒度が粗い。	再結晶した細粒の変成鉱物がモザイク状(配列に方向性がなく，ほぼ等粒状)に集合しており，緻密で硬い。
露頭	埼玉県・長瀞	山口県	ホルンフェルス(原岩は堆積岩) 斑れい岩 高知県・室戸岬
岩石標本	埼玉県・長瀞	福島県石川郡	紅柱石 京都市左京区
直交ニコル	白雲母 埼玉県・長瀞	福島県石川郡	茨城県つくば市
開放ニコル		石英 黒雲母	
原岩の例	さまざまな岩石	さまざまな岩石	泥岩，砂岩

接触変成岩
大理石(結晶質石灰岩)
なし

再結晶した粗粒の方解石から構成される。結晶の配列に方向性はない。

宮城県・大理石海岸

岡山県新見市

茨城県常陸太田市

方解石

石灰岩

※スケールはすべて 0.2mm

Point　片岩と片麻岩の違い

片岩と片麻岩は名前が似ているので混同されることが多いが，同じ変成岩であっても，その岩石としての特徴や形成された環境は大きく異なる。

■ 片岩の露頭

フィリピン

片岩は，片理という面状の構造が発達した広域変成岩である。この片理は比較的低温の変成作用によって雲母などの板状結晶や角閃石などの柱状結晶が平行に配列しながら再結晶することで形成される。鉱物が配列して成長する原因としては，変成作用と同時に地殻内に一定の方向の大きな力が加わって，結晶が成長できる方向が制約されたと考えられている。しかし堆積岩（ p.76）などの場合は，もともとの層構造にそって結晶が成長することで片理が発達することもある。
つまり片岩は必ずしも形成時に地殻に大きな力がかかっていたことを示すわけではない。片岩は片理にそって薄く板状にはがれやすいので，片岩の露頭表面は左図のように魚のうろこのような構造になることが多い。

■ 片麻岩の露頭

グリーンランド

片麻岩は，片麻状組織という縞状構造が特徴的な広域変成岩である。この片麻状組織は黒雲母などの有色鉱物に富んだ黒っぽい層と石英や長石に富んだ白っぽい層が交互になってできる。縞をなす層構造は必ずしも連続せず，レンズ状に断続して配列することもある。片麻岩は，片岩が形成されるような条件よりも，さらに高温の変成作用を受けて形成される。このような環境下では再結晶によって成長する鉱物も粗粒になる。片岩と同じように変成作用と同時に地殻内に一定の方向の力が加わる環境下では，鉱物が平行に配列して成長する。片麻岩が形成されるような高温の環境は，地殻の深部であることが多く，変成作用と同時期のマグマ活動でできた花崗岩が一緒に産出することも多い。

Column　身近な石材

■ 大理石(結晶質石灰岩，石灰岩など)

見た目が美しいことや均質で大きな岩塊が得やすいことから，大理石は古くから石材として世界各国で利用されてきた。日本では建築材として利用できる大理石の産出は少なく，外国から輸入してビルの内装などに使われることも多い。

インド・アグラ

5cm

■ 御影石(花崗岩など　 p.65)

兵庫県神戸市の御影付近で良質な花崗岩が産出したことが名前の由来。花崗岩は緻密で硬いことから，建築材だけでなく，三角点・水準点など測量の目印にも使われている。

東京都・国会議事堂

2cm

■ 大谷石(凝灰岩　 p.76)

ケイ長質の軽石と火山灰（ p.51）からなる凝灰岩で，栃木県宇都宮市大谷町付近で産出する。耐火性・加工性に優れており，建築に使用される代表的な石材である。

栃木県宇都宮市

10cm

プレート運動のしくみとマントル対流

基 A ホットスポット

地球上には，プレートの分布とは関係なく活発な火山活動を続けている場所があり，**ホットスポット** とよばれている。これを調べることで，過去のプレートの動きを知ることができる。

■ ハワイ－天皇海山列

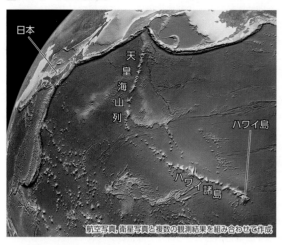

日本
天皇海山列
ハワイ島
ハワイ諸島

航空写真，衛星写真と複数の観測結果を組み合わせて作成

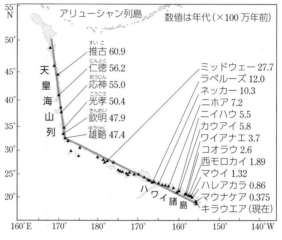

アリューシャン列島　　数値は年代（×100万年前）

天皇海山列

推古 60.9
仁徳 56.2
応神 55.0
光孝 50.4
欽明 47.9
雄略 47.4

ミッドウェー 27.7
ラペルーズ 12.0
ネッカー 10.3
ニホア 7.2
ニイハウ 5.5
カウアイ 5.8
ワイアナエ 3.7
コオラウ 2.6
西モロカイ 1.89
マウイ 1.32
ハレアカラ 0.86
マウナケア 0.375
キラウエア（現在）

ハワイ諸島

地下深くからマグマが供給され続けて，その上に火山島ができる。プレートが水平に移動すると，それまでの火山にはマグマが供給されなくなり，やがて海山となる。ホットスポット上に新たな火山が形成され，これをくり返すことによりホットスポットから一列に並んだ火山列が形成される。

■ ホットスポット

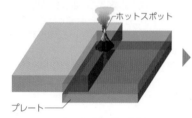

ホットスポット
海山
プレート
プレートの動き

基 B プレート運動のしくみ

地球内部の動きに伴って地球表面が動く。この表面での動きがプレート運動である。地球の表面の動き（プレート運動）と内部の動き（マントル対流）はどのような関係にあるのだろうか。

■ 味噌汁の対流

■ プレート境界（実線）とホットスポット火山（▲）

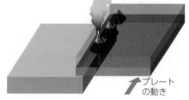

■ プレート沈みこみの再現実験

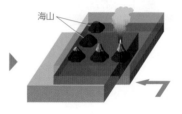

とけた"ろう"
固まったろう（プレート）
沈みこむろう

味噌汁の表面（上左図）には，プレート境界（上中央図）のような入り組んだ形状の筋が見られる。この筋は，表面で冷やされた汁が沈む部分に対応する。沈みこんだ部分は，その重みで表面を引っ張る。また，とけた"ろう"（パラフィン）の表面を冷やすと，ろうが固まってプレートをつくる（右図の白い部分）。固まったろうは冷たく重いため，とけたろうの中に沈みこむ。味噌汁やパラフィン実験に見られるこれらの現象は，地球のプレート運動に類似し，冷たい部分と熱い部分との密度差が動きを生み出すことがわかる。この場合，運動のエネルギー源は熱である。すなわち，地球は，内部の熱エネルギーがプレート運動に変換されているのである。味噌汁の場合，沈みこむ境界に取り囲まれたそれぞれの領域の中で，底から表面に向かう上昇流が生じており，この流れが味噌の粒を表面付近まで運ぶ。地球でも，マントル深部から熱い上昇流が生じており，ハワイやアイスランドのようなホットスポットの火山は，この上昇流に伴ってマントルがとけて生み出されると考えられている。

C マントル対流

マントルは固体（岩石）であるが，非常に長い時間スケールでみると，あたかも水あめのように流動する。この運動をマントル対流とよぶ。

■ マントルの温度と対流（コンピュータシミュレーション）

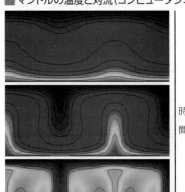

プレートやマントルの運動を引き起こす熱エネルギーは，放射性元素の崩壊に伴う発熱と，地球ができたときにもっていた熱とに由来する。これらの熱は，地表面から宇宙空間に失われるが，地表面が冷却されると密度が大きくなって沈み，プレート運動を引き起こす。また，地球深部が温められて上昇流（**プルーム**）を形成し，ホットスポットを生む。このような流れを，一般に熱対流とよび，マントルで起こる流れのおもな機構は熱対流である。

左図の青は表面で冷却されて冷たく重い部分，赤は高温で軽い部分を表す。時間とともに冷たい部分が沈みこみ，熱い部分が上昇する。地球内部での放射性発熱のため，底面から供給される熱量より，表面から排出される熱量のほうが大きく，このため上昇流より下降流が強い。3次元の対流では，冷たい下降流はシート状に，熱い上昇流は円筒状になる。これは，熱く粘性の小さな上昇流は集中しやすく，円筒状になるためである。

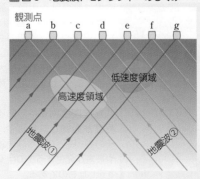

■ 地球内部の下降流と上昇流

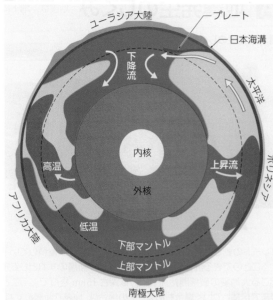

地球内部の温度分布は，地震波トモグラフィーから推定される（下の **Zoom up**）。一般に，地震波の伝わる速さが遅い所は高温，速い所は低温に対応するため，地震波の速度構造から，対流のパターンを描くことができる。

Zoom up 地震波トモグラフィー 地

地下のある場所に，地震波が周囲よりも高速で伝わる領域（図1の高速度領域）と，より低速で伝わる領域（低速度領域）を考える。ある地震が起こって，地震波①（図1）が地表の観測点に設置した地震計で記録された場合，観測点gでは，震源からの距離から予想されるよりも遅く波が到着し，観測点dとeでは予想より早く到着する。地震波がやってきた方向のどこかに高速度領域と低速度領域があるはずだが，どこにあるか正確にはわからない。次に，もう一つ別の地震が起こり，地震波②が再び地表の観測点で記録されたとする。今度は，観測点cとdで予想よりも遅く波が到着し，観測点aとbでは早く到着する。このことから，方向だけではなく，どの位置に高速度領域と低速度領域があるかがわかる。さらに数多くの地震を，より多くの観測点で記録すれば，地球内部について一層正確かつ解像度の高い地震波速度の構造がわかる。この方法を「地震波トモグラフィー」とよぶ。図2は，異なる4つの深さにおける地震波トモグラフィーの結果で，相対的に高速で伝わる領域を青色で，低速で伝わる領域を赤や橙色で示している。一番浅い，深さ70kmでは地震波速度の場所による違いが最も大きいことがわかる。これは表面での冷却が，下面での加熱よりも強いことに対応する。

■ 図1 地震波トモグラフィーのしくみ

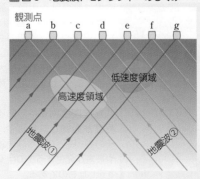

■ 図2 等深面上の地震波速度の構造

低速 ◀ 地震波速度 ▶ 高速

(a) 深さ70km
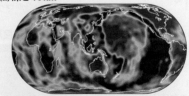

(b) 深さ660km（上部マントル - 下部マントル境界）
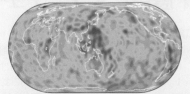

(c) 深さ1700km
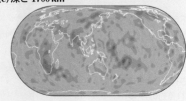

(d) 深さ2891km（核 - マントル境界）
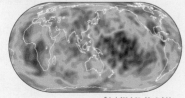

『火山』Vol.61, No.1 より

基13 地震の発生

基A 地震発生のしくみ
地震は，地下に蓄えられたひずみが，断層のずれとして短時間で解放される現象である。

■地震発生のしくみ

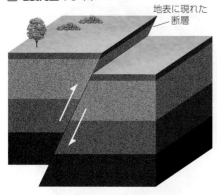
地表に現れた断層

兵庫県南部地震を起こした野島断層

■震源・震央・震源域

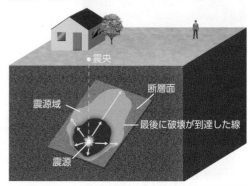
震央
断層面
震源域
最後に破壊が到達した線
震源

プレートの動きなどによって地下には日々ひずみが蓄積している。そのひずみが，地下に蓄えることのできる許容範囲をこえたときに，断層のずれとして短時間で解放される。内陸で起こる大地震の破壊開始点（震源）は深さ15km程度であることが多いが，断層のずれは地表まで伝播していく場合もある。その場合は，地表で断層のずれを直接観測することができる。

巨大地震では，ずれる断層の長さは数百kmにもなるが，地震による断層のずれは断層面のある1点から開始すると考えられている。この開始点を **震源**，震源の真上の地表の点を **震央** とよぶ。ずれは断層面にそって伝わり，最終的に断層がずれた領域を **震源域** とよぶ。

■震度分布・P波の伝播時間
（2011年東北地方太平洋沖地震）

地震が発生すると，P波は，震央から100kmの範囲では速さ6km/s程度で，それより遠い領域では速さ8km/s程度で同心円状に伝播する。震度は震源域から離れるほど小さくなる傾向にある。2011年東北地方太平洋沖地震では，震源域が三陸沖から関東地方に向かって広がったために，北関東でも震度が大きくなった。

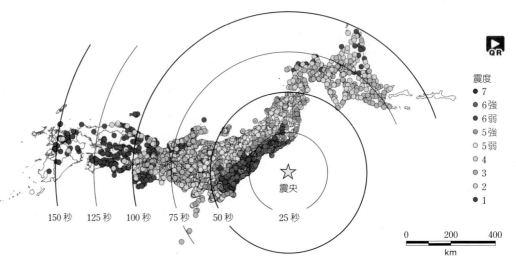

150秒 125秒 100秒 75秒 50秒 25秒

震央

震度
- 7
- 6強
- 6弱
- 5強
- 5弱
- 4
- 3
- 2
- 1

0 200 400 km

基B 震度とマグニチュード
各地点でのゆれの強さをはかるものさしが **震度** である。
地震の大きさをはかるものさしが **マグニチュード** である。

■気象庁震度階級（詳細は巻末資料に記載 ♪p.210）

震度階級	人の体感・行動や屋内外の状況
0	人はゆれを感じないが，地震計には記録される。
1	屋内で静かにしている人の中には，ゆれをわずかに感じる人がいる。
2	屋内で静かにしている人の大半が，ゆれを感じる。
3	眠っている人の大半が，目を覚ます。
4	ほとんどの人が驚く。電灯などのつり下げ物は大きくゆれる。
5弱	大半の人が，恐怖を覚え，物につかまりたいと感じる。
5強	大半の人が，物につかまらないと歩くことが難しい。
6弱	立っていることが困難になる。ドアが開かなくなることがある。
6強	はわないと動くことができない。飛ばされることもある。
7	耐震性の低い建造物は，傾くものや倒れるものが多い。耐震性の高い建造物でも，まれに傾くことがある。

■震度計

震度は震度計を用いて観測される。ゆれは，極端に短い周期や長い周期のものもあるが，それらを除いたゆれの最大加速度（最大の速度変化）から震度が算出される。
気象庁震度階級は，ある震度が観測された場合，その周辺でどのような現象や被害が発生するかの目安を示したものである。

■ 異常震域

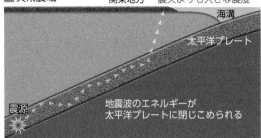

関東地方　震央よりも大きな震度

海溝

太平洋プレート

震源

地震波のエネルギーが
太平洋プレートに閉じこめられる

■ 小笠原諸島西方沖地震(2015年5月30日)の震度分布

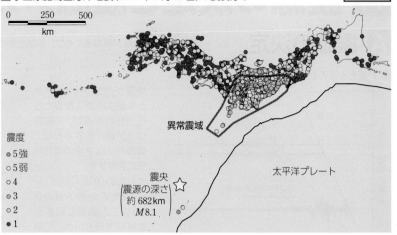

0　250　500
km

震度
◦ 5強
◦ 5弱
◦ 4
◦ 3
◦ 2
● 1

異常震域

震央
震源の深さ
約682km
M8.1

太平洋プレート

通常は，震源から遠ざかるに従い，震度が小さくなる。この例に合わないもの，例えば，震源から十分に離れているにもかかわらず強いゆれを観測する領域を **異常震域** とよぶ。深い所で地震が発生すると，地震波の一部が沈みこんだ海洋プレート内に閉じこめられる現象が発生する。そのために，関東地方では大きな，かつ，長い時間ゆれが観測される。

■ マグニチュードと地震のエネルギー

関東地震(1923年)M7.9　　兵庫県南部地震(1995年)M7.3

1～2m
15km
70km
40km
130km
3.5m
150km
東北地方太平洋沖地震(2011年)M9.0
450km
10m

マグニチュード(記号：M)は，一般に震源近傍での地震波の強さから計測されていたが，今では，地震のエネルギーから求めることができる。地震のエネルギーを表す量として，地震モーメントがある。地震モーメントから求めたマグニチュードをモーメントマグニチュードとよぶ。モーメントマグニチュードは地震波の強さではなく，断層運動の規模と関係する。

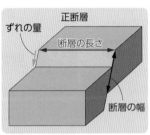

正断層

ずれの量

断層の長さ

断層の幅

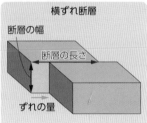

横ずれ断層

断層の幅

断層の長さ

ずれの量

補足 モーメントマグニチュードと
気象庁マグニチュード

地震モーメント
$$M_0 \text{[N·m]} = 剛性率\text{[N/m}^2\text{]} \times 断層の総面積\text{[m}^2\text{]}$$
$$\times 断層のずれの平均\text{[m]}$$

モーメントマグニチュード　$M_W = \dfrac{\log_{10} M_0 - 9.1}{1.5}$

マグニチュードが1大きいと地震モーメントが約32($=\sqrt{1000}$)倍になる。

気象庁マグニチュード

小さい地震は地面が動く速度の最大振幅，中くらい以上の地震は地面の変位の最大振幅を地震計で観測し，その値を震源付近での地震動の強さに換算して気象庁マグニチュードが求められる。これらの方法では，M9クラスの規模を正確に算出できないため，モーメントマグニチュードが代用されることもある。

基 **C** # 本震と余震

ある地域で時期的にかたまって発生した地震のうち，最大の地震を **本震**，本震前に発生した地震を **前震**，本震後に発生した地震を **余震** とよぶ。

■ 地震の回数(2011年東北地方太平洋沖地震)

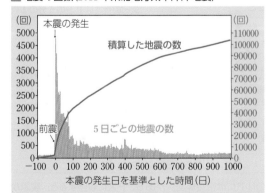

(回)
5000
4500
4000
3500
3000
2500
2000
1500
1000
500

本震の発生

積算した地震の数

前震

5日ごとの地震の数

(回)
110000
100000
90000
80000
70000
60000
50000
40000
30000
20000
10000

-100　0　100　200　300　400　500　600　700　800　900　1000
本震の発生日を基準とした時間(日)

2011年東北地方太平洋沖地震では，数日前にM7クラスの前震が発生した。本震からの経過時間をtで表すと，余震の個数は時間とともにおよそ $\dfrac{1}{t}$ に比例して減少することが知られている。

■ 本震の震源域と余震分布

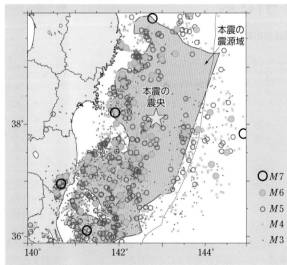

本震の
震源域

本震の
震央

38°

36°

140°　　142°　　144°

○ M7
◦ M6
◦ M5
◦ M4
◦ M3

図は，2011年東北地方太平洋沖地震の本震の震源域と余震分布である。余震は，震源域や震源域周辺で発生していることがわかる。特に，震源域の端で活動が活発である。この領域は本震によってひずみが増加した領域と一致する。余震がかたまりとして発生している領域を **余震域** とよぶ。ほとんどの地震では，余震域は震源域より一回り大きくなる。

異常震域：region of abnormal seismic intensity　　マグニチュード：magnitude　　本震：main shock　　余震：aftershock

地球の構成と活動

基 A 震源の決定

P波とS波の伝播する速度が異なるために，2つの波の到着時刻の差を調べることで，震源の位置を決定できる。

■ P波とS波の到着時刻の差

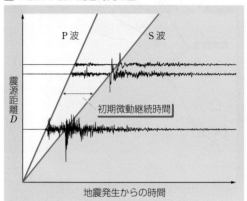

地震が発生すると，P波とS波は同時に震源から伝わり始めるが，P波のほうが速く伝わるため，観測点にはP波のほうが先に到着する。

ゆれ始め（P波の到着）から主要動の始め（S波の到着）までの時間を初期微動継続時間という。初期微動継続時間は，震源距離に比例して長くなる。

大森公式

P波の速度を V_P，S波の速度を V_S，震源距離を D とすると，

観測点にP波が届くまでの時間 T_P は $T_P = \dfrac{D}{V_P}$ …①

観測点にS波が届くまでの時間 T_S は $T_S = \dfrac{D}{V_S}$ …②

初期微動継続時間 T は $T = T_S - T_P$ であり，

これに①，②を代入すると $T = \dfrac{D}{V_S} - \dfrac{D}{V_P}$

D について整理すると $D = \dfrac{V_P V_S}{V_P - V_S} T$

ここで $\dfrac{V_P V_S}{V_P - V_S}$ は V_P，V_S によって決まる定数であるから

$k = \dfrac{V_P V_S}{V_P - V_S}$ として，$D = kT$ となる。これを大森公式という。

■ 震源の求め方

大森公式より，初期微動継続時間から震源距離が求められる。そして，観測点を中心とし，震源距離を半径とした半球上に震源が存在する。3つの観測点 A, B, C があるときは，半球の交点 P が震源となる。観測点を中心に震源距離を半径とする円をかくと，3つの共通弦の交点 O が震央である。O を通り，AO に垂直な直線と A の円との交点の1つを P′ とすると，OP′ が震源の深さと等しくなる。OP′ = OP である。

🔍 Zoom up 緊急地震速報

気象庁は，予測される最大震度が5弱以上のとき，震度4以上のゆれが予測される地域名を，緊急地震速報として発表している。次の2つの方法で震度を予測し，大きいほうが発表される。

2023年2月からは，通常の震度に加え，長周期地震動（🎵 p.44）の階級3以上のゆれが予測される地域も発表されている。

地 B 押し波・引き波

■ 地表で観測される地震波の初動（押し波の場合）

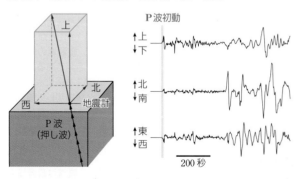

地震波は地表に向かって，下から上にやってくる。上下方向の成分の地震計の記録を見ると，押し波か引き波かを判断することができる。押し引きの分布から震源メカニズムを決定することができる。

■ P波とS波の動き

矢印の長さはP波の5分の1倍

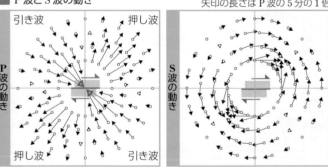

断層の動きと地面のゆれには密接な関係がある。P波に着目すると，震源から遠ざかる方向に押し出される「押し波」の領域と，震源方向に引っ張られる「引き波」の領域に分けられる。この押し引きの分布を震源を囲む球に投影したものが震源メカニズムである。S波に着目すると，断層面に直交する方向では，断層の動きと同じ方向のゆれが大きくなり，断層面の方向では，回転を抑制する方向に大きくゆれる。

Zoom up 震源メカニズム解 地

断層運動は断層を境に地層が3次元的に動く現象である。したがって，断層の動きを調べるのに，震源を中心とする球（震源球）を考える。
震源から各地の観測点まで地震波がどのような経路で伝播したのかを計算し，震源球の表面と伝播経路の交点に，観測によって得られた押し引きの情報をプロットする。押し引きの分布は，直交する2つの平面によって4つの領域に分けることができる。平面の1つが断層面となり，もう1つは補助面とよばれる。また，震源から押し出される領域の中心を結ぶ軸をT軸，震源へ引きこまれる領域の中心を結ぶ軸をP軸とよぶ。この球の下半分を鉛直下方の平面に投影したものを震源メカニズム解とよぶ。
代表的な例として，正断層が生じる場合の震源メカニズム解は(1)のようになり，逆断層が生じる場合の震源メカニズム解は(2)のようになる。また，水平方向に横ずれ断層が生じる場合の震源メカニズム解は，(3)のように断層面と補助面が直交する2本の線として現れる。

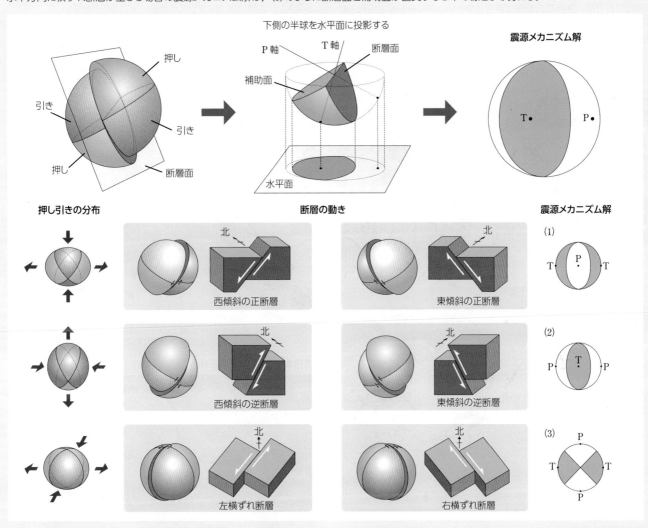

地震計 QR

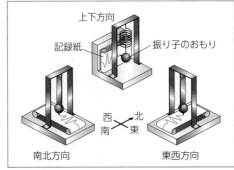

地面の動きを記録する装置が **地震計** である。地震の振動を測定するためには，動かない点（不動点）に対する相対的な動きを記録すればよい。振り子の場合，おもりは不動点とみなすことができる。簡単な地震計の場合は，振り子のおもりに取りつけた描針を記録紙に接触させて，記録紙の振動すなわち地面の振動を記録するようになっている。おもりにコイルを巻き，磁石を地面につけると，電磁誘導により，地面が動くとコイルに電流が流れる。この電流を計測すれば，地面のゆれが電気信号として計測できる。

基 15 地震の起こる場所

基 A プレートの運動と地震

プレートの運動によってプレート境界でひずみが蓄積し，地震が発生する。

世界の地震の震央分布

発生する地震のタイプは，プレートの動きと密接に関係している。プレート発散境界では，正断層の地震が発生しやすい。プレート収束境界では，下盤の海洋プレートが沈みこむように動くことによって逆断層の地震が発生しやすいが，他のタイプの地震も発生する。プレートすれ違い境界では，水平方向に断層がずれるので横ずれ断層の地震が発生しやすい。

色は震源の深さを表す（右図と同じ）。

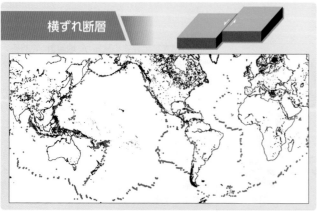

基 B 日本列島周辺の地震分布

日本で発生する地震の震央分布

日本は，世界でも最も地震活動の盛んな地域に属する。プレートの沈みこみによってプレート境界周辺に蓄積したひずみは $M8$ や $M9$ クラスの巨大地震で解放される。また日本海ぞいでは，ときどき $M7$ クラスの地震が発生し，内陸では $M6$ クラスの地震が起こることが多い。

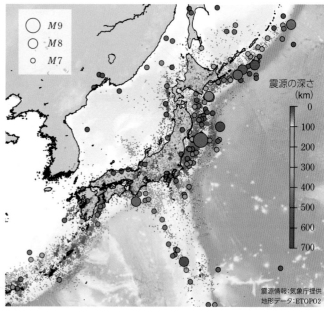

震源情報：気象庁提供
地形データ：ETOPO2

○は 1919 年〜 2020 年 3 月に起こった $M7$ 以上の地震，
点は 2019 年に起こった $M1.5$ 以上の地震。

日本列島周辺のプレート

日本周辺では，太平洋プレートが日本海溝から，フィリピン海プレートが南海トラフなどから日本の下に沈みこんでいる。また，北米プレートとユーラシアプレートの境界は日本を通っていると考えられている。つまり日本列島は，4 つのプレートが互いに押しあっている地域であり，日本全土のほとんどが地震の脅威にさらされているのである。

基 C 深発地震面

■ 東北日本を東西方向の断面でみたときの地震の震源分布

海洋プレートは冷やされ，密度が大きくなった結果として地球の内部へと沈みこんでいく。他のマントルと比較して冷たいために，地震が発生する。沈みこむプレートの構造を反映して深発地震は面状に分布する。これを **深発地震面** という。深発地震面は日本の和達清夫によって1927年に明らかにされ，今では **和達・ベニオフ帯** とよばれている。断面図を見てみると，沈みこむプレートで地震が発生する領域が二重になっていることがわかる。この2つの面を **二重深発地震面** とよぶ。二重深発地震面は，古いプレートが沈みこむときに観測される。上の面では，沈みこむ方向に圧縮されているタイプの地震が，下の面では，沈みこむ方向に引っ張られているタイプの地震が発生することが知られている。

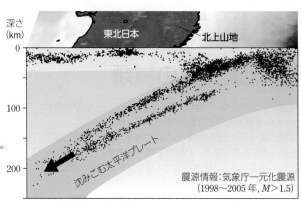

深さ
(km)

東北日本　　　北上山地

0

100

200

沈みこむ太平洋プレート

震源情報：気象庁一元化震源
(1998〜2005年, $M>1.5$)

地球の構成と活動

基 D アスペリティ

プレート境界は，ゆっくりとずれる領域と2つのプレートが固着している領域がある。通常は固着しており地震時に大きくずれる領域が **アスペリティ** である。

■ アスペリティの分布の模式図

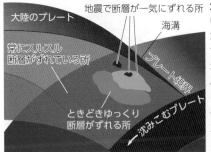

地震で断層が一気にずれる所

大陸のプレート

海溝

常にスルスル断層がずれている所

プレート境界

ときどきゆっくり断層がずれる所

→ 沈みこむプレート

2つのプレートがプレート境界でスルスルとずれている場合は，ひずみが蓄積しないので地震は起こらない。地震が起こるのは，プレート境界の一部で，プレートとプレートが強く固着してひずみが蓄積されるためである。この固着によって蓄積されたひずみの多くは，地震時に一気に解放されたり，ゆっくりとしたすべりで解放されたりする。地殻変動を調べることにより，固着している領域や，ゆっくりとしたすべり現象を調べることができる。

■ アスペリティの分布例

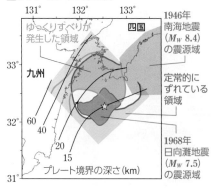

131°　　132°　　133°

ゆっくりすべりが
発生した領域

四国

33°

九州

32°

60
40
20
15

31°

プレート境界の深さ(km)

1946年
南海地震
(M_W 8.4)
の震源域

定常的に
ずれている
領域

1968年
日向灘地震
(M_W 7.5)
の震源域

基 E 日本で起こる地震

日本では，複雑な構造を反映して，さまざまなタイプの地震が発生する。

■ 日本で起こる地震のタイプ

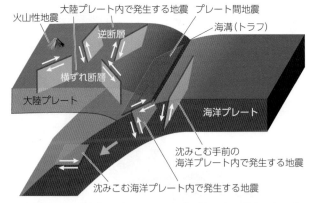

火山性地震

大陸プレート内で発生する地震　プレート間地震

逆断層

海溝(トラフ)

横ずれ断層

大陸プレート

海洋プレート

沈みこむ手前の
海洋プレート内で発生する地震

沈みこむ海洋プレート内で発生する地震

日本では，太平洋プレートとフィリピン海プレートの沈みこみに伴い，プレート境界で逆断層型の「プレート間地震」が発生する。また，プレート内部でもひずみが蓄積し「プレート内地震」が発生する。海洋プレートでは，沈みこむ前に曲がることで生じるひずみによって，海溝付近で正断層型の巨大地震が起こりやすい。また，沈みこむ海洋プレートの内部でも地震が発生する。大陸プレート内に目を向けると，2011年東北地方太平洋沖地震の発生前までは，東西方向に押されて発生する逆断層や横ずれ断層の地震が主であったが，発生直後には，福島県で正断層の地震が発生している。

プレート間地震

最大規模………M9クラス
断層のタイプ…逆断層
被害……………広域にわたって甚大な被害をもたらす巨大地震となる場合がある。規模が大きい地震は津波を引き起こす。

沈みこむ手前の海洋プレート内で発生する地震(アウターライズ地震)

最大規模………M8クラス
断層のタイプ…正断層が多い。
被害……………陸地から比較的離れている所で発生するために地震動の被害は比較的少ないが，浅い所で規模の大きい地震が発生すると津波を引き起こす。

沈みこむ海洋プレート(スラブ)内で発生する地震(スラブ内地震)

最大規模………M8クラス
断層のタイプ…正断層もしくは逆断層が多い。
被害……………広域にわたって比較的強い地震動が観測されるが，震源が地表から遠いため小被害にとどまる場合が多い。300kmより深い所で発生する深発地震では異常震域(🎵 p.39)が観測される。

大陸プレート内で発生する地震

最大規模………M8クラス
断層のタイプ…東北日本では逆断層，西日本では横ずれ断層が多い。
被害……………都市の直下で発生すると，強い地震動によって甚大な被害が発生する。

火山性地震

最大規模………M6クラス
断層のタイプ…さまざまなタイプの地震が発生する。
特徴……………本震・余震のような系列ではなく，群発して発生する場合が多い。火山噴火と関係している場合もある。

16 地震災害(1)

A 地震災害の種類

地震や火山噴火などの地球の活動によって，人々の生命やくらしに被害が及ぶことを自然災害という。
地震によって引き起こされる可能性がある自然災害には，右のようなものがある。山地や平野，沿岸部といった地域・地形の特徴によって被害が大きくなりやすい場合がある。

災害の原因	災害の種類	具体例
地震動	建造物の倒壊	家屋や道路の倒壊
	地盤の液状化	噴砂，建造物の沈下，地下構造物の浮上
	土砂災害	家屋が土砂に埋まる，落石，斜面崩壊，地すべり，人的被害
地盤の変形	地割れ	家屋や農地の破壊
	津波	家屋などの流出，がれきの発生，人的被害
二次的なもの	火災	広域火災，火災旋風
	ライフラインの断絶	電気，ガス，水道，通信，交通網などの断絶

B 地震動による被害

1995年兵庫県南部地震のゆれで倒壊した高速道路

1995年兵庫県南部地震は，1995年1月17日午前5時46分に発生した。兵庫県の神戸市と洲本市では震度6が観測され，後日行われた現地調査によって震度7に相当するゆれが発生していたことが明らかになった。
市街地で起こった激しいゆれによって住宅など建造物が倒壊し，多くの人命が失われた。

2018年北海道胆振東部地震で発生した土砂災害

2016年熊本地震で崩れた熊本城の石垣

熊本城総合事務所 所蔵

長周期地震動による低層階と高層階の被害の違い

低層階(2階)

高層階(24階)

地震波には小刻みにゆれる波とゆっくりと地面がゆれる波が含まれている。長周期地震動はゆっくりと地面がゆれる波で，ゆれの周期は1.5〜8秒程度である。
一般に地震の規模が大きくなるほど長周期の波が放出されやすくなるが，実際には1〜8秒の周期の振幅は$M7$以上では飽和してそれ以上大きくならない。ただし，大きな地震の場合，ゆれの継続時間が長いため，高層ビルなど，大規模な構造物が共振によって大きくゆれ，被害が拡大することがある。また，同じ建物でも，高層階のほうが大きくゆれるため，より被害が大きくなりやすい。

長周期地震動の階級

長周期地震動によるゆれの大きさは，階級で表される。

階級	屋内の状況
1	ブラインドなどのつり下げものが大きくゆれる。
2	キャスター付きの家具類などがわずかに動く。棚にある食器類，書棚の本が落ちることがある。
3	キャスター付きの家具類などが大きく動く。固定していない家具が動くことがあり，不安定なものは倒れるものがある。
4	キャスター付きの家具類などが大きく動き，転倒するものがある。固定していない家具の大半が移動し，倒れるものがある。

表層地盤のゆれやすさ全国マップ

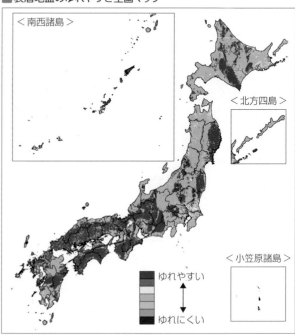

< 南西諸島 >
< 北方四島 >
< 小笠原諸島 >

ゆれやすい
↕
ゆれにくい

地盤の特徴によって，地震動が増幅されることがある。盆地など，比較的新しい時代の堆積物が厚く分布している場所や埋め立て地，海や河川付近の泥が厚く堆積した地域など，地盤がやわらかい場所では，ゆれが増幅されやすい。地下の構造の調査によって，ゆれの増幅度合いが推定されている。

基 C 液状化現象

液状化現象が起こると地盤の強度が失われ，上水道・下水道システムのような地下の設備や，地上に建設されている家屋に重大な被害をもたらす。

■ 液状化現象のしくみ

地震前　電柱　マンホール　● 砂粒子　□ 地下水　地盤が安定している状態

地震中　砂粒子が浮遊し泥水化し，マンホールが浮上，電柱が沈下

地震後　砂粒子が再堆積し，地盤沈下，泥水の湧出

地下水位が高い，ゆるい砂の地盤では，強いゆれが発生すると，砂どうしの結合がはがれ液体のように振る舞う。地震後には砂の地盤は強くなるが，十分に地盤がしまることはまれで，次の地震でも液状化を起こす。

液状化で沈下した交番
2011年東北地方太平洋沖地震
（千葉県浦安市）

液状化で浮き上がったマンホール
2011年東北地方太平洋沖地震
（千葉県浦安市）

東北地方太平洋沖地震での液状化発生地点

- 国土交通省関東地方整備局・地盤工学会 (2011.8)
- 若松・先名による追加地点 (2014.9.10)

本震震央 +

100km

関東学院大学 若松加寿江・
防災科学技術研究所 先名重樹

東北地方太平洋沖地震では，青森県から神奈川県まで，東日本の広範囲で液状化が発生した。発生地点は，東京湾周辺の埋立地（千葉県浦安市周辺など）や，利根川や鬼怒川周辺の，旧河道の埋立地が多かった。これらの地域は，住宅の多い都市部であったために，被害が大きくなった。

Zoom up　内陸活断層で発生する地震

■ 活断層

地殻には多くの断層という弱面が存在している。断層を動かせる方向に力が作用している場合，地震が発生しうる。逆に，断層の形状が力の方向に合わなくなったときは，その断層の活動が止まり，力の方向に適合した新たな断層が形成される。時間とともに地下に作用する力や断層の形状は変化していくため，特定の断層が現在も活動しているのかを判定することは難しい。そこで，比較的最近（例えば第四紀もしくはその後半）に動いたとみなされる断層を，活動している断層（活断層）と考えることにしている。

　内陸の活断層で発生する地震の多くは1995年兵庫県南部地震や2016年熊本地震のように，人間活動が活発な地域の近傍で発生するため，莫大な被害をもたらす地震となりやすい。

■ 2016年熊本地震

2016年4月14日に M6.5の地震が熊本県を襲った。その2日後には，同じ地域で M7.3の大地震が発生し，強い地震動によって多くの尊い人命が失われた。熊本地震の震央周辺には，布田川ー日奈久断層帯が存在することが知られており，地震前の活断層調査では，これらの活断層が動く確率は高い部類であることがわかっていた。

　最近の研究により，大地震には特徴的な前震活動が存在することが明らかになりつつある。内陸地震の場合は，複数の断層が接合する付近で前震活動が発生し，前震域周辺から本震の破壊が開始することが知られている。ただし，特徴的な前震活動が観測されない大地震も多い点に注意する必要がある。

　2016年熊本地震では，日奈久断層帯と布田川断層帯の接合部付近で前震活動が確認され，その後，前震域周辺から本震の破壊が開始した。本震の破壊は，日奈久断層帯にそって南西側に伝播した後に，布田川断層帯にそって北東方向に伝播した。その後，破壊は阿蘇カルデラの南西端付近で急減速し，停止した。

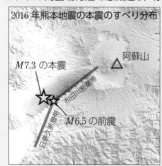

2016年熊本地震の本震のすべり分布

M7.3 の本震　阿蘇山
布田川断層帯
M6.5 の前震
日奈久断層帯
断層のずれ（m）5.7 ～ 0.0

　一般に破壊が停止した領域周辺では，余震活動が活発であるのが一般的であるが，熊本地震の場合，本震の破壊が停止した領域周辺でほとんど余震が発生していない。破壊が急停止し，かつ，余震活動が低調な領域は，マグマだまりがあると考えられている領域と一致する。このことは，温度が高く流動的な領域が存在するために，本震時の破壊の伝播が妨げられたことを示している。このことから，地震時の破壊は地下の温度構造と強く関係していることがわかる。

■ 地震時の破壊

地震が開始すると，震源から断層面にそって破壊が伝播していく。この破壊領域の拡大によって，ドップラー効果と同じような現象が発生する。破壊が近づいてくる地点では，ゆれる時間は短くなるが振幅は大きくなり，破壊が遠ざかる地点では，ゆれが継続するが振幅は小さくなる。横ずれ断層の破壊が水平方向に伝播していく場合，この効果で振幅が増幅される領域とS波の震動が大きくなる領域（Ⓙp.40Ⓑ）が一致するために，相乗効果により理不尽なほど大きな振幅をもつS波が観測される。結果として，破壊が伝播していく方向の延長線上の地域で線状に地震動の被害の大きい領域が広がる。兵庫県南部地震では神戸に向かって主破壊が進行したのが主原因となり，神戸で地震動による大被害が発生した。熊本地震の本震では主破壊が伝播していった北東側に位置する益城町・西原村・南阿蘇村で地震動による大被害が生じた。

基 A 津波

地震や火山，地すべり等で海底面が短時間で大規模に変化すると **津波** が発生する。
津波は，広い範囲にわたって大規模な被害をもたらす。

■ 津波が発生するしくみ

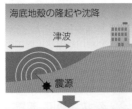

海底地殻の隆起や沈降
津波
震源

津波

海底の近くで発生する地震や，海底火山の活動，大規模な地すべりによって，海面が一時的に変形すると，その変形がもとにもどろうとして津波が周辺に伝播していく。津波の伝播速度は，水深（h）とすると，$\sqrt{h}$ に比例する。水深が浅い海岸付近で伝播速度が遅くなり，津波の高さはより高くなり，海岸周辺に大きな被害をもたらす。

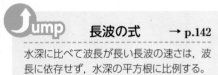

Jump 長波の式　→ p.142
水深に比べて波長が長い長波の速さは，波長に依存せず，水深の平方根に比例する。

東北地方太平洋沖地震で発生した津波

Zoom up　プレート境界で発生する地震

■ 巨大地震を引き起こすメカニズム
日本列島には，太平洋プレートとフィリピン海プレートが沈みこんでいる。陸側のプレートと海側のプレートが一部固着しているため，スムーズに沈みこむことができず，地下にひずみが蓄積して，このひずみはやがて巨大地震により解放される。地震観測網や測地観測網の発達や解析技術の向上により，プレート境界でどのようにひずみが蓄積され解放されるのかモニターすることが可能になりつつある。

■ 東北地方太平洋沖地震
2011 年 3 月 11 日に宮城県沖を震源とする $M9$ の巨大地震（東北地方太平洋沖地震）が発生した。断層のずれは，地震発生後に南北方向にも伝播していき，約 1.5 分後には茨城県沖に到着した。東日本全体が激しくゆさぶられたことによって，構造物の被害や大規模な液状化が発生した。また，巨大地震による海底面の地殻変動によって，巨大な津波が引き起こされ，太平洋沿岸を襲って多大な被害が生じた。

■ 巨大地震直前のゆっくりすべり
東北地方太平洋沖地震は，近代的な地震観測網や測地観測網で地震前後のさまざまな現象がとらえられた巨大地震である。東日本の地殻変動を見てみると，地震前には大きく西側に動いていることがわかる（◯p.31 **D**）。これは，プレート境界の一部が固着しており，北米プレートが太平洋プレートによって下の方向に引きずられていたためである。2005 年宮城県沖地震（$M7.2$）以降，東北地方太平洋沖地震の震源域で $M6$ 以上の地震の発生回数が増え，さらにプレート境界で大規模かつゆっくりとした断層すべりが発生するようになった。このような通常とは異なる大規模なゆっくりすべりは，東北地方太平洋沖地震の準備過程に関係していると考えられており，また，数値シミュレーションによっても巨大地震前にこのような現象が引き起こされる場合があることがわかっている。

東北地方太平洋沖地震が発生する 2 日前，$M7.3$ の地震が発生した。この地震後に，ゆっくりすべりが東北地方太平洋沖地震の震源へと伝播していくようすがとらえられた。このような，巨大地震直前の本震震源に向かうようなゆっくりすべりの伝播は，2014 年チリ地震（$M8.2$）でも観測されている。ただし，類似した現象が巨大地震直前以外にも観測されており，この現象が起これば必ず巨大地震が発生するというわけではないが，巨大地震の発生過程を理解する上で重要な現象であろう。

■ 地震による破壊の伝播
東北地方太平洋沖地震の発生後に，破壊は東西方向に伝播したことがわかっている。震源から西側の宮城県沿岸近くで大きな断層すべりが発生したために，強いゆれが東北地方を襲った。また，震源から東側の海溝付近ではスムーズでかつ大きな断層すべりが発生した。このすべり量が大きかったために，海溝付近から宮城県に向かって破壊が伝播していった。その結果として，宮城県沿岸近くで再度大きな断層すべりが発生して，強いゆれが東北地方を襲った。つまり東北地方では，2 度の強いゆれが観測された。このような，破壊が海溝で反射して逆伝播する現象が明瞭にとらえられたのは今回の巨大地震が初めてである。

三陸海岸では，長い時間をかけて陸地が隆起している。海水準の上昇に比べて隆起速度が遅いため，南側ではリアス海岸が形成されている。地殻変動の記録を見てみると，巨大地震前には，2 つのプレートが固着していることにより沈降し続け，巨大地震時にも沈降している。一方で，地震後には隆起し続けていることが明らかになっている。この隆起現象の原因として，深部のプレート境界でゆっくりとした断層すべりや，アセノスフェアで発生した流動が関係していると考えられている。今後もこの隆起現象が継続して，長い期間でみると隆起が卓越すると考えられている。

■ 東北地方で観測された 2 度の強いゆれ

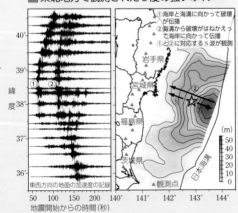

東西方向の地面の加速度の記録
地震開始からの時間（秒）

① 海岸と海溝に向かって破壊が伝播
② 海溝から破壊がはねかえって海岸に向かって伝播
①と②に対応するS波が観測

岩手県
宮城県
福島県
茨城県
日本海溝
観測点

基 B 日本の地震災害

日本で大災害となる地震は津波を伴うことが多く，そのほとんどはプレートが沈みこむ海溝やトラフぞいで起こる。内陸地震ではマグニチュードが小さくても震源距離が小さいためゆれが大きくなり，大災害を起こす場合がある。

■ 震度5弱以上を観測したM7以上の地震の震央分布（1923〜2022年8月）

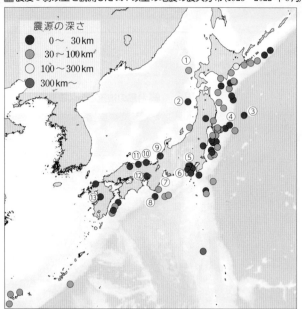

震源の深さ
- 0〜 30km
- 30〜100km
- 100〜300km
- 300km〜

■ 1923年以降に日本で死者・行方不明者が50人を超える大災害が発生した地震

年代	地震名	M	最大震度	死者・行方不明者	津波	震央※
1923	関東地震	7.9	6	10万5千余	有	⑤
1925	但馬地震	6.8	6	428		
1927	北丹後地震	7.3	6	2925	有	⑩
1930	北伊豆地震	7.3	6	272		⑥
1933	三陸沖地震	8.1	5	3064	有	③
1943	鳥取地震	7.2	6	1083		⑪
1944	東南海地震	7.9	6	1223	有	⑦
1945	三河地震	6.8	5	2306	有	
1946	南海地震	8.0	5	1330	有	⑧
1948	福井地震	7.1	6	3769		⑨
1960	チリ地震	9.5	－	142	有	
1968	十勝沖地震	7.9	5	52	有	
1983	日本海中部地震	7.7	5	104	有	②
1993	北海道南西沖地震	7.8	5	230	有	①
1995	兵庫県南部地震	7.3	7	6437		⑫
2004	新潟県中越地震	6.8	7	68		
2011	東北地方太平洋沖地震	9.0	7	18475	有	④
2016	熊本地震	7.3	7	50		⑬

※震央は，左図の番号を示す。

基 C 地震の予測と防災

日本は地震大国である。日本に住む限り，地震とうまくつきあう必要がある。将来発生する地震を予測し，防災に役立てることは重要である。

巨大地震の発生頻度は低く，人類は巨大地震の予測をする上で十分な観測データをもち合わせていない。また，巨大地震の発生周期のゆらぎは大きく，発生間隔が平均値の倍になったり半分になったりする。このような状況下で，地震調査推進本部によって地震活動の長期的予測が試みられている。

■ 海溝型地震の発生予測評価（長期的予測）

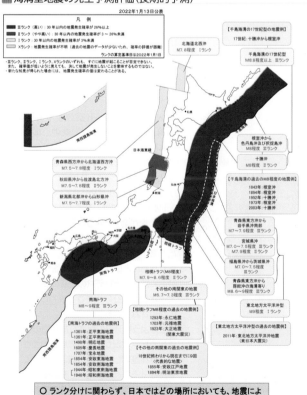

2022年1月13日公表

凡例
- Ⅲランク（高い）：30年以内の地震発生確率が26％以上
- Ⅱランク（やや高い）：30年以内の地震発生確率が3〜26％未満
- Ⅰランク：30年以内の地震発生確率が3％未満
- Xランク：地震発生確率が不明（過去の地震のデータが少ないため，確率の評価が困難）

ランクの算定基準日は2022年1月1日

○ ランク分けに関わらず，日本ではどの場所においても，地震による強い揺れに見舞われるおそれがあります。

（（2022年1月13日時点）地震調査研究推進本部による）

■ 南海トラフでの地震の履歴

南海トラフぞいで発生する巨大地震の活動履歴は，他の巨大地震に比べ多くの記録が残されており，研究が進んでいる。発生間隔は90〜265年と幅がある。紀伊半島沖に沈みこんでいるプレートが折れ曲がっているために，このラインより西側で南海地震が，東側で東南海，東海地震がくり返し発生している。また，宝永地震のようにこのラインを乗りこえて全体を破壊する地震も発生している。

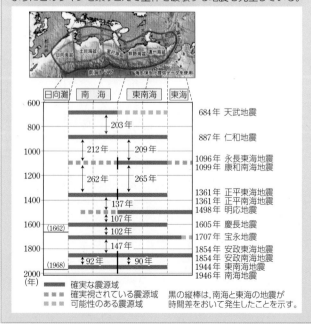

- 確実な震源域
- 確実視されている震源域
- 可能性のある震源域

黒の縦棒は，南海と東海の地震が時間差をおいて発生したことを示す。

古記録とは

■地震に関する随筆（方丈記）　　　■火山噴火のようすを伝える絵図　　　■台風の被害を伝える書籍

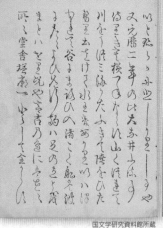

国文学研究資料館所蔵

中，右：東京大学地震研究所所蔵

　むかしの人々が書いた文章は，いまの一般的な書き方とは違った書き方になっている。文字の書き方や文法が違っているのだ。筆で書かれた文字は，線や点がつながって書かれたり点一部が省略されたり，また，前後の文字がつながって書かれたりする（くずし字）。

　さらに，いまは使われない字体が用いられたり，1つの文字がいろいろな形で書かれたりする。仮名は漢字を省略したような形で書かれ，いまの平仮名・片仮名のセットに対して，さらに多くの形がある。例えば「あ」「ア」であれば，「安」「阿」などを略したような形で書かれている（変体仮名）。

　写真のなかった時代，自然現象や災害のようすを描いた絵図も貴重な情報源である。

『破窓の記』に記された 1855 年の地震災害

■赤枠部分の文章

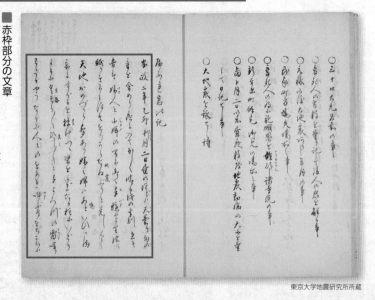

東京大学地震研究所所蔵

人ぎのをめき叫ぶ声をちこちに
りよるにくわらく ひしくと千よろづの雷鳴りわたるやうなるに
婦ぎ婢はあといひさま我にすがるを扶けつつ梁をよぎたる柱にいざ
りをもよほすをりからななぶり（地震）を覚しく天地おのづから声あ
しく晴る戌の半刻過き吾は婦人と小婢の間に在りて手燼によりつつ眠
安政二年乙卯十月二日昼のほどは天曇り雨の気を含めり夜に入て少

　1855 年 11 月 11 日（安政 2 年 10 月 2 日），江戸（現在の東京）を中心に大きな被害をもたらす地震が発生した。この地震は，安政江戸地震とよばれており，都市部で起こった地震の事例の一つとして研究が進められている。

　『破窓の記』には，筆者の体験として，千万の雷が落ちたような音を立てて建物が倒壊し，障子が波打つように見えたと書かれている。また，某所で記録されたものとして，本震や余震の発生時刻に加え，それぞれの地震のゆれの大きさを○（揺）の大きさで表わしたものが付されている。

　このような資料に記された建物の倒壊数や被害状況から各地のゆれの強さ（震度）を推定し，現代の観測データとも比較することにより，歴史上の地震の震源の位置や規模を求めるのである。

むかしの人々が書き残した日記や書籍，手紙などを古記録という。現代のような観測機器が開発される前の自然現象を解き明かす際，古記録を読み解くことで，過去に起こった災害を明らかにし，今後の防災に活かすことができる。

東京大学准教授　国立極地研究所准教授
加納　靖之　　片岡　龍峰
（かのう　やすゆき）（かたおか　りゅうほう）

オーロラの記録と磁気嵐

■『星解』に描かれた赤気（オーロラ）

明和七年庚寅七月十八日夜紅気赤光天
于刻正見図

松阪市所蔵

オーロラは，大きな磁気嵐（◑p.190）の際に日本のような中緯度地域でも上空に現れることがあり，古くから「赤気」などとよばれ，恐れられ，記録されてきた。磁気嵐の原因は，太陽フレアとよばれるプラズマの爆発現象である。

現代社会は，高電圧の電力網や高度な人工衛星技術などに支えられているため，磁気嵐の影響を受けて主要都市が停電するなど，大きな災害をもたらす可能性もある。しかし，どれほど大きな太陽フレアや磁気嵐が，過去に何度発生したことがあるのか，つまり100年に一度や1000年に一度の規模

を知ろうとしても，現代的な観測データは存在しない。

そこで，現代的なデータのかわりに，「赤気」記述の出現頻度や出現場所を調べることで，最大級の磁気嵐の実態を知り，備えることができる。ただし，「赤気」記述は必ずしもオーロラとは限らず，古い記録の出どころを理解し，意味を誤解することなく，科学的な情報を引き出すのは，決して容易ではないため，文学や歴史の専門家と科学者が密に協力することが必須である。具体的には，漢文やくずし字で書かれた前後の文脈を正確に読解し，「銀河（天の川）を貫く」など，星座を基準とした広がり方のヒントを見出したり，「赤気」と同義の言葉，例えば「赤光」や「紅気」と書かれているものも含め，同日の多地点での古記録に同様の記載があるかクロスチェックによる事実確認をすることが，文理融合の協力による研究方法といえる。樹木年輪の同位体を分析することで，過去数千年の太陽活動の遷移を推定する研究があるが，そうして推定された，太陽活動が活発な時代には「赤気」現象が多く発生し，太陽活動が不活発な時代には「赤気」現象がほとんど発生しないことが確認された。また，世界中の窯跡に残された残留磁気（◑p.17）から地磁気の傾きを推定する研究があるが，そうして推定された，日本とオーロラの距離が近い時代は7世紀や12〜13世紀であり，『日本書紀』や『明月記』に記された「赤気」が，日本でオーロラの見られやすい時代であったことも確認された。

ところが，日本ではオーロラが見られにくい時代であった江戸時代にも，京都から空の半分をおおうほどの「赤気」が見られたという絵図が『星解』という江戸時代の天文書に残されている。これは，数百年に一度の史上最大規模の磁気嵐の影響の広がりを，オーロラによって「可視化」したものであることが明らかとなり，現代的な災害への対策を立てるうえで，非常に重要なデータとなっている。

古記録と地学のこれから

さまざまな古記録を読むことで，歴史時代に発生した地震や火山噴火，暴風雨などの災害をもたらすような自然現象のようすを知ることができる。大きな地震や火山噴火はまれな自然現象であるが，近代的な観測データは過去100年程度しか得られておらず，それだけでは経験やデータが限られてしまう。過去に発生した災害を知ることで，将来の備えを考えることもできるはずである。ただし，例えば建物のつくりなど，現代と過去では社会のありようが違うことをふまえて，どのような災害が起こりうるかを想像する必要がある。

また，間隔はさまざまであるが，災害は同じような場所でくり返し発生する傾向がある。地震の場合はある程度の周期性をもって発生することが知られており（南海トラフ地震など，◑p.47），そのくり返し間隔をもとに，将来の発生確率が推定されている。このような確率は，対策の優先順位や何をどこまで対策すべきかの検討に役立てられている。

むかしの人々は，ときどき発生する小さな地震や，日々の天気なども記録している。これらを分析することにより，小さな地震まで含めた地震の発生状況や気候の変化について知ることができる。また，上記のオーロラに関する研究など，地球科学のさまざまな分野で，古記録を活用した研究が行われている。歴史学や文学，情報学など，地球科学以外の多くの分野と協力して研究が行われているのである。

古記録は現代の私たちには読みにくい文字であり，解読を進める必要がある。最近では，研究者だけでなく市民の参加も得て，資料の解読を加速するプロジェクトも行われている（「みんなで翻刻」）。また，災害などで汚損した資料を修復・保全し，後世に伝えるための，「文化財レスキュー」という取り組みが行われている。歴史学など，さまざまな研究分野との協力により，過去の自然現象や災害のより詳しい理解につながっていくことだろう。

■台風で泥まみれになった資料

被災した資料は，修復を待つあいだに腐敗などが起こらないように冷凍保存される。修復の専門家やボランティアなど，さまざまな人々の協力によって，後世に資料を残す活動が進められている。

基 18 火山噴火と火山噴出物

基 A 火山噴火のしくみ

火山噴火は，周囲の岩石よりも軽くて多くの水を含んだマグマが地下で上昇し発泡することで起こる。

■火道における発泡のしくみ

③火道内で激しく発泡が起こって大量の火山ガスが放出されると，マグマ中にガスが泡として存在する状態から，ガスのなかに，破砕された固体や液体のマグマの破片が混合した状態に変化する。これをマグマの破砕とよぶ。発泡の程度はマグマの粘性と含まれる水の量によって決まる。マグマの粘性が高く水の含有量が多いほど噴火は爆発的になる。

②マグマにはおもに水からなる火山ガス成分が含まれている。マグマへの水の溶解度は圧力が低くなると減少するため，何らかの原因でマグマだまりの圧力が下がると，溶けこめなくなった水は発泡する。発泡したマグマの見かけの密度は低下するので，浮力を得てさらに上昇・発泡し，やがて地表に噴出する。

①地下深部から浮力で上昇してきたマグマの密度はやがて周囲の岩石の密度と等しくなり，そこで停止して **マグマだまり** をつくる。

火道
破砕したマグマとガスの流れ
マグマの破砕が起こる深度
気泡を含むマグマ

■マグマにおける水の溶解度曲線

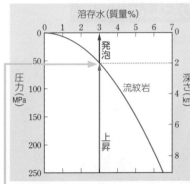

溶存水（質量%）
発泡
流紋岩
圧力 MPa
深さ（km）
上昇

マグマへの水の溶解度は圧力が低下するにつれて減少する。例えば，質量にして 3% の水を含む流紋岩質マグマが上昇した場合，深さ約 2km で水の溶解度曲線に到達し，溶けこめなくなった水の発泡が始まる。

■マグマの発泡のモデル

炭酸飲料には，二酸化炭素が溶けこんでいる。蓋があいて圧力が急激に下がると，二酸化炭素の水への溶解度が低下して激しく発泡する。

基 B 火山噴出物

火山噴火によって地表に放出された物質を **火山噴出物** という。
火山噴出物のうち，火山砕屑物は粒子の大きさや，形・構造の特徴によって分類される。

■火山噴出物の種類

①火山砕屑物（火砕物）：マグマが破砕されたもの
  →降下火砕物：火口から直接放出されるものや，噴煙から降下するもの
  →火砕流堆積物：地面にそって流れる火砕流によって形成されたもの
②溶岩：マグマが破砕されずに流体として地表に流れ出たもの
③火山ガス：火口やマグマから噴出する揮発性成分

■火砕流

噴煙が地面にそって高速で流れ下ったもの。噴煙柱が崩壊した場合や，溶岩ドームや溶岩流が崩壊して斜面を流れ下った場合にも発生する。

インドネシア・シナブン火山

■噴煙柱

ニューブリテン島・タブルブル火山

噴煙は，高温の火山ガスと火山灰，軽石やスコリア，鉱物，岩片などからなる。噴煙柱の高さは噴火様式によって異なる（→ p.53）。

噴煙柱
火山灰
火山弾
軽石
スコリア
溶岩流
火砕流

噴火によってどの火山噴出物が放出されるかは，マグマの組成や温度，マグマだまりの規模など，さまざまな条件によって異なる。

■溶岩流

ハワイ（アメリカ）・キラウエア火山

マグマが破砕されることなく流体として流れ出たもの。粘性が低い場合には広範囲に広がり，粘性が高い場合には盛り上がって溶岩ドーム（→ p.52）となる。

火山砕屑物の分類

粒子の直径	粒子が特定の構造をもたないもの	粒子が特定の構造をもつもの	粒子が多孔質のもの
＞64mm	火山岩塊	火山弾 ペレーの毛	軽石 スコリア
64～2mm	火山礫		
＜2mm	火山灰		

火山灰

噴煙柱から降下する。火砕流に伴うこともある。噴火の規模が大きい場合は，広範囲に降り積もる（⊙p.91）。

ペレーの毛

粘性の低いマグマが引き伸ばされて髪の毛のような繊維状のガラスとなったもの。ペレーはハワイの火の女神。

紡錘状火山弾

飛行中に溶岩の破片が回転することでできたもの。

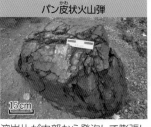

パン皮状火山弾

溶岩片が内部から発泡して膨張し，固化した皮が割れたもの。

軽石

多孔質で白っぽい噴出物。激しく発泡したものは水に浮く。

実物大

スコリア

多孔質で黒っぽい噴出物。

実物大

地球の構成と活動

Column 福徳岡ノ場海底火山の 2021年8月噴火

福徳岡ノ場は伊豆小笠原諸島の南端部に位置する活動的な海底火山である（⊙前Ⓐ）。気象衛星と航空機の観測から2021年8月13日に11年ぶりに噴火を開始し，噴煙高度が16kmと圏界面（⊙p.112）に達する大規模噴火が起こったことが確認された。

噴煙柱は300km以上離れた小笠原諸島からも観察され，これは21世紀に入ってから日本国内で発生した噴火としては，陸上火山を含めても最大規模である。

さらには衛星の観測から，噴火によって新島が形成され，海面上に軽石が浮上していることがわかった。

軽石は白色で多孔質の火山噴出物である。気泡に空気が入ることによって比重が海水よりも小さくなり，いかだ（ラフト）のように海面上に長期間浮いて海流や風によって漂流する。この噴火によって発生した軽石ラフトは西に1000km以上流されて，噴火数か月後に大東諸島や琉球諸島などの南西諸島の島々に続々と漂着し，海運や漁業に大きな影響を与えた。

日本列島の近海には多数の海底火山が存在しているが，陸上の火山とは異なり，観測が困難である。福徳岡ノ場の2021年噴火は，謎の多い海底噴火のようすを衛星や航空機で観測に成功した貴重な機会であり，現在精力的に研究が進められている。

鹿児島県・喜界島

基 C 溶岩流の形状

溶岩流の形状は，マグマの粘性，噴出する環境（陸上か水中かなど），火山の形や地形と密接に関係している。

塊状溶岩

粘性の高い溶岩が流れる際，表面が破砕され，表面が平滑な多面体のブロックの集まりになったもの。安山岩質や流紋岩質の溶岩で見られる。

群馬県・長野県・浅間山

アア溶岩

溶岩が流れる際に表面が発泡しながら破砕されガサガサな状態になったもの。玄武岩質や安山岩質の溶岩で見られる。

グアテマラ・パカヤ火山

パホイホイ溶岩

流動性に富む玄武岩質溶岩の表面が破砕されずに流れ平滑で薄くなったもの。表面にしわがより，縄状の模様が見られる場合がある（縄状溶岩）。

ハワイ（アメリカ）・キラウエア火山

枕状溶岩

粘性の低い溶岩が水中で急冷されてできたもの。内部には放射状の冷却節理（⊙p.63）が発達する。枕を積み重ねたように見える。

イラン

基 19 噴火の様式と火山地形

基 A 噴火の様式

マグマに含まれる水の量が多く，急激に減圧するほど激しく発泡し爆発的噴火となる。また，粘性が高いほど気泡が抜けにくくなるので，火山ガスがたまって爆発的噴火となる。

	アイスランド式	ハワイ式	ストロンボリ式
噴火の様式	地表の割れ目から粘性の低い玄武岩質マグマが大量に噴出する。	中心火口や割れ目火口から，粘性の低い玄武岩質マグマが噴水のように噴出する（溶岩噴泉）。	比較的粘性の低いマグマが火山弾やスコリアとして間欠的に噴出する。
火山の例	ラキ火山（アイスランド），クラプラ火山（アイスランド）	キラウエア火山（ハワイ），マウナロア火山（ハワイ）	ストロンボリ島（イタリア），伊豆大島，三宅島
	アイスランド・バルダルブンガ火山，2014	ハワイ・キラウエア火山，2018	イタリア・ストロンボリ火山，2010
マグマの粘性と噴火	粘性が低く，穏やかな噴火 ←		
おもなマグマの化学組成	玄武岩質		
代表的な噴出物	溶岩流	溶岩流	スコリア・火山弾

基 B 火山地形

火山には，1つの火道につき1回だけ噴火する **単成火山** と，同じ火道で複数回噴火する **複成火山** がある。

■複成火山の地形の例
溶岩台地 粘性の低い溶岩がくり返し流出し広い範囲に広がってできた台地状の火山地形。
盾状火山 粘性の低い溶岩が中心火道からくり返し流出してできた火山地形。盾を伏せたようなゆるやかな傾斜が特徴。
成層火山 中心火道から溶岩と火山砕屑物がくり返し交互に噴出して重なってできた円錐型の火山地形。

■単成火山の地形の例
溶岩ドーム（溶岩円頂丘） 粘性の高い溶岩が噴出してできた急傾斜のドーム状火山。
マール 水蒸気噴火・マグマ水蒸気噴火のような爆発的噴火によってできた，噴出物が少ないわりに火口の大きな火山。火口には水がたまっていることが多い。
火砕丘（スコリア丘） 火口の周辺に火山砕屑物が堆積してできた円錐台形の小型火山で，山頂には火口がある。

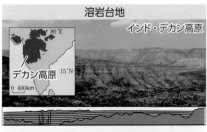

溶岩台地
インド・デカン高原

盾状火山
ハワイ・マウナケア火山

成層火山
静岡県-山梨県・富士山

溶岩ドーム（溶岩円頂丘）
北海道・昭和新山

マール
秋田県・二ノ目潟

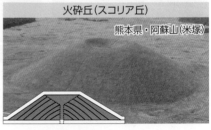

火砕丘（スコリア丘）
熊本県・阿蘇山（米塚）

ブルカノ式	プリニー式
粘性の高いマグマが間欠的に爆発的噴火を起こす。噴煙柱は高さ数 km の高さに到達する。	マグマが激しく発泡して火山砕屑物と火山ガスを噴出する。噴煙柱は数十 km の高さ(成層圏)にまで到達する。
ブルカノ火山(イタリア),浅間山,桜島	セントヘレンズ火山(アメリカ),ピナトゥボ火山(フィリピン),桜島

鹿児島県・桜島,2018 　　　アメリカ・セントヘレンズ火山,1980

→ 粘性が高く,爆発的な噴火

安山岩質	デイサイト質,流紋岩質
火山弾・火山灰	軽石,火山灰

■ 噴煙柱の高さ

噴煙柱の高さは噴火様式によって異なる。右図に示した噴火事例では,プリニー式噴火で約18～34 km,ブルカノ式噴火で約5 km の噴煙柱が観測されている。ブルカノ式やプリニー式噴火などの爆発的な噴火では,火道内でマグマが激しく発泡して生じた火山ガスが急速に膨張し,周囲のマグマや岩石を破砕しながら,火口からジェット噴射のように勢いよく噴出し,噴煙ができる。高温の噴煙は周囲の大気を取りこんで加熱し,その大気は熱膨張して周囲よりも軽くなり,浮力を得てさらに上昇して噴煙柱となる。上昇する噴煙柱は冷却されて,やがて周囲の大気の密度とつり合うところで上昇を停止して水平方向に傘のように広がる。

補足　爆発的な噴火とは?

爆発的な噴火は,マグマの粘性が高い,安山岩質,デイサイト質,流紋岩質マグマで起こることが多い。これは粘性が高いマグマでは火山ガスが抜けきらずに上昇し,それが噴火直前に火道内で激しく発泡するからである。

しかし一方で,同じ組成のマグマでも溶岩流や溶岩ドームを作るような非爆発的な噴火となる場合もある。これは噴火の進行によってマグマに含まれるガス成分が減少したり,あるいは上昇中にマグマから効率的にガス成分が抜けたりして,マグマが粉砕されることなく地表に噴出した場合に起こる。

プリニー式噴火
ピナトゥボ火山
約34km
1991年
6月15日

20km

セントヘレンズ火山
約18km
1980年
5月18日

10km
圏界面

ブルカノ式噴火
桜島
約5km

大島

キラウエア火山

■ 火山地形の大きさの比較

0 　10 　20km
5

海面 　　カルデラ 　ハワイ島(マウナロア火山を通る東西断面) 　富士山 　海面

Zoom up
カルデラ

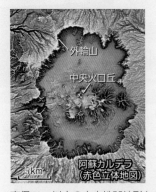
外輪山
中央火口丘
5km
阿蘇カルデラ(赤色立体地図)

陥没カルデラ

バイアス型カルデラ

直径2km以上の火山性凹地形をカルデラという。小型のカルデラはじょうご型の断面をもつものが多い。じょうご型カルデラは一種の爆裂火口であり,カルデラ内は噴火によって破砕された火山砕屑物によって満たされている。大型のカルデラには,内側がほとんど破砕されずに環状の割れ目にそって陥没したものや(陥没カルデラ),環状の割れ目にそって溶岩ドームが噴出したものがある(バイアス型カルデラ)。

Column
ミマツダイアグラム

有珠山山麓では,1943年に畑の中で噴火活動が始まり,2年間にわたる活動の結果,デイサイト質の溶岩ドーム(昭和新山)が形成された。地元の郵便局長であった三松正夫は昭和新山溶岩ドームの成長過程を克明に記録し,その結果をミマツダイアグラムとしてまとめた。これは世界でも類を見ない貴重な資料として世界的な評価を受けた。

三松正夫の銅像

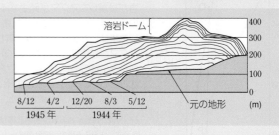
溶岩ドーム
400
300
200
100
8/12　4/2　12/20　8/3　5/12　元の地形
1945年 　1944年 　(m)

火砕丘:pyroclastic cone 　溶岩ドーム:lava dome 　マール:maar

地 Ａ マグマの発生と変化

岩石の融解によって生じるマグマの性質は，起源物質や生成条件の違いにより多様である。マグマの組成は，地表に到達するまでの過程でも大きく変化し，さらに多様なものとなる。

■ マグマの発生と上昇

地殻
マグマだまり
マントル
リソスフェア
マグマの発生
アセノスフェア

③ マグマの組成変化

結晶分化作用 マグマの冷却に伴って鉱物の結晶が晶出することにより，残りのマグマの組成が変化することを **結晶分化作用** という。玄武岩質マグマの結晶分化作用では，最終的にケイ酸成分に富むマグマができる。

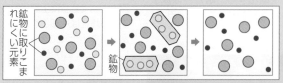

れ鉱物にくい取り込元素ま

鉱物

同化作用 マグマが周囲の岩石を取りこむことで，化学組成が変化することを **同化作用** という。

マグマ混合 異なる化学組成のマグマ（例えば玄武岩質マグマと流紋岩質マグマ）の混合により，中間組成のマグマ（安山岩質マグマなど）が生成されることを **マグマ混合** という。

② マグマだまりの形成

地下深部で形成されたマグマは，周囲の岩石より密度が小さいので，浮力を受けて上昇する。地下の浅い場所までマグマが上昇してくると，マグマの密度と周囲の岩石の密度がつりあう場合が多い。このとき，マグマの上昇は停止してマグマだまりをつくる。

① マグマの発生

温度・圧力の変化や，加水融解などによって，もととなる岩石が融解し，マグマが発生する。このマグマを初生マグマという。多くの場合，岩石がすべて融解するわけではなく，一部が融解する。これを **部分融解** という。マグマは，融解の程度によって組成が異なる。

🔍 Zoom up　マグマだまりはおかゆ状

地下のマグマだまりを直接観察することはできない。これまでは地殻内に空間が存在し，そこに液体のマグマがたまっているような状態が想像されてきた。しかし近年の地下探査によって，マグマだまりは結晶と液体（マグマ）が混じったおかゆ（マッシュ）のような半固結状態にあることがわかってきた。この状態では結晶の量がマグマよりも多く，ほとんど流動できないと考えられている。マグマが地表に噴火するためには，マッシュに高温のマグマが貫入して再加熱されることで結晶が融けたり，何らかの理由でマッシュからマグマだけがしぼり出されたりするような，マグマの流動性を高めるきっかけが必要である。

地下のようす

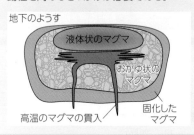

液体状のマグマ
おかゆ状のマグマ
高温のマグマの貫入
固化したマグマ

■ 中央海嶺 基

中央海嶺は，プレートが引っ張られてできた割れ目を埋めるようにマグマが上昇してくる場所で，年間マグマ生産量の 60 〜 70 % を占める。上昇したマグマは地下で固まり海洋地殻となる。

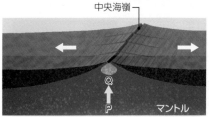

中央海嶺
Q
P
マントル

■ ホットスポット 基

ホットスポットは火山活動が活発な場所で，年間マグマ生産量の約 10 % を占める。ホットスポットにおける火山活動は，海底に巨大な海山や海山列を，大陸内部に火山を形成する。

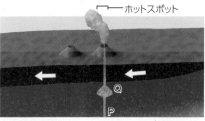

ホットスポット
Q
P

■ 沈みこみ帯 基

日本列島のような沈みこみ帯は，中央海嶺に次いで２番目に火山活動が活発で，年間マグマ生産量の 20 〜 30 % を占める。上昇してきたマグマは大陸地殻の形成にも寄与する。

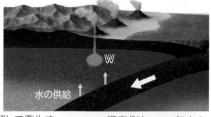

W
水の供給

温度(℃)
深さ(km)
圧力(×10⁹Pa)
Q
P

玄武岩質マグマの大部分はマントルのかんらん岩が地下深部で融解して発生する。しかしプレート発散境界である中央海嶺やマントル深部からの上昇流（プルーム）起源のホットスポットと，日本列島のようなプレート沈みこみ帯では，かんらん岩が融解してマグマが発生する過程は大きく異なる。中央海嶺やホットスポットの下では，地下深部にあった高温のマントル（上，左図 P）が上昇している。温度があまり低下することなく上昇して減圧された結果，かんらん岩の融点に達してマグマが発生する（上，左図 Q）。一方で，沈みこみ帯では，地下の温度分布はかんらん岩の融点以下のことが多く（右図 D），そのままでは融解しない。しかし沈みこむプレートから水が供給されることで，かんらん岩の融点が下がり，マグマが生成される（加水融解，上，右図 W）。

（——）はかんらん岩の融解開始曲線（左：中央海嶺，右：沈みこみ帯）。（——）は地下の温度分布を示す。沈みこみ帯の温度分布は火山フロント直下のもの。

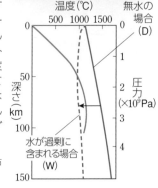

温度(℃)
無水の場合(D)
深さ(km)
圧力(×10⁹Pa)
水が過剰に含まれる場合(W)

B 沈みこみ帯でのマグマの生成

■ 沈みこみ帯におけるマグマ生成のしくみ

①プレートの沈みこみとマントルの上昇

プレート沈みこみ境界では，沈みこむプレートに引きずられてその直上のマントルも沈みこむ。するとその分を埋めあわせるように深部の高温マントルが斜めに上昇してくる（補償流 という）。

②水の供給とマグマの発生

沈みこむプレートの上面付近には，海水と接していたことで，含水鉱物（結晶構造の中に水を含む鉱物）などの形で水が含まれている。プレートが沈みこみ温度・圧力が増大すると含水鉱物が分解し，水が放出される。放出された水は上昇し，マントルの融点を下げてマグマの発生を促す（加水融解）。

③マグマの分化（組成変化）

マントルで発生したマグマは上昇し，その一部が地殻の下部を融解することで新たなマグマが生成される。マグマは地殻内部を上昇する過程で，結晶分化作用，同化作用，マグマ混合などによってその組成を変化させ，最終的に地表に噴出すれば火山となる。地殻内を上昇するマグマの多くは，噴出することなく地下で固化して深成岩となり，地殻を成長させる役割をはたす（● p.63）。

■ 東北地方の断面

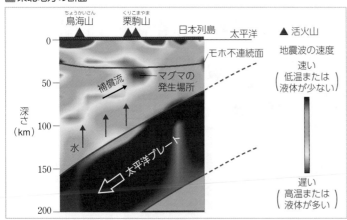

■ 日本列島における火山の分布

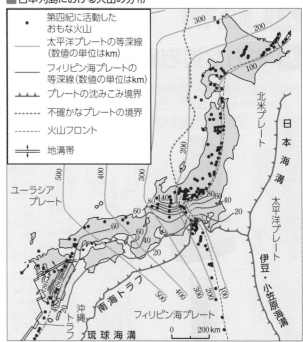

日本列島のようなプレート沈みこみ境界では，火山は海溝から200～400km程度の一定の距離だけ離れた場所から現れはじめ，海溝とほぼ平行に帯状に分布する。火山が帯状に分布する領域を **火山帯** とよび，火山帯の中でも最も海溝側にある火山を結んだ線のことを **火山フロント（火山前線）** とよぶ。火山は，火山フロントに密集していて，そこから内陸側に離れるほどその分布はまばらとなる。

Jump 世界のプレートと火山分布 → p.27

プレート収束境界付近には，多くの火山が分布している。

Column 成長を続ける西之島

伊豆・小笠原諸島の西之島は，海底からそびえる海底火山の山頂部が海面上に姿を現したもので，海底からの高さは3000m以上ある。西之島では1973年に噴火が起こり，安山岩質溶岩が噴出して旧西之島新島が形成された。2013年11月にこの旧西之島新島の南東300mの沖合で海底噴火が起こり，火砕丘（● p.52）が出現した。12月下旬にこの新しい西之島新島は旧西之島新島に接するようになり，その後も1日当たり約18万m³の割合で安山岩質溶岩を噴出し成長を続けた。噴火は2015年11月にいったん落ち着いたが，2017年以降も断続的に再噴火が確認されている。2020年には高度3000mをこえる噴煙が観測された。

2013年11月21日
旧西之島新島

2014年1月12日

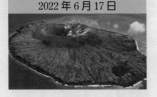
2022年6月17日

補足 ボーエンの反応原理

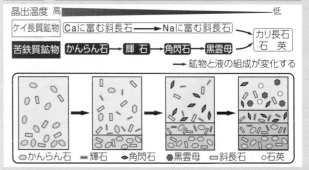

岩石学者であったボーエンはケイ酸塩鉱物の融解実験を行い，1920年代に反応原理を提唱した。マグマから鉱物が結晶化する際，ケイ酸塩鉱物は液（マグマ）と反応してみずからの組成が変化すると同時に液の組成も変化させる。ボーエンはこの反応原理によって結晶分化作用が進行し，その結果として玄武岩質マグマから安山岩質マグマや流紋岩質マグマが形成され，結晶化する苦鉄質鉱物も，かんらん石から黒雲母へと変化すると考えた。
現在では，晶出時の条件の違いによって鉱物の結晶化の順序や種類は多様であることが明らかにされている。

SiO₄ 四面体

基地 21 鉱物

基 A おもな造岩鉱物

岩石は **鉱物** によって構成される。鉱物は，原子が規則正しく配列した結晶である。鉱物のうち，岩石を形づくる鉱物を **造岩鉱物** とよぶ。

大部分の造岩鉱物はケイ素(Si)や酸素(O)を主成分とし，これに他の元素が加わった化合物であり，これを **ケイ酸塩鉱物** という。ケイ酸塩鉱物は SiO₄ 四面体(右図)を基本単位とした結晶構造からなる。

		結晶の外形		結晶の性質($\mathcal{J}$ p.211)	火山灰中の鉱物のようす	SiO₄ 四面体の配置
ケイ酸塩鉱物	苦鉄質鉱物(有色鉱物)	かんらん石		苦鉄質岩(玄武岩や斑れい岩など)や超苦鉄質岩(かんらん岩など)の主要鉱物。鉄とマグネシウムとが連続的に置換する固溶体で，これらのイオンの含まれる割合によって色が異なる。		SiO₄ 四面体が完全に独立している。四面体の間に鉄やマグネシウムが配置されている。
		輝石		苦鉄質岩(玄武岩や斑れい岩など)や，中間質岩(安山岩など)の主要鉱物。長柱状〜短柱状の形態をなし，断面は正方形または長方形であることが多い。		SiO₄ 四面体のうち，2つの酸素が隣の四面体と共有されており，鎖状の構造となっている。
		角閃石		中間質岩(安山岩や閃緑岩など)やケイ長質岩(デイサイト，流紋岩，花崗岩など)の主要鉱物。長柱状の形態をなし，断面はひし形または長方形であることが多い。黒緑色を示す。		SiO₄ 四面体のうち，2つもしくは3つの酸素を隣の四面体と共有し，二重の鎖状の構造となっている。
		黒雲母		ケイ長質岩(デイサイト，流紋岩，花崗岩など)の主要鉱物。黒褐色の六角板状の形態をなす。シート状に配列した SiO₄ 四面体ででできた層が積み重なった構造のため，はがれやすい性質がある。		SiO₄ 四面体のうち，3つの酸素を隣の四面体と共有し，シート状の構造となっている。
	ケイ長質鉱物(無色鉱物)	石英		SiO₂ のみからなる鉱物。ケイ長質岩(デイサイト，流紋岩，花崗岩など)に含まれる。透明でガラス光沢をもつ。六角柱状の形態をなすものが多く，このような結晶は水晶ともよばれる。		ケイ素と酸素のみからなる。SiO₄ 四面体のすべての酸素が互いに共有されており，立体網状の構造となっている。
		カリ長石		長石のうち，特にカリウムに富むもの。ケイ長質岩(流紋岩，花崗岩など)に含まれる。白色〜桃灰色を示す。		石英と同じような立体網構造をしているが，Si の一部が Al に置きかわり，その他のイオンも含んでいる。
		斜長石		長石の一種である斜長石はほとんどすべての火成岩に含まれており，地殻を構成する主要な造岩鉱物である。白色〜灰白色のものが大部分である。		
補足 その他の造岩鉱物の		磁鉄鉱		磁鉄鉱は二価と三価の鉄イオン(Fe^{2+}，Fe^{3+})の酸化物で，少量のチタンを含むことがある。多くの火山岩や深成岩に含まれる。不透明で磁気を帯びている場合もある。		

補足 斜長石の固溶体

カルシウムに富む斜長石は苦鉄質岩に，またナトリウムに富む斜長石はケイ長質岩に含まれる。中間質岩には中間組成の斜長石が含まれる。

※石英は，酸化鉱物に分類されることもある。　※表中のスケールはすべて 1cm。

■ 火山灰中の鉱物の観察

① 火山灰を容器に入れ水で押し洗いをする。
② 何度か水をかえ，水を流してよく乾燥させる。
③ シャーレに入れて実体顕微鏡で観察する。
④ かんらん石，輝石，角閃石，黒雲母などの有色鉱物や，斜長石や石英などの無色鉱物，火山ガラス，軽石，岩片が見られる。

鉱物：mineral　ケイ酸塩鉱物：silicate minerals　苦鉄質鉱物：mafic minerals　ケイ長質鉱物：felsic minerals
多形：polymorphism　固溶体：solid solution

地 B 多形・固溶体

化学組成が同じで，結晶構造が異なる鉱物どうしの関係を **多形**（同質異像）という。結晶構造をなす SiO_4 四面体などの間に，陽イオンが任意の割合で配置されている固体を **固溶体** という。

多形（同質異像）

多形の関係にある鉱物は，温度・圧力が変化すると，その条件で安定な鉱物に変化する。それぞれの鉱物の安定な領域は，鉱物の種類によって異なる。

■炭素（C）の多形（石墨，ダイヤモンド）

石墨（グラファイト）は結晶構造が層状であるため，はがれやすい性質があり，やわらかい。ダイヤモンドは立体網状の密な構造であるために硬い。

■アルミノケイ酸塩鉱物（Al_2SiO_5）の多形（紅柱石，けい線石，らん晶石）

圧力も温度も低いときには紅柱石が，圧力が低く温度が高いときには，けい線石が，圧力が高いときには，らん晶石が安定である。

Jump SiO₂ 鉱物の多形→ p.105

SiO_2 鉱物にも多形がある。温度が低いときには低温石英が，温度が高いときには高温石英が安定である。圧力が非常に高い場合にはスティショバイトやコーサイトを形成する。これらの鉱物は隕石が衝突して強い衝撃圧がはたらいた隕石孔などに見られる。

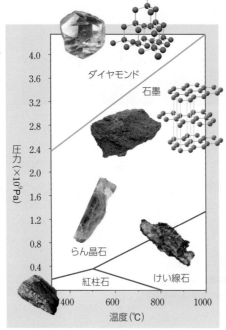

固溶体

■かんらん石〔$(Mg, Fe)_2 SiO_4$〕の構造

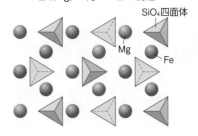

かんらん石では，独立した SiO_4 四面体の間に鉄とマグネシウムのイオン（Fe^{2+}，Mg^{2+}）が任意の割合で配置されている。ケイ酸塩鉱物の多くはこうした固溶体である。

かんらん石は鉄を含まないものは無色であり，鉄をわずかに含む（マグネシウムが多い）と緑色に，鉄を多く含むと暗褐色になる。

Mg が多いかんらん石

Fe が多いかんらん石

地球の構成と活動

地 C さまざまな鉱物

※1 ハロゲン元素（F, Cl, Br, I）と結合している鉱物
※2 炭酸塩鉱物：炭酸イオン（CO_3^{2-}）を含む鉱物
※3 硫酸塩鉱物：硫酸イオン（SO_4^{2-}）を含む鉱物
※4 リン酸塩鉱物：リン酸イオン（PO_4^{3-}）を含む鉱物

※スケールはすべて 1cm

元素鉱物（単一の元素からなる鉱物や合金の鉱物）

自然硫黄〔S〕　火山ガスから晶出。

自然金〔Au〕

自然水銀〔Hg〕　液体だが，例外的に鉱物である。

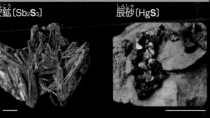
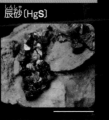

ハロゲン化鉱物 ※1

蛍石〔CaF_2〕 p.58

岩塩〔NaCl〕 p58

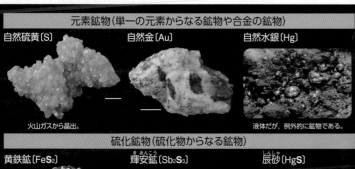

硫化鉱物（硫化物からなる鉱物）

黄鉄鉱〔FeS_2〕

輝安鉱〔Sb_2S_3〕

辰砂〔HgS〕

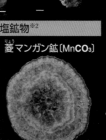

ケイ酸塩鉱物（SiO_4 四面体を骨格とする鉱物）

滑石〔$Mg_3Si_4O_{10}(OH)_2$〕

ざくろ石〔$Fe^{2+}_3Al_2(SiO_4)_3$〕

トパーズ（黄玉）〔$Al_2SiO_4(F,OH)_2$〕

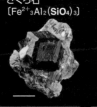

酸化鉱物（酸化物からなる鉱物）

コランダム〔Al_2O_3〕

磁鉄鉱〔Fe_3O_4〕

赤鉄鉱〔Fe_2O_3〕

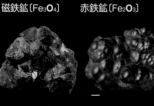

炭酸塩鉱物 ※2

方解石〔$CaCO_3$〕 p.58

菱マンガン鉱〔$MnCO_3$〕

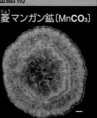

硫酸塩鉱物 ※3

石膏〔$CaSO_4 \cdot 2H_2O$〕

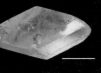

リン酸塩鉱物 ※4

燐灰石（アパタイト）〔$Ca_5(PO_4)_3(F,Cl,OH)$〕

かんらん石：olivine　輝石：pyroxene　角閃石：amphibole　黒雲母：biotite　石英：quartz　カリ長石：potassium feldspar
斜長石：plagioclase　磁鉄鉱：magnetite

基 22 鉱物の観察

基 A 鉱物の性質

鉱物は種類によって，色，へき開，蛍光，複屈折などでそれぞれ特有の性質を示す。これらの性質は，肉眼で鉱物を鑑定するときに役立つ。

色（ p.60, 211）

色の異なる蛍石

鉱物の色は，微量成分の含有，原子の欠損，微小な不純物の有無や，放射線の影響で原子の周りの電子状態が変化することなどで変わる。

へき開（ p.211）

岩塩

鉱物には，原子の配列のしかたによって一定方向に割れやすいものがある。このような性質をへき開といい，へき開の面をへき開面という。

蛍光

蛍石

蛍光しているようす

暗い場所で鉱物に紫外線を当てると，特定の色の光を発する場合がある。これを蛍光という。

複屈折

方解石

複屈折で字が二重に見える

結晶に光を通した際に，屈折した光が2つに分かれる現象を複屈折という。

■ モース硬度

硬度	標準鉱物	代用できる物
1	滑石	
2	石膏	爪(2.5)
3	方解石	銅貨(3)
4	蛍石	
5	燐灰石	ガラス(5.5)
6	正長石	ナイフ(6.5)
7	石英	
8	トパーズ	
9	コランダム	
10	ダイヤモンド	

鉱物の硬さの度合いを硬度という。硬度はふつう10種の標準鉱物をやわらかいものから順に並べたモースの硬度計で調べる。例えば，ある鉱物に石英で傷をつけることができ，正長石で傷をつけることができなかったとすると，その硬度は6と7の中間になる。ただし，モースの硬度計による硬度は単に硬さの順序を示すだけで，硬度のスケールは必ずしも等間隔ではない。

基 B 偏光顕微鏡

■ 偏光

光はさまざまな方向に振動する波の集まりである。複数の方向に振動している光が偏光板を通ると，1方向のみに振動する光（偏光）となる。2枚の偏光板の向きが直交するとき，1枚目の偏光板を通過した光は，2枚目の偏光板を通過できず，真っ暗になる。

開放ニコル

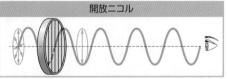

下方ニコルのみを使用した状態。1方向の光のみが通過する。

直交ニコル

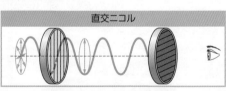

上方ニコル，下方ニコルを使用した状態。

■ 偏光顕微鏡を用いた観察

偏光顕微鏡は，回転可能なステージ（標本をのせる場所）の上下に直交させた偏光板（上方ニコル，下方ニコル）を設置したものである。直交ニコルでステージに何も置かない場合，顕微鏡の視野は真っ暗になる。ステージに岩石薄片を置くと，下方ニコルを通過した光は薄片の鉱物の複屈折によって振動方向が変えられるため，上方ニコルを通過できる成分をもつようになる。この性質を利用して，岩石や鉱物の観察を行う。

■ 偏光顕微鏡の原理

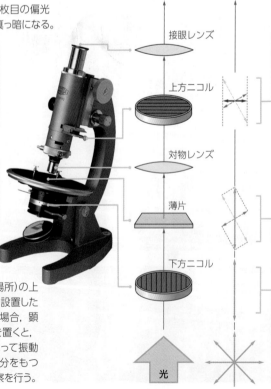

| 顕微鏡の構造 | 光の振動方向 |

接眼レンズ

上方ニコル

対物レンズ

薄片

下方ニコル

光

④ 観察
干渉色は鉱物の種類によって異なる。干渉色やその他の特徴から鉱物の種類を特定できる。

③ 上方ニコル
薄片の鉱物によって複屈折した2つの光は，それぞれ上方ニコルを通過できる振動方向の成分をもっている。よって2つの光は上方ニコルを通過して互いに干渉する。2つの光の速度の違いの程度によって，さまざまな色の干渉色が見える。

薄片を回転させたとき，下方ニコルの振動方向が鉱物の複屈折の方向の1つと一致すると，その方向に振動する光だけが鉱物を通過するのでこの光は上方ニコルを通過できず，鉱物は暗黒に見える（消光）。

② ステージ上の薄片
1方向に振動する光が薄片の鉱物を通過する際，振動方向が互いに直交した，速度の異なる2つの光にわかれる（複屈折）。

① 下方ニコル
1枚目の偏光板で，1方向に振動する光のみが透過する。

光が入る。

へき開：cleavage　蛍光：fluorescence　複屈折：birefringence　硬度：hardness　偏光：polarization

基 C 偏光顕微鏡による鉱物の観察

 JUMP おもな鉱物の分類→p.211

※スケールはすべて 0.5mm

地球の構成と活動

		苦鉄質鉱物				ケイ長質鉱物		
		かんらん石	輝石	角閃石	黒雲母	斜長石	カリ長石	石英
開放ニコル	屈折率※1	高い	高い	高い	やや低い～やや高い	やや高い	やや低い	―（基準）
	多色性	なしもしくは弱い	あり（弱い）	あり（強い）	あり（強い）	なし	なし	なし
	形※2	粒状，紡錘形	長柱状～短柱状	長柱状	柱状，六角板状	柱状	柱状	粒状
	色	無色	淡青色，淡赤色，淡緑色，淡褐色	緑色，褐色	褐色	無色	無色	無色
	へき開	弱い（不明瞭）	あり（2方向，約90°で交わる）	あり（2方向，約120°で交わる）	あり（1方向で顕著）	あり	あり	なし
		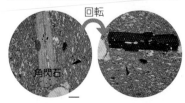						
直交ニコル								
	干渉色	赤，青，黄	赤，青，黄	赤，青，黄	赤，青，黄	灰色，黄色	灰色	灰色
	双晶※3	まれ	ある場合がある	あり	なし	あり	あり	なし
	消光※4	直消光	直消光または斜消光	斜消光	直消光	斜消光	斜消光	波状消光を示す場合がある

※1 石英と比較したとき。　※2 顕微鏡で見たとき。　※3 結晶のある面を境に両側が一定の幾何学的関係を保って接合したもの。
※4 鉱物のへき開などと顕微鏡の視野の十字線とのなす角を消光角という。消光角が0°の場合を直消光，そうでない場合を斜消光という。

多色性（開放ニコルで観察）

回転

角閃石

鉱物（結晶）の方向によって見える色や濃さが異なる性質を **多色性** という。黒雲母や角閃石は強い多色性をもつ。

消光（直交ニコルで観察）

石英

回転　　回転

ステージを回転させると明るさが変化し，90°ごとに暗黒になる。この現象を **消光** という。

干渉色（直交ニコルで観察）

かんらん石

方解石

直交ニコルでの鉱物の色を **干渉色** という。複屈折の度合いが大きい鉱物ほど鮮やかな干渉色を示す。

※スケールはすべて 0.5mm

■ 岩石薄片の作成

①岩石試料を切断し，2cm×3cm×5mm 程度の大きさのチップを作る。

②観察する面を研磨する。研磨材は粗いものから順に使用する。

③研磨面をスライドガラスに貼りつけ，岩石試料をカットする。

④岩石試料を再び研磨し，0.03mm の厚さにする。厚さは干渉色で確かめる。

研磨面　　　　厚さ0.03mm

⑤研磨が終了したら，カバーガラスをかけてラベルを貼り，偏光顕微鏡で観察する。

接着剤　　　　カバーガラス

岩石のチップ→

研磨面→

接着剤　　スライドガラス

多色性：pleochroism　　消光：extinction　　干渉色：interference color

宝石の科学

ダイヤモンド(金剛石) ~Diamond~

2mm

分　類：元素鉱物（○ p.57）
化学式：C
結晶系：立方(等軸)晶系

ダイヤモンドの科学的特徴

ダイヤモンドは炭素(C)からなる石墨(グラファイト)の結晶構造が，超高圧で変化したもの。500℃ の温度では深さ 120 ～ 200km に相当する圧力で形成される。超高圧で形成されたために密度が大きくきわめて硬い。プレートの沈みこみなどで地下深部にもたらされた炭素が起源である。天然のダイヤモンドに含まれる包有物は，地下深部からの情報をもたらす可能性がある。

ダイヤモンドの市場価値を決める「4C」

宝石としてのダイヤモンドの価値は，次の 4 つで決まる。
①重さ= carat (1 カラット= 0.2g)
②色= color
一般には色のついたものは嫌われるが，美しいものの場合，ブルーダイヤモンドやピンクダイヤモンドとして，特に高い価値が認められることがある。
③カット= cut
ダイヤモンドは屈折率が大きいので，カットの仕方により全反射して輝きを増す。ダイヤモンドの反射・屈折率といった光学的特性から理論的に見出された最も美しく輝く型を，ブリリアントカットという。
④透明度= clarity
重く，無色で，透明度の高いものに価値がある。また，包有物の数，大きさ，位置も価値に影響を与える。

ホープダイヤモンド
(スミソニアン博物館収蔵)

入射する光がすべて反射するために輝いて見える。

ブリリアントカットのダイヤモンドを上から見た写真

ブリリアントカットの全反射のしくみ

ダイヤモンドの大鉱床　~キンバーライト・パイプ~

ダイヤモンドは，キンバーライトとよばれる特殊な超苦鉄質岩の中に含まれる。キンバーライト・マグマは爆発的な噴火をするため，その火道はキンバーライトからなる火砕岩で充塡されている。この火道はパイプ状であるため，キンバーライト・パイプとよばれる。このキンバーライト・パイプがダイヤモンドの大鉱床となる。キンバーライト・マグマは，深さ 200km 近いマントルから，発泡しながら爆発的に急速に上昇してくる。そのため，ダイヤモンドは石墨になる前に急速に冷やされてダイヤモンドとして岩石中に残る。

■ダイヤモンドの採掘跡

ダイヤモンドの産地

ダイヤモンドの多くは，キンバーライト・パイプ中にみられる。キンバーライトは安定地塊によく発達するため，ダイヤモンドも安定地塊に多く産出する。

ドイツ　ロシア　カナダ
チェコ　中国　アメリカ
イタリア
シエラレオネ　インド
タンザニア　オーストラリア
ブラジル
コンゴ民主共和国
コンゴ共和国
ナミビア　ボツワナ
南アフリカ

合成ダイヤモンド

ダイヤモンドは人工的に合成できる。高温・高圧下で合成する方法と，常圧下で化学気相着法により合成する方法とがある。人工的な合成では大きなダイヤモンド結晶を生成することは難しい。合成ダイヤモンドはその硬度を活かして，工業用ダイヤモンドとして研磨材や切削工具などに広く使用される。

■高温・高圧下での
合成のイメージ

高温・高圧下での合成ダイヤモンドが合成された条件を再現

天然のダイヤモンド
火山活動によって地上へ運搬される

■合成ダイヤモンドの利用(医療用メス)

ダイヤモンドが燃える !?

ダイヤモンドは炭素からできているため，高温にすると，炭と同様に燃えて二酸化炭素になる。

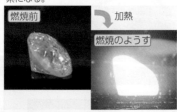

燃焼前　　加熱
燃焼のようす

宝石とは，美しい外観と希少性を備えた鉱物で，硬度が高いなど耐久性にも優れている。宝石は希少性をもつため財産的価値が高い。宝石は，火成作用，変成作用などによって生成される。

（監修）
日本大学教授
高橋　正樹（たかはし　まさき）

水晶（石英）～Quartz～

分　類：ケイ酸塩鉱物
化学式：SiO_2
結晶系：三方晶系（低温），
　　　　六方晶系（高温）

人工水晶とその活用

人工水晶は SiO_2 を溶かしたアルカリ溶液から，高温・高圧下において人工的に結晶化されたものである。人工水晶は圧電結晶であり，ある方向に圧力を加えると電荷[1]を生じる（圧電効果）。逆に，ある方向に電場[2]を加えると圧力が生じ変形する（逆圧電効果）。こうした性質をもつため，スマートフォンなどさまざまな分野において，水晶デバイス（電子部品）として広く利用されている。人工水晶は現代の石器ともいえる。

■ 人工的に合成した水晶

水晶の色と包有物

水晶の色は不純物として微量に含まれる鉄（Fe），アルミニウム（Al），硫黄（S）などの元素や放射能による構造欠陥などの影響，微細な包有物によって生まれる。アメシスト（紫水晶）は微量の鉄成分が関係し，スモーキークオーツ（煙水晶）は微量のアルミニウムや放射性鉱物の放射線などが関係している。また，微細な包有物によって，さまざまな美しい模様が現れることがある。

| 無色の水晶 | シトリン | アメシスト | スモーキークオーツ |

■ ルチルクオーツ
水晶（石英）が結晶化する際，ルチルという別の鉱物の針状結晶が成長し取りこまれたもの。

さまざまな宝石

ペリドット（苦土かんらん石）～Peridot~

トルマリン（電気石）～Tourmaline~

鉄をわずかに含むかんらん石のうち，美しい緑色をしていて宝石として扱われるものをペリドットとよぶ。マントルを構成しているかんらん岩の主要な構成鉱物である。

圧電効果がある鉱物。ホウ素（B）を含むケイ酸塩鉱物。紫色，青色，緑色，黄色，褐色，赤色，ピンク色，黒色などさまざまな色のものがある。

コランダム（鋼玉）

Cr　ルビー（紅玉）～Ruby~　Al_2O_3，$Cr*$

Fe　サファイア（青玉）～Sapphire~　Al_2O_3，$Fe*$

アルミニウム（Al）の酸化物であるコランダムのうち，クロム（Cr）を含んで赤色のものをルビー，それ以外の色のものをサファイアとよぶ。色の違いは含まれる微量成分による。

オパール（蛋白石）～Opal~

非晶質の含水ケイ酸塩鉱物（$SiO_2 \cdot nH_2O$）。光の干渉作用によってさまざまな色に輝く（遊色とよばれる）ことがある。

ベリル（緑柱石）

Cr　エメラルド～Emerald~　$Be_3Al_2Si_6O_{18}$，$Cr*$

Fe　アクアマリン～Aquamarine~　$Be_3Al_2Si_6O_{18}$，$Fe*$

ベリリウム（Be）を含むケイ酸塩鉱物であるベリル（緑柱石）の別名。含まれる微量成分の違いにより，緑色のものをエメラルド，淡青色のものをアクアマリンとよぶ。

このページのスケールはすべて1cm

*が付いているものは，含まれる微量元素

※1 物体が帯びている静電気。正（プラス）の電荷と負（マイナス）の電荷がある。
※2 電荷によってつくられるもので，電気的な力が及ぶ空間。

基 A 火成岩の分類

火成岩は組成によって大きく **苦鉄質岩**，**中間質岩**，**ケイ長質岩** に分類される。
また，ほとんど苦鉄質鉱物だけからなる火成岩を，**超苦鉄質岩** という。
マグマが地表や地下で急速に冷却されてできた岩石を **火山岩** といい，マグマが地下でゆっくりと冷却されてできた岩石を **深成岩** という。

■ 火山岩の分類

	超苦鉄質岩	苦鉄質岩	中間質岩	ケイ長質岩	
SiO₂(質量%)	45	52	63	70	75
火山岩		玄武岩	安山岩	デイサイト	流紋岩

火山岩は斑晶と石基からなる。石基は細粒の鉱物とガラス質の固体からなるので，含まれている鉱物の割合によって火山岩を分類することは難しい。そのため，火山岩の分類は，火山岩全体の化学組成のうち SiO_2 量を用いて行われる。
※超苦鉄質岩に分類される火山岩にはコマチアイトなどがある。

深成岩は粗粒な等粒状組織を示すので，含まれている鉱物の割合によって分類できる。そのため，深成岩の分類には含まれているケイ長質鉱物（無色鉱物）の量比が使用される。

■ 深成岩の分類

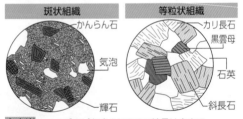

特徴		
色調	黒っぽい → 白っぽい	
密度	大きい → 小さい	
含有量 Fe,Mg,Ca	多い → 少ない	
含有量 Si,Na,K	少ない → 多い	

補足 深成岩の分類

苦鉄質鉱物（有色鉱物）の種類を見ると，花崗岩，閃緑岩，斑れい岩の順に，黒雲母が減少して角閃石が増加する傾向がある。斑れい岩では角閃石以外に輝石やかんらん石が含まれるが，角閃石が含まれない場合もある。図に表されている各鉱物の量比は，わかりやすくするために各深成岩の代表的な例を示したものである。実際の深成岩がこの表と厳密に同じ鉱物の量比をもつわけではないので注意が必要である。

基 B 火成岩の組織と化学組成

■ 火成岩の組織

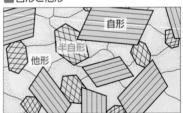

火山岩 ※マグマが急冷されるので結晶は小さい。
斑状組織 → **斑晶**：固化する前のマグマ中に含まれていた比較的大きな結晶
→ **石基**：マグマが急冷してできた細粒の結晶と非晶質（ガラス質）の固体
深成岩 ※マグマがゆっくり冷やされるので結晶は大きい。
等粒状組織：粗粒で粒径のそろった結晶の集まり

■ 自形と他形

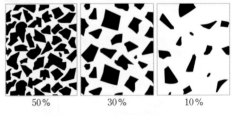

鉱物がマグマの中で自由に成長すると，鉱物本来の形を示す結晶（**自形**）となる。自形の結晶が成長を続け互いに接するようになると，部分的に自由な成長を妨げられた形（**半自形**）を示す。最後に結晶化する鉱物は，すでに成長した鉱物の粒の間を埋めるようになり，鉱物本来の形がとれず不規則な形（**他形**）となる。

■ 色指数

苦鉄質鉱物（有色鉱物）の割合を表したものを色指数という。深成岩ではおおまかには，花崗岩，閃緑岩，斑れい岩の順に苦鉄質鉱物（有色鉱物）の量が増大し，黒っぽくなる傾向があるが，例外もあるので注意が必要である。

■ おもな火成岩の化学組成の一例　火成岩の化学組成は酸化物の形で表されることが一般的である。

※単位は質量当たりの割合(%)

		SiO₂	TiO₂	Al₂O₃	FeO*	MnO	MgO	CaO	Na₂O	K₂O	P₂O₅	H₂O	合計
火山岩	コマチアイト	40.25	0.16	3.58	8.61	0.18	34.78	2.63	0.14	0.04	—	9.29	99.66
	玄武岩	52.37	1.32	14.53	8.09	0.153	7.71	9.25	2.77	1.43	0.255	1.97	99.85
	安山岩	63.97	0.85	15.22	6.31	0.157	1.57	5.70	3.84	0.77	0.165	1.02	99.57
	デイサイト	69.71	0.70	14.98	3.83	0.10	1.09	3.96	4.12	1.14	0.18	—	99.81
	流紋岩	75.45	0.11	12.83	0.81	0.099	0.12	0.67	4.02	4.41	0.021	1.36	99.90
深成岩	かんらん岩	42.38	0.006	0.66	7.77	0.121	44.60	0.55	0.021	0.003	0.002	2.83	98.95
	斑れい岩	43.66	1.60	17.49	13.74	0.189	7.85	11.90	1.20	0.24	0.056	1.41	99.34
	花崗閃緑岩	72.3	0.25	14.24	1.95	0.063	0.74	2.2	3.38	3.98	0.099	0.61	99.81
	花崗岩	76.83	0.044	12.47	0.87	0.016	0.037	0.7	3.54	4.71	0.002	0.45	99.67

Imai et al.(1995)，周藤・小山内(2002)より作成

$FeO^* = FeO + 0.9Fe_2O_3$

基 C 火成岩の産状

地下深部から割れ目を通り上昇してきたマグマは地下でマグマだまりをつくり，最後は地表に噴出して火山噴出物となり火山を形成する。マグマだまりがゆっくりと冷却固化すると深成岩体となり，深成岩体のうち大規模なものはバソリス（底盤）とよばれる。割れ目を通って上昇してきたマグマがそのまま冷えて固まると岩脈や岩床となる。

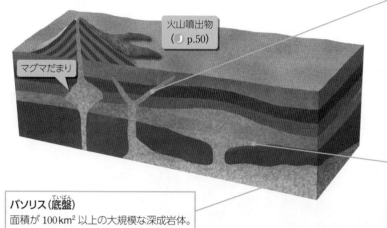

火山噴出物
（ p.50）

マグマだまり

バソリス（底盤）
面積が 100km² 以上の大規模な深成岩体。

火山に見られる貫入した安山岩の岩脈

ニュージーランド・ルアペフ火山

岩脈（がんみゃく）

水平面に対して大きな角度で斜交する割れ目を，マグマが埋めたもの。幅数十m以下，長さ数百m以下のものが多い。岩脈は火山岩からなることが多い。写真は周囲の岩石が風化や侵食で失われ，岩脈の部分のみが残ったもの。

堆積岩中に貫入した花崗岩の岩床

花崗岩の岩床

南極

岩床（がんしょう）

水平な，もしくは水平面に対して小さな角度で斜交する割れ目をマグマが埋めたもの。規模は岩脈と同程度である。

■ 冷却に伴う節理

■ 節理の形成

兵庫県・玄武洞

岩石（岩体）に見られる割れ目を節理という。マグマが溶岩・岩脈・岩床などとして冷却・固結する際に，冷却面に対して垂直に割れ目が形成されることがある。こうしてできる割れ目を冷却節理という。
玄武洞（げんぶどう）や東尋坊（とうじんぼう）に見られるような，断面が多角形となる柱状の節理を，柱状節理とよぶ。

■ 柱状節理

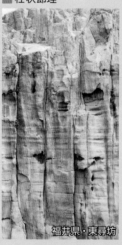

福井県・東尋坊

■ 板状節理

秋田県男鹿市

岩体の下底面や境界面と平行に発達した板状の冷却節理を板状節理という。溶岩の下底部や岩脈・岩床の境界部に見られる。

■ 方状節理

長野県・寝覚めの床

さいころ状（直方体状）の割れ目からなる節理を方状節理という。花崗岩体などによく見られる。

補足　コマチアイト

SiO_2 に乏しく MgO に富んだ，かんらん岩に近い超苦鉄質の化学組成をもった特異な火山岩をコマチアイトという。マグマからかんらん石が急成長したことでできた針状結晶が特徴的である。太古代から前期原生代に形成されたものがほとんどであり，現在の地球の火山活動では見つかっていない。初期地球はマントルが高温であり，それによってマグマ形成時のマントル物質の部分融解が進んで，超苦鉄質のマグマが生成されたと考えられている。

5cm

1mm

コマチアイトの岩石標本（上）と偏光顕微鏡写真（下，直交ニコル）。黄色の針状結晶がかんらん石。

Zoom up 柱状節理形成のしくみ

マグマが周囲の岩石や空気と接している面で冷却されて収縮するため，節理が冷却面に対して垂直に形成されると考えられている。収縮によって岩体表面にできる節理は多角形が集合した蜂の巣状の構造になることが多い。節理ができると，そこを通じて水や空気が循環して冷却されるので，割れ目はさらに内側に向かって発達し，柱状となる。

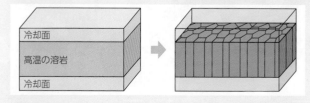

冷却面

高温の溶岩

冷却面

	玄武岩(苦鉄質岩)	安山岩(中間質岩)	デイサイト(ケイ長質岩)	流紋岩(ケイ長質岩)
含有鉱物と分布	斑晶として斜長石，輝石，かんらん石を含む。 ---- 地球上で最も多く分布する。特に，中央海嶺などのプレート発散境界やホットスポットの火山で見られる。	斑晶として斜長石や輝石を含む。かんらん石や角閃石を含むこともある。 ---- プレート収束境界の火山の大部分は安山岩からなる。日本列島の第四紀火山でも最も多く分布する。	斑晶として斜長石を含む。石英や角閃石や輝石を含むこともある。石基はガラス質であることが多い。 ---- プレート収束境界の火山において，安山岩や流紋岩に伴いよく見られる。	斑晶はおもに斜長石や石英。カリ長石，黒雲母，角閃石，輝石を含むこともある。石基は極細粒の鉱物かガラス質である。 ---- プレート収束境界の火山において，安山岩やデイサイトに伴いよく見られる。
名前	玄武洞(兵庫県)の柱状節理がこの岩石からなることから。	アンデス山脈の火成岩 "andesite" の発音から。	ルーマニア付近の旧地名，"Dacia" と，石を意味する語尾 "ite" から。	流理構造(冷却時の流れが模様になったもの)から。
露頭	山梨県・富士青木ヶ原	鹿児島県・桜島	長崎県・雲仙普賢岳	群馬県-長野県・浅間山
岩石標本(上)と表面のようす(下)	1cm 兵庫県・玄武洞 / 5mm	1cm 神奈川県・箱根山 / 5mm	1cm 長崎県・雲仙普賢岳 / 5mm	1cm 長野県・長和町 / 5mm
直交ニコル	かんらん石 山梨県・富士青木ヶ原	鹿児島県・桜島	長崎県・雲仙普賢岳	群馬県-長野県・浅間山
開放ニコル	斜長石	輝石 斜長石	斜長石 角閃石	斜長石

※スケールは岩石標本で1cm，表面のようすで5mm，直交ニコル・開放ニコルで0.5mm

玄武岩：basalt　安山岩：andesite　デイサイト：dacite　流紋岩：rhyolite

深成岩

かんらん岩(超苦鉄質岩)	斑れい岩(苦鉄質岩)	閃緑岩(中間質岩)	花崗岩(ケイ長質岩)
おもにかんらん石と輝石からなる。少量の斜長石, ざくろ石(♩ p.57)などを含むこともある。	おもにカルシウムに富む斜長石と輝石からなる。かんらん石や角閃石を含むこともある。	おもにカルシウムに乏しい斜長石や角閃石からなる。輝石や黒雲母を含むこともある。	ナトリウムに富む斜長石, 石英, カリ長石からなる。苦鉄質鉱物として黒雲母や角閃石を含む。
上部マントルを構成している。	大陸地殻の下部や海洋地殻を構成している。	斑れい岩や花崗岩に伴い産出する。	大陸地殻の上部を構成している。
オリーブを, カンラン(橄欖)の実だと誤認して和訳したことから。	組織の特徴より斑(まだらの意)糲(黒米, 玄米の意)と名付けられた。	角閃石を含むことが多いことと, 変質したときの岩石の色味から。	美しい模様のある石という意味から。由来には諸説ある。

北海道・アポイ岳

高知県・室戸岬

神奈川県・丹沢

宮崎県・大崩山

1cm ドイツ・アイフェル火山群

1cm 高知県・室戸岬

1cm 神奈川県・丹沢

1cm 茨城県・稲田

5mm

5mm

5mm

5mm

直交ニコル

ロシア・アバチンスキー火山

かんらん石　斜長石　静岡県·山梨県・富士山

神奈川県・丹沢

宮崎県・大崩山

開放ニコル

かんらん石

斜長石　角閃石

石英

斜長石

黒雲母

※スケールは岩石標本で1cm, 表面のようすで5mm, 直交ニコル・開放ニコルで0.5mm

かんらん岩：peridotite　斑れい岩：gabbro　閃緑岩：diorite　花崗岩：granite

基 25 火山災害

基 A 火山災害の種類
噴火の際，さまざまな火山噴出物によって災害が引き起こされることがある。

■噴石

浅間山（2005年8月）

噴石は，爆発的噴火によって飛ばされた岩塊で，基本的に火口の近くに降下する。2014年の御嶽山の噴火では，火口付近にいた登山者に噴石があたり，命が奪われた。

■降灰

新燃岳の噴火による降灰（2011年，宮崎県高原町）

噴煙によって舞い上がった粒径の小さい火山灰や火山礫は，上空から降下する。地形にそって火口から離れた場所にも堆積する。

■火砕流

御嶽山の噴火で発生した火砕流（2014年）

火砕流は，火山ガス，火山灰，火山岩塊などが時速100kmを超える速度で斜面にそって流れ下る現象である。火砕流が通過した後には，厚い火砕流堆積物が残される。

■溶岩流

溶岩で埋まった小学校（1983年，三宅島）

溶岩流は粘性が高いため，多くの場合歩くような速度でゆっくりと流れる。人が避難することは容易だが，田畑や家屋などは焼きつくされ，溶岩におおわれる。

■火山ガス

三宅島（東京都）
火山ガスにより右側の植生が被害を受けている。

火山ガスには，二酸化硫黄，硫化水素，二酸化炭素，フッ素など，生物に有害な成分が含まれている。

■火山泥流

2000年の有珠山（北海道）の噴火による火山泥流の被害

豪雨の際には，雨水と火山灰や火山岩塊などの土砂が混じりあった火山泥流が発生することがある。火口付近に雪が厚く積もっている際に噴火が発生すると，雪が一度にとけて融雪火山泥流となる場合がある。

基 B 日本の活火山分布

■常時観測火山
気象庁

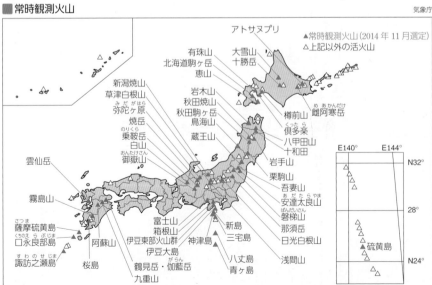

▲常時観測火山（2014年11月選定）
△上記以外の活火山

ほとんどの活火山ではハザードマップやそれに基づく防災マップが作成されており，さらには噴火警戒レベルが設定されている活火山も多い。

■噴火警戒レベル

種別	名称	対象範囲	レベル（キーワード）
特別警報	噴火警報（居住地域）又は噴火警報	居住地域およびそれより火口側	レベル5（避難）
			レベル4（高齢者等避難）
警報	噴火警報（火口周辺）又は火口周辺警報	火口から居住地域近くまで	レベル3（入山規制）
		火口周辺	レベル2（火口周辺規制）
予報	噴火予報	火口内など	レベル1（活火山であることに留意）

基C 火山噴火の予測と防災

火山のハザードマップは，過去の噴火に基づいた火山災害の予測図である。火山周辺地域の自治体では，避難に役立つ情報を示した防災マップを作成・公開している。

■ 火山防災マップの例

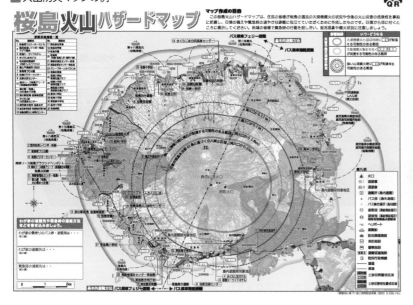

桜島火山ハザードマップ

■ 火山の観測

マグマの上昇による火山周辺の地表の隆起や火山性地震の発生，放出される火山ガス濃度の増加など，マグマの上昇を示す現象をとらえるために，さまざまな観測が行われている。また，噴火が始まれば，空振計による観測，遠望カメラによる観察や，火山に近づいて直接観察や観測を行う（現地調査）。こうした観測の結果に基づき噴火の予測が行われる。

地球の構成と活動

基D おもな噴火記録と災害

噴火年代	火山	被害の特徴
79 年	ベスビオ山（イタリア）	火山噴出物により，ポンペイ市埋没。
1741 年	渡島大島	山体崩壊，岩屑なだれによる津波が発生。死者 2000 余名。
1779 年	桜島	「安永大噴火」噴石，溶岩流により死者 150 余名。
1783 年	浅間山	「天明大噴火」火砕流，岩屑なだれ，火山泥流。死者約1500名。
1783 年	ラキ山（アイスランド）	長さ 25km の割れ目噴火。死者 10000 名。
1785 年	青ヶ島	死者 130 ～ 140 名。
1792 年	雲仙岳	岩屑なだれと噴火津波により，死者約 15000 名。
1815 年	タンボラ山（インドネシア）	世界最大の噴火。山体破壊。餓死を含めて死者92000 名。
1822 年	有珠山	火砕流により，死者 50 ～ 103 名。1 村落全滅。
1883 年	クラカタウ山（インドネシア）	海底にカルデラを形成。津波が発生し，約 36000 名が犠牲。
1888 年	磐梯山	岩屑なだれが発生。5 村 11 集落埋没。死者461 名（477 名とも）。
1902 年	プレー山（西インド諸島）	火砕流で首都サンピエール市が全滅。死者 29000 名。
1902 年	伊豆鳥島	中央火口丘が爆発し消失。全島民 125 名死亡。
1914 年	桜島	「大正大噴火」溶岩流により大隅半島とつながる。死者58名。
1926 年	十勝岳	融雪火山泥流が発生。2 村落埋没。死者・行方不明者144名。
1985 年	ネバド・デル・ルイス山（コロンビア）	火砕流・融雪泥流により，死者約 25000 名。
1986 年	オク山（カメルーン）	ニオス湖で湖水爆発。住民1800名，家畜3500 頭が犠牲となる。
1986 年	三原山	全島民 10000 名が島外避難。噴出物総量 4000 万 m³。
1991 年	雲仙岳	火砕流による死者・行方不明者 43 名。
1991 年	ピナトゥボ山（フィリピン）	噴煙柱は 38km の高さに達した。死者約 800 名。
2000 年	三宅島	有毒火山ガスの長期大量放出。全島民が島外避難。
2014 年	御嶽山	噴石により死者・行方不明者 63 名。

Column 破局噴火と巨大カルデラ火山

火山灰の噴出量が 100km³ をこえるような大規模な噴火のことを**破局噴火** という。日本列島では，7300 年前の鬼界カルデラの噴火で 170km³，2 万 9000 年前の姶良カルデラの噴火（🔵 p.91）で 450km³，9 万年前の阿蘇カルデラの噴火で 650km³ もの火山灰が噴出している。

破局噴火が起こると，カルデラに近い地域が火砕流によって広範囲に壊滅するとともに，日本列島全体が厚い降下火山灰でおおわれる。最近の地球上で最大規模の破局噴火は，7 万 5000 年前にインドネシアのスマトラ島のトバ火山で起こり，2800km³ をこえる大量の火山灰が噴出した。

阿蘇山（熊本県）
中央火口丘
外輪山

基 **A** 地表の変化

地表は，水や大気の作用により長い年月の間にその姿を刻々と変化させる。土地の隆起や沈降などの構造運動を別とすると，急峻な地形はより平坦化し，長い時間をかけて土地の高まりはより低く変化していく。

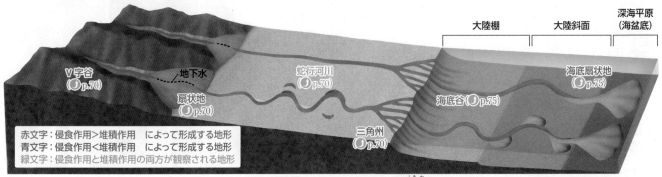

赤文字：侵食作用＞堆積作用 によって形成する地形
青文字：侵食作用＜堆積作用 によって形成する地形
緑文字：侵食作用と堆積作用の両方が観察される地形

隆起した，もしくは隆起し続けている地表は山地となる。山地の岩石はさまざまな作用を受け **風化** され，さらに雨や川などの流水，風，氷河などによって削られて，谷（**V字谷** など）ができる。このように地表が削られる作用を **侵食** とよぶ。風化・侵食によって岩石が分解されて生じた粒子を **砕屑粒子** という。砕屑粒子は水や風の流れによって **運搬** され，流れが弱まったり，止まったりしたときに **堆積** してさまざまな地形をつくる。

基 **B** 風化

太陽からの熱や光，気象の変化によって，岩石は破壊される。また，性質が変化して分解されることもある。これらの作用を **風化** という。

区分	例	起こりやすい地域
物理的風化	気温の変化によって鉱物が膨張・収縮をくり返し，鉱物どうしの結合がゆるむ。水の凍結や，水分の蒸発に伴う結晶の晶出による膨張の圧力で岩石が破壊される。	寒冷地域，乾燥地域
化学的風化	岩石中に含まれる鉱物が，地下水や雨水と化学反応を起こし溶けたり，変質したりする。	温暖・湿潤地域
生物的風化	植物の成長による圧力で岩石が破壊される。	温暖地域

物理的風化

■ 気温の変化による風化

鉱物の膨張による風化

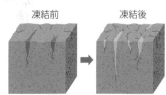

✛ 膨張率の差異

岩石を構成する鉱物が温度の変化に伴って膨張する割合（膨張率）は，鉱物の種類によって異なる。このため，気温の変化によって膨張・収縮をくり返すうちに，鉱物間に歪みが生じ，やがて分離していく。

■ 水の凍結による風化

凍結前　　凍結後

水は凍結すると体積が約1割増える。岩石の割れ目にしみこんだ水が凍結すると，その膨圧によって岩石は破壊されていく。

凍結の膨圧で破壊されたジュース缶

花崗岩の風化（まさ化）

節理ぞいのまさ

コアストーン

花崗岩は露出した面や割れ目にそって風化し，割れ目の間には未風化な岩体が残る。風化によって生じた土砂はまさ（真砂）とよばれる。風化の進んだ花崗岩とまさは軟弱な地盤となるため，表層崩壊や深層崩壊をくり返し引き起こすことが多い。（♩ p.78）

Column 地下における水の振る舞い

地下水を含む層を帯水層といい，すき間が地下水で完全に満たされている領域（飽和帯）の上面を地下水面という。地表面が地下水面よりも低くなるところでは，湧水が起こり，泉ができる。帯水層が不透水層（粘土層などの水が通りにくい層）の下にあると，地下水には岩石の荷重で大気圧よりも高い圧力がかかり，被圧地下水となる。被圧地下水面まで井戸を掘ると，井戸の水面（被圧水頭面）は高い圧力によって押し上げられ，地表に水が自噴することもある。地下水面は海へ向かって傾斜しており，地下水も海へ向かって常に流れつづけている。

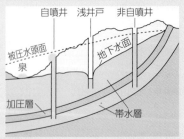

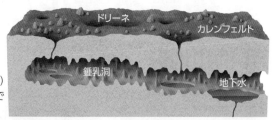

化学的風化

■ 石灰岩の化学的風化

$$CaCO_3(石灰岩) + CO_2 + H_2O \rightarrow Ca(HCO_3)_2$$

水に溶けにくい　　　　　　　　　　　　水に溶けやすい

石灰岩地域では，雨水に溶けている二酸化炭素と石灰岩が反応し炭酸カルシウム($CaCO_3$) が溶け出して **ドリーネ**，**カレンフェルト**，**鍾乳洞** などの特徴的な地形(**カルスト地形**)がで きる。このように雨水や地下水によって岩石が溶解，侵食される作用を **溶食作用** という。

ドリーネ

山口県・秋吉台

石灰岩の溶食や，地下の空洞に地表が落ちこ むことでできるすり鉢状の窪地。

カレンフェルト

山口県・秋吉台

石灰岩の土地が溶食され，柱状の石灰岩が配 列する地形。

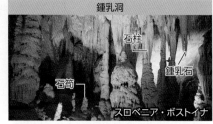

鍾乳洞

石柱

鍾乳石

石筍

スロベニア・ポストイナ

炭酸カルシウムが再結晶化することで，つらら 状の鍾乳石，筍 状の石筍，それらがつながっ た石柱などが見られる。

地球の歴史

生物的風化

■ 植物の成長による風化

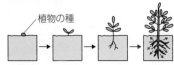

植物の種

根により破壊された道路

植物の根が岩石の割れ目の中で成長す ると，物理的風化が促進される。さらに， 植物が根から分泌する物質は岩石を溶 解するはたらきがある。

🔼 Jump

風化でできる鉱床　ボーキサイト→ p.158

熱帯や亜熱帯では，雨水や地下水によって岩石中の溶け出しや すい成分が溶解され，取り除かれていく。その結果，水に溶け にくいアルミニウム(Al) などが地表に多く残ることになる。ア ルミニウムを特に多く含む土をボーキサイトといい，この土は アルミニウムの鉱床となる。

補足　風化と二酸化炭素循環の関係 地

ケイ酸塩鉱物の風化(珪灰石 $CaSiO_3$ として一般化)(CO_2 が失われる)
$$CaSiO_3 + 2CO_2 + H_2O \rightarrow Ca^{2+} + 2HCO_3^- + SiO_2 \cdots (1)$$

炭酸塩鉱物の風化(CO_2 が失われる)
$$CaCO_3 + CO_2 + H_2O \rightarrow Ca^{2+} + 2HCO_3^- \cdots (2)$$

炭酸カルシウムの沈殿(CO_2 が発生する)
$$Ca^{2+} + 2HCO_3^- \rightarrow CaCO_3 + CO_2 + H_2O \cdots (3)$$

炭酸塩鉱物の風化と炭酸カルシウムの沈殿，つまり (2) 式＋ (3) 式だけで は大気中の CO_2 の増減はない。しかし，ケイ酸塩鉱物の風化と炭酸カル シウムの沈殿，すなわち (1) 式＋ (3) 式では
$$CaSiO_3 + CO_2 \rightarrow CaCO_3 + SiO_2$$
となり，大気中の二酸化炭素(CO_2) が取り除かれることになる。つまり， 化学的風化により大気中の二酸化炭素は減少する。
一方で，海洋底に堆積した炭酸塩鉱物($CaCO_3$)は，プレートの沈みこみに 伴い地下深くにもちこまれ，高温高圧下で変成作用を受ける。
$$CaCO_3 + SiO_2 \rightarrow CaSiO_3 + CO_2$$
この二酸化炭素は，やがて火山活動(火山ガス)として大気中に放出される。 大気中の二酸化炭素濃度は，これらのバランスによって決まる。

地 C 土壌

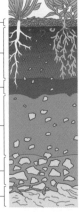

落葉・落ち枝

有機物(腐植物)， 微生物，無機栄養分

溶解・懸濁成分が下 方へ移動するゾーン

上層からきた Fe， Al，腐植物，粘土の 集積領域。 岩石の変化は下層 より進んでいる。

風化途上の鉱物

母岩

岩石が風化して鉱物粒子になったものや， 運搬されてきた粒子が原材料(母材)とな り，そこに有機物が混合されたものを土 壌という。土壌は大きく３つの層に分け られる。最上位層には，動物や植物の遺 骸とそれらが分解された有機物が大量に 含まれている。中間層になると有機物が 少なくなり，泥や砂が主となる。最下層 は基盤の岩石との境界であり，基盤岩の 岩片を礫状に含んでいる。風化や，風に よる運搬によってもたらされた鉱物粒子 の堆積が進み，さらに表層からの有機物 が分解・集積していくことによって，土 壌はしだいに厚く成長していく。

■ 黒ボク土

広島県・山口県・松ノ木峠

黒ボク土は，おもに火 山のすそ野や台地上に 見られる黒色の土壌で ある。北海道，東北， 関東，九州に多く見られ， 日本では広く分布してい る(国土の 17.3%) もの の，国外ではほとんど見られない。黒く見えるのは，腐植物(植 物が分解されて生じた有機物)を大量に含んでいるからである。 黒ボク土の形成開始時期は地域によって異なるが，過去 1 万年 間以内であり，縄文人の居住開始時期とおおよそ一致する。黒 ボク土には植物が焼けることで生じる微粒炭が大量に含まれて いるため，人類活動が土壌形成作用に関連しているのではない かという説がある。

カルスト地形：karst topography　　ドリーネ：doline　　カレンフェルト：karrenfeld　　鍾乳洞：calcareous cave　　土壌：soil

基 **A** 河川地形

V字谷

徳島県・祖谷渓

上流では河川の勾配が大きく、下方侵食が側方侵食にまさる。その結果、深いV字形の谷が刻まれていく。

ポットホール(おう穴)

神奈川県三浦市・城ヶ島

川の流れが速く河床の岩盤が硬い場所で、割れ目にはまりこんだ岩片が渦巻き状に回転して周囲を削ることで形成される。

■ 河川の勾配曲線

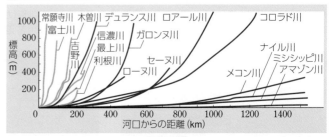

河川の勾配は、土砂の生産量と水の流量の比によって決まる。土砂が多く流れる川は勾配が大きくなるのに対して、水の流量が大きい川では勾配が小さくなる。日本は変動帯であるために隆起速度が速く、土砂の生産量も多い。一方、日本の山地から海までの距離は短いので、河川の流域面積が小さく、そのために水の流量は小さい。結果として、日本の河川は大陸の河川に比べ長さが短く、勾配の大きなものが多い。

扇状地

山梨県南アルプス市

扇頂部

扇央部

扇端部

河川が山間から平地に出ると河床の勾配が急にゆるやかになるので流速が遅くなり、運搬されてきた砂礫が堆積する。洪水時に流路がより低い場所に移動し、それがくり返されて堆積物が扇状になる。この地形を **扇状地** という。

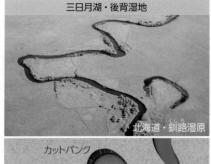
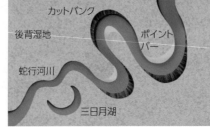

三日月湖・後背湿地

北海道・釧路湿原

カットバンク

後背湿地

ポイントバー

蛇行河川

三日月湖

平野を流れる河川は蛇行する。蛇行が進むと流路の曲がった部分どうしが接触し、流路の直線化が起こる。残されたもとの流路は **三日月湖** となる。氾濫原の低地は常に水がたまった状態となることがあり、**後背湿地** とよばれる。

三角州

三重県・雲出川河口

河口では流速が遅くなり、堆積物が堆積する。この堆積作用によってできる地形を **三角州** という。河川から供給される堆積物の量と、波による侵食量のバランスに応じて、三角州にはさまざまな形態が見られる。

基 **B** 河川のはたらき

河川のはたらきには、**侵食**、**運搬**、**堆積** があり、どのはたらきが起こるかは、流速と砕屑粒子の大きさの関係で決まる。

侵食作用	運搬作用	堆積作用
河川が底面を侵食する力は、流速のおよそ2乗に比例する。山地では、移動する礫によって岩盤が下方に侵食されることで、**V字谷** ができる。一方、平野部では河川の下方侵食により、**河岸段丘** ができる。	河川の土砂の運搬量は流速のおよそ5乗に比例する。運ばれる粒子の大きさと流速により、浮流、跳動、転動などの作用で砕屑粒子は下流へと運ばれていく。水底が砕屑粒子や水流の渦に削られた後、その上に新たに堆積物が堆積した場合、流痕(🔗p.81)が形成されることがある。	河川の流速が遅くなると土砂運搬量が減少し、堆積が起こる。山麓地域では **扇状地** が形成され、平野では、**氾濫原**(洪水時の浸水によって形成される平地)、**三日月湖**、河口では **三角州** が形成される。

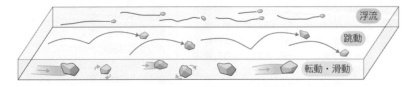

浮流

跳動

転動・滑動

■ 粒径と流速の関係

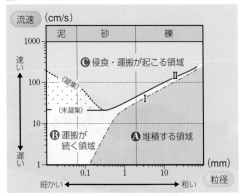

Ⅱの曲線よりも速い流速では，底面の粒子は侵食される（領域C）。堆積して時間がたつと，泥は凝集し動きにくくなるため，Ⅱの曲線の形が変わる。Ⅱの曲線よりも遅い流速では，底面の粒子は侵食されないが，Ⅰの曲線よりも流速が速ければ，すでに運搬されていた粒子は引き続き移動する（領域B）。Ⅰの曲線を下回る流速では，粒子は沈降し堆積する（領域A）。

補足　粒径・流速の関係を表すグラフの読み取り方

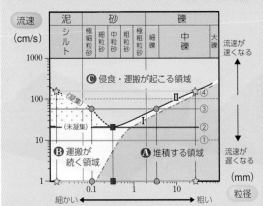

流速が速くなる場合

流速が①の条件のときは，どの粒径の粒子も移動しない。その後，流速が②に達すると，最も移動しやすい中粒砂が侵食され始める。流速が③の条件となると，極細粒砂から細礫までの堆積物が侵食されるようになる。さらに速い④の条件となれば，シルトから中礫まで幅広い範囲の堆積物が侵食され，下流へと運ばれる。

流速が遅くなる場合

流速が④の条件のときは，シルトから中礫までの粒子が侵食され運搬されているが，③に低下すると，シルトや中礫は侵食されなくなる。流速が②の条件となると，もはや新たな侵食は起こらないが，それまでに侵食された粗粒砂より細かい粒子は引き続き運ばれる。①の条件になると，礫や砂の一部は堆積して流れには含まれないようになる。

地 C 河岸段丘と海岸段丘

固体地球の変動は地殻変動として地表で観測される。また，気候変動によって地形は変化していく。変動帯では，さまざまな特徴的地形が形成される。

■ 河岸段丘

新潟県十日町市・信濃川

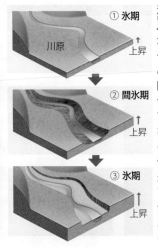

① 氷期　川原　↑上昇

② 間氷期　↑上昇

③ 氷期　↑上昇

河岸に見られる階段状の地形を**河岸段丘**とよぶ。このような段丘の形成には，地殻変動と間氷期・氷期のような時間スケールの長い気候変動がかかわっていると考えられる。地殻変動によって地面が隆起している地域で，かつ，扇状地の場合について考える。氷期には氷河によって山が削られ土砂が大量に生成され，それが下流で堆積し，広い川原が形成される（①）。それに対して間氷期には土砂の供給が少なくなり侵食が卓越する（②）。長期間にわたって地殻が上昇しているので，同じ現象がくり返され，結果として何段もの河岸段丘が形成される（③）。河岸段丘を調べることによって，その地域の隆起速度を見積もることができる。

■ 海岸段丘

神奈川県三浦市・城ヶ島

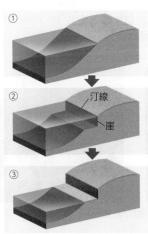

①

② 汀線　崖

③

海岸に見られる階段状の地形を**海岸段丘**とよぶ。この形成には地殻変動と気候変動による海面水位の変動がかかわっている。波打ち際では侵食が進行し崖が形成される（②）。また汀線（海面と崖の境界線）付近の海底では，侵食やサンゴの活動によって平らな面ができやすい（②）。地震などによる海岸付近の隆起や，寒冷化による海面の低下によって，崖と平らな面が海面から持ち上がって形成されたものが海岸段丘である（③）。海岸段丘を調べることにより，巨大地震の活動周期を調べることもできる。

河岸段丘：river terrace　　海岸段丘：coastal terrace

３ 地表の変化(3)

Ａ 海岸地形

■ 海岸地形の変化の例

リアス海岸　島　海食崖　　　　　トンボロ　陸繋島　ラグーン(潟湖)　砂し

砂し　　　　　　　　　　　　　　　　　　　沿岸流　砂州

■ 堆積作用によってできる地形

砂し

静岡県・三保の松原

波や沿岸流で運ばれた土砂が陸から海に向かって突き出し, 嘴のように堆積したものを **砂し (砂嘴)** という。

砂州

京都府・天橋立

砂しが発達して湾口を塞ぐような形になったものを **砂州** という。

ラグーン(潟湖)

鹿児島県・長目の浜

砂州が発達して塞がれた湾の内側を **ラグーン (潟湖)** という。海水準の上昇で珊瑚礁と島の間にできる海もラグーン(礁湖)とよばれるが, 潟湖と礁湖の成因は異なる。

陸繋島

北海道・函館

干潮時

静岡県・象島・中ノ島・高島

満潮時

静岡県・象島・中ノ島・高島

島の背後では屈折した波がお互いに打ち消しあい, 波の影響が弱まるため, 沿岸流によって運ばれていた土砂が堆積して砂州がつくられる。このように形成した砂州によって陸地とつながった島を **陸繋島** とよび, 島に向かって伸びる砂州をトンボロという。普段陸地と切り離されている島が, 干潮時にのみ露出する砂州によって海岸とつながる現象をトンボロ現象という。

■ 侵食作用によってできる地形

海食崖

千葉県・屏風ヶ浦

海食台

青森県・千畳敷

海水の侵食作用は, 海食(波による侵食作用)が最も強い。海食により形成する崖を **海食崖**, 平らな地形を **海食台(波食台)** という。

■ 海岸段丘のでき方

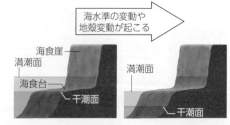

海水準の変動や地殻変動が起こる

海食崖　満潮面
海食台　干潮面

満潮面
海食崖
干潮面

海水準が低下したり, 地震などにより隆起が起こったりすると, 海食台の上面は平坦な台地となって陸上に露出する。これを **海岸段丘**(♪ p.71)という。

■海水面の変動によってできる地形

リアス海岸

長崎県・五島列島

地盤が沈降したり海水準が上昇したりすることで，山地の V 字谷に海水が浸入してできた地形を **リアス海岸** という。

多島海

宮城県・松島

多数の島が集まる海域を **多島海** という。海水準が上昇し，低地がすべて水没すると，かつての山地が多島海となることがある。

フィヨルド

ノルウェー　　ノルウェー（衛星写真）

氷河の侵食によってできた U字谷（♪p.74）に海水が浸入して生じる湾を **フィヨルド** という。

■珊瑚礁

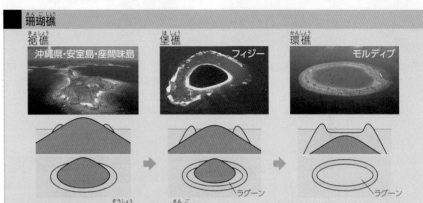

裾礁　沖縄県・安室島・座間味島　　堡礁　フィジー　　環礁　モルディブ

島の海岸部に，おもに造礁サンゴが珊瑚礁をつくる。これを裾礁という。島の沈降や海面上昇により島と珊瑚礁の間にラグーン（礁湖）ができたものを堡礁という。島に対する海水面の位置が相対的に上昇し島がなくなり，環状の珊瑚礁とラグーンのみとなったものを環礁という。

地 B 風の作用と地形

砂，泥などの砕屑物は，流水だけでなく，風によっても運搬され，堆積する。
風による堆積作用が最も顕著な場所が砂漠である。

■さまざまな砂丘の形

風の強さ，砂の量などによって，さまざまな形の砂丘が形成される。
一般的に，風上側の斜面が緩い傾斜，風下側の斜面が急な傾斜であることが多い。

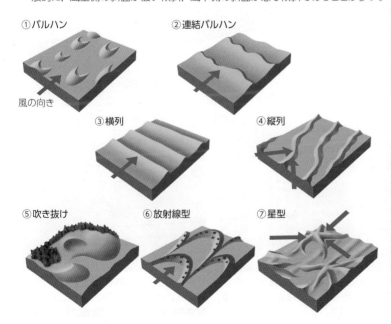

①バルハン　②連結バルハン　風の向き　③横列　④縦列　⑤吹き抜け　⑥放射線型　⑦星型

砂丘

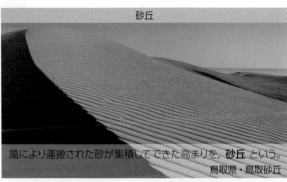

風により運搬された砂が集積してできた高まりを，**砂丘** という。
鳥取県・鳥取砂丘

バルハン

風の向き

風上側に凸の三日月状の砂丘を **バルハン** という。　イラン

4 地表の変化(4)

A 氷河地形

氷河の重量による侵食力は、河川の侵食力に比べてはるかに大きい。
氷河の侵食力によって、U字谷やカールが形成される。

氷河

アメリカ・アラスカ

降雪が圧縮され **氷河** となり、重力によってゆっくりとした速度(数m～数百m/年)で流れ下る。

ホルン

スイス・マッターホルン

氷河の侵食作用の結果、カールによって囲まれることで形成される鋭くとがった山頂。アルプス山脈のマッターホルンが有名。日本では、槍ヶ岳が代表的なホルンとして知られている。

カール

富山県・薬師岳

山頂付近において、氷河の侵食によって形成されるスプーンでえぐられたような形の谷。氷期には日本にも小規模な氷河が存在し立山連峰にはカールが分布している。

氷河や雪がとけたときのようす

氷河の侵食によってできた谷。断面が U 字形をしている。U字谷に海水が浸入すると、フィヨルド(→p.73)が形成される。

U 字谷

ニュージーランド

モレーン(氷堆石)

アメリカ・ロッキー山脈

迷子石

スコットランド

モレーンは、氷河が縮小する際、氷河の末端部や側面に、削られた岩片が堆積することで形成される。氷河が運搬した巨大な礫を迷子石という。

擦痕

カナダ・ロッキー山脈

氷河が削りとった岩片が、岩盤を引っかいて残る痕。過去に氷河が動いた方向を示す手がかりとなる。

構造土

北海道・トムラウシ山

氷河の周辺で見られる地表面の幾何学模様。水の凍結と融解のくり返しにより土壌が徐々に移動することで形成される。

基 B 堆積の場所

堆積物の堆積量が最も多い場所は海底である。陸から近い海底には陸から供給される堆積物が，陸から遠く離れた深海底には生物起源の堆積物（軟泥）や陸由来の砕屑物からなる深海粘土が堆積する。

■ 海底での堆積作用

海岸線から大陸棚にかけての海底では波浪や潮汐の流れが堆積物を運搬し，堆積させている。大陸棚には混濁流の侵食によって海底谷が発達する。混濁流は深海平原へ堆積物を運搬し，なだらかな海底扇状地を形成する。

■ 遠洋性堆積物の分布 地

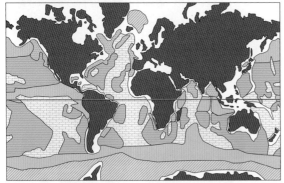

陸から運搬される砂や泥が届かない遠洋域では，緯度や深度によって種類の異なる堆積物がたまっている。遠洋性堆積物の起源は，陸上の化学的風化による溶解物質や，風によって運ばれる細粒な砕屑物である。風化から生じたカルシウムやケイ酸イオンは河川によって海に供給され，プランクトンやサンゴの殻として海底にとどまる。

大西洋全般や，太平洋の赤道から中緯度域の比較的水深が浅い海域には，高い水温を好むプランクトンである有孔虫や円石藻などの石灰質（$CaCO_3$）の殻が堆積している。ケイ質（SiO_2）の殻をつくる放散虫やケイソウは，栄養塩が豊富な高緯度域に多く分布しており，それらの殻がケイ質堆積物となる。太平洋の中緯度域は水深が深いため生物の殻は溶けてしまう。そのため，風で運搬される細粒な砕屑物だけが深海粘土として堆積している。

■ 堆積物と堆積場

堆積環境		おもな運搬堆積作用	堆積物の種類
陸上	沖積河川	河川流	礫・砂・泥
	湖沼	波・湖流	砂・泥，微生物遺骸，蒸発岩
	氷河	氷河・融解流	礫・砂・泥
	砂漠	風	砂・泥
沿岸	三角州	河川流・波浪	砂・泥
	海浜	波浪・潮汐	礫・砂
	内湾	波浪・潮汐	砂・泥
海洋	大陸棚	波浪・潮汐	砂・泥
	大陸斜面・縁辺域	混濁流・海流	砂・泥
	遠洋域生物礁	風・生物遺骸の沈降，生物造礁活動	微生物遺骸，泥，石灰質生物殻

補足 炭酸塩補償深度（CCD）地

陸由来の砂や泥などの砕屑粒子が届かない遠洋域の深海底には，石灰質やケイ質のプランクトン遺骸の殻が降り注いでいる。海水は浅海では炭酸カルシウムに関して過飽和なので，炭酸カルシウムの殻が溶けることはない。しかし，カルシウムイオンの飽和容量は水圧が増すと大きくなるので，深海では海水は炭酸カルシウムに関して不飽和になり，有孔虫や石灰質ナノプランクトンなどの石灰質の殻が溶解するようになる。石灰質の殻が溶解せずに堆積する限界の水深を**炭酸塩補償深度（CCD）**とよび，現在の海洋環境では約4000〜5000mとなっている。CCDより深い海底にはケイ質の堆積物が堆積するが，さらに500mほど深い水深ではケイ質の殻も溶解してしまう。生物の殻がすべて溶けてしまう深度の海底には，風によって運ばれた陸由来の砕屑物からなる深海粘土がおもに堆積している。

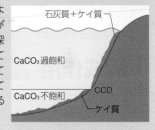

基 C 混濁流・タービダイト

地震発生時などに，大陸棚や大陸斜面に堆積していた砂などが海底地すべりによって混濁流（乱泥流）となり深海底に再堆積する。こうしてできた単層をタービダイト（♪p.77）という。

■ 堆積物重力流 地

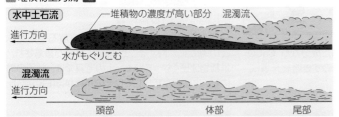

水中で水と土砂が混合されて移動する流れを堆積物重力流という。堆積物の濃度が非常に高いと，内部で粒子どうしが接触・衝突をくり返しながら流れは移動する。堆積物重力流のうち，このような流れは**水中土石流**とよばれる。水中土石流は流れの粘性（粘り気）が非常に高く，減速が始まると急激に停止して厚い堆積物を残す。一方，濃度が薄い流れでは粒子どうしが接触せず，内部の渦によって粒子が巻き上げられながら流れが前進していく。このような流れを**混濁流**という。混濁流の粘性は低く，流れは徐々に減速して，広い範囲に分布する薄い堆積物（タービダイト）を残す。

■ ブーマ・シーケンス

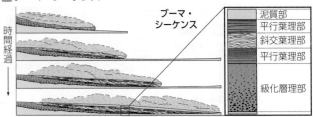

タービダイトには，一定の順序で重なる堆積構造のパターンがある。これをブーマ・シーケンスという。タービダイト砂岩の一番下には級化構造が見られ，その上位には平行葉理，そのさらに上位には斜交葉理が見られる。これらの上位には平行葉理を示すシルト岩が重なり，最後に泥岩がおおっている。実際のタービダイトにはこれらの区分のいくつかが欠けていることが多いが，区分の重なりの順番が入れかわることはほとんどない。ブーマ・シーケンスは，混濁流が徐々に流速を落としながらタービダイトを堆積させたことを示す構造と解釈されている。

深海粘土：deep sea clay　　混濁流：turbidity current　　タービダイト：turbidite　　ブーマ・シーケンス：Bouma sequence

基 A 堆積物と堆積岩

風化や侵食(⤵p.68)によってできた砕屑物，火山噴火によって放出された火山砕屑物，微生物の遺骸などが堆積し，長い年月を経て固化し **堆積岩** となる。

■ 堆積物と堆積岩の関係

種類		堆積物	続成作用→	堆積岩
砕屑岩 (ケイ質砕屑岩) 砕屑物からなる岩石	礫	巨礫	256mm	礫岩
		大礫	64mm	
		中礫	4mm	
		細礫		
	2mm			
	砂	極粗粒砂	1mm	砂岩
		粗粒砂	$\frac{1}{2}$ mm	
		中粒砂	$\frac{1}{4}$ mm	
		細粒砂	$\frac{1}{8}$ mm	
		極細粒砂		
	$\frac{1}{16}$ mm			
	泥	シルト	$\frac{1}{256}$ mm	泥岩
		粘土		
火砕岩(火山砕屑岩) 火山砕屑物(⤵p.51)が固結した岩石	火山岩塊	64mm	凝灰角礫岩，火山角礫岩※
	火山礫	2mm	火山礫岩
	火山灰		凝灰岩
生物岩 生物の遺骸(⤵p.75)などでつくられた岩石	石灰質の遺骸 ($CaCO_3$)	有孔虫，サンゴ，ウミユリ 石灰質ナノプランクトン	**石灰岩**，チョーク($CaCO_3$)
	ケイ質の遺骸 (SiO_2)	ケイソウ，放散虫	**チャート**，珪藻土(SiO_2)
化学岩 水に溶けていた物質が化学的に沈殿したり，水が蒸発して形成された岩石	化学的な沈殿	$CaCO_3$	**石灰岩**($CaCO_3$)
		SiO_2	**チャート**(SiO_2)
		$CaMg(CO_3)_2$	苦灰岩($CaMg(CO_3)_2$)
	蒸発作用	$NaCl$	岩塩($NaCl$)
		$CaSO_4$	石こう($CaSO_4 \cdot 2H_2O$)

※凝灰角礫岩は火山灰を主としており，火山岩塊や火山礫も含んでいる岩石。

補足 堆積岩と火成岩の粒子の違い

砂岩は，砂粒子が運搬後に堆積し，続成作用によって固結したものである。運搬中に粒子は衝突し角が削れて丸みを帯びるので，砂岩の粒子の間にはすき間ができ，そこを続成作用で晶出した鉱物が埋めている。一方，花崗岩はマグマがゆっくりと冷却し，結晶が互いの間を埋めるように成長するため，鉱物粒子は角ばっている。また，砂岩のような粒子間のすき間は見られない。

Jump 火成岩の露頭と岩石→ p.64

砂岩の顕微鏡写真　　花崗岩の顕微鏡写真

1mm

※いずれも直交ニコル

基 B 続成作用

堆積物はいくら長い年月が経過してもそれだけで硬い堆積岩となるわけではない。堆積物が固化して堆積岩へと変わる過程を **続成作用** という。

■ 堆積物固化のプロセス

①堆積したばかりの状態

圧密作用：上に堆積した堆積物の圧力で堆積物粒子のすき間は最小限となる。
脱水作用：間隙水がしぼり出される。

堆積物粒子のすき間には水(間隙水)が含まれている。

②続成作用が進んだ状態

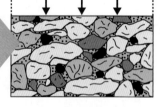

セメンテーション：間隙水に溶けていた成分から $CaCO_3$ や SiO_2 などが再結晶して堆積物粒子のすき間を充填し，堆積物粒子が硬く結びつけられる。

■ 続成作用を受けた堆積物の顕微鏡写真

0.1 mm

Scholle, P. A., AAPG [1979] reprinted by permission of the AAPG whose permission is required for further use

続成作用では，粒子の間に鉱物(方解石や石英など)が新たに沈殿することによって粒子が接着され，堆積物は硬くなっていく。上の写真では，粒子の間に新たに鉱物が析出しているのがわかる(白い部分)。

■ 化石を核としたノジュール

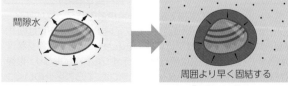

間隙水

周囲より早く固結する

生物遺骸の周辺ではセメンテーションが速く進み，周囲より硬いボール状の岩石が形成されることがある。これをノジュールといい，内部には貝殻や骨などの化石がしばしば保存されている。

ノジュール

砂岩中のノジュール群

福井県丹生郡

砕屑岩(ケイ質砕屑岩)	礫岩	島根県・石見畳ヶ浦	おもに礫(粒径 2mm 以上の砕屑物)が固結したもの。礫と礫のすき間は,砂や泥などが充塡する。礫の大きさによって巨礫岩,大礫岩,中礫岩,細礫岩に分けることもある。礫が角ばったものは角礫岩という。
	砂岩	泥岩 砂岩	砂(粒径 $\frac{1}{16}$ 〜 2mm の砕屑物)が固結したもの。顕微鏡で見ると,粒子は角がとれ丸くなっていることが多く,粒子のすき間を方解石など他の鉱物が充塡している。固結度の高いものは石材として用いられる。
	泥岩	宮崎県・青島	泥(粒径 $\frac{1}{16}$ mm 以下の砕屑物)が固結したもの。その中でも粒径が大きいもの($\frac{1}{256}$ 〜 $\frac{1}{16}$ mm)をシルト岩という。押し固められ,板状にはがれやすくなったものを頁岩という。
火砕岩(火山砕屑岩)	凝灰岩	栃木県宇都宮市	火山灰が固結したもの。風化作用や熱の影響を受け,さまざまな色を帯びたり変質したりする。日本海側を中心に広く分布するグリーンタフ(緑色凝灰岩)は,一部は大谷石として建築材に使用される(→p.35)。
生物岩	石灰岩	フズリナ石灰岩 5mm ウミユリ石灰岩 5mm 2cm 1cm	CaCO₃ を主成分とする殻をもつフズリナ(紡錘虫)(→p.89)やサンゴ,ウミユリ(→p.98)などの生物の遺骸が集まって固結したもの。比較的暖かい浅い海で形成される。CaCO₃ が化学的に沈殿して形成される場合もある。
	チャート ▶QR	岐阜県坂祝町 岐阜県文化財保護センター	SiO₂ を主成分とする放散虫(→p.89)などの遺骸が集まって固結したもの。非常に硬く,割れ口が鋭利なので,石器として使用された。SiO₂ が化学的に沈殿して形成される場合もある。
化学岩	岩塩	ルーマニア	海水が蒸発して塩の結晶(NaCl)が厚く堆積したもの。数百 m の岩塩層として産出することもあり,食塩や工業用などに利用されている。

※礫岩,砂岩,泥岩,凝灰岩のスケール:岩塊のスケールバーはすべて 2cm。拡大写真(四角の枠)は左右が 1cm。

基 6 土砂災害

基 A 土砂災害の原因

日本は、土砂災害が多い。年によってかなりばらつきがあるが、斜面崩壊・土石流・地すべりを合わせて平均すると、土砂災害は年に1000件程度発生している。

■ 都道府県別の土砂災害発生件数（2017～2021年）

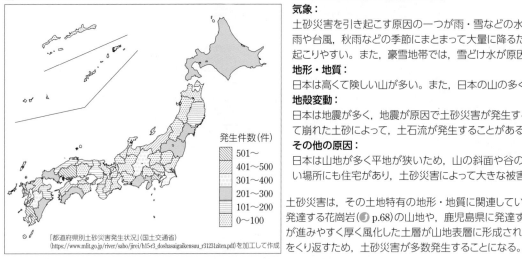

発生件数（件）
501～
401～500
301～400
201～300
101～200
0～100

「都道府県別土砂災害発生状況」（国土交通省）
(https://www.mlit.go.jp/river/sabo/jirei/h15r3_doshasaigaikensuu_r3123lziten.pdf)を加工して作成

■ 土砂災害が発生するおもな原因

気象：
土砂災害を引き起こす原因の一つが雨・雪などの水である。特に、日本の雨は、梅雨や台風、秋雨などの季節にまとまって大量に降るため、土砂災害がこれらの季節に起こりやすい。また、豪雪地帯では、雪どけ水が原因の土砂災害が発生する。

地形・地質：
日本は高くて険しい山が多い。また、日本の山の多くは崩れやすい地質でできている。

地殻変動：
日本は地震が多く、地震が原因で土砂災害が発生することがある。また、地震によって崩れた土砂によって、土石流が発生することがある。

その他の原因：
日本は山地が多く平地が狭いため、山の斜面や谷の出口など土砂災害の起こりやすい場所にも住宅があり、土砂災害によって大きな被害が出る原因の一つとなっている。

土砂災害は、その土地特有の地形・地質に関連している。例えば、山口県や広島県に発達する花崗岩（● p.68）の山地や、鹿児島県に発達する火山灰のシラス台地は、風化が進みやすく厚く風化した土層が山地表層に形成されやすい。この軟弱な土層が崩壊をくり返すため、土砂災害が多数発生することになる。

基 B 斜面崩壊

斜面崩壊 は、山崩れやがけ崩れともよばれ、岩や土砂が混じりあいながら高速で斜面を崩れ落ちる現象である。

斜面崩壊は、台風や集中豪雨、地震などをきっかけにして起こる。斜面崩壊が起こるのは急勾配の斜面であり、崩壊が起こると岩石片や土砂が混じりあって瞬時に斜面下まで流れ下る。斜面の表面に粘着性のない砂質の土砂が堆積していると、基盤となる岩石との境界で崩壊が起こりやすい（**表層崩壊**）。いったん崩壊が起こると斜面傾斜がゆるくなるため、しばらくの間は斜面崩壊が起こりにくくなる。

2012年7月九州北部豪雨による斜面崩壊
熊本県大津町

Zoom up 深層崩壊

斜面崩壊は、表層1m程度の浅い土砂や岩石が起こす表層崩壊と、それよりも深い地下にすべり面ができて発生する **深層崩壊** とに分けられる。深層崩壊は雨のやんだ後に発生することがしばしばあり、その発生の予測は難しい。深層崩壊は大量の土砂を移動させ、土石流に発展することも多い。

和歌山県田辺市

基 C 地すべり

地すべり は、斜面にたまった土砂や岩塊が元の形を保ちながらゆっくりとした速度で動く現象である。

地すべりは、斜面崩壊と同様に降雨や地震などをきっかけに起こるが、斜面崩壊よりもゆるい斜面で発生し、突発的ではなく地下水の上昇などに伴ってゆっくりと岩体・土砂が動くという特徴がある。斜面の亀裂や陥没などの前兆現象を伴うことが多く、比較的予知しやすい。地すべりは、斜面の土砂が砂ではなく泥のような粘着性物質である場合に起こりやすい。同じ場所でくり返し起こったり、数年間かけてゆっくりと移動し続けたりすることもある。

2008年岩手・宮城内陸地震によって発生した大規模地すべり
荒砥沢ダム上流部（宮城県）

地すべり地形を利用しているスキー場
テイネスキー場（北海道札幌市）

基 D 土石流

土石流 は，斜面や河床に堆積していた岩塊や土砂が水と混じり合い，高速で谷や河道を流れ下る現象である。

土石流は，台風や集中豪雨など大量の降雨によって発生する。斜面崩壊や地すべりで発生した土砂が河川に流れこみ，そのまま土石流へ移り変わることもある。土石流の内部ではさまざまな大きさの岩石・土砂が混合されており，時として直径数mの非常に大きな岩塊も運ばれることがある。斜面崩壊や地すべりと比べて，土石流は緩傾斜の扇状地まで流れ下るため，人家にも被害を及ぼすことがあり危険である。

1997年7月10日の集中豪雨に伴う斜面崩壊をきっかけとして，鹿児島県の針原川で土石流が発生した。この土石流は麓の集落を襲い，21名が犠牲となる土砂災害を引き起こした。

針原川土石流災害(鹿児島)

伊豆大島土砂災害(東京都)

2013年の台風26号(⚫ p.132)によって伊豆大島大金沢に土石流が発生し，死者35名を出す土砂災害が起こった。この地域に広く分布していた火山灰が豪雨によって流動化して表層崩壊が起こり，それが土石流へと移り変わったものと推定されている。大量の流木が土石流に巻きこまれて移動したことで，被害が深刻化した。

基 E 土砂災害への対応

土砂災害による被害を受けないためには自治体の指定する土砂災害危険個所や警戒区域，土砂災害警戒情報に注意し，早めに避難すべきである。

自治体の指定する土砂災害危険箇所・警戒区域にいる人は，都道府県と気象庁が発表する土砂災害警戒情報に特に注意して，早めの避難を心がけるべきである。
斜面崩壊の予兆をつかむことは難しいが，豪雨や地震のときは常に警戒が必要となる。降雨時に沢の近くにいる場合は川の水位の変化や濁りに注意し，できるだけ早く沢から離れた方がよい。

土砂災害警戒情報

	斜面崩壊	地すべり	土石流
特徴	崩れ落ちるまでの時間がごく短いため，人家の近くでは逃げ遅れも発生し，人命を奪うことがある。	土塊の移動量が大きいため甚大な被害が発生。	時速20〜40kmという速度で一瞬のうちに人家や畑などを壊滅させる。
おもな前兆現象	・がけにひび割れができる。 ・小石がパラパラと落ちてくる。 ・がけから水が湧き出る。 ・湧き水が止まったり濁ったりする。 ・地鳴りがする。	・地面がひび割れたり陥没したりする。 ・がけや斜面から水が噴き出す。 ・井戸や沢の水が濁る。 ・地鳴りや山鳴りがする。 ・樹木が傾く。 ・亀裂や段差が発生する。	・山鳴りがする。 ・急に川の水が濁り，流木が混ざり始める。 ・腐った土の匂いがする。 ・降雨が続くのに川の水位が下がる。 ・立木が裂ける音や石がぶつかり合う音が聞こえる。

Column 地すべり・斜面崩壊とスキー場

上空から見たテイネスキー場の地形(赤色立体地図)

スキー場の多くは，地すべり地形であることに気づかれずに開発されたものである。地すべりや斜面崩壊が起こってできた斜面は周囲の山地に比べてゆるくなだらかなため，スキー場として利用しやすい地形である。10°〜20°という地すべり斜面の典型的な傾斜は，初心者から中級者に適したゲレンデとなる。一方，地すべりが発生した地点には30°に達するようなきつい傾斜が残されていることがあり，このような急傾斜の斜面は上級者コースとして利用される。地すべり地形の特徴的な起伏がスキーのゲレンデとしてそのまま利用されているのである。

基地 **A** **地層** 堆積岩が層状に重なったものを **地層** といい，連続して堆積した比較的均質な一枚の地層を **単層** という。
基本的に，上の地層ほど新しいという大原則がある。この原則を，**地層累重の法則** という。

■単層と地層

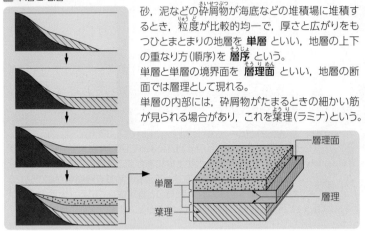

砂，泥などの砕屑物が海底などの堆積場に堆積するとき，粒度が比較的均一で，厚さと広がりをもつひとまとまりの地層を **単層** といい，地層の上下の重なり方(順序)を **層序** という。
単層と単層の境界面を **層理面** といい，地層の断面では層理として現れる。
単層の内部には，砕屑物がたまるときの細かい筋が見られる場合があり，これを **葉理(ラミナ)** という。

水平な地層

基地 **B** **整合と不整合** 地層が時間的に連続して形成されるとき，地層と地層の関係を **整合** という。
一方，途中に時間的な断絶が見られる場合，上下の地層の関係を **不整合** という。

QR

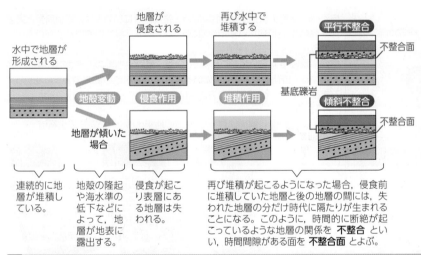

水中で地層が形成される

地殻変動 ／ 地層が傾いた場合

侵食作用

堆積作用

基底礫岩

地層が侵食される

再び水中で堆積する

平行不整合 — 不整合面

傾斜不整合 — 不整合面

連続的に地層が堆積している。

地殻の隆起や海水準の低下などによって，地層が地表に露出する。

侵食が起こり表層にある地層は失われる。

再び堆積が起こるようになった場合，侵食前に堆積していた地層と後の地層の間には，失われた地層の分だけ時代に隔たりが生まれることになる。このように，時間的に断絶が起こっているような地層の関係を **不整合** といい，時間間隙がある面を **不整合面** とよぶ。

平行不整合
一見連続的に堆積したように見えるが，じつは不整合面で大きな時代的間隙が生じている。
傾斜不整合
不整合面を境にして上下の地層が異なる傾斜で接している。

傾いた地層

千葉県館山市

■海水準の変動と堆積相の変化

▓海進期の堆積作用

陸成層 陸成層・内湾堆積物

海成層

海岸線が陸側に移動しながら地層が堆積していく現象を **海進** という。海進が起こるのは，山地から河口に到達する堆積物の量が少なく，土砂が海を埋めたてて海岸線を前進させるよりも速く海水準が上昇するときである。海進が起こると，海には堆積物がほとんど到達しなくなるため，海で形成されている地層の堆積速度は急激に減少し，細粒な泥しか見られなくなったり，平行不整合が形成されることもある。

▓海退期の堆積作用

陸成層 陸成層・三角州堆積物

海成層

海岸線が海側へ移動しながら地層が堆積していく現象を **海退** という。海退が起こるのは，海水準が低下していたり，海水準が上昇していてもそれを上まわる速度で土砂が河口に供給され，三角州が前進して海岸線が急速に埋めたてられていくときである。海退が起こると粗粒な堆積物の供給される場が沖側に移っていくため，海で形成された地層は徐々に粗粒化していく特徴が見られる。

基 C 堆積構造と堆積環境

実際の地層は，衝上断層や褶曲などによって上下で順番が逆転している場合がある。地層中の構造により，地層が堆積した順番を判定することができる（地層の上下判定）。

■クロスラミナ（斜交葉理）

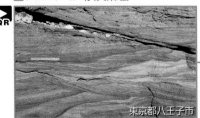

東京都八王子市

上位

下位

神奈川県三浦市

流向

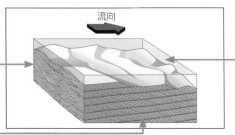

堆積時や，まだ固結していない段階で水流によって粒子がより分けられる際，内部に葉理（地層に見られる縞模様）ができる。そのうち，層理面に対して斜めに形成した葉理を クロスラミナ（斜交葉理）という。葉理のようすから，当時の水流の向きや，堆積時の地層の上下が判定できる。クロスラミナでは，層理面が葉理を切っている方が上位である。

リプルマーク（漣痕）

徳島県・宍喰浦

水流や波などにより堆積物の表面に波模様ができ，その上に別の堆積物がのり地層中に模様が残される。これを リプルマーク（漣痕） という。断面では波模様のとがった方が上位である。

インブリケーション

上流　水流　下流

千葉県・養老川

粒子の面積の広い面が，堆積面に対し同じように斜めに傾き並んで堆積したものを インブリケーション（覆瓦構造） という。面は，流れの上流に傾斜する。

級化成層

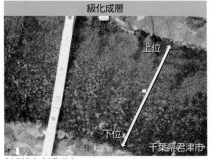

上位

下位

千葉県君津市

混濁流（乱泥流）などにより，さまざまな粒子が混ざった砕屑物が短時間で堆積するとき，粒子サイズの大きなものがより速く沈む。その結果，単層中の上方ほど細粒な構造となる。これを 級化成層（級化層理） という。

タービダイト

和歌山県・和深海岸

混濁流（ p.75）によって堆積した地層をタービダイトとよぶ。タービダイトの堆積は数百年に1回程度しか起こらず，静穏時の海底には泥がゆっくりと堆積する。そのため，深海ではタービダイト砂岩と泥岩が交互に重なる地層が形成される。

流痕

■グルーブマーク

北海道白糠町

■フルートマーク

宮崎県日南市

水が流れる方向

底面の水流

水流によって水底が削られたり，引きずるように動かされた石などによって水底に窪みができ，その上に新たに堆積物が堆積する。堆積した地層の底面には凸となる模様ができ，これを 流痕 という。物体が引きずられた痕が残ったものを，グルーブマークといい，出っ張った方が下位とわかる。水流によってえぐられた部分に堆積物が堆積し，それが地層として残ったものをフルートマークという。

荷重痕

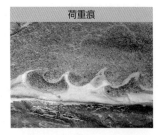

未固結の地層（写真中の白い火山灰層）の上に別の地層（写真中の砂層）が堆積し，重みで砂がたれ下がり境界が不規則になった構造を，荷重痕 という。

生痕（生痕化石）

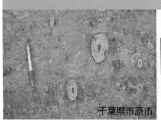

千葉県市原市

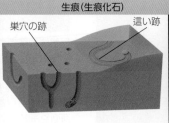

巣穴の跡　這い跡

10 cm

生物の巣穴や這い跡が地層中に保存されることがある。これを 生痕化石（ p.88）という。生息時の状態や這い跡の凹凸から，地層の上下判定ができる。左の写真はゴカイのなかまの巣穴跡の横断面，右の写真はウニが堆積物中を這った跡である。

地 8 地質図（1）

地 A 地質調査

実際に地質を調べるときは，地質の見える崖（露頭）を観察する。川や林道ぞい，海岸周辺には露頭がよく見られるので，地形図でこうした場所を探し，地質調査を行う。

■ 地質調査時の装備と道具

クリノメーター
地層の走向・傾斜を測定する。

ヘルメットを着用する。服装は，長袖・長ズボンを着用し，肌を露出させない。

折り尺
地層の厚さなどを測定する。

新聞紙
採取した岩石・化石標本を包む。

サンプル袋
採取した岩石・化石標本を入れる。

ルーペ
鉱物や化石の観察などに用いる。

ハンマー・たがね
岩石・化石標本の採取に用いる。

カメラ
露頭写真を撮影する。

フィールドノート
調査結果を記録する。

地図・地形図
調査ルートを確認し，調査結果を記入する。

地 B 走向・傾斜の測定

層理面と水平面との交線の方向を **走向**，層理面と水平面とのなす角を **傾斜** といい，これらはクリノメーターを使って測定する。地層の走向・傾斜を知ることは地質調査の第一歩である。

■ クリノメーター

①磁針
②傾斜をはかるおもり
③走向を読む目盛り
④傾斜を読む目盛り
⑤水準器

■ 走向・傾斜の表し方
（走向 N30°E，傾斜 40°SE の場合）

走向
北（N）から 30°東（E）の方向に向かって伸びている。これを N30°E と記載する。

傾斜
この地層の傾斜は，南東（SE）の方向に 40°傾いている。これを 40°SE と記載する。

走向 N30°E，傾斜 40°SE の場合
走向の方向に長い線を引く
北　30
30°
90°
40
傾斜が下がっている方向に短い線を引く

■ 走向・傾斜のはかり方

(a) 走向の測定方法

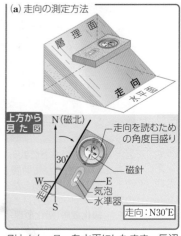

上方から見た図
N（磁北）
走向を読むための角度目盛り
30°
磁針
W　E
気泡
水準器
走向：N30°E

クリノメーターを水平にしたまま，長辺を層理面にあてる。気泡が中心にくるように調節し，走向用の目盛りをそのまま読む。

(b) 傾斜の測定方法

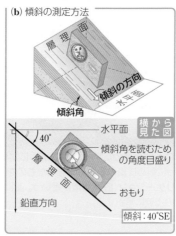

横から見た図
傾斜の方向
傾斜角
水平面
40°
傾斜角を読むための角度目盛り
おもり
鉛直方向
傾斜：40°SE

立てたクリノメーターの長辺を，走向に直角になるように層理面にあてる。傾斜をはかるおもりの針のさす値が傾斜の大きさである。

地 C 地質調査の方法

地質調査には，露頭などを直接観察する地表踏査のほかにもさまざまな方法があり，用途に応じてそれらを組み合わせたり使い分けたりする。

ボーリング調査

■ 標準貫入試験

63.5 kg のハンマーを 76 cm の高さから自由落下させて，筒状のサンプラーを土中に 30 cm 貫入させるのに要する打撃回数（N 値）を測定したり，ボーリングコアを採取したりする。

■ スクリューウエイト貫入試験

先端にスクリューポイント（らせん状のドリル刃）を装着し，荷重を加えて貫入する長さを測定する。貫入が止まったらハンドルを回転させ地中にねじこみ，1 m ねじこむのに必要な半回転数を算出する。

物理探査

■ 反射法地震探査

起振車のようす

反射法地震探査とは，地表で衝撃波または連続波を発生させ，地下の反射面から反射して地上にもどってくる反射波を，地表に設置した受振器で測定して地下構造を探査する方法である。
海上では，圧搾空気によるエアガンを震源として，海面や海底に設置した受振装置で反射波をとらえる。

地質図：geological map　　地質調査：geological survey　　走向：strike　　傾斜：dip

D 地質図の例

地質図と地質断面図の例（長野県大町市周辺）。褶曲，断層，火成岩体・貫入岩体などがみられる。

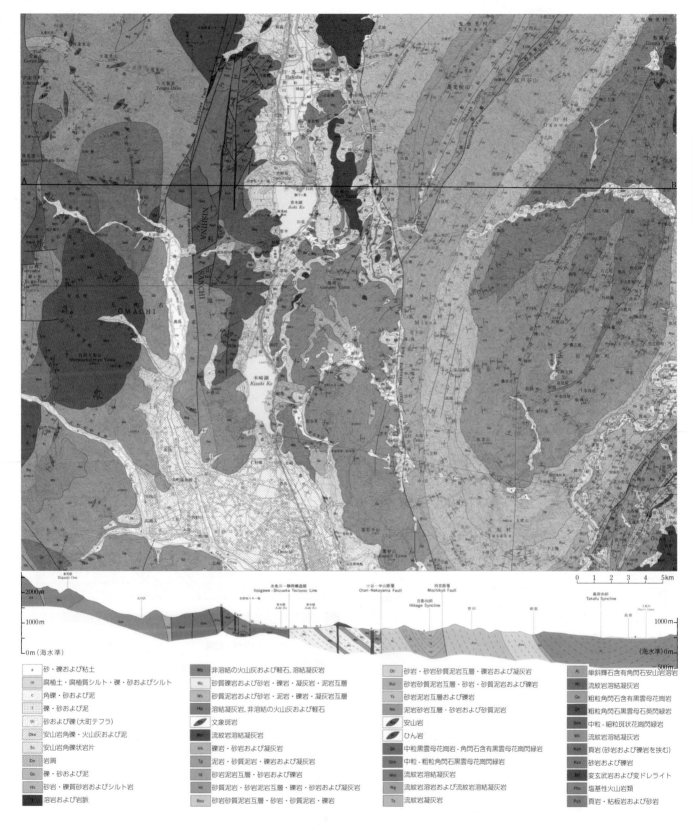

0　1　2　3　4　5km

5万分の1地質図幅「大町」
産業技術総合研究所　地質調査総合センター

a	砂・礫および粘土	Wp	非溶結の火山灰および軽石，溶結凝灰岩	Ob	砂岩・砂岩砂質泥岩互層・礫岩および凝灰岩	Aj	単斜輝石含有角閃石安山岩溶岩
m	腐植土・腐植質シルト・礫・砂およびシルト	Wc	砂質礫岩および砂岩・礫岩・凝灰岩・泥岩互層	Roi	砂岩砂質泥岩互層・砂岩・砂質泥岩および礫岩	Wt	流紋岩溶結凝灰岩
c	角礫・砂および泥	Ws	砂質泥岩および砂岩・泥岩・礫岩・凝灰岩互層	Ys	砂岩泥岩互層および礫岩	Ga	粗粒角閃石含有黒雲母花崗岩
	礫・砂および泥	Hp	溶結凝灰岩，非溶結の火山灰および軽石	Nk	泥岩砂岩互層・砂岩および砂質泥岩	Qh	粗粒角閃石黒雲母石英閃緑岩
th	砂および礫（大町テフラ）		文象斑岩		安山岩	Gp	中粒・細粒斑状花崗閃緑岩
Oka	安山岩角礫・火山灰および泥	Wsr	流紋岩溶結凝灰岩		ひん岩	Wk	流紋岩溶結凝灰岩
Sc	安山岩角礫状岩片	Hk	礫岩・砂岩および凝灰岩	Gk	中粒黒雲母花崗岩-角閃石含有黒雲母花崗閃緑岩	Ksh	頁岩（砂岩および礫岩を挟む）
Do	岩屑	Tg	泥岩・砂質泥岩互層・砂岩および凝灰岩	Gok	中粒-粗粒角閃石黒雲母花崗閃緑岩	Kzs	砂岩および礫岩
Gs	礫・砂および泥	Id	砂質泥岩互層・砂岩および礫岩	Wm	流紋岩溶結凝灰岩	Bd	変玄武岩および変ドレライト
Hs	砂岩・礫質砂岩およびシルト岩	Hi	砂質泥岩・砂岩泥岩互層・礫岩および凝灰岩	Wg	流紋岩溶結凝灰岩および流紋岩溶結凝灰岩	Pbs	塩基性火山岩類
	溶岩および岩脈	Rou	砂岩砂質泥岩互層・砂岩・砂質泥岩・礫岩	Ts	流紋岩凝灰岩	Psh	頁岩・粘板岩および砂岩

9 地質図(2)

A 地質図の作成方法

①露頭の観察

表土や植生におおわれておらず，地層や岩石を観察できる場所を **露頭** という。侵食作用の強い海岸，河川，谷ぞいや，人工的に表土が取り除かれている道ぞい，採石場などでは露頭が観察しやすい。

■ 露頭の観察

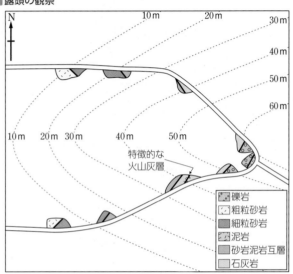

②ルートマップの作成

露頭では，岩石の種類や性質，地層の走向・傾斜，厚さ，断層や褶曲，地層の新旧関係などを観察する。これらの観察内容を，観察ルートに対応させて書きこんだものを **ルートマップ** という。

■ ルートマップ

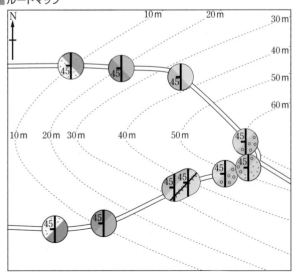

③地質図と地質断面図の作成

地層の層理面や断層面，不整合面などが地表と交わって描く線を **露頭線** という。ルートマップの情報をもとに露頭線を引き，地質図を作成する。地下の構造（地層のようす）を表したものを地質断面図という。地層の重なり方や，地層が受けた作用を知ることができる。

■ 地質図

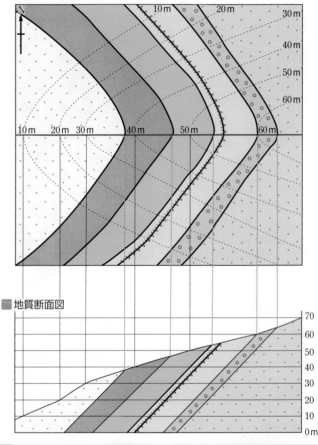

■ 地質断面図

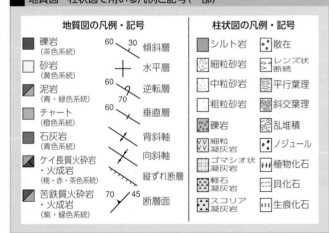

■ 地質図・柱状図で用いる凡例と記号（一部）

地質図の凡例・記号		柱状図の凡例・記号	
礫岩（茶色系統）	60 ╱ 30 傾斜層	シルト岩	散在
砂岩（黄色系統）	┼ 水平層	細粒砂岩	レンズ状断続
泥岩（青・緑色系統）	60 逆転層	中粒砂岩	平行葉理
チャート（橙色系統）	60 ╱ 70 垂直層	粗粒砂岩	斜交葉理
石灰岩（青色系統）	╱ 背斜軸	礫岩	乱堆積
ケイ長質火砕岩・火成岩（桃・赤・茶色系統）	╱ 向斜軸	細粒凝灰岩	ノジュール
	縦ずれ断層	ゴマシオ状凝灰岩	植物化石
苦鉄質火砕岩・火成岩（紫・緑色系統）	70 ╱ 45 断層面	軽石凝灰岩	貝化石
		スコリア凝灰岩	生痕化石

84　　露頭：outcrop　　露頭線：line of outcrop　　ルートマップ：route map　　地質断面図：geological profile

B 露頭線のつなぎ方

例 標高 50 m の露頭（地点 P）で，「走向・傾斜が N 40°W 45°NE，上位（東側）が砂岩，下位（西側）が泥岩」の層理面が観察された場合

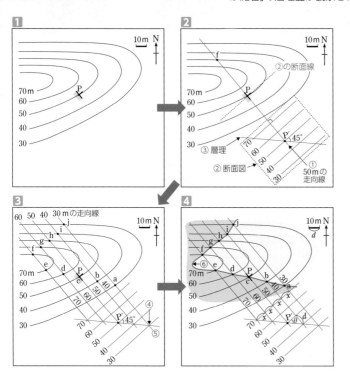

1 観察した露頭の位置（地点 P）に，走向・傾斜を記号で記入する。

2 標高 50 m の走向線を引き（①），この線に直角になるような断面線をもつ断面図を作成する（②）。このとき，等高線の間隔は，地図の縮尺に合わせて描く。走向線と 50 m の等高線が交わった点（点 P'）から，層理面の傾斜方向に 45° 下がった直線を引く（③）。

3 層理と，断面の等高線が交わる点をみつけ（④），各点から地図上に向かって走向線を引き（⑤），地形図の等高線との交点を探す（点 a ～ j）。

4 点 a ～ j をなめらかな曲線で結ぶと，露頭線が地形図上に示される（⑥）。

地球の歴史

> **補足** 断面図を作成せずに露頭線を描く方法
>
> 標高 10 m ごとの走向線を水平面に投影したときの間隔を x とする。地層の傾斜角を θ〔°〕，地図上での 10 m の長さを d とすると，
>
>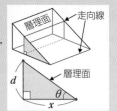
>
> $$\frac{d}{x} = \tan\theta$$
>
> つまり　$x = \dfrac{d}{\tan\theta}$　と表される。
>
> よって，初めに地点 P を通る 50 m の走向線を引いたら，間隔 x で各標高の走向線を引き，露頭線を描けばよい。

C 地質平面図の読み方

地質図は，地形図上に露頭線を描き表したものである。露頭線は，地形と面の傾斜から下図のように表される。逆に，露頭線から地下の構造（層理面や断層面など）を推定することができる。

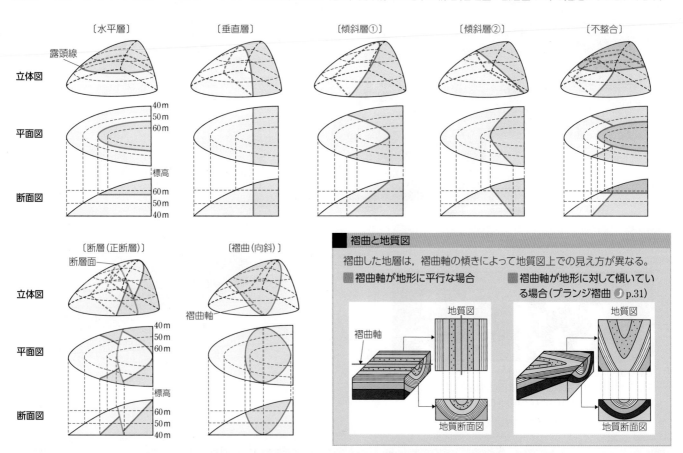

岩石の移り変わり

火成岩（深成岩）

長野県木曽郡上松町

〈1 cm〉

火崗岩

火成岩（火山岩）

和歌山県東牟婁郡串本町

〈1 cm〉

流紋岩

結晶化

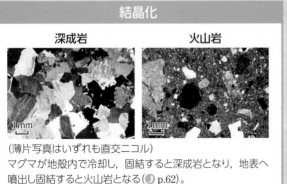

深成岩 　　　火山岩

〈1mm〉 〈1mm〉

（薄片写真はいずれも直交ニコル）
マグマが地殻内で冷却し，固結すると深成岩となり，地表へ
噴出し固結すると火山岩となる（♪ p.62）。

風化・侵食作用

花崗岩の風化（まさ化） （♪ p.68）

〈1 cm〉

地表に露出している岩石は，風化や侵食を受けて砂や泥など
の砕屑物になる。

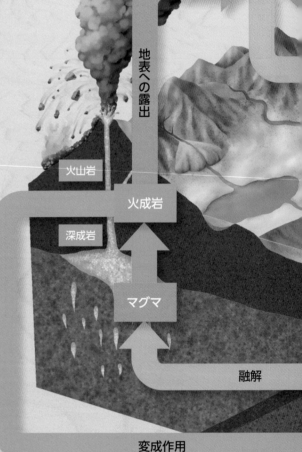

地表への露出

火山岩

火成岩

深成岩

マグマ

融解

変成作用

地球表面を構成する岩石は，さまざまな作用を受けてすがたを変えながら地球深部と
地殻浅部の間で循環している。このような循環を岩石サイクルとよび，岩石を調べる
ことで地球のさまざまな時代の地質現象について知ることができる。

運搬・堆積作用

土石流による運搬（♪p.79）

和歌山県

三角州での堆積（♪p.75）

ドイツ

砕屑物は水や風によって運搬され，湖や海で堆積する。堆積
物はしだいに固結して堆積岩となる。

堆積岩

千葉県市原市

1 cm

砂岩

地表への露出

砕屑物

風化・侵食・運搬・堆積

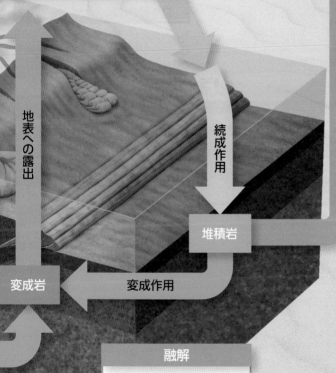

地表への露出

続成作用

堆積岩

変成作用

変成岩

地表への露出

融解

地下深部の高温下で岩石
が部分的に融解するとマ
グマができる（♪p.54）。

変成作用

砂岩

1mm

片麻岩

1mm

（薄片写真はいずれも直交ニコル）
地表の堆積岩や火成岩が地下深部にもちこまれると，変成作
用を受けて変成岩となる（♪p.32）。

変成岩

富山県片貝川

1 cm

片麻岩

基 10 化石

基 A 化石のでき方

③地殻変動などにより古生物を含む地層が地表に露出することで，化石として見つかる。

①古生物の遺骸が堆積物に埋没すると，軟体部は分解され硬い部分が（条件によっては，軟体部も）残る。

②堆積物が続成作用（♪ p.76）を受け，固化する。このとき，古生物の遺骸が変形したり，硬い部分を構成する成分が置換されたりすることもある。

基 B さまざまな化石

古生物の遺骸や痕跡が地層中に残されたものを **化石** という。シベリア永久凍土中のマンモスのように，石化していない化石もある。

化石の種類

	体化石		生痕化石	化学化石
	生物の体の全部または一部が残った化石		古生物の活動が痕跡として残ったもの	古生物由来の分子や原子
	硬い組織	やわらかい組織		
例	骨，歯，鱗，卵の殻，貝殻，甲羅など	虫入り琥珀，冷凍マンモスなど	恐竜の足跡，巣穴，這い跡，根の痕跡など	炭化水素，アミノ酸，DNA など
化石の特徴	炭酸カルシウムやエナメルからなる部分は残りやすい。	堆積物，永久凍土，樹脂などに急速に埋没すると，分解が進まなくなり化石となることがある。	形成された場所に保存されることが多く，生物の行動パターンや生活環境を知る手がかりとなる。	特定の生物に特徴的な分子や原子を調べることで，起源となった生物を推定できる。

置換化石

1 cm

もとの成分が別の成分に置換された化石。アンモナイトでは，殻の炭酸カルシウムが黄鉄鉱に置換されることがある。

印象化石

5 cm　　カンブリア紀・モロッコ

古生物の遺骸自体は保存されず，その形態の鋳型だけが残った化石。

恐竜の骨

ニジェール

虫入り琥珀

恐竜の足跡

スペイン

Column 生きている化石

地質時代から，形態や特徴をほとんど変えることなく現世まで生き続けている生物を，生きている化石とよぶ。生きている化石は，現生の生物であり，化石ではない。形態が長い間変化しなかった理由はまだわかっていない。

カブトガニ

ジュラ紀・ドイツ

カブトガニは三畳紀に出現してから，形態的な特徴がほとんど変わっていない。

イチョウ

ジュラ紀・イギリス

裸子植物のイチョウはジュラ紀から変わらずに生き続けている。

オキナエビス

軟体動物のオキナエビスのグループの出現は，カンブリア紀までさかのぼる。

基 C 示準化石と示相化石

■ 示準化石

特定の時代に生息し，地層の対比や年代判定に役立つ化石を**示準化石**という。示準化石に適しているのは，
①地理的に広く生息している
②産出個体数が多い
③進化に伴う形態の変化が速い
などの特徴をもつ化石である。微化石はこれらの条件を満たし，よい示準化石となるものが多い。

■ 示準化石と示相化石の特徴

地質年代	地理的分布		
Ⅳ		— 示相化石	
Ⅲ			
Ⅱ			示準化石
Ⅰ		示準化石	

■ 示相化石

限られた環境に生息し，その化石の産出によって過去の環境が推定できる化石を**示相化石**という。示相化石として適しているのは，
①現生生物と比較することで生息環境が特定できる
②現地性が認められる（生息した場所で化石化している）
などの特徴をもつ化石である。

サンゴ（暖かく浅い海）　第四紀・千葉県

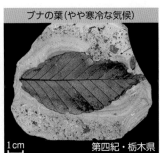
ブナの葉（やや寒冷な気候）　1cm　第四紀・栃木県

■ フズリナ（紡錘虫）の進化

■ 示準化石としてのフズリナ

フズリナは，石炭紀前期に現れペルム紀末に絶滅するまで，約1億年の間に約100属3600種が知られている。単細胞の原生生物ながら，数mmから大きなものでは数cmの複雑な殻をつくる。進化・系統が明らかにされており，よい示準化石となる。

■ フズリナの殻の構造

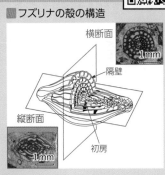
横断面　1mm　隔壁　縦断面　初房　1mm

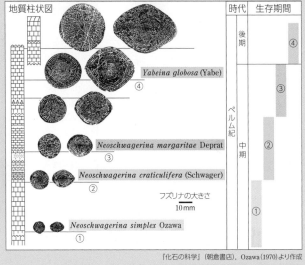

地質柱状図

④ *Yabeina globosa* (Yabe)

③ *Neoschwagerina margaritae* Deprat

② *Neoschwagerina craticulifera* (Schwager)

フズリナの大きさ
10mm

① *Neoschwagerina simplex* Ozawa

	時代	生存期間
	後期	④
ペルム紀		③
	中期	②
		①

『化石の科学』（朝倉書店），Ozawa（1970）より作成

地球の歴史

基 D 微化石

顕微鏡を使用しないと判別したり種類を同定するのが難しい微小な化石（大きさ数mm以下の化石）を微化石という。微化石は，それ自体が堆積物粒子として埋没するため，大型化石に比べて堆積後の変形や破損の影響が少なく，良好に保存されることが多い。

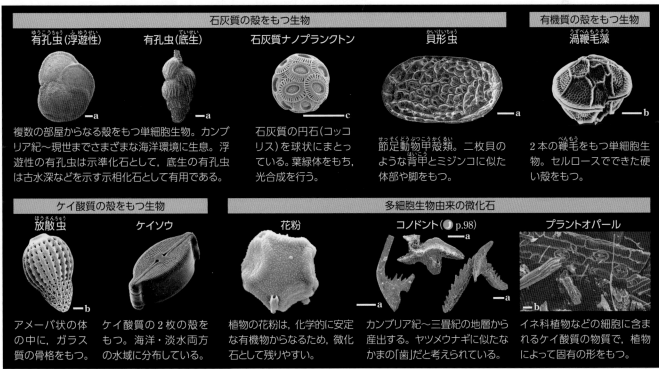

石灰質の殻をもつ生物

有孔虫（浮遊性） —a
有孔虫（底生） —a
複数の部屋からなる殻をもつ単細胞生物。カンブリア紀〜現世までさまざまな海洋環境に生息。浮遊性の有孔虫は示準化石として，底生の有孔虫は古水深などを示す示相化石として有用である。

石灰質ナノプランクトン —c
石灰質の円石（コッコリス）を球状にまとっている。葉緑体をもち，光合成を行う。

貝形虫 —a
節足動物甲殻類。二枚貝のような背甲とミジンコに似た体部や脚をもつ。

有機質の殻をもつ生物

渦鞭毛藻 —b
2本の鞭毛をもつ単細胞生物。セルロースでできた硬い殻をもつ。

ケイ酸質の殻をもつ生物

放散虫 —b
アメーバ状の体の中に，ガラス質の骨格をもつ。

ケイソウ
ケイ酸質の2枚の殻をもつ。海洋・淡水両方の水域に分布している。

多細胞生物由来の微化石

花粉
植物の花粉は，化学的に安定な有機物からなるため，微化石として残りやすい。

コノドント（⚫ p.98） —a
カンブリア紀〜三畳紀の地層から産出する。ヤツメウナギに似たなかまの「歯」だと考えられている。

プラントオパール —b
イネ科植物などの細胞に含まれるケイ酸質の物質で，植物によって固有の形をもつ。

※スケール　a：100μm　b：10μm　c：5μm

示準化石：index fossil　　示相化石：facies fossil　　微化石：microfossil

基地11 地層の対比

地 A 地質柱状図

露頭や，ボーリングコア（◯ p.82）を観察して，地層の厚さや岩石の種類，含まれる化石や地質構造などを1本の柱のような図で表したものを **地質柱状図** という。

■ 露頭の観察

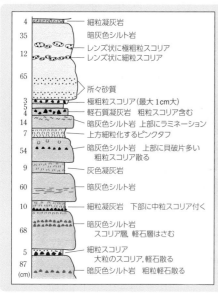

【観察のポイント】
① **地層の厚さ**
② **侵食の強弱**
　地層は，堆積物の種類や固結の程度によって侵食の受け方が異なる。
③ **地層に含まれる砕屑粒子の特徴**
　単層中に含まれる砕屑粒子の特徴（形状，大きさ，並び方など）についても記録する。
④ **単層中の堆積構造の特徴**
　単層中には，級化成層（◯ p.81）やクロスラミナ（◯ p.81）などが見られることがある。
⑤ **鍵層**
　鍵層（火山灰など）や示準化石は，地層の対比や時代の推定を行う上で重要な情報である。
⑥ **化石**
　目に見える大型の化石のほか，必要に応じて微化石分析用の試料も採取する。

■ ボーリングコアの観察

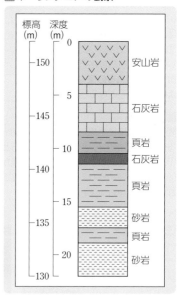

地 B 地質柱状図と地層の分布

平野部では，自然の露頭はほとんど見られないので，ボーリングコアで得たサンプルの情報から地質柱状図を作成する。複数の場所で地質柱状図を作成することで，それらを対比し，地質断面図を作成することができる。地質断面図から得られる地下の地質構造の情報は，建築や地域開発などさまざまな分野で利用される。
また，これらの調査からは液状化（◯ p.45）しやすい地域などを知ることもできるので，防災・減災という点からも重要である。

地質断面図の作成場所

地質柱状図
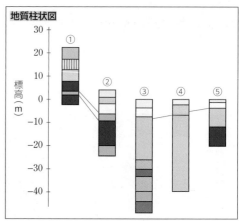

地質断面図
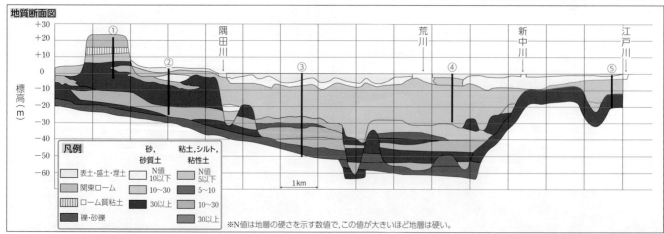

※N値は地層の硬さを示す数値で，この値が大きいほど地層は硬い。

東京都土木技術支援・人材育成センター

基 C 火山灰鍵層による地層の対比

離れた場所の地層を比較して新旧を比べることを 地層の対比 とよぶ。対比の決め手となる地層を 鍵層 という。

■ 火山灰鍵層

火山の噴火によって堆積した火山灰層は、地層の長い堆積時間の中では一瞬の出来事を記録した同時間面と考えることができる。また、同じ火山からの噴出物でも、噴火ごとに鉱物の組成が変化するので、火山灰層を詳しく調べると、同じ火山からの同時期の噴火により堆積した地層かどうかがわかる。したがって、特に大噴火で広域に堆積した火山灰層は非常によい鍵層となる。

■ 始良 Tn 火山灰

始良 Tn 火山灰(AT 火山灰とも略される)は鹿児島湾北部の始良カルデラから 2 万 9000 年前に噴出した。日本列島とその周辺をおおっており、重要な鍵層である。

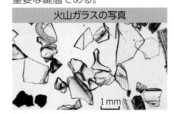

火山ガラスの写真

1 mm

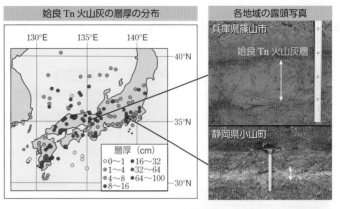

始良 Tn 火山灰の層厚の分布

層厚（cm）
- 0～1
- 16～32
- 1～4
- 32～64
- 4～8
- 64～100
- 8～16

各地域の露頭写真

兵庫県篠山市　始良 Tn 火山灰層

静岡県小山町

■ Ky21 タフ（通称 Hk タフ）

房総半島南部に分布する広域火山灰 Ky21 タフは、厚いところでは層厚 2 m をこえるゴマシオ状の火山灰層で、上位に粗粒のスコリア層（♪p.51）を伴う。
房総半島東部から西部、さらに三浦半島まで追跡することができる第一級の火山灰鍵層である。

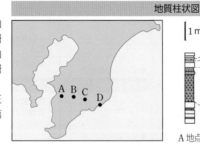

地質柱状図

1 m

シルト岩
粗粒スコリア層
シルト岩
ゴマシオ状
火山灰層〔Ky21〕
シルト岩

A 地点　B 地点　C 地点　D 地点

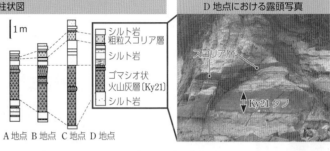

D 地点における露頭写真

スコリア層

Ky21 タフ

※火山灰鍵層名の由来：Tn は丹沢，Ky は清澄，Hk は三浦半島の東小路（現在の逗子市久木）の略である。タフ(tuff)は凝灰岩の英語名。

地 D 示準化石による地層の対比

石灰質ナノプランクトン（♪p.89）や浮遊性有孔虫（♪p.89）など浮遊性の微生物の化石は、地層の対比にきわめて有効である。

地層の重なりの中で、含まれている化石によって特徴づけられる部分を化石帯という。
石灰質ナノプランクトンは、深海底コア試料の分析結果などをもとに、新生代では数万～数十万年単位の詳細な化石帯が区分されている。この化石帯区分と対比することで、地層の堆積した年代を判定したり、さらには地層の構造解析に応用することもできる。

①サンプリングと柱状図の作成

サンプリングを行い、柱状図を作成するとともに、各地層に含まれる示準化石（この例では石灰質ナノプランクトン）の種類を調べる。

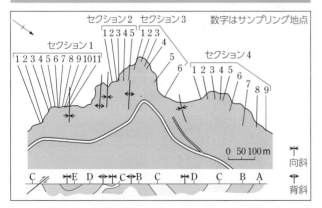

セクション2　セクション3　　数字はサンプリング地点
1 2 3 4 5　1 2 3
セクション1　　　　　　　4
1 2 3 4 5 6 7 8 9 10 11　　5
　　　　　　　　　　6　セクション4
　　　　　　　　　　　1 2 3 4 5 6 7
　　　　　　　　　　　　　　8 9

0 50 100 m
向斜
背斜
C　E D　C B C　D　C B A

③対象地域の形成史の推定

地層の堆積した年代を推定し、その地域の地史を明らかにすることができる。

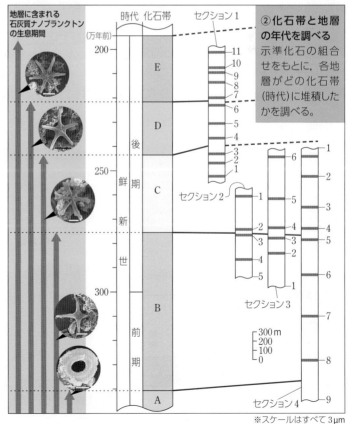

地層に含まれる石灰質ナノプランクトンの生息期間

時代　化石帯　セクション1

②化石帯と地層の年代を調べる

示準化石の組合せをもとに、各地層がどの化石帯（時代）に堆積したかを調べる。

（万年前）
200

E

D

後期

250

鮮新世

C

B

前期

300

A

セクション2

セクション3

セクション4

300 m
200
100
0

※スケールはすべて 3 μm

地球の歴史

基地 12 地質年代の区分と数値年代

基 A 地質年代の区分

地球の歴史は，地層や岩石に残された記録をもとに区分されている。
この区分は，各現象が生じた年代の前後関係を示しており，**相対年代** という。

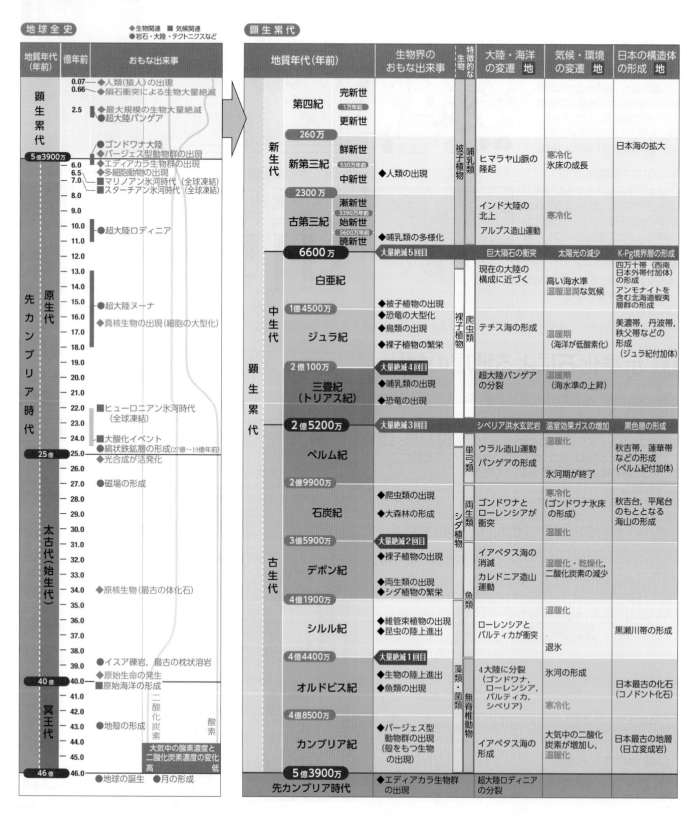

地球全史

◆生物関連　■気候関連
●岩石・大陸・テクトニクスなど

地質年代(年前)	億年前	おもな出来事
顕生累代	0.07	◆人類(猿人)の出現
	0.66	◆隕石衝突による生物大量絶滅
	2.5	■最大規模の生物大量絶滅
		●超大陸パンゲア
5億3900万		●ゴンドワナ大陸
		◆バージェス型動物群の出現
	6.0	◆エディアカラ生物群の出現
	6.5	◆多細胞動物の出現
	7.0	■マリノアン氷河時代(全球凍結)
	8.0	■スターチアン氷河時代(全球凍結)
先カンブリア時代	9.0	
原生代	10.0	●超大陸ロディニア
	11.0	
	12.0	
	13.0	
	14.0	
	15.0	●超大陸ヌーナ
	16.0	◆真核生物の出現(細胞の大型化)
	17.0	
	18.0	
	19.0	
	20.0	
	21.0	
	22.0	■ヒューロニアン氷河時代(全球凍結)
	23.0	
	24.0	■大酸化イベント
25億	25.0	■縞状鉄鉱層の形成(27億〜19億年前)
		◆光合成が活発化
	26.0	
	27.0	●磁場の形成
太古代(始生代)	28.0	
	29.0	
	30.0	
	31.0	
	32.0	
	33.0	
	34.0	◆原核生物(最古の体化石)
	35.0	
	36.0	
	37.0	
	38.0	
	39.0	●イスア礫岩，最古の枕状溶岩
40億	40.0	◆原始生命の発生
		■原始海洋の形成
	41.0	
冥王代	42.0	二酸化炭素 酸素
	43.0	●地殻の形成
	44.0	大気中の酸素濃度と二酸化炭素濃度の変化 高 低
	45.0	
46億	46.0	●地球の誕生 ●月の形成

顕生累代

地質年代(年前)			生物界のおもな出来事	特徴的な生物		大陸・海洋の変遷 地	気候・環境の変遷 地	日本の構造体の形成 地
新生代	第四紀	完新世 (1万年前) 更新世		被子植物	哺乳類			日本海の拡大
	260万							
	新第三紀	鮮新世 (530万年前) 中新世	◆人類の出現			ヒマラヤ山脈の隆起	寒冷化 氷床の成長	
	2300万							
	古第三紀	漸新世 (3390万年前) 始新世 (5600万年前) 暁新世	◆哺乳類の多様化			インド大陸の北上 アルプス造山運動	寒冷化	
	6600万		大量絶滅5回目			巨大隕石の衝突	太陽光の減少	K-Pg境界層の形成
中生代	白亜紀		◆被子植物の出現 ◆恐竜の大型化 ◆鳥類の出現 ◆裸子植物の繁栄	裸子植物	爬虫類	現在の大陸の構成に近づく テチス海の形成	高い海水準 温暖湿潤な気候 温暖期 (海洋が低酸素化)	四万十帯(西南日本外帯付加体)の形成 アンモナイトを含む北海道蝦夷層群の形成 美濃帯，丹波帯，秩父帯などの形成 (ジュラ紀付加体)
	1億4500万							
	ジュラ紀							
	2億100万		大量絶滅4回目					
	三畳紀 (トリアス紀)		◆哺乳類の出現 ◆恐竜の出現			超大陸パンゲアの分裂	温暖期 (海水準の上昇)	
	2億5200万		大量絶滅3回目			シベリア洪水玄武岩	温室効果ガスの増加	黒色層の形成
古生代	ペルム紀				単弓類	ウラル造山運動 パンゲアの形成	温暖化 氷河期が終了	秋吉帯，蓮華帯などの形成 (ペルム紀付加体)
	2億9900万		◆爬虫類の出現 ◆大森林の形成		両生類	ゴンドワナとローレンシアが衝突	寒冷化 (ゴンドワナ氷床の形成) 温暖化	秋吉台，平尾台のもととなる海山の形成
	石炭紀				シダ植物			
	3億5900万		大量絶滅2回目					
	デボン紀		◆裸子植物の出現 ◆両生類の出現 ◆シダ植物の繁栄		魚類	イアペタス海の消滅 カレドニア造山運動	温暖化・乾燥化，二酸化炭素の減少	
	4億1900万							
	シルル紀		◆維管束植物の出現 ◆昆虫の陸上進出			ローレンシアとバルティカが衝突	温暖化 退氷	黒瀬川帯の形成
	4億4400万		大量絶滅1回目					
	オルドビス紀		◆生物の陸上進出 ◆魚類の出現	藻類・菌類	無脊椎動物	4大陸に分裂(ゴンドワナ，ローレンシア，バルティカ，シベリア)	氷河の形成 寒冷化	日本最古の化石(コノドント化石)
	4億8500万		◆バージェス型動物群の出現(殻をもつ生物の出現)			イアペタス海の形成	大気中の二酸化炭素が増加し，温暖化	日本最古の地層(日立変成岩)
	カンブリア紀							
	5億3900万							
先カンブリア時代			◆エディアカラ生物群の出現			超大陸ロディニアの分裂		

地 B 数値年代

岩石，鉱物や化石の年代は，放射性同位体を利用して推定することができる。放射性元素を利用して測定した岩石や化石などの年代を **数値年代**（絶対年代，放射年代）という。

■ 放射性崩壊の原理

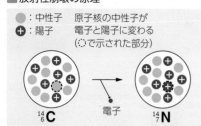

- 中性子
- ⊕ 陽子

原子核の中性子が電子と陽子に変わる（◯で示された部分）

$^{14}_{6}C$ → 電子 → $^{14}_{7}N$

同じ元素の原子でも，中性子の数が異なるため質量の異なる原子が存在し，これを **同位体** という。同位体の中には，放射線を出して別の原子に変化（放射性崩壊）する **放射性同位体** がある。放射性同位体が安定な他の元素に変わる割合は常に一定で，放射性同位体が崩壊してもとの量の半分になるまでの時間を **半減期** という。

■ 放射性崩壊と半減期

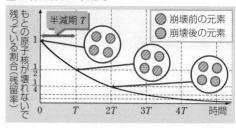

- 崩壊前の元素
- 崩壊後の元素

もとの原子核が壊れないで残っている割合（残留率）：半減期 T

横軸：時間（0, T, $2T$, $3T$, $4T$）
縦軸：1, $\frac{1}{2}$, $\frac{1}{4}$

■ 放射年代の測定によく使われる放射性同位体の半減期

測定法の名称	崩壊前の元素	崩壊後の元素	半減期(年)	測定対象年代(年) 10^4 10^5 10^6 10^7 10^8 10^9		測定対象
ウラン・鉛法(U-Pb法)	$^{238}_{92}U$	$^{206}_{82}Pb$	4.47×10^9		→	岩石・鉱物
トリウム・鉛法(Th-Pb法)	$^{232}_{90}Th$	$^{208}_{82}Pb$	1.40×10^{10}		→	
カリウム・アルゴン法(K-Ar法)	$^{40}_{19}K$	$^{40}_{18}Ar, ^{40}_{20}Ca$	1.25×10^9		→	
ルビジウム・ストロンチウム法(Rb-Sr法)	$^{87}_{37}Rb$	$^{87}_{38}Sr$	4.81×10^{10}		→	
放射性炭素法(^{14}C法)	$^{14}_{6}C$	$^{14}_{7}N$	5.70×10^3			生物遺骸
フィッション・トラック法(FT法)※					→	火山ガラス・鉱物

※ウラン(^{238}U)が核分裂を起こす際に鉱物中にできる傷（トラック）の数を計測することで年代を決定する方法。

■ 放射性炭素法(^{14}C法)

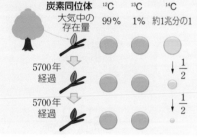

炭素同位体 ^{12}C ^{13}C ^{14}C
大気中の存在量 99% 1% 約1兆分の1

5700年経過 → $\frac{1}{2}$
5700年経過 → $\frac{1}{2}$

自然界の生物圏内においては，放射性同位体である炭素14(^{14}C)の存在比率が約1兆分の1のレベルで一定に保たれている。このことを利用して，動植物の遺骸に含まれる炭素から年代を測定する方法を放射性炭素法(^{14}C法)という。無機物および金属ではこの測定法は利用できない。

🔍 Zoom up 千葉セクション

- 地磁気の向きが現在と同じ
- 地磁気の向きが不安定
- 地磁気の向きが現在とは逆

Byk-B
Byk-C
Byk-E

千葉県市原市にある「千葉セクション」の露頭には，新生代第四紀に起こった最も新しい地磁気逆転「松山−ブリュンヌ逆転」（約77万4000年前）の証拠が残されている（♪p.17）。「千葉セクション」は，2020年の国際地質科学連合（IUGS）理事会において，中部更新統※の基底を定義づける国際的な模式層（国際標準模式層断面および地点：GGSP）として認定され，この露頭に見られる白尾火山灰層（Byk-E）の基底部の年代（約77万4000年前）から，約12万9000年前までの更新世中期の時代が国際的に「チバニアン」とよばれることになった。松山−ブリュンヌ逆転は，GGSPである白尾火山灰層の1.1m上位の地層に記録されている。

千葉セクション

※中部更新統：更新世中期に形成された地層

📖 Column 水月湖の年縞

水月湖

湖沼底堆積物
2〜15

福井県年縞博物館提供

年間を通じた季節のサイクルに応じて，水中の泥の成分，プランクトン生産量等が変化し，湖沼底堆積物に1年ごとに白黒の縞模様が形成されることがある。これを年縞という。福井県の水月湖では，流入する大河川がなく，周囲をとり囲む山々が風をさえぎるため，湖水の下部の水がかくはんされない，そのため湖底が無酸素になり，堆積物を攪乱する生物がいない，地殻変動で沈降し続けているため湖水が埋まらないなどの好条件が重なり，過去7万年間連続して堆積した年縞が，ボーリングコアを用いた研究により確認されている。これらの縞の数を年輪のように数えることで，それぞれの縞の形成年代を年単位で知ることができる。そのため水月湖の年縞は，古気候・古環境復元の貴重な情報源になっているほか，その中にときおりはさまれている葉の化石中の放射性炭素（炭素14）を定量することで，放射性炭素年代の測定値を真の値に較正するための優れた「換算表」を世界に提供している。

放射年代：radiometric age　半減期：half life　フィッション・トラック法：fission track method　放射性炭素法：radiocarbon dating

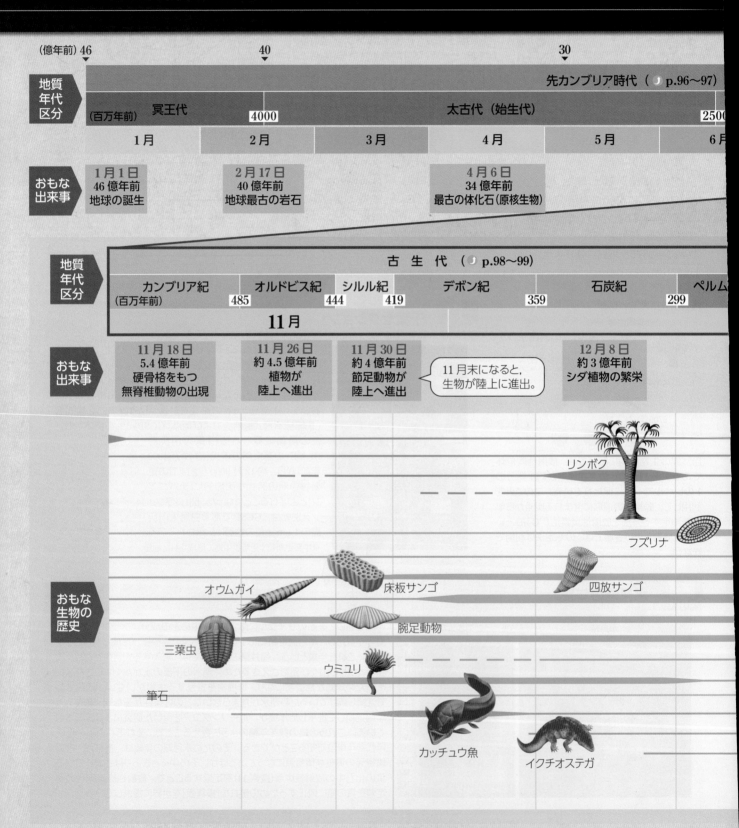

地質年代区分							
(億年前) 46		40				30	
			先カンブリア時代 (p.96～97)				
(百万年前) 冥王代		4000	太古代（始生代）				2500
1月	2月	3月	4月	5月		6月	

おもな出来事

1月1日 46億年前 地球の誕生	2月17日 40億年前 地球最古の岩石	4月6日 34億年前 最古の体化石(原核生物)

地質年代区分

古 生 代 (p.98～99)

カンブリア紀	オルドビス紀	シルル紀	デボン紀	石炭紀	ペルム紀
(百万年前)	485	444	419	359	299

11月

おもな出来事

11月18日 5.4億年前 硬骨格をもつ 無脊椎動物の出現	11月26日 約4.5億年前 植物が 陸上へ進出	11月30日 約4億年前 節足動物が 陸上へ進出	11月末になると，生物が陸上に進出。	12月8日 約3億年前 シダ植物の繁栄

おもな生物の歴史

リンボク
フズリナ
オウムガイ
床板サンゴ
四放サンゴ
腕足動物
三葉虫
ウミユリ
筆石
カッチュウ魚
イクチオステガ

横線(■)の幅は，多様性の大きさと繁栄の程度を視覚的に示したもの。

地球が誕生したのは約46億年前であり，寿命が数十年程度の人類にとって，地球の歴史は想像がおよばないほど長い。
ここでは，地球が誕生してから現在までの約46億年を1年に換算し，おもな出来事や生物の出現・繁栄時期を示した。

地球の歴史

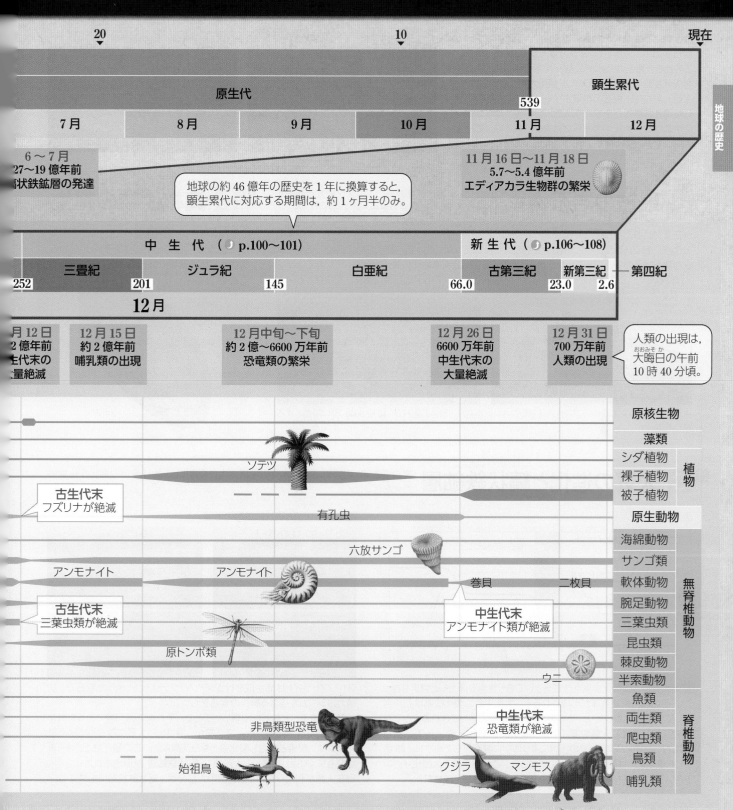

20				10			現在

原生代 ／ 顕生累代 539

7月	8月	9月	10月	11月	12月

6〜7月
27〜19億年前
状鉄鉱層の発達

地球の約46億年の歴史を1年に換算すると，顕生累代に対応する期間は，約1ヶ月半のみ。

11月16日〜11月18日
5.7〜5.4億年前
エディアカラ生物群の繁栄

中 生 代 （♪ p.100〜101） 新 生 代 （♪ p.106〜108）

三畳紀	ジュラ紀	白亜紀	古第三紀	新第三紀	第四紀
252 201	145	66.0	23.0	2.6	

12月

月12日
2億年前
生代末の
量絶滅

12月15日
約2億年前
哺乳類の出現

12月中旬〜下旬
約2億〜6600万年前
恐竜類の繁栄

12月26日
6600万年前
中生代末の
大量絶滅

12月31日
700万年前
人類の出現

人類の出現は，大晦日の午前10時40分頃。

原核生物
藻類
シダ植物
裸子植物 ｜ 植物
被子植物

ソテツ

古生代末
フズリナが絶滅

有孔虫

原生動物

海綿動物
サンゴ類
軟体動物 ｜ 無脊椎動物
腕足動物
三葉虫類
昆虫類
棘皮動物
半索動物

六放サンゴ

アンモナイト アンモナイト 巻貝 二枚貝

古生代末
三葉虫類が絶滅

中生代末
アンモナイト類が絶滅

原トンボ類

ウニ

魚類
両生類
爬虫類 ｜ 脊椎動物
鳥類
哺乳類

非鳥類型恐竜

中生代末
恐竜類が絶滅

始祖鳥 クジラ マンモス

地質年代区分は，INTERNATIONAL CHRONOSTRATIGRAPHIC CHART（IUGS 2022）による。

基 ⑬ 先カンブリア時代

基 A 原始大気・原始海洋の形成

Jump 地球の進化→ p.174

微惑星が原始地球に大量に衝突し，そのエネルギーで岩石は加熱・融解され **マグマオーシャン** ができた。このとき，岩石から水や二酸化炭素をはじめとする揮発成分が蒸発分離(脱ガス)し，**原始大気** が形成された。原始大気には，現在の地球よりもはるかに大量の二酸化炭素と水蒸気が含まれていた。その後，地球は徐々に冷却され，大気中の水蒸気は凝結し雨となって地上に降り注ぎ，**原始海洋** が形成された。

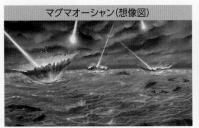

マグマオーシャン(想像図)

原始海洋(想像図)

基 B 最古の岩石

地球最古の岩石※は，カナダ北西部のアカスタ地方で産出する約40億年前のアカスタ片麻岩であると考えられている。

現在発見されている最古の礫岩は，グリーンランド南西部のイスア地方で発見された38億年前の礫岩である。また，イスア地方では枕状溶岩も見つかっている。礫岩や枕状溶岩の形成には水が関与するので，この礫岩や枕状溶岩が形成したときには地球に海洋が存在していたことが明らかになった。この礫岩からは，原核生物の痕跡とみられる化学化石(♪ p.88)が見つかっている。

最古の礫岩

グリーンランド

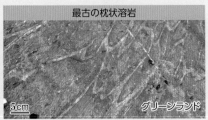

最古の枕状溶岩

5cm グリーンランド

※カナダ東部のヌブアギトゥク緑色岩体で発見された岩石が，最古の岩石(約42億8000万年前)だとする説もある。

基 D 真核生物の誕生

確実な最古の **真核生物** の化石は，オーストラリアや中国の約16.5億年前の地層から産出した有機質の微化石(アクリターク)である。

30μm

基 C 大気の進化と縞状鉄鉱層

光合成生物の出現によって大気の組成は大きく変化し，地球環境の変化が生物の進化を促した。

■大気の進化

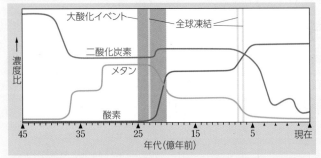

大酸化イベント　全球凍結

二酸化炭素

メタン

濃度比

酸素

45　35　25　15　5　現在
年代(億年前)

原始大気は，二酸化炭素を主成分としており酸素をほとんど含まなかった。その後，原始海洋が形成されると，大気中の二酸化炭素は石灰岩として海底に沈殿したり，その後出現した生物に取りこまれることで有機物に形を変えて大気や海洋中から取り除かれていった。一方，光合成を行うシアノバクテリアの出現により海中に酸素がもたらされ，25億〜20億年前には酸素が爆発的に増加した。この出来事を大酸化イベントという。酸素はやがて大気中にも充満しオゾン層が形成された。

■酸素の増加と縞状鉄鉱層の形成

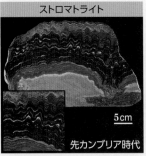

ストロマトライト

5cm 先カンブリア時代

縞状鉄鉱層

10 cm 先カンブリア時代

ストロマトライトは光合成を行うシアノバクテリアがつくった岩石で，炭酸カルシウムからなる層状の構造をもつ。
シアノバクテリアなどが出現したことで，それまで還元的であった海洋は酸化的な環境となった。マグマから溶け出し大量に存在していた鉄イオンは，酸素と結合し酸化鉄となり沈殿した。この酸化鉄とチャートが交互にくり返し堆積し，大規模な **縞状鉄鉱層** が形成された。
現在人類が利用している鉄資源の大部分は，縞状鉄鉱層に由来する。

30億年前		25億年前		20億年前		15億年前		10億年前		5億年前	

先カンブリア時代

太古代（始生代）	25億年前		原生代		5億3900万年前	顕生累代

C　E　D　E E F

地球の歴史

基 E 全球凍結

地質時代の中には，赤道域まで氷におおわれ，地球全体が雪玉のようになった時期があったと考えられている。これを**全球凍結（スノーボール・アース仮説）**という。この仮説は，ドロップストーンなど氷成堆積物に基づいている。

全球凍結時の地球（想像図）

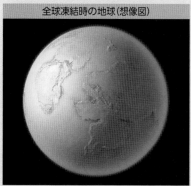

地球は，寒冷な気候の時代を数回経ているが，特に原生代初期のヒューロニアン氷河時代（約24億5000万〜22億年前）と，原生代末期のスターチアン氷河時代・マリノアン氷河時代（約7億3000万〜6億3500万年前）に，地球は全球凍結状態を経験したと考えられている。

ドロップストーン

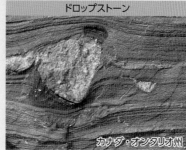

カナダ・オンタリオ州

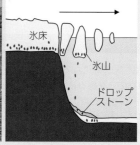

氷床　氷山　ドロップストーン

大陸上を氷河が移動する際に岩盤から削りとられ，海底に落下し堆積したものをドロップストーンといい，地層中にめりこむように堆積している。

全球凍結からの脱出

中国

火山ガスに含まれる二酸化炭素などによる温室効果で地球は全球凍結から脱出した。平均気温は50〜60℃に達したと考えられる。こうした高温下では風化作用（◉ p.68）が促進され，多量の陽イオンが海に供給される。その結果，氷河時代の地層の直上に炭酸塩鉱物が沈殿し，厚い炭酸塩岩層（キャップカーボネート）が形成された。

マリノアン氷河時代の氷成堆積物の分布

古地磁気から推定した緯度
●00〜10°　●10〜20°　●20〜30°　●30〜40°
●40〜50°　●50〜60°　○当時の緯度データなし

基 F エディアカラ生物群

全球凍結から脱出すると地球環境は激変し，多細胞生物（エディアカラ生物群）が出現した。

エディアカラ生物群の化石産地

オーストラリア・エディアカラ丘陵の地層をはじめ世界各地の約5.7億〜5.4億年前の地層から，肉眼で確認できる大きさの化石が見つかっており，**エディアカラ生物群**とよばれている。エディアカラ生物群は，骨格や殻をもたずやわらかい組織からなり，大きなものでは1mをこえる生物もいたが，形態が現在の生物のいずれにも似ておらず，分類学上の位置づけは不明なものが多い。

エディアカラ生物群の復元図と化石

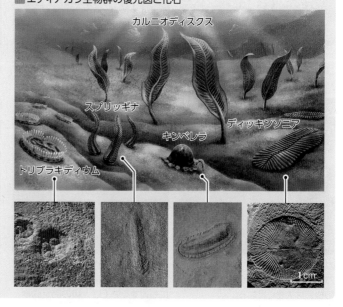

カルニオディスクス
スプリッギナ
ディッキンソニア
キンベレラ
トリブラキディウム
1cm

マグマオーシャン：magma ocean　　ストロマトライト：stromatolite　　縞状鉄鉱層：banded iron formation　　全球凍結：Snowball Earth

ピカイア

カイメン

ウィワクシア

オパビニア

アノマロカリス

三葉虫

ハルキゲニア

先カンブリア時代が終わり生物の多様性は
一気に増加し，現生生物につながる生物
も次々と出現した。

古生代の海のようす（バージェス型動物群）

カンブリア紀になると，硬い殻や，目や背骨のもととなる脊索をもつ動物，
海底に穴を掘る動物など，現生動物のもととなる多様な動物群が短期間で
一斉に出現した。この出来事を **カンブリア紀の爆発** という。
カンブリア紀の爆発の要因としては，捕食動物が出現し，競争の末に骨格
の獲得や大型化，生活様式の多様化が起こったことや，酸素濃度が増大し，
大型化の条件が整ったことなどが考えられている。
バージェス型動物群は，中国雲南省（澄江動物群）や，
オーストラリア，グリーンランドなどからもみつかっている。

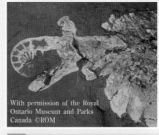

With permission of the Royal
Ontario Museum and Parks
Canada ©ROM

三葉虫

モドキア（カンブリア紀）

ファコプス（デボン紀）

カンブリア紀〜ペルム紀　古生代前半を代表する示準化石で，節足動物の
なかま。体が縦（2つの側葉と中葉）に3つの葉に分けられることから，三葉
虫と名づけられた。また，横（頭部，腹部，尾部）にも3つの部位に分けられる。

筆石

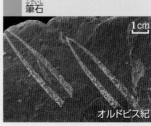

1cm

オルドビス紀

カンブリア紀〜石炭紀　多数の個
虫が群体を形成し，浮遊もしくは
海底に固着して生息していた。

コノドント

100μm

オルドビス紀

カンブリア紀〜中生代三畳紀　原始
的な魚の口内の器官（歯のような構
造）。さまざまな形状のものがある。

サンゴのなかま

クサリサンゴ

1cm

シルル紀

オルドビス紀〜シルル紀　床板サン
ゴのなかま。細長い管状の個体が
連なっており，断面が鎖状に見える。

ハチノスサンゴ

1cm

シルル紀

オルドビス紀〜ペルム紀　床板サン
ゴのなかま。個体の断面が多角形で，
ハチの巣の構造に似ている。

四放サンゴ

2cm

デボン紀

オルドビス紀〜ペルム紀　放射状の
隔壁の枚数は4の倍数になっている。

フズリナ（紡錘虫）

0.5cm

石炭紀〜ペルム紀　古生代後期に
繁栄した底生有孔虫のなかま。紡錘
形をしたものが多い。　（♪ p.89）

腕足動物

1cm

デボン紀

カンブリア紀〜現世　2枚の殻をも
ち見た目は二枚貝に似ているが，体
の構造は大きく異なる。

ウミサソリ

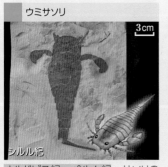

3cm

シルル紀

オルドビス紀〜ペルム紀　サソリの
なかま。肉食の捕食者で，体長2.5m
にも達する史上最大級の節足動物。

直角貝（オルソセラス）

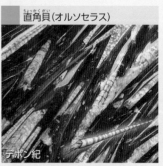

デボン紀

オルドビス紀〜中生代三畳紀　オウ
ムガイのなかま。内部を隔壁で仕切
られた円錐状の貝殻をもっていた。

ウミユリ

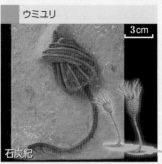

3cm

石炭紀

オルドビス紀〜現世　ウニやヒトデ
のなかま。海底に固着するための茎
部と餌をとるための冠部からなる。

古生代：Paleozoic（Pz）　　カンブリア紀：Cambrian（Cm）　　オルドビス紀：Ordovician（O）　　シルル紀：Silurian（Sl）
デボン紀：Devonian（Dv）　　石炭紀：Carboniferous（Cb）　　ペルム紀：Permian（Pm）　　　　　　　　　（ ）は時代を表す略称

先カンブリア時代	古生代		中生代	新生代

カンブリア紀	オルドビス紀	シルル紀	デボン紀	石炭紀	ペルム紀
5億3900万	4億8500万	4億4400万 4億1900万	3億5900万	2億9900万	2億5200万

第2編-Ⅲ　地球環境と生物の変遷

地球の歴史

■ 石炭紀の森林のようす

ロボク
リンボク
フウインボク

■ 石炭紀の植物

石炭紀には，樹高40mに達したリンボクやフウインボクなどの鱗木類（ヒカゲノカズラのなかま）や，樹高30mに達したロボク（トクサのなかま）などのシダ植物が繁栄した。

また，高さ30mにも達した裸子植物などもあり，大森林が広がった。

これら大型の植物は，現在利用されている石炭のもととなっている。

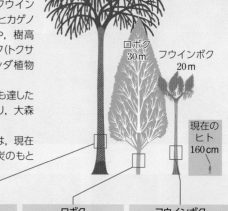

リンボク 40m
ロボク 30m
フウインボク 20m
現在のヒト 160cm

QR

■ 単弓類

石炭紀～中生代三畳紀

哺乳類の祖先を含むグループ。頭骨に側頭窓とよばれる穴をもつ。全長4mに達するものもいた。

エダフォサウルス

QR

　リンボク	　ロボク	　フウインボク
大阪市立自然史博物館	大阪市立自然史博物館	大阪市立自然史博物館
石炭紀　1cm	石炭紀　1cm	石炭紀　1cm

基 A 生物の陸上進出

■ 植物の陸上進出

オルドビス紀になると，植物のコケ類が陸上に進出した。この時代までに **オゾン層** が形成され，生物にとって有害である紫外線が地表に到達する量が減ったことが要因と考えられる。シルル紀にはシダ植物の祖先や節足動物が陸上に進出した。

■ クックソニア

クックソニアは，2つに分かれた茎の先端に胞子嚢をもっていたと考えられる。維管束はなく，シダ植物とも異なる構造をしていたことから，リニア状植物とよばれている。確認されている最古の陸上植物である。

■ リニア

初期の維管束植物。根・茎・葉の区別はなく，二又分枝をくり返す軸状の体をもつ。シダ植物の祖先と考えられている。

■ プシロフィトン

高さ60cmほどの維管束植物で，茎・根が分化している。初期のシダ植物と考えられている。

■ 脊椎動物の陸上進出

陸上では水による浮力がなく，生物は空気におおわれる。体を支え移動できる骨格が発達し，肺呼吸が可能になったことで，陸上進出を果たした。

■ ユーステノプテロン（魚類）

デボン紀後期に生息。体は魚類だが，ヒレに骨格がある。

■ ティクターリク（魚類と両生類の中間※）

ヒレに手首のような構造があり，頭部には首のようなくびれがある。

■ イクチオステガ（両生類）

四肢はヒレ状だが指がある。陸上を這うように移動できたと考えられている。

※生物の分類の定義のしかたによって，魚類に分類される場合と両生類に分類される場合がある。

Point **古生代の代表的な化石** 三葉虫，筆石，バージェス型動物群，フズリナ，サンゴ類，ロボク，リンボク，フウインボク

アンキロサウルス

古生代末に地球史上最大の大量絶滅が起こり，生物界はその後の回復に約600万年を要した。植物界では裸子植物が，動物界では爬虫類，特に恐竜が大繁栄した。

ティラノサウルス ▶QR

トリケラトプス

中生代の陸上のようす

ベレムナイト ▶QR

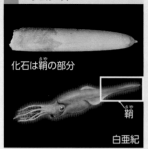

化石は鞘の部分

鞘

白亜紀

古生代石炭紀〜白亜紀 アンモナイトと同じ頭足類で，イカのなかまと考えられている。

中生代の二枚貝類

モノチス

三畳紀

三畳紀 殻表面に多数の放射状の凸構造が発達している。

トリゴニア ▶QR

ジュラ紀

ジュラ紀 殻表面に多数の放射状の凸構造が発達している。三角形の殻をもつ。

イノセラムス ▶QR

← 殻長 →

白亜紀　2cm

ジュラ紀〜白亜紀 同心円状の筋が特徴。殻長が1mに達するものもある。

アンモナイト

5cm

白亜紀

古生代デボン紀〜白亜紀 シルル紀にオウムガイ類から進化した。中生代に繁栄したが白亜紀末に絶滅した。

基 A アンモナイトの進化

アンモナイトは炭酸カルシウム($CaCO_3$)からなる殻をもつ。殻の巻きの強さ，断面の形，表面の装飾，縫合線(殻と中の隔壁とが接してできる模様)などによって種が同定される。

アンモナイト類は，古生代デボン紀にオウムガイ類から進化した。ゴニアタイト目は古生代末に絶滅し，かわって繁栄したセラタイト目も三畳紀末に絶滅した。ジュラ紀〜白亜紀を通じて大繁栄したアンモナイト目は，異常巻き(殻がゆるんだような巻き方や複雑な巻き方をしているもの)など殻が多様な形に進化した。白亜紀末には恐竜などとともに絶滅した。

アンモナイト

セラタイト

生きているオウムガイ ▶QR

ゴニアタイト

■頭足類の進化系統図

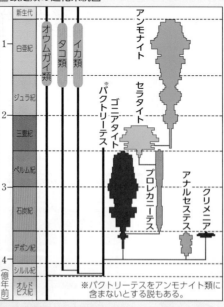

※バクトリーテスをアンモナイト類に含まないとする説もある。

線の横幅は，それぞれのグループの多様性の大きさを表している。

■異常巻きアンモナイト

ニッポニテス ▶QR

1cm

白亜紀

ポリプティコセラス

大阪市立自然史博物館

白亜紀

復元図

イチョウのなかま

バイエラ(属)　イチョウ(属)

ジュラ紀　0.5cm　ジュラ紀

古生代ペルム紀～現世　イチョウのなかまは中生代に繁栄した。姿かたちは現生のものとほとんど変わらない。現生するイチョウはジュラ紀に出現した。バイエラ属など他の属は絶滅している。

グレイケニテス

1cm

ジュラ紀

三畳紀～白亜紀ジュラ紀～白亜紀に栄えたシダ植物。

ニルソニア

白亜紀

三畳紀～白亜紀　ソテツのなかま。葉片は対についている。

アーケアンサス

白亜紀　最古の被子植物で、白亜紀に繁栄した。現生のモクレンに似た花と果実をつける。中生代に被子植物が進化したことにより、昆虫の多様化が進んだ。

地球の歴史

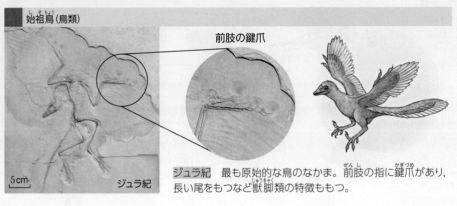

始祖鳥(鳥類)

前肢の鍵爪

5cm　ジュラ紀

ジュラ紀　最も原始的な鳥のなかま。前肢の指に鍵爪があり、長い尾をもつなど獣脚類の特徴ももつ。

エオゾストロドン(哺乳類)

三畳紀　初期の哺乳類。体長は約10cmほど。外見はトガリネズミに似ている。

基 B 中生代の温暖化

白亜紀は、中生代以降現在までの期間でもっとも温暖な時代であり、白亜紀以降は徐々に寒冷化し、現在に至っている。

古生代から中生代にかけての温暖化

古生代末に始まった超大陸パンゲア(🔵p.24)の分裂により活発な火山活動が起こり、大量の二酸化炭素が放出された。当時の大気中の二酸化炭素濃度は、1000ppm(現在は400ppm)に達したと推定されている。これにより、強い温室効果(🔵p.121)がはたらき中生代は全般的に温暖な時代であったと考えられている。

温暖化の原因 地

白亜紀には地磁気の逆転が3000万年にわたり停止した。これを白亜紀スーパークロン(🔵p.17)とよぶ。これは外核およびマントルの活動が特別な状態であったことを示していると考えられており、連動して地表でも火山活動が活発化し、海嶺でのプレートの生産が促進された。これに伴い大量の二酸化炭素が大気中に放出され、温室効果が高まった。平均気温は現在より10℃ほど高く、北極や南極にも氷がない無氷河時代となり、海水面は現在より200mも高かったと考えられている。

温暖化に伴う海流の変化

北極や南極からの冷たい海水の沈みこみが停止し、海水の循環にも影響を与えた。海底は無酸素状態となり、海底に沈んだプランクトンなどの有機物は分解されずに堆積した(黒色頁岩の形成)。これらの生物の遺骸が、現在の石油資源のもととなった。

白亜紀中期と現在の気温分布

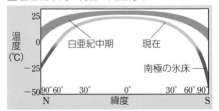

温度(℃)　白亜紀中期　現在　南極の氷床　緯度　N　S

白亜紀は、現在と比べて特に極地方で気温が高く、北極で約20℃、南極では約40℃も高かった。

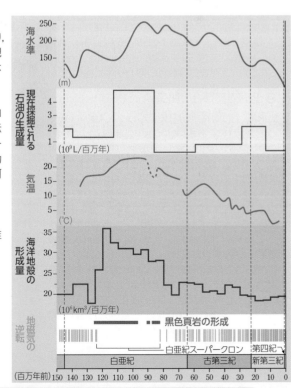

海水準(m)　現在採掘される石油の生成量(10⁹L/百万年)　気温(℃)　海洋地殻の形成量(10⁶km²/百万年)　地磁気の逆転

黒色頁岩の形成

白亜紀スーパークロン

白亜紀　古第三紀　新第三紀　第四紀

(百万年前)

恐竜の特徴

❶ 恐竜と現生の爬虫類との共通点・相違点

恐竜類の頭骨では，目の入っていた孔（眼窩）の後ろにさらに2つの穴（側頭窓）が上下に並んでいるが，この2つの穴はワニやトカゲなどと共有される特徴である。一方で，恐竜類とこれらの現生爬虫類の顕著な違いの一つとして，歩行様式に関連した後肢の形態がある。恐竜類の後肢は腰から下方にほぼ垂直に伸びるが，ワニやトカゲでは大腿骨が水平に近い方向に伸びており，後肢は這い歩きの姿勢になる。また，これらの現生爬虫類では，人間と同様に足全体を地面につけて体を支えるが，恐竜類では趾だけを地面につけるつま先立ちである点も大きな違いである。

❷ 恐竜と哺乳類との共通点・相違点

カモノハシなどのなかまを除くと，哺乳類では後肢が腰から下方に伸びる直立姿勢をとるが，これは鳥類を含めた恐竜類にも見られる特徴である。このような形態は，異なる系統で似た特徴が獲得された収斂進化の好例である。また，このような後肢がまっすぐ垂直に伸びる姿勢は，横に伸びる這い歩きの姿勢に比べて，より大きな体重を支えるために適している。これは，恐竜類（多くの種で推定体重が数十 t を超える竜脚類）と哺乳類（推定最体重 20t にせまる漸新世のパラケラテリウム（♪ p.106））において，地上の動物として最大級の種類が進化できた一つの要因であると考えられる。一方，哺乳類と恐竜類の祖先は遅くとも3億年以上前に分かれているため，これらの間の形態の違いは顕著である。一見してすぐわかるものとしては，哺乳類の頭骨には目の後ろに側頭窓が一つしかないことがあげられるが，これは彼らの祖先から受け継がれた特徴である。

❸ 恐竜と鳥類との関係

恐竜類，特に獣脚類恐竜（ティラノサウルス（♪ p.100）などで代表される，おもに動物食性で二足歩行性のなかま）の中から鳥類が進化したという仮説は，鳥類の骨格において，恐竜類の共通祖先から進化の過程で蓄積されてきた特徴が数多く存在していることで強く支持されている。例えば鳥盤類なども含めた恐竜類全体の特徴として，骨盤の大腿骨が関節する部分に大きく穴が開き，仙椎（骨盤と関節する脊椎骨）が3個以上に増えるというものがあるが，これらは鳥類にも存在する。また，鳥類にみられる，獣脚類全体に存在する特徴として，脊椎骨の横に気嚢が入りこむ穴や，左右の肩の骨をつなぐ叉骨などがある。さらに進化したなかま（デイノニクスなど）では，手首の骨が半円状になることで手が前腕（肘より先の部分）にそうように曲げられるようになるが，これは鳥類が，風切羽が発達した翼を折りたたむ動きとして受け継がれている。

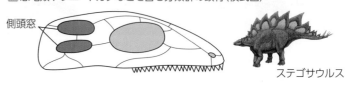

■ 恐竜類やワニ・トカゲなどを含む分類群の頭骨（模式図）

側頭窓

ステゴサウルス

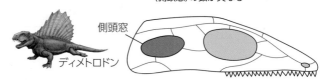

■ 哺乳類の祖先形の頭骨（模式図）

目の後ろの穴（側頭窓）の数が異なる

側頭窓

ディメトロドン

Reproduced with permission of the Licensor through PLSclear. ©2015, Michael J. Benton

■ 現生ワニ類の後肢骨格（模式図）　■ 獣脚類恐竜の後肢骨格（模式図）

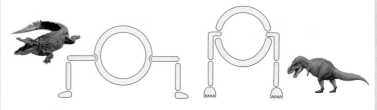

恐竜類では肢がまっすぐ下に伸び，またつま先立ちの姿勢である。

■ 獣脚類恐竜スピノサウルス類の叉骨　■ 現生鳥類カナダガンの叉骨

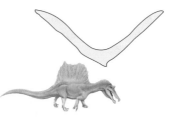

■ デイノニクスの前肢と肩の骨格　■ ニワトリの手の骨格

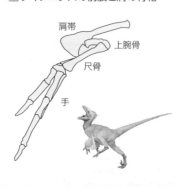

肩帯

上腕骨

尺骨

手

手の骨と癒合した半円状の手首の骨

日本の恐竜

近年報告が相次いでいる日本産の恐竜の中で，大きく注目されたのが2019年に新種として報告されたカムイサウルス（*Kamuysaurus japonicus*）である。その標本は推定体長約8mで，骨格の約8割が保存されている。カムイサウルスは特に白亜紀の末期に繁栄した植物食の恐竜であるハドロサウルス類に属する恐竜で，北海道むかわ町穂別地域に露出する蝦夷層群函淵層から発見された。この地層は海の堆積物からできていることから，この恐竜は当時の海岸線に近い環境に生息していたと推測されている。また，発見された地層の年代は7000万年前前後であると考えられており，これまで発見された日本の白亜紀の恐竜の中でも，最も年代の若いものの一つである。

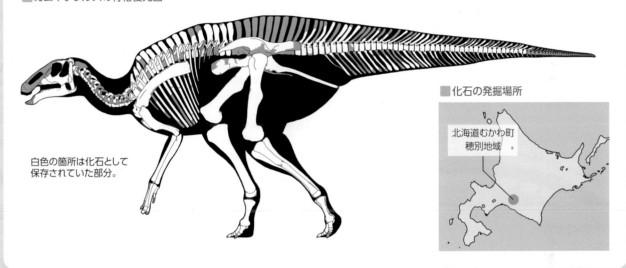

■カムイサウルスの骨格復元図

白色の箇所は化石として
保存されていた部分。

■化石の発掘場所

北海道むかわ町
穂別地域

恐竜ではない？　中生代の大型爬虫類

恐竜類が繁栄していた中生代には，空や海に大型の爬虫類が多様化していたが，それらは恐竜類ではない。空を飛んでいたグループは翼竜類とよばれ，左右の翼を開くと幅が10mに達した巨大なものもいた。また水中に進出した分類群としては，鰭竜類（フタバサウルス（*Futabasaurus*）などのプレシオサウルス類で代表される）や魚竜類（イクチオサウルス（*Icthyosaurus*）など）がある。これらは共通して，前肢と後肢がオール（櫂）状になるなど，遊泳に非常に特殊化した骨格をもっており，ほかのどの爬虫類のなかまと近縁であるのか，いまだに確固たる答えが得られていない。一方で，白亜紀後期に同様に海で繁栄したモササウルス類は，現在のヘビやトカゲと同じく有鱗類に属するなかまもある。

■翼竜類アンハングエラ（*Anhanguera*）の骨格

国立科学博物館

■鰭竜類フタバサウルスの骨格

国立科学博物館

■魚竜類レプトネクテス（*Leptonectes*）の骨格

国立科学博物館

基 Ａ 絶滅と進化の関係

生物の絶滅は日常的に起こっている。地球の歴史の中で，短い期間に複数の分類群にわたって大量の種が絶滅する出来事が複数回あった。これを **大量絶滅** という。

■絶滅イベントと生物の衰退

時代	絶滅イベント	衰退した生物（※は絶滅した生物）
中生代	⑤白亜紀末	恐竜，アンモナイト※
中生代	④三畳紀末	アンモナイト類，二枚貝類，巻貝
古生代	③ペルム紀末	三葉虫※，腕足動物，サンゴ，ウミユリ，フズリナ類※
古生代	②デボン紀末	板皮類（魚類）※，三葉虫
古生代	①オルドビス紀末	コノドント，三葉虫，腕足動物，筆石

大量絶滅と生物の進化には深い関係がある。生物は，その当時の環境に特化して適応する。逆にいうと，進化して繁栄を極めた生物ほどその環境が変わってしまうと順応しきれず絶滅してしまう。

■動物群の移りかわり

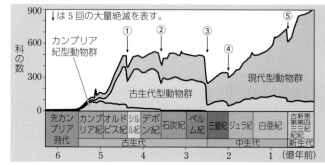

絶滅イベントを生き残った生物たちは，空席になった生態的地位を埋めるように進化し繁栄していく。

基 Ｂ 古生代末の大量絶滅

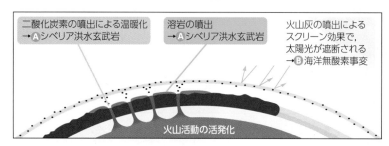

- 二酸化炭素の噴出による温暖化 →Ａシベリア洪水玄武岩
- 溶岩の噴出 →Ａシベリア洪水玄武岩
- 火山灰の噴出によるスクリーン効果で，太陽光が遮断される →Ｂ海洋無酸素事変
- 火山活動の活発化

古生代ペルム紀と中生代三畳紀の境界（P-T 境界）では，地球の歴史上最大の絶滅が起こった。生物全体の種の 90 〜 95 % が絶滅したと見積もられている。

原因は，超大陸パンゲア（Ｊ p.24）における火山活動の活発化だと考えられている。火山の噴火により，溶岩，温室効果ガス（水蒸気や二酸化炭素など），火山灰などが大量に噴出した。

二酸化炭素濃度が高まったことにより気温は上昇した。また，火山灰が大気中に放出されることで太陽光がさえぎられ生物の光合成活動が停止し，酸素濃度は低下した。

この大量絶滅で，古生代末にかけて衰退していた三葉虫が絶滅した。

Ａシベリア洪水玄武岩

ロシア・シベリア・プトラナ台地

ウラル山脈の東から中央シベリア高原を中心に 200 万 km² にわたって玄武岩が分布している。約 2 億 5200 万年前の古生代と中生代の境界前後において 200 万年以上続いた地球史上最大の噴火で形成された。

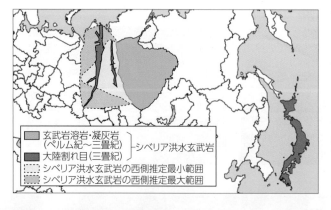

- 玄武岩溶岩・凝灰岩（ペルム紀〜三畳紀）
- 大陸割れ目（三畳紀）
- シベリア洪水玄武岩の西側推定最小範囲
- シベリア洪水玄武岩の西側推定最大範囲
シベリア洪水玄武岩

Ｂ海洋無酸素事変

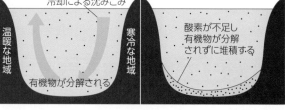

寒冷期 酸素が供給されている　冷却による沈みこみ
温暖な地域　寒冷な地域　有機物が分解される

温暖期 循環が弱まり，低酸素状態
酸素が不足し有機物が分解されずに堆積する

光合成活動が低下することで酸素の供給が減少したり，温暖化の影響で海流の鉛直方向の循環が弱まると，海底付近は無酸素あるいは極度の低酸素状態となる。このような状況を，**海洋無酸素事変** という。このイベントは，地球の歴史上少なくとも 3 回起こったと考えられている。

酸素が減少すると，好気性細菌は生息できなくなり，海底の生物の死骸（有機物）は分解されずにそのまま堆積し，黒色の地層（黒色層）となる。分解されなかった有機物は，現在利用されている化石燃料のもととなっている。

■日本で見られる黒色層

ペルム紀末のチャート　三畳紀初めの頁岩層　黒色層　岐阜県本巣市

日本でも古生代末の海洋無酸素事変を記録した地層が見られる。酸化的環境で堆積した地層の間に，海洋無酸素事変で形成した黒色層がはさまれている。

基 C 中生代末の大量絶滅

中生代白亜紀と新生代古第三紀の境界（K-Pg境界）では，全生物種の約75%が絶滅した。原因は，直径10kmほどの巨大隕石が衝突したことだと考えられている。

■ 隕石の衝突

K-Pg境界の大絶滅のおもな原因を巨大隕石の衝突であるとする説を **隕石衝突説** という。根拠となったのは，世界中のK-Pg境界の薄い粘土層から，通常の160倍に達する濃度のイリジウムが検出されたことである。イリジウムは地表にはほとんど存在せず，隕石に多く含まれる。巨大隕石の衝突時に巻き上げられた大量の塵によって太陽光はさえぎられ，海洋および陸上の光合成を行う生物が激減した。その後，食物連鎖の崩壊により多くの生物が死滅したと考えられている。

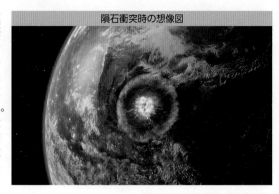

隕石衝突時の想像図

■ チュチュルブ・クレーター

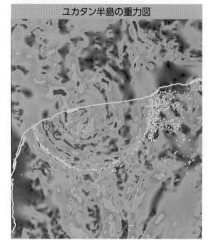

ユカタン半島の重力図

A. Hildebrand, M. Pilkington, and M. Connors

■ K-Pg境界の地層

境界層

カナダ

■ K-Pg境界イリジウム濃集層の分布

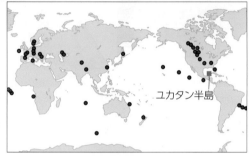

ユカタン半島

メキシコ・ユカタン半島の地下深くには，隕石衝突時に形成した重力異常の痕跡（チュチュルブ・クレーター）が残っている。

■ イリジウムの濃集

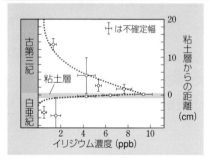

■ マイクロテクタイト

K-Pg境界付近の粘土層からは，隕石衝突を示す証拠がイリジウム以外にも見つかっている。
マイクロテクタイトは，高温でとけて飛び散った地殻由来の物質が球形に固まったガラスで，非常に大きな衝撃に見舞われた証拠である。
ほかにも，超高圧で形成したことを示す SiO_2 鉱物（衝撃石英とよぶ）や，地表のかなりの森林が火災を起こしたと推定できる量のすすなどが発見されている。

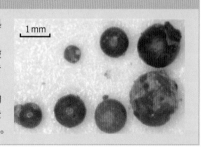

1mm

地 D 大空への進出

鳥類のように飛行する能力を獲得した生物は，地球史上少なくとも4回出現した。昆虫，翼竜，鳥類，コウモリである。これらの生物は，体の構造を劇的に改変し，大空に進出した。

■ 飛行能力の獲得

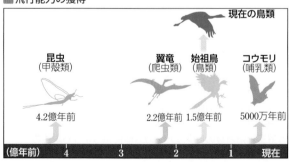

現在の鳥類

昆虫
（甲殻類）
4.2億年前

翼竜
（爬虫類）
2.2億年前

始祖鳥
（鳥類）
1.5億年前

コウモリ
（哺乳類）
5000万年前

（億年前）　　4　　　3　　　2　　　1　　現在

■ 鳥類の肺の特徴

ジュラ紀後期から白亜紀前期には，大気中の酸素分圧は現在の60〜70%程度だったと考えられている。この時期に獣脚類から進化した鳥類は，気嚢という特別な呼吸器をもつようになった。
鳥類は呼吸を行う際，気嚢を伸縮させ，何重にも分岐した管状の肺に空気を一方向に通す。これにより，空気中の酸素分圧を上回る量の酸素が血中に取りこまれ，その量は哺乳類の2.6倍にも達する。現在の鳥類は，酸素分圧が低くほかの動物が酸欠になってしまうような高度でも飛行することが可能である。

管状の肺

気嚢　　気嚢

気候の変化が激しかった新生代だが, 初期の温暖な時代には, 哺乳類, 鳥類, 被子植物が大発展し, その後も進化が続いた。

 カヘイ石(ヌンムリテス)

1cm

古第三紀 有孔虫の一種で, 大きなものは直径 10cm に達する。その形からカヘイ石(貨幣石)とよばれる。

ビカリア

1cm

新第三紀   月のおさがり

古第三紀~新第三紀 巻貝の一種。マングローブが生息するような亜熱帯の泥質汽水域に生息したと考えられることから, 示相化石ともなる。殻の内部を充填しためのう(主に石英からなる鉱物)が残った化石は「月のおさがり」とよばれる。

カルカロドン・メガロドン

歯の化石

5cm

新第三紀 サメのなかま。現生のサメの中で最大のホホジロザメの 2 倍以上の大きさで, 体長は 15m に達する。

トウキョウホタテ

3cm

新第三紀~第四紀 現在は絶滅している。大きなものは全長 20cm に達した。

カシパンウニ

第四紀

古第三紀~現世 化石は日本各地で産出し, 現在は本州~九州に生息。

メタセコイア

メタセコイアの化石   現生のメタセコイア

古第三紀

中生代白亜紀~現世 スギ科の裸子植物で北半球の高緯度に広く分布していた。先に化石が発見され, のちに現生していることが確認された。生きている化石(🔵 p.88)ともよばれている。

基 **A 哺乳類の繁栄** 中生代末の大絶滅を生き延びた小型の哺乳類は, 新生代に大型化して発展した。ウマやゾウなど, 進化・系統を詳しく追うことのできる化石も多い。

ウインタテリウム

古第三紀

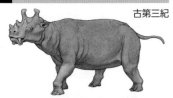

サイ程度の大きさで, 頭に 6 本の角があった。外見はサイに似ているが, サイとは別系統のグループ(現在は絶滅)に属していた。

パラケラテリウム

新第三紀

大きさの比較

パラケラテリウム

キリン(現生)

サイのなかま。肩までの高さが 5m, 体重は現生のアフリカゾウ(最大 10t)の 3 倍程度あったと考えられている。

ウマの進化

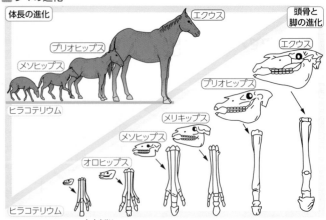

体長の進化

エクウス

プリオヒップス

メソヒップス

ヒラコテリウム

頭骨と脚の進化

エクウス

プリオヒップス

メリキップス

メソヒップス

オロヒップス

ヒラコテリウム

ウマは, 古第三紀始新世のヒラコテリウム(体長 40cm)から現生のエクウスまで, 体の大型化, 奥歯の幅の広がり, 足指の減少など一方向の進化がみられることが知られている。

古第三紀　新第三紀　第四紀
6600万　2300万　260万　◀現在

■ ガストルニス

■ デスモスチルス

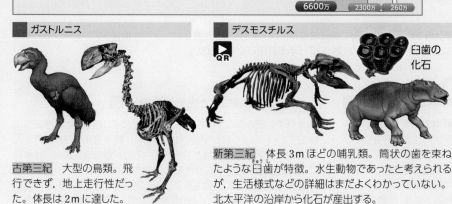

臼歯の化石

古第三紀　大型の鳥類。飛行できず，地上走行性だった。体長は2mに達した。

新第三紀　体長3mほどの哺乳類。筒状の歯を束ねたような臼歯が特徴。水生動物であったと考えられるが，生活様式などの詳細はまだよくわかっていない。北太平洋の沿岸から化石が産出する。

■ ナウマンゾウ(左)，マンモスゾウ(右)

第四紀　ナウマンゾウ(左)は約3万年前まで日本各地にも生息していた。マンモスゾウ(右)には長い毛があり，シベリアを中心に生息していた。約2万年前まで北海道にも生息していた。

地球の歴史

Column　霊長類化石「イーダ」

【愛　称】イーダ
【分　類】真霊長類
【学　名】*Darwinius masillae*
【時　代】古第三紀始新世(約4700万年前)
【産出地】ドイツ・メッセル採掘場

非常に保存のよい霊長類(れいちょうるい)の全身骨格化石。幼い個体だとみられる。軟体部の輪郭(りんかく)や胃腸の内容物まで保存されており，当時の霊長類の姿かたちや生活を知るよい手がかりとなる。

基 B　人類の進化

人類は，恒常的な直立二足歩行を行うことで類人猿(るいじんえん)と区別され，約700万年前にアフリカで誕生したと考えられている。

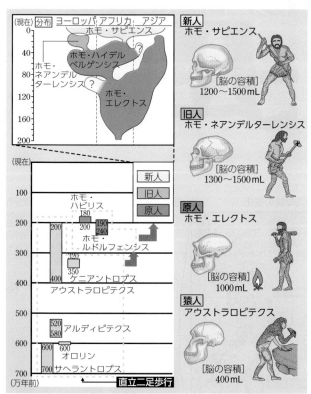

人類の発祥

人類の発祥は，約1000万〜500万年前の東アフリカ大地溝帯の形成に伴い，熱帯雨林が乾燥して草原化した場所だと考えられてきた。しかし，アフリカ中部の約700万年前の地層から，サヘラントロプス・チャデンシス(トゥーマイ猿人(えんじん))が発見されたことや，約400万年前頃まで，東アフリカ大地溝帯の周辺は草原化するほど乾燥化していなかったことなどを示す研究が発表された。現在では，森林の中で直立二足歩行化していったという説が有力である。

人類の拡散

アフリカから全世界への拡散については複数の説があるが，DNAの研究などから20万年前に「脱アフリカ」をした新人が，世界各地ですでに生息していた原人，旧人にかわって繁栄したという説(アフリカ単一起源説)が有力と考えられている。

新人　ホモ・サピエンス
[脳の容積]
1200〜1500mL

旧人　ホモ・ネアンデルターレンシス
[脳の容積]
1300〜1500mL

原人　ホモ・エレクトス
[脳の容積]
1000mL

猿人　アウストラロピテクス
[脳の容積]
400mL

Column　360万年前の足跡

1978年にタンザニアでアウストラロピテクスの足跡(ホモ・サピエンスとは骨格の特徴が異なる足跡)が見つかった。約360万年前に，まだやわらかい火山灰の上を2人の成人と子供が歩いた際についた足跡だと考えられている。

Point　**新生代の代表的な化石**　カヘイ石(ヌンムリテス)，デスモスチルス，人類，ビカリア，哺乳類，マンモス

基 A 氷期と間氷期

新生代第四紀(約260万年前以降)の海底堆積物には，氷河により運搬された氷成堆積物が広い範囲で確認される。第四紀には，氷期と間氷期が数万〜10万年の周期でくり返された。

深海のボーリングコアや氷床コアに含まれる酸素同位体 ^{18}O の分析から，260万年前以降，寒冷な時期(氷期)と比較的暖かい時期(間氷期)がくり返されてきたようすが明らかになった。新しいものから順に，温暖な時期に奇数番号を，寒冷な時期に偶数番号を振り，わかりやすくしたものを海洋酸素同位体ステージ(MIS：Marine oxygen Isotope Stage)という。最も最近の氷期は約1万年前(ステージ2)に終わり，現在は間氷期(ステージ1)である。260万年間に，約100のステージが認められている。

Ⓟoint 酸素同位体 地

酸素の同位体には，3つの安定同位体が存在している。これらの同位体は，地球上の物質循環のサイクルの中で，質量によって分別される。気候(気温や水温)が変化すると，物質循環にも変化が生じ，大気中の水蒸気や海水を構成する酸素の同位体比も変わる。

補足 氷床コアと古気候の復元 地

氷は下に向かうにつれて古くなり，過去に降り積もった雪を保存しており，かくらんが少ないコアからは，数十万年にさかのぼる詳細な気候変化の記録が得られる。その記録には，気温，海水量，蒸発量，化学物質や低層大気の成分，火山灰(火山活動)，太陽活動，海洋の生物生産量，風成塵などさまざまな気候に関する指標が含まれる。これらの記録は同じ層では同じ年の状態を保存しており，氷床コアは古気候研究において非常に有用である。

■ 氷床コアを用いた古気候の復元例

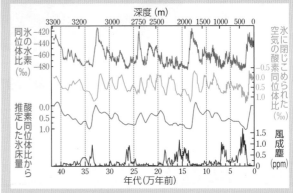

■ 酸素同位体ステージ 地

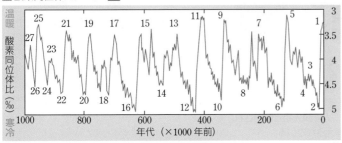

■ 氷期と間氷期の氷床の分布(北極を中心として見た北半球)

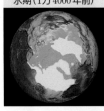
氷期(1万4000年前)

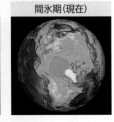
間氷期(現在)

最終氷期(7万〜1万年前)には，ヨーロッパや北アメリカの大部分が厚い氷床におおわれていた。

□ 陸上の氷床
■ 海上の氷床

■ 氷床コアの調査と気泡のようす

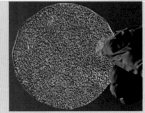

地 B 海進と海退

最終氷期(7万〜1万年前)の終わりごろにあたる約2万年前には，海水準は現在より120mほど低かったと考えられており，現在のような東京湾はなかった。約1万9000年前から温暖化に伴い海進が始まり，約6000年前の海進最盛期は 縄文海進 とよばれ，海水準は現在より3〜4m高かったと考えられている。縄文時代の貝塚は，当時の海岸線付近に多く分布している。

■ 海水準(海面の高さ)の変化モデル図

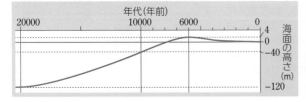

■ 神奈川県の海岸線の変化

— 20000年前の海岸線
— 10000年前の海岸線
— 6000年前の海岸線
— 現在の海岸線

6000年前
20000年前
10000年前
10km

■ 約6000年前(縄文時代中期)の関東の貝塚分布

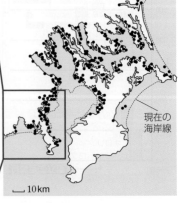

現在の海岸線
10km

地 19 日本列島の生いたち

地 A 日本列島形成の歴史

日本列島は、海洋プレートからの物質の付加や熱的影響を受けながら大陸縁辺部として発達し、その後大陸から分離して弧状列島となった。

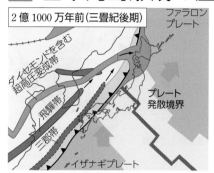

2億1000万年前（三畳紀後期）

ファラロン-イザナギプレートの発散境界が沈みこみ、飛騨帯、三郡帯が形成された。

9000万年前（白亜紀後期）

イザナギ-太平洋プレートの発散境界が沈みこみ、領家帯、三波川帯が形成された。

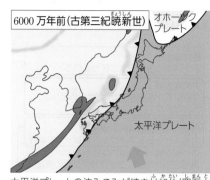

6000万年前（古第三紀暁新世）

太平洋プレートの沈みこみが続き付加体（四万十帯）が発達した。4300万年前ごろに、太平洋プレートの運動方向が西向きに変化した。

2500万年前（古第三紀漸新世）

フィリピン海プレートの西南日本への沈みこみ、および日本海の開裂に伴い火成活動が開始し、グリーンタフや黒鉱（🔎p.158）が形成された。

1500万年前（新第三紀中新世）

ユーラシア-フィリピン海-太平洋プレートの三重会合点が北上した。日本海や四国海盆の形成がほぼ終了した。伊豆弧の本州弧への衝突が開始した。

300万年前（新第三紀鮮新世）

伊豆弧の衝突が進行した。フィリピン海プレートの運動が現在とほぼ同じ向きに変化した。また、現在とほぼ同じ位置に火山弧が形成された。

| | プレート | | より若いプレート | | 背弧玄武岩 | | 大陸地塊 | | 花崗岩, 低圧変成岩 | | 高圧変成岩 | | 付加帯 | | 堆積盆 | ◯ | 現在の陸地の位置と形 |

補足 島弧としての日本列島

■日本列島を構成する5つの島弧

矢印と数値は、プレート運動の向きと速さ(cm/年)を示している。

球体の表面がへこむと、縁は弓なりになる。

プレートの沈みこみ帯付近には、海溝とほぼ平行な弧状の地形が見られる。これを **島弧** という。日本列島は、太平洋プレートの沈みこみに伴う千島弧、東北日本弧、伊豆・小笠原弧と、フィリピン海プレートの沈みこみに伴う西南日本弧、琉球弧の5つの島弧からなる。

●島弧-海溝系と縁海

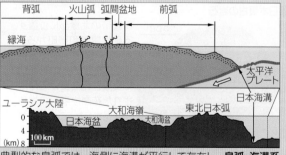

典型的な島弧では、海側に海溝が平行して存在し、**島弧-海溝系**（🔎p.29）を形成している。プレートの沈みこみによって生じたマグマはマントルに比べて軽いので上昇し、地殻-マントル境界付近に次々とたまる。これにより地殻は厚みを増し、海溝に平行な線状の高まりを形成する。さらにこの高まりのところどころにマグマが噴出して火山を形成する。こうして島弧（火山弧）が形成される。太平洋西縁の島弧-海溝系では、大陸側に **縁海** とよばれる背弧海盆が存在することが多く（日本の場合には、日本海盆など）、東北日本はそのような島弧の一つである。

島弧：island arc　　海溝：trench　　縁海：marginal sea　　背弧海盆：back arc basin

日本列島の地体構造

日本列島の地体構造

日本列島は過去のプレート運動を反映し，ほぼ同じ時代の岩石がまとまった特徴のある分布（島弧の伸長方向に平行な帯状構造など）を示している。

■ 地質体分布図（基盤岩の年代や性質に基づいて区分した図）

棚倉構造線
東北日本と西南日本に区分される

中央構造線
西南日本が北側（内帯）と南側（外帯）に区分される

糸魚川-静岡構造線（断層帯）
北米プレートとユーラシアプレートの境界
この構造線の東側はフォッサマグナ（大地溝帯）とよばれる。フォッサマグナの東端は不明瞭である。

秋吉帯　美濃・丹波帯　飛騨外縁帯
三郡帯（蓮華，周防，智頭）　隠岐帯　飛騨帯　舞鶴帯
領家帯　三波川帯　秩父帯　黒瀬川帯　四万十帯

神居古潭帯　日高帯　常呂帯

南部北上帯　松ケ平・母体帯　阿武隈帯　日立-竹貫帯　根室帯　空知帯　北部北上・渡島帯　足尾帯　上越帯　超丹波帯

Isozaki et al.(2010) より作成

■ 地質図（地表付近の地質を表した図）

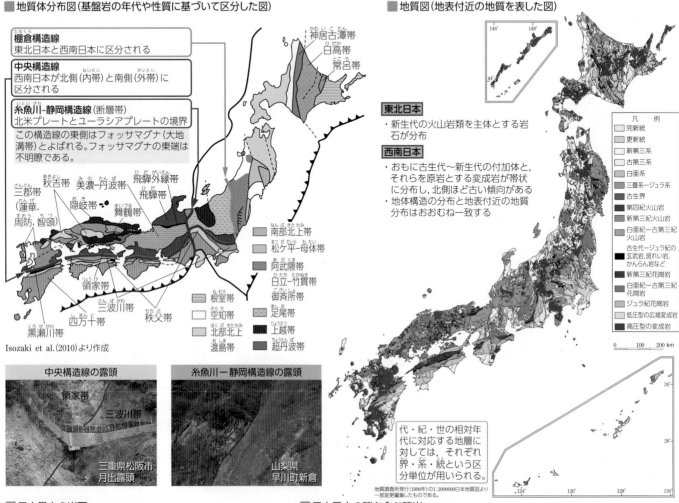

東北日本
・新生代の火山岩類を主体とする岩石が分布

西南日本
・おもに古生代～新生代の付加体と，それらを原岩とする変成岩が帯状に分布し，北側ほど古い傾向がある
・地体構造の分布と地表付近の地質分布はおおむね一致する

凡例
完新統／更新統／新第三系／古第三系／白亜系／三畳系～ジュラ系／古生界／第四紀火山岩／新第三紀火山岩／白亜紀-古第三紀火山岩／古生代-ジュラ紀の玄武岩，斑れい岩，かんらん岩など／新第三紀花崗岩／白亜紀-古第三紀花崗岩／ジュラ紀花崗岩／低圧型の広域変成岩／高圧型の変成岩

0 100 200 km

地質調査所発行（1990年）の1:2000000日本地質図より一部変更編集したものである。

代・紀・世の相対年代に対応する地層に対しては，それぞれ界・系・統という区分単位が用いられる。

中央構造線の露頭

領家帯　三波川帯
三重県松阪市月出露頭

糸魚川ー静岡構造線の露頭

山梨県早川町新倉

■ 日本最古の岩石

5 cm

舞鶴帯の北縁部に位置する島根県津和野町から，約27～25億年前に固結した花崗岩が約19億年前に変成作用を受けて形成された花崗片麻岩の岩体が発見された。この岩体が，現在は日本最古である。

■ 日本最古の礫を含む礫岩

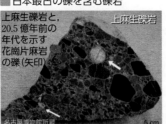

上麻生礫岩と，20.5億年前の年代を示す花崗片麻岩の礫（矢印）　上麻生礫岩
名古屋市博物館所蔵　5 cm

岐阜県七宗町上麻生付近の飛騨川河床に，中生代三畳紀～ジュラ紀（約2.4億～1.6億年前）に堆積した堆積岩である上麻生礫岩が露出している。その中には約20億年前に形成された花崗片麻岩の礫や30億年以前に形成された鉱物粒子が含まれている。これは古い大陸由来の礫が海底で堆積したものが，日本列島のもとになったことを示している。

■ 日本最古の地層

日立変成岩類
不整合境界　変成礫岩（石炭紀）
変成花崗岩（カンブリア紀）

阿武隈山地南部には，古生代～中生代の変成岩が広く分布し，日立変成岩類とよばれている。このうち，日立市の赤沢層および西堂平層中の変成花崗岩類はおよそ5.1億年前の年代を示す。変成作用を受けた日本最古の地層であり，日本列島形成初期のプロセスを解明する手がかりとして注目されている。

■ 日本最古の化石

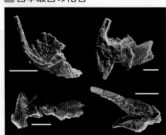

岐阜県高山市奥飛騨温泉郷一重ケ根から産出した4.7億～4.4億年前のコノドントが，現在，日本国内最古の化石とされている。

写真：束田和弘，1997© 日本地質学会

※スケールはすべて100μm

地 B 日本列島の地質断面と付加体

日本列島の岩体は，火山活動で噴出した火山岩や変成岩，プレートの沈みこみに伴い陸側のプレートに付加された海洋堆積物などでできている。

■ 付加体形成のしくみと海洋プレート層序

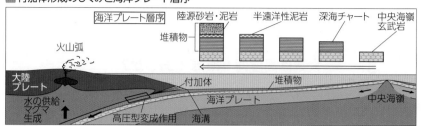

メランジュ

北海道
松前町館浜

大陸プレートの下に海洋プレートが沈みこむような場所では，海洋プレート上の堆積物が大陸プレートの縁辺部に付加されることがある。これを **付加作用** といい，付加した物質を **付加体** という。海洋堆積物の種類は，陸から供給される物質と深い関係がある。プレートの移動に伴い陸との距離が変わることで，堆積する堆積物の種類も変化していく。日本列島はユーラシア大陸の東縁に位置しており，付加体由来の地質体が多い。

付加体には，泥岩や蛇紋岩などの基質にブロック状の岩片が入った岩体（メランジュ）がしばしば見られる。これは，プレート境界の岩石が破砕されて堆積したのち，地表に露出したものと考えられている。

■ 西南日本の地質構造と中央構造線

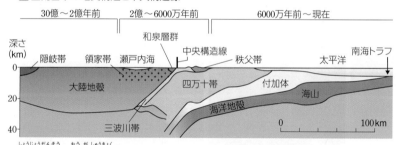

衝上断層や横臥褶曲（◎ p.31）によって形成した低角の逆断層構造をナップ構造という。三波川帯，領家帯，四万十帯など西南日本の主要地質体は衝上断層やナップ構造を伴う。中央構造線は，白亜紀ごろに領家帯と三波川帯との境界の逆断層として形成された。その後複数回にわたり変位し，新第三紀以降横ずれ断層として再活動した。

■ 反射法地震探査による付加体

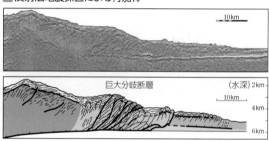

反射法地震探査（◎ p.82）により，紀伊半島沖の南海トラフぞいで現在形成しつつある付加体のようすが明らかになった。海溝側から陸側に向かって傾く多くの逆断層により，海底堆積物が折り重なるように陸側に押しつけられているようすがわかる。

Zoom up 日本海の拡大

■ 日本海の拡大と島弧の移動回転運動

約2500万〜1400万年前の日本海拡大に伴い，かつて大陸縁辺部であった日本列島は大陸から離れて現在の位置で島弧を形成した。島弧形成のプロセスについては，以下の2つの考えがある。
①東北日本は現在の知床半島付近を中心に反時計回りに，西南日本は対馬付近を中心に時計回りに，それぞれ40〜50°回転して現在の位置に定置したとする考え（下図：おもに古地磁気データに基づく）
②日本海の海盆は全体としてほぼ南北に拡大し，棚倉構造線を東縁として関東以西がほぼ平行に南下した（＝回転を伴わない）とする考え（日本列島と日本海の地質構造・構造線配置に基づく）

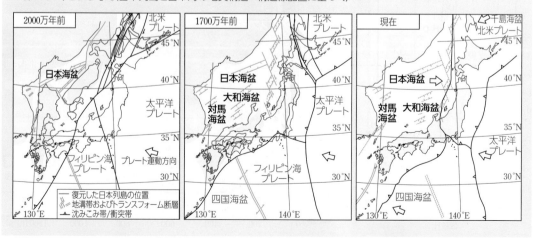

Point 日本列島の形成史と地質構造

東北日本は，太平洋プレートの沈みこみに伴う削りとり（構造侵食）により付加体が発達しない一方，島弧火山が発達して火山噴出物に広くおおわれている。
西南日本は，海嶺を含む若いプレートがくり返し沈みこみ，白亜紀・古第三紀には，沈みこみ帯において大規模な火山活動があった。そのために，中部地方，近畿地方，中国地方には付加体とそれを原岩とする変成帯が発達した。

基 1 大気の構造

基 A 大気の組成

大気は複数の気体からなり，その存在比を組成という。
大気の組成は地表から高度 85km 程度まではあまり変わらず，窒素と酸素が大部分を占めている。

■ 地表付近の大気の組成

大気の平均組成は，窒素（N_2），酸素（O_2），アルゴン（Ar）の 3 つで 100% 近くを占めている。地球温暖化のおもな要因とされる二酸化炭素（CO_2）は 4 番目に多い成分ではあるが，わずか 0.04% しかない。なお，水蒸気（H_2O）は地域や気象条件により変動が大きい（1〜4% 程度）ので，平均組成には含まれない。

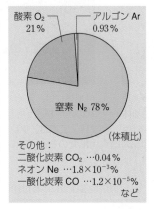

酸素 O_2 21%
アルゴン Ar 0.93%
窒素 N_2 78%
（体積比）

その他：
二酸化炭素 CO_2 …0.04%
ネオン Ne …$1.8×10^{-3}$%
一酸化炭素 CO …$1.2×10^{-5}$%
など

Column 大気は高度何 km まであるか？

高度が上がるほど大気は薄くなるが，気体分子が完全になくなることはなく，明確な大気圏の上端は存在しない。一般的には国際航空連盟が定めた高度 100km（カーマン・ライン）が大気圏の上端とされる。しかし，科学の分野ではもっと希薄な所も大気圏とし，高度 500km や 1000km などを上端とするさまざまな定義が存在する。この場合，高度 400km を周回する ISS（国際宇宙ステーション）は，大気圏内を飛んでいることになる。もっとも，高度 100km にもなると，そこは私たちが抱く宇宙空間のイメージに近く，漆黒の宇宙に星が輝き，下を見下ろすと丸みを帯びた青い地球が確認できるのである。

基 B 大気の層構造

大気圏は，高度に対する気温変化の違いにより，対流圏，成層圏，中間圏，熱圏の 4 つに区分される。それぞれの境界である圏界面の高度は，緯度や季節によって多少変化する。

積乱雲

極成層圏雲

スプライト

南極上空に出現した夜光雲

■ 上層大気の分子・原子の密度分布

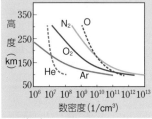

高度 (km) 縦軸: 50, 150, 250, 350
N_2 O O_2 He Ar
数密度（$1/cm^3$）横軸: 10^6 〜 10^{13}

Cravens (1997)

熱圏の大気は十分に混合されず，重い粒子は下層に，軽い粒子は上層に集まる。よって，大気下層で主成分であった窒素分子と酸素分子の割合は高度とともに減少し，かわりに酸素原子（O）やヘリウム（He）の割合が増加する。

■ 下層や中層大気の組成の鉛直分布

対流圏から中間圏までの大気はよく混合されているため，組成は高度によらずほぼ一定である。ただし，紫外線によって解離や生成が起こりやすいオゾン（O_3），窒素酸化物（NO_x）やフロン（CFC）の濃度は，高度に依存する。水蒸気は対流圏に多く含まれる。一方，オゾン層でも，オゾン濃度は 10ppm 程度にすぎない。

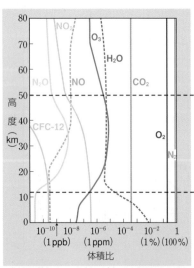

高度 (km): 0〜80
NO_2 O_3 N_2O H_2O NO CO_2 CFC-12 O_2 N_2
体積比 10^{-10}（1ppb）〜 10^{-8}（1ppm）〜 10^{-4}（1%）〜 1（100%）

E. Generalic, http://glossary.periodni.com/glossary.php?en=atmosphere

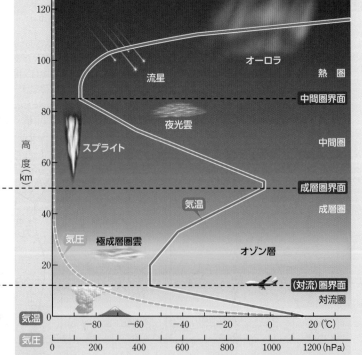

(a)
オーロラ
流星
熱圏
中間圏界面
夜光雲
スプライト
中間圏
気温
成層圏界面
成層圏
気圧
極成層圏雲
オゾン層
（対流）圏界面
対流圏
気温: −80, −60, −40, −20, 0, 20 (℃)
気圧: 0, 200, 400, 600, 800, 1000, 1200 (hPa)

基C 大気圧

空間を飛びまわる大気分子が物体に衝突することで生じる圧力を **気圧（大気圧）** という。
気圧の大きさは，大気分子の密度と運動の激しさに比例する。

■ 高度と気圧の関係

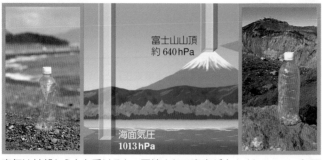

富士山山頂
約640hPa

海面気圧
1013hPa

空気は外部から力を受けると，圧縮されて密度が大きくなるので，気圧が高くなる。ある地点の気圧はその上の空気の重さで決まる。地上の空気にはその上のすべての空気の重さがのしかかるので，地上の気圧は高い。高所では，上にのる空気の量が地上よりも少ないので，地上より気圧は低い。

Column 熱くない熱圏

温度とは物質を構成する分子や原子の熱運動の激しさを表す指標である。気体の温度は，運動する気体分子のエネルギーによるので，ときに1000℃をこえる熱圏の大気分子は激しく飛びまわっている。しかし，熱圏では大気が非常に薄いので，衝突する大気分子はきわめて少なく，大気中の物体に与えるエネルギーも小さい。したがって，熱いわけではない。

1気圧

高温の薄い大気

■ トリチェリの実験

大気圧を初めて実測したのはイタリアのトリチェリで，1643年のことである。約1mの長さの一端を閉じたガラス管に水銀を入れ，水銀を満たした容器に開端を下に沈めて立てると，ガラス管の中の水銀柱の表面は容器の水銀の表面より約76cm高くなる。これは容器の水銀の表面に加わる気圧が管内の水銀の重さを支えるためで，水銀柱の高さをはかれば気圧を求められる。76cmの水銀柱とつりあう力を1atm（気圧）といい

$$1atm = 1013hPa$$

である。

真空

約76cm

水銀

■ 各高度における大気の温度，気圧，密度，平均分子量

*は高度に対する気温の変化率が明らかに変わる高度。

	高度 (km)	温度 (℃)	気圧 (hPa)	密度 (kg/m³)	平均分子量 (kg/kmol)
宇宙空間	1000	726.85	7.51×10^{-11}	3.56×10^{-15}	3.94
	800	726.84	1.70×10^{-10}	1.14×10^{-14}	5.54
	600	726.70	8.21×10^{-10}	1.14×10^{-13}	11.51
	400	722.68	1.45×10^{-8}	2.80×10^{-12}	15.98
熱圏	200	581.41	8.47×10^{-7}	2.54×10^{-10}	21.30
	100	−78.07	3.20×10^{-4}	5.60×10^{-7}	28.40
	*91.0	−86.28	1.54×10^{-3}	2.86×10^{-6}	28.89
	90	−86.28	1.84×10^{-3}	3.42×10^{-6}	28.91
	*86.0	−86.28	3.73×10^{-3}	6.96×10^{-6}	28.95
中間圏	80	−74.51	1.05×10^{-2}	1.85×10^{-5}	28.964
	*72.0	−58.89	3.84×10^{-2}	6.24×10^{-5}	28.964
	70	−53.57	5.22×10^{-2}	8.28×10^{-5}	28.964
	60	−26.13	2.20×10^{-1}	3.10×10^{-4}	28.964
	*51.0	−2.50	7.05×10^{-1}	9.07×10^{-4}	28.964
	50	−2.50	7.98×10^{-1}	1.03×10^{-3}	28.964
	*47.4	−2.50	1.10	1.42×10^{-3}	28.964
	45	−8.99	1.49	1.97×10^{-3}	28.964
	40	−22.80	2.87	4.00×10^{-3}	28.964
	35	−36.64	5.75	8.46×10^{-3}	28.964
成層圏	*32.2	−44.39	8.63	1.31×10^{-2}	28.964
	30	−46.64	11.97	1.84×10^{-2}	28.964
	25	−51.60	25.49	4.01×10^{-2}	28.964
	*20.0	−56.50	55.29	8.89×10^{-2}	28.964
	18	−56.50	75.65	1.22×10^{-1}	28.964
	16	−56.50	103.52	1.66×10^{-1}	28.964
	14	−56.50	141.70	2.28×10^{-1}	28.964
	12	−56.50	193.99	3.12×10^{-1}	28.964
	*11.1	−56.50	223.46	3.59×10^{-1}	28.964
	10	−49.90	264.99	4.14×10^{-1}	28.964
	8	−36.94	356.51	5.26×10^{-1}	28.964
対流圏	6	−23.96	472.17	6.60×10^{-1}	28.964
	4	−10.98	616.60	8.19×10^{-1}	28.964
	2	2.00	795.01	1.007	28.964
	0	15.00	1013.25	1.225	28.964

U.S.Standard Atmosphere (1976)より

(b) 500

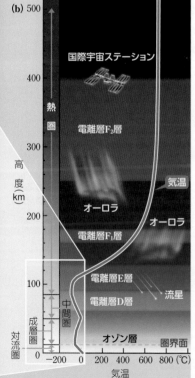

国際宇宙ステーション

熱圏

電離層F₂層

気温

オーロラ

電離層F₁層

オーロラ

電離層E層

電離層D層

流星

対流圏　成層圏　中間圏

オゾン層

圏界面

高度（km）

−200　0　200　400　600　800（℃）
気温

熱圏：約85〜500km
気温は高度とともに上昇する。これは大気分子が太陽からのX線や紫外線を吸収するからである。これにより，大気分子の一部は原子やイオン・電子となり，電子の密度が大きい **電離層** が存在する。流星やオーロラが出現する。

中間圏：約50〜85km
気温は高度とともに低下する。夏の中間圏界面付近は−100℃にもなり，まれにわずかな水蒸気が氷晶となった夜光雲が出現する。

成層圏：約10〜50km
気温は高度とともに上昇する。これはオゾンが太陽からの紫外線を吸収しているからである。

対流圏：0〜約10km
太陽に暖められる地表面から離れるにつれて，気温は高度とともに低下する（約0.65℃/100mの割合）。水蒸気が多いため，雲の発生や降水・降雪などの気象現象が起こっている。対流圏と成層圏には，地球大気の99％以上が含まれる。

地球の大気と海洋

基地 2 雲の形成と降水のしくみ

基 A 大気中の水蒸気

大気中の水蒸気は状態変化によって雲や雨，雪となり，気象現象に大きくかかわっている。

■ 水の状態変化

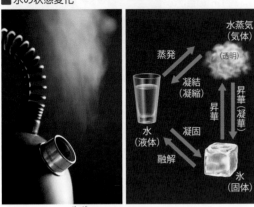

水を加熱すると湯気が出る。湯気の吹き出し口付近の透明な部分には水蒸気があり，湯気は微小な水滴の集まりである。雲は湯気と同様に，水蒸気が凝結してできた微小な水滴（大気上層では氷晶）の集まりで，上昇気流に支えられるなどして大気中に浮かんでいる。

■ 飽和水蒸気量（飽和水蒸気圧）と相対湿度

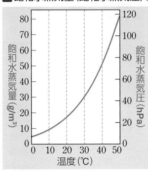

大気中に含むことのできる最大の水蒸気量を **飽和水蒸気量（飽和水蒸気圧）** といい，その値は温度によって変化する。飽和水蒸気量（圧）に対する実際の水蒸気量（圧）の割合を **相対湿度** という。

$$相対湿度 = \frac{実際の水蒸気量（圧）}{飽和水蒸気量（圧）} \times 100\%$$

水蒸気を含んだ空気を冷やしていくと相対湿度が上昇し，やがて 100 ％に達する。このときの温度を **露点** といい，露点以下になると飽和水蒸気量をこえた分の水蒸気が水滴になる。雲はこうしたしくみで発生する。

> **補足 水蒸気量と水蒸気圧**
>
> 水蒸気量を単位体積当たりの質量（g）で表すと密度になる。気体の状態方程式より，気体の密度と圧力は比例するので，水蒸気の量は水蒸気の圧力（分圧）で表すこともできる。水蒸気圧は体積を考える必要がないので扱いやすい。

基 B 雲の形成

湿った空気が上昇して冷え，露点以下になると雲が生じる。ただし，空気は熱を伝えにくいので，気温の低い上空の空気によって冷やされることはほとんどない。上昇する空気が冷えるのは，気圧の低い上空で断熱変化が起こるからである。

■ 断熱変化の実験

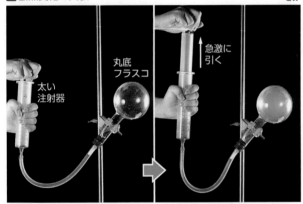

空気は圧縮されると温度が上がり（断熱昇温），膨張すると温度が下がる（断熱冷却）。内側に水滴のついたフラスコと注射器をつなぎ，注射器のピストンを急激に引くと，フラスコ内部の空気が断熱冷却し，水蒸気が凝結して霧ができる。

■ 雲の発生

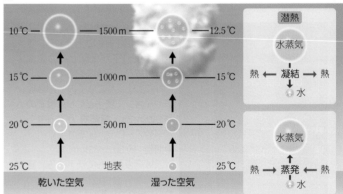

水蒸気が飽和していない空気塊よりも，飽和している空気塊の方が，上昇するときの温度が低下する割合が小さい。これは，飽和に達した空気塊が上昇すると水蒸気の凝結が起こり，潜熱が放出されて空気塊を暖めるようにはたらくからである。したがって，上昇気流が持続しやすい。

■ 雲が発生しやすい状況
下図のような状況では上昇気流が生じるので，雲が発達して雨が降りやすい。

強い日射で地表を加熱

上空に寒気が入る

風が山の斜面にぶつかる

低気圧

前線付近

地C 降水のしくみ

直径 0.01 mm の雲粒が直径 1 mm の雨滴になるには，体積が 100 万倍になる必要がある。これが水蒸気の凝結だけで起こるとすると数日かかる。雲粒が短時間で成長するには別のしくみがはたらいている。

■ 降水のしくみ

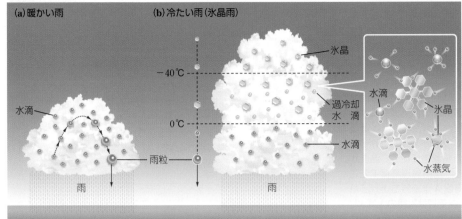

(a) 暖かい雨　　(b) 冷たい雨（氷晶雨）

雲は下層では水滴，上層では氷晶からなるが，−40℃〜0℃の範囲では，過冷却水滴と氷晶が混在する。こうした状況では，水滴が蒸発して氷晶が急速に成長する。重くなった氷晶は落下し，そのまま地表に達すると雪，途中でとけると雨になる。このようなしくみで降る雨を「冷たい雨」という。日本を含む中・高緯度域で降る雨のほとんどが冷たい雨である。

一方，熱帯のスコールなどは氷晶を含まない0℃以上の雲からも降る。ここでは海塩粒子などの比較的大きな凝結核から生じた雲粒が含まれる。こうした大きな雲粒は落下速度も大きいので，落下しながら効率よく他の雲粒と衝突・合体し，急速に成長すると考えられている。このような雨を「暖かい雨」という。

■ 過冷却水と氷の飽和水蒸気圧

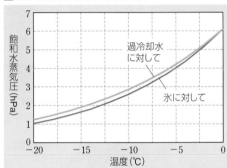

0℃以下の温度では，水面に対する飽和水蒸気圧は，氷面に対する飽和水蒸気圧よりも大きい。水蒸気が過冷却水滴に対して飽和している大気に同じ温度の氷晶があると，水蒸気は氷晶に対しては過飽和の状態になるので氷晶の表面に昇華し，氷晶が成長する。すると，水蒸気が消費されて過冷却水滴に対して不飽和となるので，水滴からの蒸発が起こって水蒸気が補給される。こうして，氷晶はさらに成長する。

■ 過冷却水滴と混在する場合の氷晶の成長

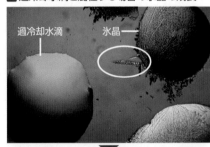

過冷却水滴　　氷晶

氷に変化

−15℃程度の屋外で，スライドガラスの上に霧吹きで小さな水滴をたくさんつけ，顕微鏡で観察した。一部の水滴が氷になると，その隣の水滴は少し小さくなり，水蒸気が氷の方に向かったようで，氷から霜のようなものが成長した。それが水滴についた瞬間，水滴が氷になった。この現象は，0℃以下で水と氷の飽和水蒸気圧が異なることが原因で起こる。

Column なぜ雲凝結核が必要か？

飽和した空気から雲粒が生じるには雲凝結核が必要である。それはなぜだろうか。

飽和とは，蒸発する分子の数と凝結する分子の数が同じ状態である。このとき，空気中の水蒸気量が増えたり，温度が低下して飽和水蒸気量が減少すると，過飽和の状態となって凝結が進行する。

このように，凝結は水面で起こるものだが，水面のない大気中ではどうだろうか。飛びまわる水蒸気分子がたまたま衝突・合体してできた水滴は，小さすぎて表面張力が大きく，新たに水蒸気分子が衝突してもはじかれてしまう。このような水滴は成長できずにそのうち蒸発してしまう。水蒸気分子が一粒の雲粒になるには 10^{14} 個も合体しなければならず，それには湿度 400 ％以上の過飽和状態が必要で，現実的には難しい。

空気中を漂う固体微粒子（エーロゾル）には吸湿性のものがあり，そこに水蒸気分子が接触すると吸着して表面に水の膜をつくる。凝結核はある程度大きいのでこの水の膜の表面張力は小さく，さらに水蒸気が凝結して雲粒に成長することができる。

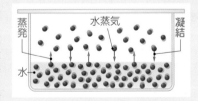

蒸発　　水蒸気　　凝結　　水

雲凝結核の例
海塩粒子
風で巻き上げられた土壌粒子
山火事や火山噴火による生成物
工場や車から排気された微粒子

雲粒：cloud droplet　　氷晶：ice crystal　　過飽和：supersaturation　　雲凝結核：cloud condensation nucleus (CCN)

地球の大気と海洋

雲がみるみる成長して積乱雲になるときもあれば，発達せずに消滅してしまうときもある。この違いは大気の安定性によって生じる。大気の状態が不安定なときは積乱雲が発達しやすく，天気が崩れやすい。

■気温の高度分布と雲の発達

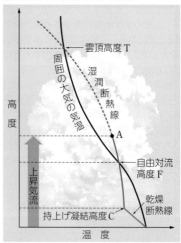

地表付近にあって水蒸気を多く含む空気塊が，上昇気流によって，図中の高度Aまで持ち上げられる場合を考える。初め，空気塊は乾燥断熱減率に従って温度が下がり，持上げ凝結高度Cで雲が発生してからは，湿潤断熱減率に従って温度が下がる。自由対流高度Fをこえた高度Aまで持ち上げられると，空気塊は周囲の大気よりも高温になるので，その後は浮力によって自然に上昇する。こうして，空気塊は周囲と温度が等しくなる高度T（雲頂高度）まで上昇し，積乱雲が発達する。

Point 乾燥断熱減率と湿潤断熱減率

上昇する空気塊が周囲と熱のやりとりをせず，水蒸気の凝結も起こらないときの，温度が低下する割合を **乾燥断熱減率** という。

乾燥断熱減率 = 0.976℃/100m ≒ 0.98℃/100m

飽和した空気塊が上昇するときは，潜熱が放出されるため，温度低下率は乾燥断熱減率より小さくなる。この温度低下の割合を，**湿潤断熱減率** という。湿潤断熱減率は温度や圧力に依存する。

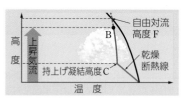

空気塊が自由対流高度Fには達せず，高度Bまでしか持ち上げられない場合は，空気塊が周囲の大気より高温になることはなく，それ以上は上昇しない。このときは背の低い積雲が形成される。

■大気の安定性

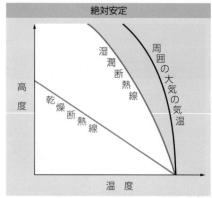

絶対安定

上昇する空気塊は，水蒸気の凝結が起こって潜熱が放出されたとしても，周囲の大気より低温になり，上昇が止まる。このような大気の状態を **絶対安定** という。

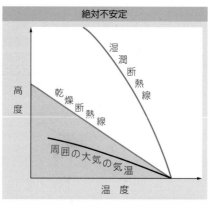

絶対不安定

上昇する空気塊は，乾燥空気・湿潤空気のどちらの場合でも，周囲の大気より高温になり，上昇を続ける。このような大気の状態を **絶対不安定** という。

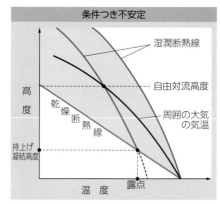

条件つき不安定

上昇する空気塊は，水蒸気の凝結が起こらないかぎり安定であるが，自由対流高度まで持ち上げられると，その後は上昇を続ける。このような大気の状態を **条件つき不安定** という。

湿った空気塊が山脈をこえるとき，山脈の風下側に高温で乾燥した風が吹くことがあり，**フェーン現象** という。「フェーン」は元来，ヨーロッパ・アルプスの麓で吹く風の名称であったが，現在では一般的に用いられる。

■フェーン現象のモデル

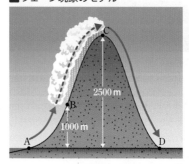

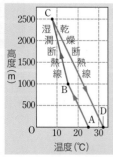

地点Aにある湿った空気塊が山脈をこえる場合を考える。露点に達するまでは乾燥断熱減率に従って温度が下がる。地点Bで雲が発生し始めると，その後は湿潤断熱減率に従って温度が下がる。凝結した水滴がすべて降雨になったとすると，山頂をこえて吹き下りるときは乾燥断熱減率に従って温度が上昇する。このとき，風下側の地点Dでは風上側の地点Aより高温となる。

補足 露点降下と凝結高度

空気塊は上昇すると気圧が下がり，水蒸気圧も下がる。そのため，露点が0.172℃/100mの割合で下がり（露点降下），凝結高度は上がる。地上の気温 T〔℃〕，露点 t〔℃〕の空気塊の凝結高度 h〔m〕はおよそ $h = 125(T - t)$〔m〕となる。

持上げ凝結高度：lifting condensation level　　乾燥断熱減率：dry adiabatic lapse rate　　湿潤断熱減率：moist adiabatic lapse rate
自由対流高度：level of free convection

■ フェーン現象が発生した例 (2013年10月9日)

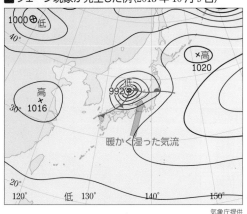

各地の最高気温(℃)

新潟 30.3
福島 28.9
糸魚川 35.1
宇都宮 29.0
富山 31.1
長野 30.9
水戸 29.5
前橋 28.7
さいたま 28.8
甲府 29.9
東京 28.8
千葉 29.4
横浜 28.1
静岡 26.1

気象庁提供

前日まで台風だった温帯低気圧に伴って，南から暖かく湿った空気が流れこんだ。さらに，脊梁山脈をこえて日本海側に吹き下りてフェーン現象が発生し，日本海側は記録的な高温となった。新潟県糸魚川では最高気温35.1℃を記録し，国内では観測史上初となる10月の猛暑日となった。

Column 「大気の状態が不安定」とは?

天気予報で「大気の状態が不安定となり…」というフレーズをよく耳にするが，どんな状態をさすのだろうか。大気が不安定な状態とは，地上と上空の気温差が大きい状態であり，そうした状況では積乱雲が発達しやすい。大気の状態が不安定になりやすいのは
　①強い日射で地面が暖められたとき
　②上空に寒気が流れこんだとき
　③大気下層の空気が湿っているとき
などである。
強い日射で地面が暖められたり，上空に寒気が流れこんだりすると，地上と上空の気温差が大きくなる。こうした状況では，大気下層の空気塊がいったん上昇を始めると，空気塊の温度より周囲の気温が低く，浮力を受けてさらに上昇を続ける。大気下層の空気が湿っているときは，水蒸気の凝結に伴う潜熱の放出によって，上昇する空気塊の温度が周囲の気温より高くなりやすく，上昇流が持続する。
大気の状態が不安定になると，自由対流高度が低くなり，雲頂高度は高くなるので(♪前ページの**A**)，大規模な積乱雲が発達しやすい。

■ 大気の状態が不安定になりやすい状況

①日射で地面が暖められる
暖気

②上空に寒気が流れこむ
寒気
暖気

③下層の空気が湿っている
湿った空気

■ 安定な大気と不安定な大気

大気が不安定な場合
大気が安定な場合

発達した積乱雲

海陸風と山谷風

■ 海陸風

海に比べて，陸は暖まりやすく冷えやすい。昼間は，陸地が日射で加熱されるので，陸上の空気が暖められて密度が小さくなる。こうして陸上の気圧が低くなり，地表付近では海から陸へ向かう風が吹く。これを **海風** という。夜間は，海面より陸地のほうが冷えるので，陸から海へ向かう風が吹く。これを **陸風** という。
こうした1日周期で風向きが変化する海岸地域特有の風を **海陸風** という。海陸風の上空では地表付近とは逆向きの風が吹き，循環が生じる。海風は，海岸線をはさんで数十〜100kmに達し，厚さは数百m〜1kmである。陸風は海風より小規模である。海陸風は，季節風や高・低気圧による風の影響が少ない日だけに顕著に現れる。

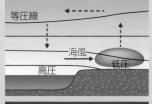
等圧線
海風
高圧
低圧

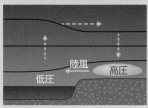
陸風
低圧
高圧

■ 山谷風

よく晴れた昼間に山の斜面が暖められ，斜面に接する空気の密度が小さくなり，谷筋を上流に向かう気流が生じる。これを **谷風** という。反対に，夜は谷筋を下流に向かう気流が生じ，**山風** という。山岳地域特有のこうした風を **山谷風** という。

谷風

山風

絶対安定：absolutely stable　　絶対不安定：absolutely unstable　　条件つき不安定：conditionally unstable
海風：sea breeze　　陸風：land breeze　　山風：mountain breeze　　谷風：valley breeze

10種雲形

形状		高さ	名称のつけ方	10種雲形
層状雲	上層雲	高さ5〜13kmにできる雲。	巻○雲	①巻雲 ②巻積雲 ③巻層雲
	中層雲	高さ2〜7kmにできる雲。乱層雲は広がる。	高○雲 乱層雲	④高積雲 ⑤高層雲 ⑥乱層雲
	下層雲	高さ2km以下にできる雲。	層○雲	⑦層積雲 ⑧層雲
対流雲		下層にでき，中層や上層に発達することもある。	積○雲	⑨積雲 ⑩積乱雲

彩雲

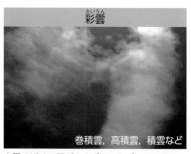

巻積雲，高積雲，積雲など

太陽の近くの雲がさまざまに色づいて見える。そろった雲粒による太陽光の回折が関係している。

波状雲

巻積雲，高積雲，層積雲など

上空の風向きと直角方向に縞模様の雲ができることがある。湿った風が強く吹いていて，天気が悪くなることが多い。

レンズ雲

高積雲に多いが
巻積雲や層積雲にも

やや高い空を，湿った風が山などをこえて波打つように流れるとき，波の山の部分にほとんど動かないレンズ雲ができる。

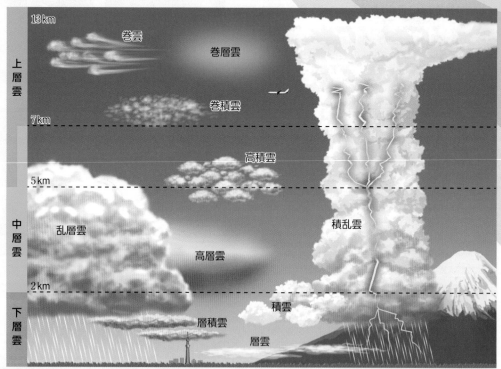

上層雲 / 中層雲 / 下層雲

13km 巻雲 巻層雲 巻積雲 7km 高積雲 5km 乱層雲 高層雲 積乱雲 2km 積雲 層積雲 層雲

笠雲

高積雲など

富士山などの高い山を湿った風がこえるとき，山頂をおおうような雲ができる。

つるし雲

高積雲など

富士山などの独立した山に湿った風が当たったとき，山頂をこえた風と山腹を回った風がぶつかって，風下側につるし雲ができることがある。

旗雲

積雲や高積雲

強い風が山に当たると，山頂や山腹から風下側へ雲が旗のようになびいて見える。

雲には変種も含めてさまざまな形がある。それぞれ大気の流れや天気の変化と関係があり，天気の予測などに利用できるものもある。雲の形から大気の状態を読み取ろう。

（監修）
星槎大学 客員教授
武田　康男
（たけだ　やすお）

❶ 巻雲（すじ雲）

刷毛（はけ）ではいたようなすじの形で，氷の粒が流れてできた高い雲

❷ 巻積雲（うろこ雲）

たくさんの小さな白い塊（かたまり）となって高い空に浮かんだ雲

❸ 巻層雲（うす雲）

氷の粒でできた，ベールのような形状の白く輝く高い雲

蜂の巣状雲（はちのすじょううん）

巻積雲や高積雲など

雲がだんだん消えていくとき，たくさんの穴があいたような模様の雲が見られる。

❹ 高積雲（ひつじ雲）

たくさんのやや小さな塊が陰影を伴った雲

❺ 高層雲（おぼろ雲）

太陽や月の輪郭（りんかく）がわからなくなる，灰色でやや暗い雲

❻ 乱層雲（あま雲）

下にたれてきて空が暗くなり，比較的弱い雨が降り続く雲

❼ 層積雲（うね雲）

低い空に，凹凸（おうとつ）を伴って横に広がった雲

❽ 層雲（きり雲）

低い空に，霧が上がったような形で広がった雲

■ 雲のよび方

巻雲………………………… すじ雲
「層」がつく雲…横に広がった雲
「積」がつく雲……… 塊状の雲
「乱」がつく雲…雨や雪をしっかり降らす雲

ずきん雲

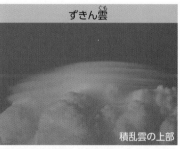

積乱雲の上部

積乱雲の上昇が激しいとき，その上の空気が持ち上げられて冷えるため，頭巾（ずきん）のような形の雲ができることがある。

❾ 積雲（わた雲）

低い空に，丸みを帯びた塊となって浮かんだ雲（中層まで発達することもある）

❿ 積乱雲（にゅうどう雲）

下層から上層付近まで発達し，上部が広がり，にわか雨や雷を起こす雲

発達した積乱雲は，金属加工で使われる金床に形が似ていることから「かなとこ雲」ともよばれる。

かなとこ雲と雷

積乱雲

夜に雷雲（らいうん）が光ったとき，積乱雲のかなとこの形がはっきり見えた。雷が雲の内部で起きていることがわかる。

雲海（うんかい）

層積雲や層雲

盆地などで朝に冷えたとき，水蒸気が飽和して雲ができやすい。太陽光が当たり，気温が上がると消えていく。

乳房雲（ちぶさぐも）

積乱雲，乱層雲，高層雲の一部

たくさんの房状（ふさじょう）の雲の塊がたれている。雲の水分が多くなった状態で，この後に強い雨になることも多い。

降水雲（こうすいうん）

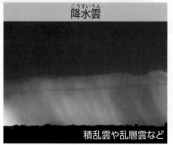

積乱雲や乱層雲など

雨のすじが地面まで達していると，降水雲という。途中で蒸発しているときは尾流雲という。

漏斗雲（ろうとぐも）

積乱雲

積乱雲の底から，雲の一部が漏斗（ろうと）の形となって，渦を巻きながら下りてくる。地表に達すると竜巻の可能性がある。

 4 地球全体の熱収支

基 A 太陽放射と地球放射

地球は太陽放射によって暖められ，同じ量の熱エネルギーを地球放射によって宇宙空間に放出することで，一定の温度を保っている。

■電磁波

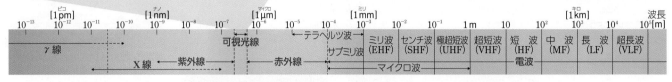

電磁波は電場と磁場の変化が伝わる波で，波長によって分類される。人間の目で認識することができる波長領域を **可視光線** という。可視光線の波長の違いは色の違いとして認識される。**紫外線** は可視光線より波長が短く，**赤外線** は可視光線より波長が長い。すべての物体は常に電磁波を放射して冷却しており，電磁波を吸収した物体は温度が上昇する。電磁波は熱を伝える担い手となっている。

■太陽放射と地球放射

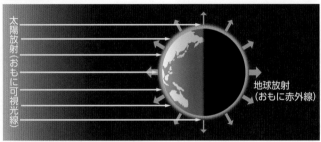

太陽や地球も含め，すべての物体は，その表面温度に応じた量のエネルギーを電磁波として放射している。太陽表面（約6000K）からの放射は **太陽放射** といい，波長0.5μm付近の可視光線が最も多い。一方，地球表面（約300K）からの放射は **地球放射** といい，波長10μm付近の赤外線が最も多い。そのため地球放射は **赤外放射** ともいう。地表から赤外放射という形で熱エネルギーを宇宙空間に放出することを **放射冷却** という。

■地球が受け取る太陽放射

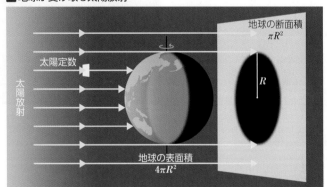

大気の上端で，太陽光線に垂直な1m²の面が1秒間に受ける太陽放射エネルギーを **太陽定数** といい，その値は1.36kW/m²である。
地球全体が受ける太陽放射は，地球の円形の断面が受ける太陽放射に等しい。
したがって，地球が1秒間に受ける太陽放射エネルギーの総量は
　　太陽定数 × 地球の断面積 ≒ 1.8 × 10¹⁷ W
となる。これを地球の全表面積でわると，地球が1秒間に受ける太陽放射エネルギーの平均値を求めることができる。

$$\frac{太陽定数 \times \pi R^2}{4\pi R^2} = \frac{太陽定数}{4} = 0.34 \, kW/m^2 \quad （Rは地球の半径）$$

■放射スペクトルと地球大気による吸収率

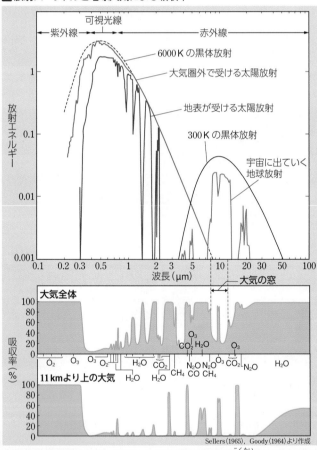

Sellers (1965)，Goody (1964) より作成

すべての電磁波を吸収・放射できる理想的な物体を黒体といい，黒体はその表面温度に応じた波長分布の電磁波を放射する。表面温度 T〔K〕の物体が最も強く放射する電磁波の波長を λ〔μm〕とすると　$\lambda T = 2900$ という関係がある（ウィーンの変位則 ▶ p.193）。太陽放射は6000Kの黒体放射とおおよそ一致しているが，紫外線のほとんどは，対流圏に到達する前にオゾンや酸素に吸収される。地表（約300K）からの赤外線は，対流圏に多く存在する水蒸気や二酸化炭素に吸収される。そのため，地球放射と300Kの黒体放射はあまり一致しない。大気に吸収されずに直接宇宙空間に出ていく赤外線の波長領域を「大気の窓」とよぶ。

120　可視光線：visible radiation [light]　　太陽放射：solar radiation　　地球放射：terrestrial radiation　　太陽定数：solar constant

基 B 地球全体のエネルギー収支

大気も含めた地球全体と宇宙空間との間のエネルギー収支はつりあっている。

■地球のエネルギー収支

図は地球に入射する太陽放射エネルギーを100として，それぞれのエネルギーの量を相対値で表したものである。宇宙空間・大気圏・地表のそれぞれの領域について，入射するエネルギー量と放出するエネルギー量は等しく，つりあっている。

宇宙空間から地球に入射するエネルギー	=	宇宙空間に放出されるエネルギー
⑦ 100		① 23 ＋ ② 7 ＋ ② 12 ＋ ② 58
大気圏に吸収されるエネルギー	=	大気圏から放出されるエネルギー
⑦ 23 ＋ ⑥ 105 ＋ ⑥ 25 ＋ ② 6		⑦ 101 ＋ ② 58
地表に吸収されるエネルギー	=	地表から放出されるエネルギー
① 47 ＋ ⑦ 101		⑦ 117 ＋ ② 25 ＋ ② 6

■太陽放射の反射率（アルベド）

大気や地表面が太陽放射を反射する割合を **アルベド** という。

地表面		アルベド
水		0.08
氷		0.35
ツンドラ		0.20
砂漠		0.38
熱帯サバンナ		0.18
草原		0.10 ～ 0.20
農耕地		0.15 ～ 0.25
熱帯多雨林		0.08 ～ 0.13
北方針葉樹林		0.16
雪	新雪	0.70 ～ 0.90
	旧雪	0.45 ～ 0.60
土壌	乾燥地	0.22 ～ 0.33
	湿地	0.06 ～ 0.13
雲	積雲	0.65 ～ 0.75
	巻雲	0.45 ～ 0.60
	層雲	0.35 ～ 0.55
人工物	アスファルト	0.10
	コンクリート	0.40
	れんが	0.30

Cook (2013)

Column 逆転層

昼間は，太陽放射を吸収した地面が暖かくなり，上空ほど気温が低くなっている。夜間は，地面の熱が赤外線となって放出され，地面は徐々に冷えていく。晴れて風がないときは，ふつう太陽がのぼる直前に地面が最も冷える。冷えた空気は重いため，地面付近にたまり，上空ほど暖かくなる。こうした温度構造は通常とは異なるため，**逆転層** とよぶ。逆転層の中では，煙突の煙などは上昇せず，低空に漂うのが見られる（写真）。背後の筑波山（茨城県）は，平地よりも中腹のほうが，冬の朝に気温が高くなることが知られている。そのため，中腹にはみかん畑も存在し，みかん狩りができる。

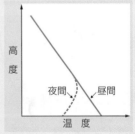

基 C 温室効果

■温室効果のしくみ

温室効果 とは，大気中に含まれる温室効果ガスが地表からの赤外線を吸収し，一部を地表に再放射して地表を暖める現象である。地球の平均の地表面温度（約15℃）が，太陽定数から計算される地表面温度（－18℃）より33℃も高いのは，大気の温室効果のためである。すなわち，温室効果は現在の地球環境を保つのに必要不可欠である。温室効果に最も大きく寄与している気体は水蒸気で，その割合（寄与率）は約48％である。続いて二酸化炭素が21％，雲が19％，オゾンが6％である。

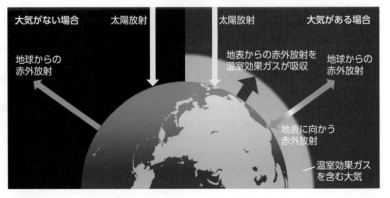

---

5 大気の大循環

A 熱収支の不均衡と熱輸送

地球全体では，受け取るエネルギー量と放出するエネルギー量はつりあっているが，緯度別に見るとつりあっていない。これは大気や海洋が熱を運んでいるからである。

■ 緯度による受熱量の違いが引き起こす熱輸送

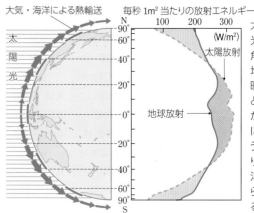

太陽放射の受熱量は，太陽光と地表面のなす角度が直角に近い低緯度ほど大きい。地球放射は地表面温度を反映しているので，太陽放射と同様に低緯度ほど大きいが，太陽放射と比べて緯度による差は小さい。このように各緯度での熱収支がつりあわないのは，大気や海洋によって熱が低緯度域から高緯度域へ輸送されているからである。

■ 大気・海洋による熱輸送の緯度分布

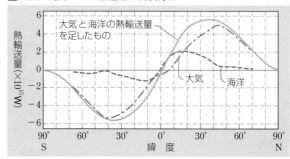

年平均の熱輸送を，北向きを正，南向きを負で示す。熱輸送の多くは大気が担うが，北半球の熱帯から中緯度域へは海洋の寄与が大きい。赤道と両極の平均気温の差は約40℃だが，大気・海洋による熱輸送がなければ，その差は約80℃にまで広がる。

B 大気の大循環

対流圏内には低緯度域と高緯度域に鉛直循環が存在し，中緯度域には地球を周回する水平循環が存在する。これらの循環により，低緯度域から高緯度域に熱が運ばれている。

■ 大気の大循環

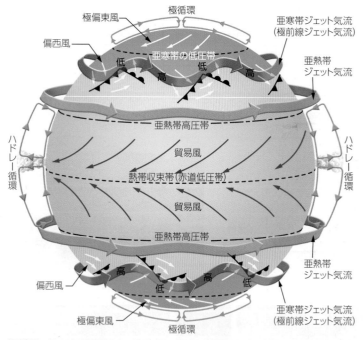

■ 大気の大循環に伴う雲の分布

提供：国立情報学研究所「デジタル台風」

極循環：極で冷えて重くなった空気は下降して高気圧を形成し，低緯度域に向かって吹き出す風がコリオリの力によって曲げられ，極偏東風となる。中緯度域との境界には亜寒帯の低圧帯が形成される。

中緯度域：上空では**偏西風**が吹いており，蛇行しながら地球を一周している。これに対応して，地表付近では移動性高気圧や温帯低気圧といった渦が生じて，中緯度域から高緯度域への熱輸送を担っている。

ハドレー循環：赤道付近で暖められた空気は**熱帯収束帯（赤道低圧帯）**で上昇し，圏界面に達した後，中緯度域に向かう。緯度20°〜30°付近の**亜熱帯高圧帯**でゆっくり下降し，コリオリの力で曲げられて**貿易風**として赤道付近にもどる。

ⓐ 熱帯収束帯（北緯5°〜10°付近）：ハドレー循環の上昇域に相当し，積乱雲の列が見られる。

ⓑ 亜熱帯高圧帯（緯度20°〜30°付近）：ハドレー循環の下降域に相当し，雲の少ない晴天域が広がっている。

ⓒ 中緯度域（緯度30°〜60°付近）：熱帯の暖気と極域の寒気にはさまれた領域で，偏西風の蛇行に伴う温帯低気圧の渦が並んでいる。

122 大循環：general circulation   ハドレー循環：Hadley circulation   熱帯収束帯：intertropical convergence zone（ITCZ）
亜熱帯高圧帯：subtropical high pressure belt   貿易風：trade winds

補足 風にはたらく力 地

■気圧傾度力

水平方向に気圧差があると，高圧部から低圧部に向かって空気が流れようとする。この気圧差によって空気を動かそうとする力を **気圧傾度力** という。また，それによって生じた空気の流れが風である。気圧傾度力は等圧線に対して必ず直角方向にはたらき，等圧線の間隔が狭いほど気圧傾度力が大きく，強い風が吹く。

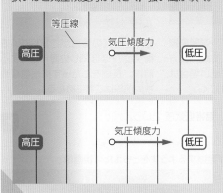

■コリオリの力

反時計回りに回転する台の中心 B_0 から物体を目標点 A_0 に向けて投射すると，時間とともに A_0，A_1，…，A_6 と移動する目標点に対して，物体は B_0，B_1，…，B_6 と徐々に右にそれる。自転する地球でも同様に，大気や海洋，地表と接しない飛行機などが直進する場合，徐々に右にそれる。地球上の私たちにとっては，それらに右向きの力がはたらいたように見え，この見かけの力を **コリオリの力** という。コリオリの力は，北半球では進行方向に対して直角右向きに，南半球では左向きにはたらく。また，赤道上ではコリオリの力がはたらかず，高緯度ほど大きくなる。

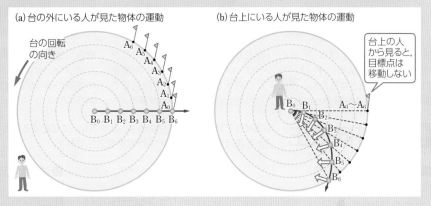

(a)台の外にいる人が見た物体の運動　　(b)台上にいる人が見た物体の運動

地 C 大気の大規模な流れ

上空では等圧線に平行な風が吹いており，これを **地衡風** という。
地表付近では摩擦の影響を受けるため，上空とは風の吹き方が異なる。

■地衡風（北半球）

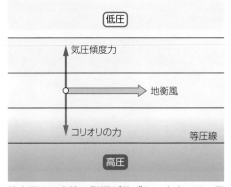

地表面との摩擦の影響が及ばない上空では，風は等圧線に平行に吹いている。これは，風にはたらく気圧傾度力とコリオリの力がつりあうからで，このような風を地衡風という。

■傾度風（北半球）

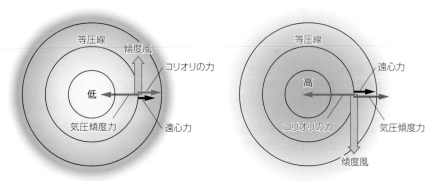

等圧線が円形，あるいは大きく湾曲した所では，気圧傾度力とコリオリの力のほかに，遠心力も無視できない。この3つの力がつりあった状態で吹く風を **傾度風** という。気圧傾度（等圧線の間隔）が同じ場合，高圧部では，遠心力が気圧傾度力を強める向きにはたらくので傾度風は強くなる。反対に低圧部では，遠心力が気圧傾度力を弱める向きにはたらくので，傾度風は弱くなる。

■地表付近の風（北半球）

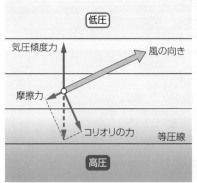

地表付近では，地表面との摩擦の影響を受ける。気圧傾度力とコリオリの力と摩擦力の3つの力がつりあうことで，風は低圧部に向かって等圧線を斜めに横切るように吹く。摩擦力は海上より陸上のほうが大きい。

■地表の高気圧・低気圧に伴う風の吹き方（北半球）

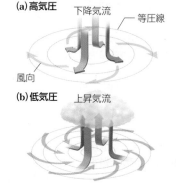

(a)高気圧

(b)低気圧

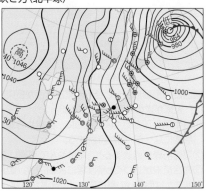

気圧傾度力：pressure gradient force　　コリオリの力：Coriolis force　　地衡風：geostrophic wind　　傾度風：gradient wind

6 温帯低気圧と偏西風波動

A 前線

性質の異なる空気が接する面を **前線面**，前線面と地表面が接する所を **前線** という。
前線は暖気と寒気の間で生じることが多い。前線付近では暖気が上昇して雲が生じ，雨が降りやすい。

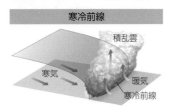

寒冷前線	温暖前線	閉塞前線	停滞前線

寒気が暖気を押し上げながら進む前線。暖気が強制的に押し上げられて強い上昇流となるため，積乱雲が生じて強い雨や雷雨となる。

暖気が寒気の上をはい上がりながらゆっくりと押し進む前線。寒気側には層状雲が広がり，前線付近では乱層雲によって雨や雪が降る。

進みの速い寒冷前線が，温暖前線に追いついて重なった前線。後方の寒気のほうが温度が低い場合は，前方の寒気の下にもぐりこむ。

暖気と寒気の勢力が拮抗していて，衝突面がほぼ同じ位置にとどまる前線。長雨をもたらす梅雨前線や秋雨前線はこれにあたる。

B 温帯低気圧

中緯度域で発生する低気圧のうち，前線を伴って移動するものを **温帯低気圧** という。
日本を通過する低気圧の大半が温帯低気圧である。

■ 温帯低気圧の発達モデル

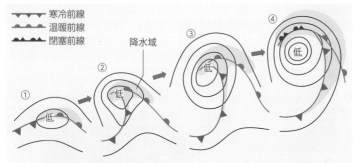

- ∿∿∿ 寒冷前線
- ◠◠◠ 温暖前線
- ▲▲▲ 閉塞前線

①地表気温の南北差の大きい地域で低気圧が発生する。
②③発達する低気圧の東側では，南からの湿った暖気が北側の寒気に乗り上げ，温暖前線が形成される。低気圧の西側では，次の高気圧の東側を寒気が南下し，それが暖気と接して寒冷前線ができる。
④低気圧の最盛期には，寒冷前線が温暖前線に追いつき，閉塞前線ができる。前線付近では湿った暖気が上昇し，雲が形成されて雨が降る。

■ 温帯低気圧の構造

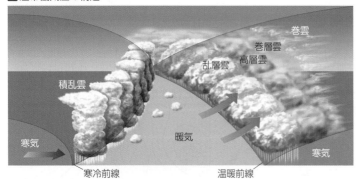

偏西風の影響によって温帯低気圧は西から東に進むので，前線が通過する際には，天気が次のように変化する。
①温帯低気圧が近づくとともに，巻雲や巻層雲が現れ，しだいに高層雲から乱層雲になって，雨が持続する。
②温暖前線が通過すると，雨はやんで南寄りの風が強まり，気温が上がる。
③寒冷前線が近づくと積乱雲によるにわか雨が降り，前線が通過すると北または西寄りの風に変わり，気温が下がって雨はやむ。

■ 温帯低気圧が発達するようすをとらえた可視画像

2014年05月19日

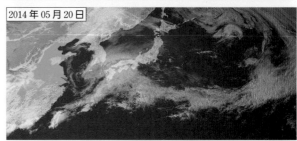
2014年05月20日

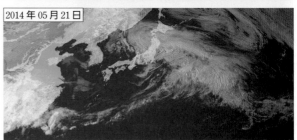
2014年05月21日

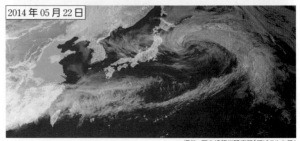
2014年05月22日

提供：国立情報学研究所「デジタル台風」

地 C 偏西風波動

偏西風は南北に蛇行しながら地球を一周するように存在しており，これを **偏西風波動** という。偏西風波動は，地表付近の移動性高気圧や温帯低気圧の発達にかかわっている。

■偏西風波動と温帯低気圧・移動性高気圧の関係（北半球）

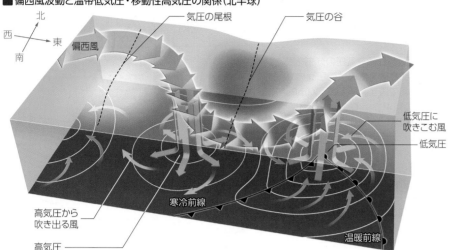

高圧部が低圧部に突き出している所を「気圧の尾根」といい，低圧部が高圧部に突き出している所を「気圧の谷」という。上空の気圧の尾根と谷は，それぞれ地上の高気圧・低気圧に対して西にずれている。気圧の尾根の下層には暖気が存在し，気圧の谷の下層には寒気が広がっている。寒気は下層の北風でさらに強められ，暖気も南風によって強められる。

移動性高気圧や温帯低気圧は，南北の気温差が大きい所で，偏西風波動の影響によって発達する。日本付近や北米の東方沖では，海洋の暖流と寒流が接して南北の気温差が大きく（⤵p.140），上空の偏西風も強いため（⤵p.127），移動性高気圧や温帯低気圧が発達しやすい。

■北半球の偏西風波動のようす（500hPa 面天気図 ⤵p.126）

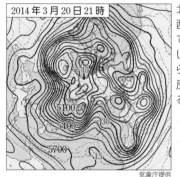

2014 年 3 月 20 日 21 時

北極上空から見ると，偏西風の波の数は 3 ～ 6 個であることが多い。こうした波動はゆっくりと西から東（北極上空から見て反時計回り）に移動している。

気象庁提供

Zoom up
偏西風波動のモデル実験

北半球を模した円形の回転水槽の中心部に冷水（北極域），外縁部に温水（熱帯域）を配置し，両者に挟まれた部分（中緯度域）のようすを観察すると，偏西風が蛇行するようすが再現できる。

■実験装置

■回転が速いときの循環

■偏西風波動の移動（500hPa 面天気図）

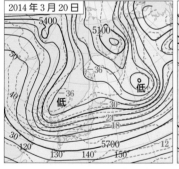

2014 年 3 月 20 日

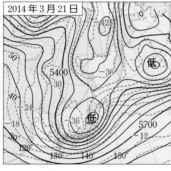

2014 年 3 月 21 日

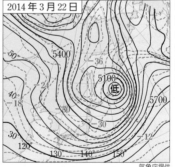

2014 年 3 月 22 日

気象庁提供

気圧の谷が，日本上空を西から東へ移動しているようすがわかる。これに伴って，地上では温帯低気圧が本州の南岸から三陸沖を通り，千島列島付近に移動していった。

■ブロッキング高気圧と異常気象（500hPa 面天気図）

2012 年 1 月 24 日

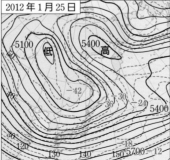

2012 年 1 月 25 日

2012 年 1 月 26 日

気象庁提供

偏西風が南北に大きく蛇行した状態が続くと，地上の高気圧や低気圧も停滞して，異常気象を引き起こす原因となる。2012 年の 1 月下旬にはカムチャツカ半島上空に高気圧が停滞し（ブロッキング高気圧），ジェット気流が南に大きく蛇行した所に位置する日本には，強い寒気が持続的にもたらされた。

偏西風波動（傾圧波動）：baroclinic waves　　気圧の尾根：pressure ridge　　気圧の谷：pressure trough　　ブロッキング高気圧：blocking high

地球の大気と海洋

7 高層天気図と上空の風

A 高層天気図
高層天気図は，上空の大気の状態を把握することができ，天気を予報するためには不可欠である。

■高層天気図の考え方

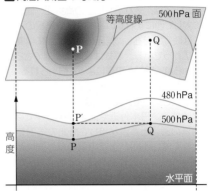

地上天気図は等圧線で気圧の分布を表すのに対し，高層天気図は等圧面の高度(等高度線)で表す。例えば，500 hPa 等圧面上の点 P と点 Q では，等圧面高度は点 P のほうが低い。一方，点 Q と同じ高度で，点 P の真上に位置する点 P′ では，点 Q より気圧が低い。すなわち，等圧面高度が低い所は気圧が低く，等圧面高度が高い所では気圧が高い。高層天気図で等圧面高度を用いると，地衡風の解析を容易に行えるという利点がある。

■高層天気図の種類

種類	線や領域	利用目的の例
300 hPa 面天気図 (高度 9000 m 付近)	等高度線 等風速線	ジェット気流の位置の把握。
500 hPa 面天気図 (高度 5500 m 付近)	等高度線 等温線	気圧の谷や尾根の位置，寒気や暖気の移流の把握。地上の高・低気圧の発達・衰退の予測。
700 hPa 面天気図 (高度 3000 m 付近)	等高度線 等温線 湿潤域	降水域・湿潤域の把握。
850 hPa 面天気図 (高度 1500 m 付近)		前線の解析。対流圏下層の気温分布，寒気・暖気の移流，湿潤域の把握。

■ジェット気流の季節変化(300 hPa 面天気図)

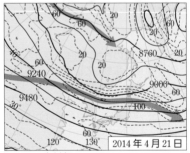

2014 年 4 月 21 日

春や秋：亜寒帯ジェット気流(極前線ジェット気流)が日本上空を流れ，地表では大陸から高・低気圧が頻繁に移動してくる。

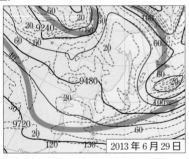

2013 年 6 月 29 日

梅雨：亜熱帯ジェット気流が日本南部の上空を流れ，地表ではこれにそって梅雨前線が形成される。

2012 年 7 月 28 日

夏：亜熱帯ジェット気流が北海道上空まで北上して，1 年のうちで最も弱まる。

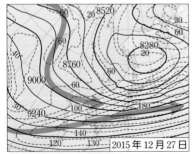

2015 年 12 月 27 日

冬：亜寒帯ジェット気流と亜熱帯ジェット気流が日本付近で合流し，1 年のうちで最も強いジェット気流が形成される。

■実際の高層天気図の例(2012 年 12 月 11 日)

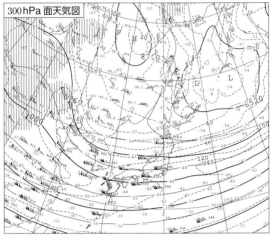

300 hPa 面天気図

実線は等高度線(120 m ごと)，破線は等風速線(20 ノットごと。1 ノットは約 0.5 m/s)，縦線は標高が 1000 m 以上の地域。

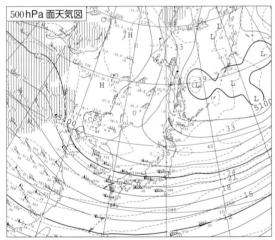

500 hPa 面天気図

実線は等高度線(60 m ごと)，破線は等温線(3℃ごと)

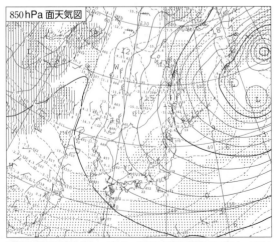

850 hPa 面天気図

実線は等高度線(30 m ごと)，破線は等温線(3℃ごと)，青いドット領域は湿潤域。

※天気図はすべて気象庁提供

B 上空の風

対流圏上層では，偏西風が亜熱帯と中・高緯度域の広範囲にわたって吹いている。

■ 地表付近と対流圏上層（高度 5 〜 10 km）の大気の流れ

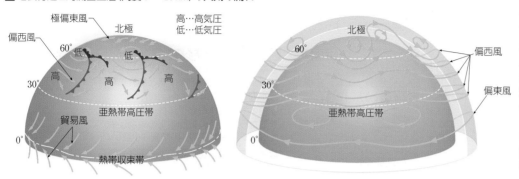

対流圏上層では低緯度側が高圧，高緯度側が低圧となっており，地衡風は広い範囲で西風（偏西風）である。偏西風が特に強い所がジェット気流である。亜熱帯上空のジェット気流は比較的まっすぐ流れるが，中緯度上空のジェット気流は，南北の気温差が大きいために蛇行する。地表付近では，西から東へ移動する高気圧や温帯低気圧が発達する。

■ 300hPa 面における風向・風速の分布（1981 〜 2010 年の平均）

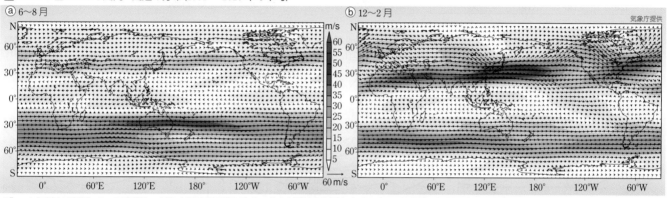

ⓐ 6〜8 月　ⓑ 12〜2 月　　気象庁提供

ジェット気流は季節によって変動し，夏には高緯度側を吹き，冬には低緯度側を吹く。冬は赤道域と極域の気温差が大きくなるため，ジェット気流は強くなる。亜熱帯ジェット気流は，1 年を通して比較的まっすぐ吹き，地球を一周する。冬季には亜寒帯ジェット気流（極前線ジェット気流）が強まり，日本付近や北米の東方沖では 2 つのジェット気流が合流する。特に日本付近は，対流圏で最も強いジェット気流が形成される。

■ 各緯度で平均した東西風の分布（1981 〜 2010 年の平均）　正の値が西風，負の値が東風を示す。

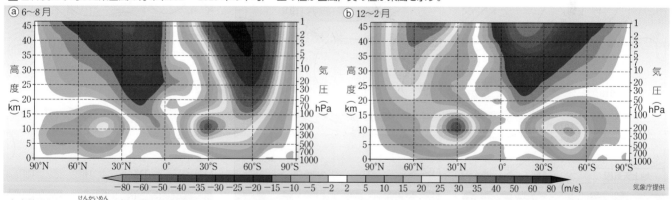

ⓐ 6〜8 月　ⓑ 12〜2 月

−80 −60 −50 −40 −35 −30 −25 −20 −15 −10 −5 −2 2 5 10 15 20 25 30 35 40 50 60 80 (m/s)　気象庁提供

高度約 10 km の圏界面付近に見られる西風の強風域は，亜熱帯ジェット気流によるものである。亜寒帯ジェット気流（極前線ジェット気流）は位置や強さの変動が大きいので，各季節で東西平均すると北半球では見えにくい。地表付近の低緯度域に見られる東風は貿易風である。

🔍 Zoom up 温度風

偏西風が対流圏上層ほど強くなるのは南北の気温差の影響である。高温域では空気が膨張するため，低温域より等圧面高度が高くなり，上空ほどその差が大きくなる。したがって，上空ほど気圧傾度力が大きくなり，地衡風も強くなる。このような，高度による地衡風の風速の差を温度風という。ジェット気流は暖気と寒気の境界にあり，亜熱帯ジェット気流は熱帯域と中緯度域の境界を吹き，亜寒帯ジェット気流（極前線ジェット気流）は中緯度域と極域の境界を吹いている。

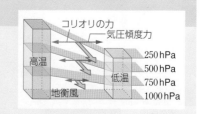

コリオリの力
気圧傾度力
250 hPa
500 hPa
750 hPa
1000 hPa
高温
低温
地衡風

亜寒帯ジェット気流（極前線ジェット気流）：subpolar jet stream (polar-front jet stream)　温度風：thermal wind

地球の大気と海洋

8 日本の天気(1)

A 気団

気温や湿度が比較的一様な空気の塊で,水平方向に数百〜数千 km 程度の広がりをもつものを **気団** という。
地表面が暖かいか冷たいか,あるいは大陸か海洋かによって,気団の性質は異なる。

■日本の四季に影響する気団

気団	発現時期	日本への影響	対応する高気圧
シベリア気団	冬季	冬季に冷たく乾いた北西の季節風をもたらすが,日本海を渡る際に熱と水蒸気を得て,日本海側に雪を降らせる。	シベリア高気圧
オホーツク海気団	梅雨期	北日本や東日本の太平洋側に冷たい北東風をもたらす。薄い気団のため奥羽山脈をこえられず,日本海側への影響は小さい。	オホーツク海高気圧
小笠原気団	夏季	夏季に高温多湿の南東の季節風をもたらす。蒸し暑い晴天が続く。	太平洋高気圧(小笠原高気圧)
長江気団(揚子江気団)	春,秋	春や秋に移動性高気圧に伴って東進してくる。乾燥した晴天になる。	移動性高気圧

B 春の天気

上空の気圧の谷の影響で大陸付近に移動性高気圧と温帯低気圧が発生しやすく,
それらが偏西風の影響で東に移動して交互に日本付近を通過するので,周期的に天気が変わりやすい。

天気図と衛星画像は気象庁提供

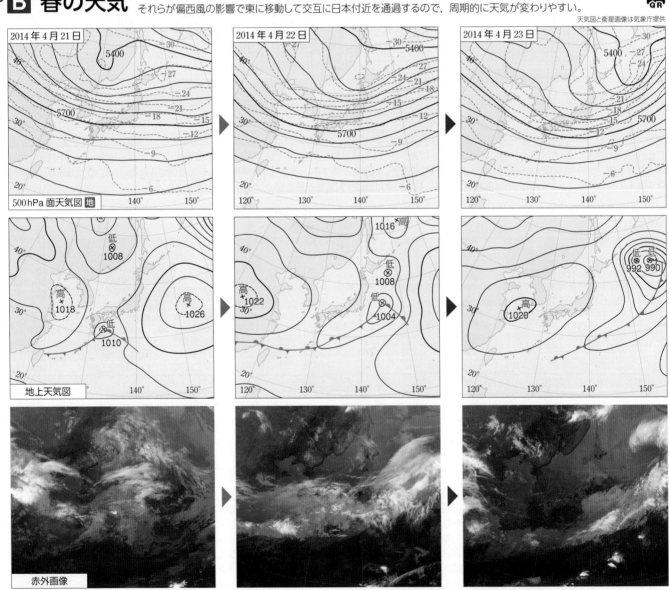

季節風

大陸は海洋よりも暖まりやすく冷えやすいので，夏と冬で，大陸と海洋の温度の高低が逆転する。すなわち，夏は大陸のほうが温度が高くなり，冬は海洋のほうが温度が高くなる。したがって，夏の大陸上では地表付近に低気圧，海洋上では高気圧が生じ，海洋から大陸に向かって風が吹く。一方，冬は強く冷やされた大陸上に高気圧が発達し，海洋上では低気圧が停滞して，大陸から海洋に向かって風が吹く。このように，大陸と海洋の温度差によって，季節を通して吹く地表風を **季節風**（モンスーン）という。季節風は，その地域の気候やくらしに大きな影響を及ぼしている。

北半球では大陸の占める割合が多いので，季節風の影響が顕著に現れる。夏季は，アジア大陸上に低気圧，北太平洋東部や北大西洋東部には亜熱帯高気圧が発達する。冬季には，アジア大陸上にシベリア高気圧が発達し，北太平洋にはアリューシャン低気圧，北大西洋にはアイスランド低気圧が停滞する。

■ 平年の海面気圧と地表風

(a) 夏季（6～8月）

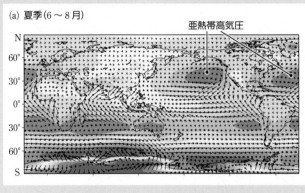

(b) 冬季（12～2月）

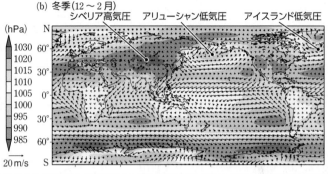

気象庁提供

Column 南岸低気圧と春一番

南岸低気圧

シベリア高気圧からの季節風が一時的に弱まり，東シナ海で温帯低気圧が発生して日本の南海上を通過することがある。これを **南岸低気圧** といい，低気圧の北側では寒気を引きこんで雪が降りやすい。太平洋側でまとまった降雪となるのはほとんどが南岸低気圧によるもので，冬型の気圧配置がゆるむ春先に多い。

■ 太平洋側に大雪をもたらした南岸低気圧と山梨県での積雪

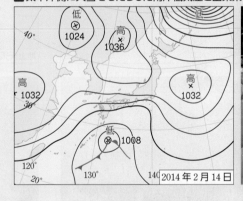

春一番

春の日射しで大陸が暖まり冬型の気圧配置が持続しなくなると，温帯低気圧が発生しやすくなる。南北の寒暖差の大きいこの時期の温帯低気圧は，急速に発達して爆弾低気圧（ p.131）になることも珍しくない。こうした低気圧が日本海上を東進すると，低気圧が南から暖気を引きこんで，日本列島は暖かい南風が強まる。気象庁では，立春から春分までの間に最初に吹いた暖かくて強い南風を **春一番** とよんでいる。春一番は気圧配置の上からも，春の到来を告げている。

■ 九州から関東地方で春一番が吹いた日のようす

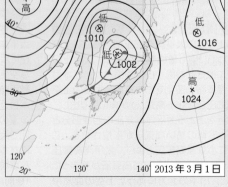

基 **A 梅雨・夏・秋の天気** 梅雨は前線が停滞してぐずついた天気が続く。夏は太平洋高気圧の影響で気温とともに湿度も高い。秋は梅雨に似た秋霖を経て，春のような周期的に変わりやすい天気となる。

梅雨	夏	秋
■ 2013年6月29日の天気図と衛星画像	■ 2012年7月28日の天気図と衛星画像	■ 2012年9月15日の天気図と衛星画像

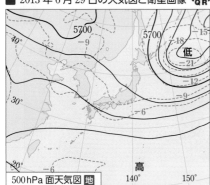

500hPa面天気図 地

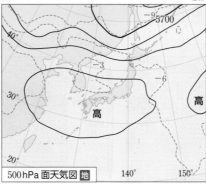

500hPa面天気図 地

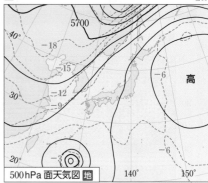

500hPa面天気図 地

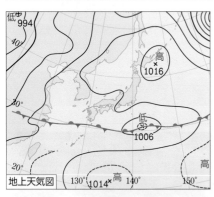

地上天気図

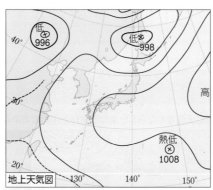

地上天気図

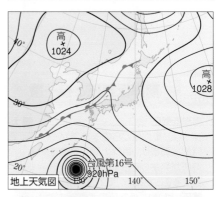

地上天気図

赤外画像

赤外画像

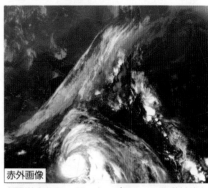

赤外画像

日本の北方で，上空のジェット気流（♪ p.126）が北に蛇行してブロッキング高気圧が形成されると，地表付近ではオホーツク海高気圧が発達する。オホーツク海高気圧から吹き出す冷涼・湿潤な空気と，太平洋高気圧に伴う温暖・湿潤な空気との境目に停滞前線が形成され，これを **梅雨前線** とよぶ。西日本では，アジア大陸からの乾燥した気流が，南からの暖湿な気流とぶつかって梅雨前線を形成することも多い。梅雨前線にそって，上空では亜熱帯ジェット気流が流れている。亜熱帯ジェット気流が北上して弱まると梅雨前線も北上し，梅雨明けとなる。

南東海上からの太平洋高気圧（小笠原高気圧）におおわれ，蒸し暑い晴天が続く。大陸上の低気圧に吹きこむ南からの季節風が，日本付近に高温多湿の空気をもたらす。大陸の上空では高気圧（チベット高気圧）が東に張り出し，日本付近をおおう太平洋高気圧の西縁部分とつながって背の高い高気圧が形成される。これを特に小笠原高気圧とよぶ。太平洋高気圧が弱まったり，オホーツク海高気圧が強まったりすると，日本の北方にあった上空の亜熱帯ジェット気流が南下して，一時的に天気が崩れて暑さが和らぐ。

太平洋高気圧の張り出しが弱まり，移動性高気圧によってもたらされる大陸からの乾燥・冷涼な空気との間に停滞前線が形成され，これを **秋雨前線** とよぶ。この時期（秋霖）は台風が日本付近に接近することが多く，台風に伴う高温多湿の南風が秋雨前線に吹きこむと，広い範囲で大雨となる。また，台風本体によっても大雨がもたらされる。

秋霖を過ぎると，上空では亜寒帯ジェット気流（極前線ジェット気流）が南下し，地表では移動性高気圧や温帯低気圧が発達して，日本の天気は周期的に変わるようになる。

基 B 冬の天気

日本の冬は,同じ緯度帯の他の地域と比べて寒さが厳しく降雪量も多い。
これは北西からの季節風と,日本海を流れる暖流の存在が大きく影響している。

冬

■ 2015年12月27日の天気図と衛星画像 QR

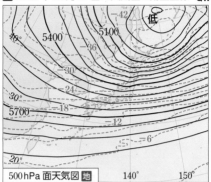

500hPa面天気図 地

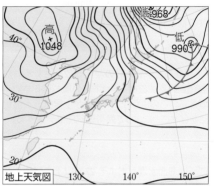

地上天気図

高緯度の大陸は,冬季の日射が弱いため,放射冷却によって強く冷却される。そのため,寒冷・乾燥なシベリア高気圧が発達する。一方,日本の北東海上ではアリューシャン低気圧が停滞し,西高東低型の気圧配置となる。「冬型の気圧配置」ともよばれる。大陸からの冷たく乾いた北西季節風は,暖かい対馬海流上を吹き抜ける際に大量の熱と水蒸気が供給されて,筋状の雲として観測される。

■ 冬の季節風と日本海側の降雪

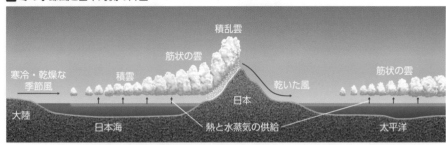

シベリア高気圧から吹き出す寒冷・乾燥な季節風は,日本海の暖かい対馬海流から熱と水蒸気を供給されて,積雲や積乱雲からなる筋状の雲を形成する。筋状の雲を伴ったこの空気は,列島の中心を走る山脈の斜面をのぼり,さらに発達した積乱雲となって雪を降らせるため,日本海側は世界有数の豪雪地帯となる。山をこえた季節風は,乾いた風となって平野部に吹き下りるので,太平洋側は乾燥した晴天の日が多い。季節風が黒潮の上を吹くと,再び熱と水蒸気が供給されて,筋状の雲が形成される。

Column 爆弾低気圧

爆弾低気圧とは,北緯60°の場合,中心気圧が24時間で24hPa以上低下して急速に発達する温帯低気圧のことをいう。北緯30°では24時間で14hPa以上低下すれば,爆弾低気圧とよばれる。爆弾低気圧は,緯度によって指標となる気圧低下の値が異なる。
爆弾低気圧は,おもに冬季から春季にかけて日本に大規模な災害をもたらす。

■ 2012年4月2〜4日に発生した爆弾低気圧

2012年4月2〜4日に発生した爆弾低気圧は,列島各地に被害をもたらした。低気圧の中心気圧は2日21時に1006hPaであったが,3日21時には42hPa降下して964hPaとなった。この低気圧の影響で4月3日に和歌山県和歌山市友ヶ島で最大風速32.2m/s,4月4日に新潟県佐渡市両津で瞬間風速43.5m/sを観測するなど全国的に暴風が吹き荒れた。

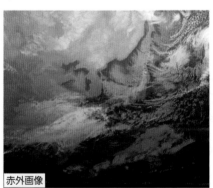

赤外画像

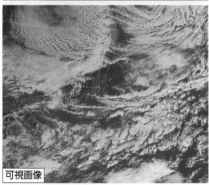

可視画像

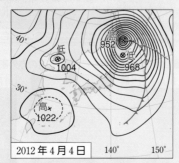

2012年4月4日

爆弾低気圧に伴う強風によって,山形県天童市の若松寺では,樹齢千年といわれた杉が根元から倒れる被害を受けた。

※天気図と衛星画像は気象庁提供

爆弾低気圧:explosive cyclone

地球の大気と海洋

基 10 熱帯低気圧

基 A 熱帯低気圧
海面水温が高い熱帯や亜熱帯の海域で発生する低気圧を **熱帯低気圧** という。

上空の空気の一部が目の中で下降する。

上層では壁雲から時計回りに風が吹き出し，層状雲が広がる。

外側では，積乱雲が渦巻き状の列をなし，強い雨が断続的に降る。

目のまわりでは強い上昇気流となり，壁のような背の高い積乱雲の群れ（壁雲）が形成されて激しい降水を伴う。

低気圧に吹きこむ風は，中心付近で反時計回りに回転し，それ以上中心に近づけず，雲のない「目」ができる。

水蒸気を大量に含む空気が上昇すると，水蒸気の凝結で放出される潜熱が空気を暖め，上昇気流が強化される。これにより下層の風も強化され，海面からの水蒸気の蒸発も増える。このように，水蒸気が上昇気流を強化し，上昇気流が水蒸気の供給を促すことによって熱帯低気圧は発達する。

■ 熱帯低気圧の大きさ

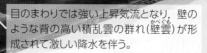

約10 km

500〜2000 km

■ 熱帯低気圧の移動経路

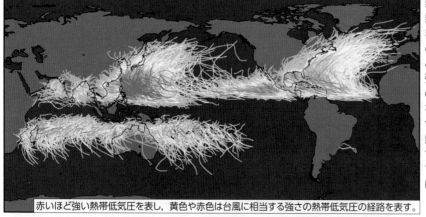

赤いほど強い熱帯低気圧を表し，黄色や赤色は台風に相当する強さの熱帯低気圧の経路を表す。

熱帯低気圧は海面水温がおよそ 27℃以上の熱帯や亜熱帯の海域で発生する。赤道をはさんだ緯度 10°程度までは，コリオリの力が小さくて風が収束できないために，熱帯低気圧は発達しない。また，南太平洋東部と南大西洋は海水温が低く，ほとんど発生しない。

強い熱帯低気圧のうち，北太平洋西部に存在するものを **台風**，北太平洋東部と北大西洋に存在するものを **ハリケーン**，南太平洋とインド洋に存在するものを **サイクロン** という。

熱帯低気圧は，上陸したり水温の低い海域に達したりすると，水蒸気の供給が十分に得られず，勢力が衰えてやがて消滅するか，中緯度偏西風帯で温帯低気圧に変わる。

台風の名称→ p.214

■ 2013 年台風第 25 号と第 26 号の赤外画像（提供：国立情報学研究所「デジタル台風」）

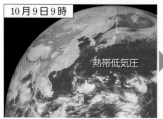

10月9日9時

熱帯低気圧

前日の夜から立て続けに 2 つの熱帯低気圧が発生した。

10月10日21時

台風第25号　台風第26号

9 日 21 時に発生した台風 25 号に続いて，台風 26 号が発生した。

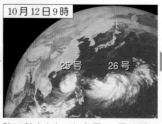

10月12日9時

25 号　　26 号

強い勢力となった台風 25 号は西に移動し続ける。

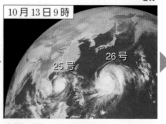

10月13日9時

25 号　　26 号

大型で強い勢力となった台風 26 号は北西に移動する。

基 B 台風

北太平洋西部に存在する熱帯低気圧のうち，最大風速がおよそ 17m/s（34ノット）以上に達したものを **台風** とよぶ。

 台風による災害→p.136

■ 2015 年の台風第 13 号

下は国際宇宙ステーションから撮影した台風のようす。層状雲に広くおおわれているが，積乱雲の群れも確認できる。右はおよそ 3 時間後の天気図。

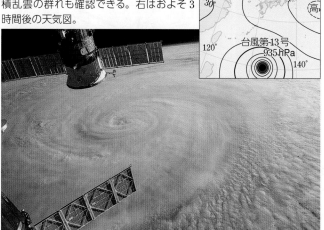

気象庁提供

8月5日21時

台風第13号 935hPa

■ 台風の発生数・上陸数の平年値と8月の海面水温（気象庁）

	発生数	上陸数
1月	0.3	
2月	0.3	
3月	0.3	
4月	0.6	
5月	1.0	0.0
6月	1.7	0.2
7月	3.7	0.6
8月	5.7	0.9
9月	5.0	1.0
10月	3.4	0.3
11月	2.2	
12月	1.0	
年間	25.1	3.0

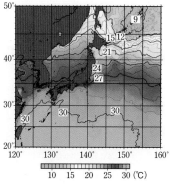

台風の発生数は，北半球が夏となる 8 月に最も多い。この時期は，日本近海でも海面水温が 27℃以上となり，台風の発生に適した海域が日本のすぐそばまで広がる。

■ 台風の移動経路

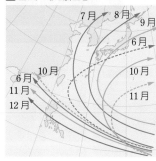

台風は大規模な風の影響を受け，季節で移動経路が変わる。春先の台風は偏東風に流されてフィリピン付近へ移動する。夏は台風が比較的高緯度でも発生するようになり，勢力を増した太平洋高気圧の縁を吹く風に流されて，日本に接近しやすくなる。中緯度では偏西風の影響で台風の移動速度が速くなる傾向にある。

■ 台風の大きさの階級分け

階級	風速 15m/s 以上の半径
大型（大きい）	500km 以上〜 800km 未満
超大型（非常に大きい）	800km 以上

■ 台風の強さの階級分け

階級	最大風速
強い	33m/s（64ノット）以上〜 44m/s（85ノット）未満
非常に強い	44m/s（85ノット）以上〜 54m/s（105ノット）未満
猛烈な	54m/s（105ノット）以上

地球の大気と海洋

Point　温帯低気圧と熱帯低気圧

温帯低気圧		熱帯低気圧
中緯度の南北の気温差が大きい領域。	発生場所	熱帯・亜熱帯の海面水温がおよそ 27℃以上の海域。
春や秋に日本を多く通過する。	時期	8月下旬〜 10月上旬に日本に接近しやすい。
前線を伴う。	前線	前線を伴わない。
前線で気温が不連続に変化し，等圧線が折れ曲がる。前線で風向が急変する。	等圧線と地上の風	中心付近の気温が高く，等圧線はほぼ円形。中心付近の等圧線の間隔は非常に狭く，風が強い。
3000 〜 5000km	水平規模	500 〜 2000km
数日間	寿命	1週間程度

10月14日9時

13 日夜から 14 日午前までは，台風 26 号が非常に強い勢力となった。

10月15日9時

台風 26 号は強い勢力を保ったまま進路を変え，北東に移動し始める。

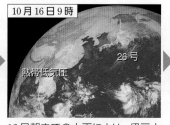

10月16日9時

16 日朝までの大雨により，伊豆大島で土砂災害が発生した（ p.79）。

10月16日15時

勢力の衰えた台風 26 号が温帯低気圧に変化した。

地 11 日本の気象観測網 📱QR

気象観測により得られるデータは，大気の状態を把握し，天気予報や警報・注意報などの気象情報を発信するためには欠かせない。

■ ウィンドプロファイラ

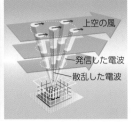

高松観測局

電波を発信し，大気の流れにより散乱してもどってくる電波を受信することで，上空の風向・風速を観測する。季節や天候にもよるが，最大で高度12kmまで観測できる。

■ 地上気象観測所

有人の気象台や測候所，自動で観測を行う特別地域気象観測所など，全国に150か所以上ある。気温，湿度，風向・風速，降水量，降雪・積雪の深さ，日照時間，日射量などを観測している。

温度計・湿度計　気象官署の露場　積雪計

雨量計

感雨器

全天日射計

日照計

■ 気象レーダー

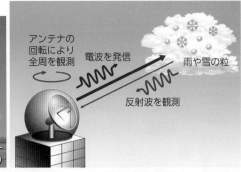
東京レーダー（千葉県柏市）

アンテナの回転により全周を観測　電波を発信　雨や雪の粒　反射波を観測

電波を発信し，雨や雪に当たってもどってくる反射波を解析して，半径数百km圏内の降水の分布や強さ，降水域内の風などを観測する。

■ ラジオゾンデ

観測機器をつけた気球を上げて，地上から高度約30kmまでの気圧，気温，湿度，風向・風速などを観測する。世界各地で1日2回，同じ時刻に観測が行われている。

■ アメダス

上札内観測所（北海道）　風向風速計
電力・通信線　積雪深計　温度計（通風筒）
データ変換・処理装置　雨量計

自動で行う無人の地域気象観測システム（Automated Meteorological Data Acquisition System: AMeDAS）で，降水量は約1300か所（約17km間隔）で観測しており，このうち約840か所では風向・風速，気温，湿度も観測し，雪の多い約330か所では積雪の深さも観測している。

■ 気象庁本庁の気象防災オペレーションルームのようす

■ アメダス観測網（2022年4月1日現在）

■ **気象官署**……… 155か所（特別地域気象観測所を含む）
○ **四要素観測所**… 687か所
　　　　　　　　→降水量，気温，風，湿度を観測
　　　　　　　　（湿度観測所は157か所）
○ **三要素観測所**… 74か所（臨時観測所1か所を含む）
　　　　　　　　→降水量，気温，風を観測
○ **雨量観測所**…… 370か所（臨時観測所1か所を含む）
＋ **積雪深観測所**… 332か所

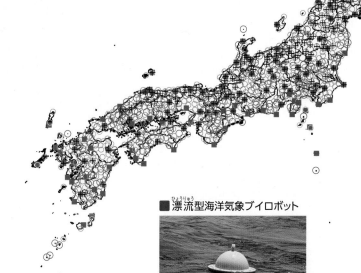

■ 海洋気象観測船「啓風丸」

2隻の船が決められた航路上の水温，塩分，溶存酸素量，海流，海水中・大気中の二酸化炭素濃度などを定期的に観測している。

■ 漂流型海洋気象ブイロボット

海洋上を漂流しながら，気圧，水温，波浪を継続的に観測し，結果を自動で送信している。日本近海を4つの海域に分け，それぞれに年間4基のブイが投入されている。

■ 静止気象衛星「ひまわり」

東経140.7°の赤道上空約35800kmの高度から観測し，可視画像，赤外画像，水蒸気画像が得られる。利用できる観測データが乏しい海洋上を含む広範囲の雲や水蒸気，雲頂温度（雲のない地域では地表温度）などを観測している。

補足　気象衛星画像の見方

■ 可視画像

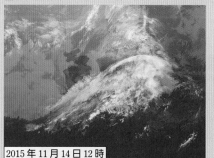

2015年11月14日12時

地表や雲頂で反射した太陽光を観測した画像。宇宙から肉眼で見た景色に近く，積乱雲のでこぼこした雲頂も確認できる。降水を伴うような厚い雲ほど太陽光を多く反射するので，より白くはっきり写る。夜間の地域は写らない。

■ 赤外画像（地表面は着色）

2015年11月14日12時

地表や雲の赤外放射を観測した画像。温度が高いほど赤外線が多く放射される性質を利用し，雲頂高度が高くて温度が低い雲ほど白く表現される。そのため，積乱雲のような背の高い雲や，巻雲のような上層雲が白く写る。

■ 水蒸気画像（地表面は着色）

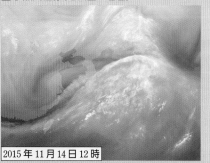

2015年11月14日12時

赤外画像の一種で，水蒸気が放射する波長6.2μm帯の赤外線を観測した画像。水蒸気が多いほど白く表現される。

静止気象衛星：geostationary meteorological satellite　　可視画像：visible image　　赤外画像：infrared image

12 気象災害

A 台風

台風など，熱帯・亜熱帯の海上で発生・発達する低気圧を **熱帯低気圧** という。水温 27℃ 以上の暖かい海から供給される多量の水蒸気によって低気圧中心付近で多くの積乱雲が発達し，大雨や暴風などをもたらす。

■台風に伴う風の特徴

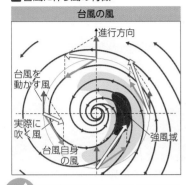

台風の風

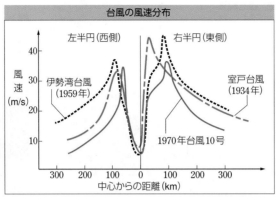

台風の風速分布

室戸台風の被害（1934 年 9 月 21 日）
大阪府東大阪市

Jump 台風 → p.133
北西太平洋上の熱帯低気圧のうち，最大風速がおよそ 17 m/s 以上に達したものを **台風** という。

台風とともに移動する観測者からみると，地表付近の風は台風中心へと反時計回りに吹きこみながら次第に加速され，台風の目を取り巻く発達した積乱雲群（壁雲）のすぐ外側で風速が最大となる。一方，地上にいる観測者からみると，進行方向に向かって右側の半円（**危険半円**）では台風の移動速度が台風自身の風に加わって風速が増大するのに対し，進行方向左側の半円（可航半円）では両者が逆向きとなって風速が小さくなる。例えば，1934 年の室戸台風では，その進行方向右側に位置した大阪などで暴風の被害が大きかった。

■台風によるおもな被害

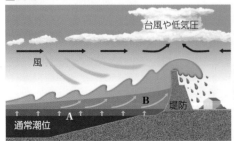

台風 21 号の強風で倒れた電柱
（2018 年 9 月 4 日大阪府泉南市）

台風は暴風を伴うことが多く，高波や高潮なども引き起こす。一方，台風に伴う発達した積乱雲は大雨だけでなく，竜巻など突風をもたらすこともある。日本列島に前線が停滞すると，台風接近前から大雨になりやすい。

■台風情報

台風情報は，台風の現在の状況と予報を表している。現在の状況は，台風の中心位置（×印）と暴風域，強風域を示している。予報では，暴風警戒域と予報円を表している。

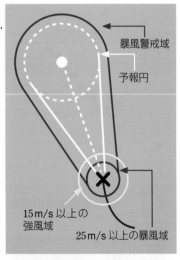

暴風警戒域
予報円
15 m/s 以上の強風域
25 m/s 以上の暴風域

暴風域：平均風速 25 m/s 以上の風が吹いている範囲
強風域：平均風速 15 m/s 以上の風が吹いている範囲
暴風警戒域：台風の中心が予報円内に進んだ場合に 5 日先までに暴風域に入るおそれのある範囲
予報円：台風の中心が 70 ％の確率で入ると予想される範囲

■高潮のメカニズム

台風が接近すると，気圧低下による海面の **吸い上げ効果**（A）と，強風による海水の湾奥への **吹き寄せ効果**（B）で高潮が起こる。これに高波の影響も重なり，満潮時には被害がさらに深刻化する。

■2018 年台風 21号（2018年9月4日）による高潮被害

高潮に洗われる岸壁と海に流出するコンテナ
（六甲アイランド・兵庫県神戸市）

台風の進路と大阪湾の最大潮位

台風 21 号は，非常に強い勢力を保ったまま徳島県沿岸に上陸後，速度を上げて淡路島東岸を北上し，神戸市西方に再上陸した。大阪湾では南寄りの暴風が吹き，高波と吹き寄せ効果に吸い上げ効果も加わり，関西国際空港や兵庫県南部沿岸では甚大な高潮被害が生じた。

基 B 集中豪雨

局地的に激しい降雨をもたらす **集中豪雨** によって，斜面崩壊や土石流が発生したり，河川が氾濫したりすることがある。

■集中豪雨

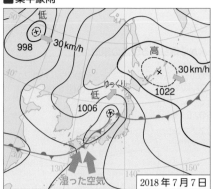

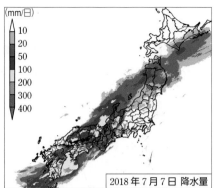

2018 年 7 月 7 日

2018 年 7 月 7 日 降水量

集中豪雨は，停滞する梅雨前線や秋雨前線，接近する台風に伴い，熱帯からの暖湿な気流が流れこむ状況で起こりやすい。特に，暖湿気流にそって積乱雲が次々発生して **線状降水帯** が形成されると，雨量が著しく増える。また，夏季に強い寒気が上空に流れこんだりして大気の状態が不安定になると，局地的に積乱雲が発達し，短時間に激しい雨を降らせる(いわゆる"ゲリラ豪雨")。集中豪雨として数年に一度の猛烈な雨が観測された地域に，気象庁は **記録的短時間大雨情報** を出して災害への警戒をよびかける。また，大雨による重大な災害の発生リスクが高まると予想される市町村に **大雨警報** が発令され，そのうち土砂災害の危険が特に高まった地域には **土砂災害警戒情報** も出される。そして，数十年に一度の記録的な豪雨によって甚大な災害の発生の恐れが高まった場合，市町村単位で **特別警報** が出される。

■平成 30 年 7 月豪雨による被害

2018 年 7 月 5 日から 8 日にかけて日本列島に梅雨前線が停滞し，熱帯からの暖湿な気流が広く流れこんだため，西日本を中心に記録的な豪雨となった。普段は比較的雨量の少ない瀬戸内地方も含め，数多くの地点で 48 時間・72 時間降水量の記録が更新され，11 府県に大雨特別警報が出された。土砂災害や河川の氾濫により，広島・岡山・愛媛の 3 県を中心に，犠牲者が 230 名をこえる大災害となった。

2018 年 7 月 7 日　岡山県倉敷市

基 C 竜巻

発達した積乱雲では，竜巻(アメリカではトルネード)などの激しい突風をもたらす現象が発生することがある。

■竜巻

1999 年 9 月 24 日　愛知県豊橋市　　豊橋市提供

非常に発達した積乱雲の下では，落下する多くの雨滴にひきずられ下降気流が起こる。雨滴からの蒸発による冷却で強化された下降気流(ダウンドラフト)が地面に達するときに渦が発生し，これが **竜巻** の発生に重要とされる。積乱雲内にも小規模な渦が形成されると，地表から積乱雲に達する渦となり，これが竜巻となる。この渦の立ち上がりには積乱雲に吹きこむ強い上昇流が必要である。こうして竜巻は，上昇流を伴い小規模だが極めて強い渦となる。

■日本版改良藤田スケール(簡略化)

階級	風速(3 秒平均)	おもな被害の状況(参考)
JEF0	25 ～ 38m/s	物置や自動販売機が横転する。樹木の枝が折れる。
JEF1	39 ～ 52m/s	木造の住宅の粘土瓦が比較的広い範囲で浮き上がったり剥離する。
JEF2	53 ～ 66m/s	木造の住宅の小屋組(屋根の骨組み)が損壊したり飛散する。
JEF3	67 ～ 80m/s	木造の住宅が倒壊する。アスファルトが剥離したり飛散する。
JEF4	81 ～ 94m/s	工場や倉庫の大規模な庇の屋根ふき材が剥離したり脱落する。
JEF5	95m/s ～	低層鉄骨系プレハブ住宅が著しく変形したり倒壊する。

基 D 雪による災害

わが国の日本海側の地域(特に山間部)は，緯度が高くないにもかかわらず，世界でも屈指の豪雪地帯である。

Jump 冬の天気 → p.131

冬は，シベリア高気圧が発達する。シベリア高気圧からの冷たく乾いた季節風は，日本海を渡るとき，大量の水蒸気を取りこむ。この季節風が日本列島の山脈にぶつかり，日本海側に多量の雪を降らせる。

札幌市中心部を走る路面電車の除雪車両

豪雪に見舞われると交通障害が起きる。この影響を最小限に留めるための除雪活動には多額の費用がかかる。

また，山の急斜面に降った大量の新雪や暖気にさらされた積雪は雪崩を起こしやすく，スキー客や登山者が巻きこまれて遭難することもある。

その一方で，山間部の積雪は春にとけだして，稲作など農業用水となるが，融雪が一気に進むと，河川の下流域で洪水が起こることもある。

集中豪雨：torrential rainfall　　竜巻：tornado　　豪雪：heavy snow　　豪雪地帯：deep-snow area

地球の大気と海洋

基地 13 海洋の構造

基 A 海水の組成

海水に含まれる塩類の濃度を **塩分** という。
塩分は海域や深さによって変わるが，海水の組成はどこでもほぼ一定である。

■ 海水の成分（塩分が 34.3 ‰ の標準的な海水でのイオン濃度）地

成 分	濃度（‰）
ナトリウムイオン Na$^+$	10.556
マグネシウムイオン Mg^{2+}	1.272
カルシウムイオン Ca^{2+}	0.400
カリウムイオン K$^+$	0.380
ストロンチウムイオン Sr^{2+}	0.008
塩化物イオン Cl$^-$	18.980
硫酸イオン SO$_4^{2-}$	2.649
炭酸水素イオン HCO$_3^-$	0.140
臭素イオン Br$^-$	0.065
ホウ酸分子 H$_3$BO$_3$	0.026

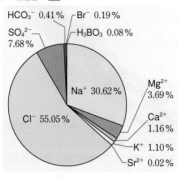

海水中の成分は，ほとんどが電離したイオンの形で存在する。そのうち Cl$^-$ や SO$_4^{2-}$ などは火山ガスに多く含まれる成分で，火山噴火や海底の熱水噴出とともに供給されたものと推定される。また，Na$^+$，Mg^{2+}，Ca^{2+}，K$^+$ は火成岩に多く含まれる成分で，酸性だった太古の海が海底の火成岩を溶かしたり，陸上の火成岩が風化したりして供給されたと考えられている。

補足 塩分の表し方

海水の塩分は，水を蒸発させて残った固形物質によって測定できる。海水 1 kg 当たりに含まれる塩類の質量（g）で表し，単位には ‰（千分率）が用いられる。
ただし，現在では電気伝導度比という量を測定することによって，塩分を求めている。電気伝導度比から求めた塩分については ‰ ではなく psu（practical salinity unit）を単位として用いることになっている。

■ 海水から得られる塩類の組成

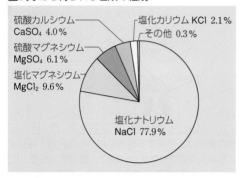

■ 地中海の島国マルタ・ゴゾ島の塩田

基 B 海洋の層構造

海水の組成はほぼ一定でも，水温や塩分は場所によって異なる。
大気と同様に，海洋でも鉛直方向の層構造が見られる。

■ 海水温の鉛直分布と海洋の層構造（実線は冬，破線は夏）

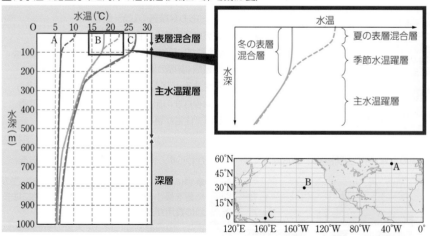

海面を吹く風によって海水がかき混ぜられたり，海面で冷やされた海水が沈降したりすると，海水が上下によく混合される。これにより水温が一様になる層ができ，**表層混合層** という。中緯度域では，夏に強い日射で表面近くの海水温だけが上昇し，暖候期のみに現れる水温変化の大きい層（季節水温躍層）が形成され，表層混合層は薄くなる。秋から冬にかけては低気圧が頻繁に通過して，風によるかき混ぜや海面の冷却が活発になり，表層混合層が厚くなる。熱帯や中緯度では，表層混合層の下に，低温な深層に向かって水温が急激に下がる層が常に存在し，**主水温躍層** という。

■ 塩分の鉛直分布（実線は冬，破線は夏）地

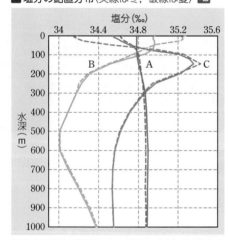

塩分の分布は海域によって異なるが，水温の分布と同様に，冬季や高緯度域の表層では鉛直方向の変化が小さくなる。これは，日射が弱いことや海水が上下方向によく混合されることによる。

基地 14 海水の運動

地 Ａ エクマン吹送流と地衡流

大気と同様に，海洋の大規模な流れはコリオリの力を受ける。
海面付近では，風によって海水の運動が生じる。

■エクマン吹送流（北半球）

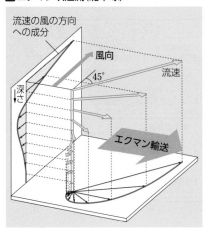

広い範囲の海上を一様な風が長時間吹き続けた場合，北半球ではコリオリの力や摩擦力の影響で，海水の流れは表面でも風向に対して右に45°ずれる。深さ数十ｍまでは深さとともにさらに右へ右へとずれ，流速が減少していく。このように，風によって生じる海面付近の海水の流れを **エクマン吹送流** といい，深さとともに流れがらせん状に分布する海洋表層を **エクマン層** という。深さ方向に流れを足し合わせると，エクマン層全体では，風向に対して直角右向きに海水が動かされる。これを **エクマン輸送** という。南半球では，風向に対して直角左向きにエクマン輸送が生じる。

■海上の高気圧・低気圧に伴う海面付近の運動（北半球）

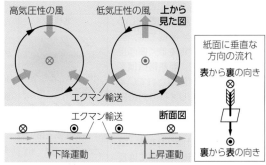

海上に高気圧があると，エクマン輸送によって海面付近の水が中央部に収束（エクマン収束）して海面が盛り上がり，海面付近では下降運動が生じる。反対に，海上に低気圧があると，中央部の海水位が下がり，そこで上昇運動が生じる。

■地衡流（北半球）

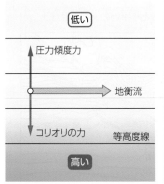

補足　圧力傾度力

海面高度に差があると，平均海面から同じ深さの所では，海水による圧力（水圧）は海面高度が高い所のほうが大きく，水平方向に水圧の差が生じる。したがって，高圧部から低圧部に向かって海水を動かそうとする力が生じ，これを **圧力傾度力** という。圧力傾度力は，大気の気圧傾度力に対応する。

亜熱帯高気圧におおわれる海域では海面が盛り上がっている。日本の南岸を流れる黒潮のような海洋の大規模な流れでは，圧力傾度力とコリオリの力がつりあい，海面高度の等値線に平行に流れる。このような流れを **地衡流** という。北半球では，海面高度の高いほうを右手に見るように流れ，南半球では左手に見るように流れる。流速は海面高度の傾斜の大きさに比例する。

■西岸境界流（北半球）

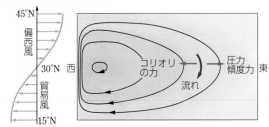

地球は球形なので，同じ速さの地衡流にはたらくコリオリの力は高緯度ほど強い。この効果によって，高気圧におおわれる大洋中央部で赤道向きの流れが生じることがわかっている。南向きに輸送されてきた海水は，熱帯域でしだいに集まって西へ向かい，大洋西部の岸にそう暖流となって北へもどされる。ずっと広い範囲で南に輸送されてきた表層の水が，西側の狭い範囲で北へもどされるため，この暖流はきわめて強い流れとなる。これを **西岸境界流** といい，西岸境界流には黒潮や湾流などがある。

■年平均の海面水温の分布

太平洋と大西洋の亜熱帯から中緯度にかけては，東側より西側のほうが海面水温が高い。これは，西岸境界流に伴って，暖かい海水が低緯度域から運ばれているからである。
亜熱帯高気圧の中心が大洋東部にかたよっているため，大洋東部の沿岸では気圧傾度力が強く，赤道向きに吹く風も強い（●p.129 季節風）。これに伴って海洋表層のエクマン輸送も大きくなるため，表層で失われた海水を補うように深い所から水温の低い水が湧き上がる（**沿岸湧昇**）。このため，大洋の東側で海面水温が低くなっている。
熱帯では，東風の貿易風に伴うエクマン輸送によって，表層の海水が北半球では北向きに，南半球では南向きに運ばれる。失われた海水を補うために，深い所から水温の低い水が湧き上がる（**赤道湧昇**）。これにより，特に熱帯の太平洋東部で海面水温が低くなっている。

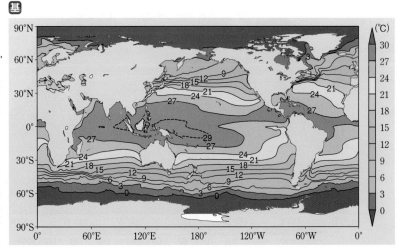

エクマン層：Ekman layer　　エクマン輸送：Ekman transport　　地衡流：geostrophic current　　西岸境界流：western boundary current

基地 15 海洋の大循環

基 A 海洋表層の水平循環

基本的に低緯度側から高緯度側に向かう海流は暖流，高緯度側から低緯度側に向かう海流は寒流である。海流は，大気循環とともに，低緯度域から高緯度域への熱輸送を担っている。

■世界のおもな海流と風系

海上風によって引き起こされる海洋表層の循環を **風成循環** という。南北両半球の亜熱帯域では，亜熱帯高圧帯のまわりを吹く偏西風や貿易風によって，**亜熱帯循環系**（**亜熱帯環流**）が形成されている。海流にはたらくコリオリの力の向きが南北両半球で反対であるため，亜熱帯循環系は北半球で時計回り，南半球では反時計回りである。北半球の亜熱帯循環系の北には反時計回りの **亜寒帯循環系** が存在する。南半球では南極大陸を一周する **南極周極流** が存在する。

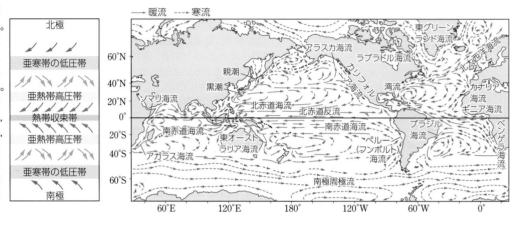

基 B 北太平洋と日本付近の海流

日本近海を流れる海流のうち，暖流の黒潮は亜熱帯循環系を構成し，寒流の親潮は亜寒帯循環系の一部である。

■北太平洋の海流の流速（上）と海面高度（下）地

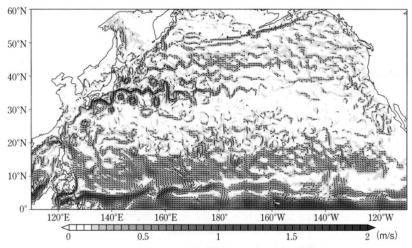

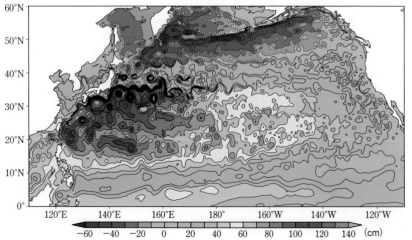

■日本付近の海流と年平均の海面水温（℃）

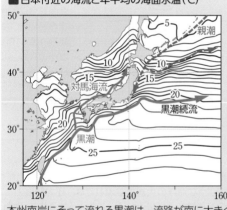

本州南岸にそって流れる黒潮は，流路が南に大きくそれる「黒潮大蛇行」がたまに発生し，1年以上持続することがある。親潮は，一部が三陸沖まで南下し，一部は北緯40°付近を東に流れる。対馬海流は，東シナ海を北上する黒潮から分岐した暖流である。

亜熱帯循環系の西岸境界流である黒潮の流れは強く，速い所では2m/sをこえる。また，黒潮は地衡流であるため，海面高度の等値線にそって流れ，海面高度の傾斜が大きい部分に対応している。亜寒帯循環系の流れはかなり弱く，西岸境界流である親潮でも，速い所で0.5m/s程度である。

亜熱帯高圧帯のまわりを吹く風によるエクマン輸送のため，亜熱帯の海域では海面高度が高くなり，その中心は北西部に位置する。亜寒帯の海域では，アリューシャン低気圧に伴う海上風によって，海面高度は低くなっている。また，海洋には渦が多数存在することがわかる。

基 C 海洋の鉛直循環

海洋の鉛直循環は，温度と塩分の違いによって引き起こされると考えられ，**熱塩循環** という。

■北大西洋北部での沈みこみに伴うコンベアーベルトの概念図

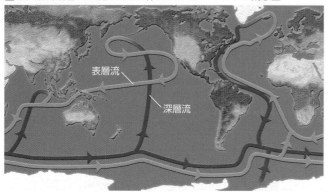

北大西洋北部のグリーンランド近海や南極大陸のウェッデル海付近から沈みこんだ海水は，深層をめぐり全海洋のさまざまな場所でゆっくりと湧き上がる。こうした鉛直循環は，大気と遮断された海洋深層に熱や O_2，CO_2 などの大気成分を運ぶ唯一の手段で，**コンベアーベルト** とよばれる。

■水深2500mにおける海水年齢の最適推定値 地

Gebbie and Huybers (2012)

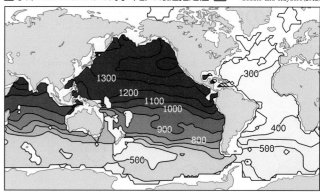

表層から沈みこんだ海水が深層をめぐって湧き上がり，もとの場所にもどるまでには約1500年かかると考えられている。そのため，深層をめぐる循環を直接観測することは難しく，海水が沈みこんでからの年齢を放射性炭素法（◆p.93）によって調べるなどして，循環のようすを推定している。

■流氷

海氷が沿岸から離れて漂っているものを流氷という。

■海氷の生成と海水の沈みこみ

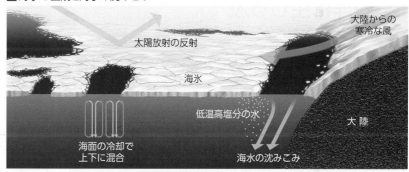

太陽放射の反射
大陸からの寒冷な風
海氷
低温高塩分の水
大陸
海面の冷却で上下に混合
海水の沈みこみ

北大西洋北部のグリーンランド近海や南極近海では海上の気温が低く，海水が大気によって強く冷却され，海氷が生成される。海氷を生成する際に，海水は塩類を排除しながら凍るため，周りの海水は水温の低下と塩分の増加によって密度が大きくなる。この高密度な水が深層へ沈みこむ。太平洋に比べて大西洋では表層の塩分が高く（◆p.146），沈みこみを促進する。

■西大西洋の南北鉛直断面における水温と塩分の分布 地

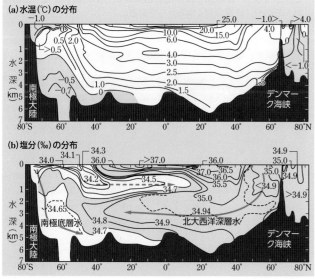

(a) 水温（℃）の分布

(b) 塩分（‰）の分布

海水は塩類を含むため，氷点は−1.8℃まで下がる。また，海氷形成時には塩分・密度が高い海水が形成される。例えば，南極大陸のウェッデル海付近の海水は0℃以下で密度が最も大きいため，底層まで沈みこんでいく（南極底層水）。一方，南極近海から表層を北上し，南緯50°付近で深さ数百〜1000mあたりへともぐりこむ塩分の低い水も存在する（南極中層水）。

グリーンランド近海でも，冷たく塩分の高い水が沈みこみ，深層を南下する（北大西洋深層水）。

蒸気が出る南極海

海水温が0℃前後でも，その上を−10℃以下の冷たい風が吹けば，海面から水蒸気が発生して雲ができる。

氷山

熱塩循環：thermohaline circulation

16 波と潮汐

地 A 波の性質

水深に比べて波長が特に短い波を **表面波**，非常に長い波を **長波** という。
海の波のほとんどは表面波だが，津波や水深の浅い海岸付近の波は長波とみなせる。

■ 表面波と波の要素

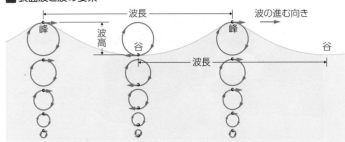

ある地点で峰になってから次の峰になるまでの時間を波の **周期** という。
海の波が伝わるとき，水は波とともに進まず，その場で円運動またはだ円運動
をしているだけである。こうした波の影響は水深が深い所ほど小さくなり，表
面波では水深 10 m 程度まで，長波では海底まで及ぶ。

■ 長波

表面波の進む速さ $V = \dfrac{gT}{2\pi}$ 〔m/s〕（周期が長いほど速い）

長波の進む速さ $V = \sqrt{gh}$ 〔m/s〕（水深が深いほど速い）

V〔m/s〕: 波の進む速さ，g〔m/s²〕: 重力加速度の大きさ

T〔s〕: 周期，h〔m〕: 水深

地 B 海洋に生じる波

海洋に生じている波のほとんどは風によって起こされた波浪であるが，
地震などによる海底地形の急変で生じる津波も波の一種である。

■ 波浪

風浪

うねり

海面上の波は，海上を吹く風によって生じている。波を起こす風が吹いている
領域では，波長・波高が不ぞろいでとがった峰をもつ波が多数生じており，こ
れを **風浪** という。風浪は風の吹き続ける時間（連吹時間），吹きつける距離
（吹送距離），風速の値が大きいほど，波長・波高ともに大きくなる。風浪が風
域を出たり，風域内の風が弱まると，短い波長の波が急速に衰え，なだらかな
峰をもち波長・波高が比較的そろった波が残る。このような波を **うねり** という。

■ 津波

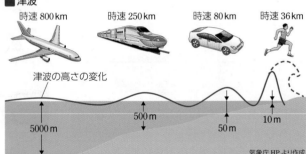

時速 800 km　時速 250 km　時速 80 km　時速 36 km

津波の高さの変化

5000 m　500 m　50 m　10 m

気象庁 HP より作成

津波の波長は数十 km にも及ぶので，平均 4 km 程度の水深をもつ
海洋でも長波とみなせ，その進む速さはジェット機の速さに匹敵する。
津波の高さは沖合では数十 cm から 2～3 m 程度だが，海岸に近づ
くと高くなる。これは，津波が水深の浅い海岸付近に達すると波の速
さが遅くなり，波の後方部が前方部に追いついて波長が短く圧縮さ
れ，その分，波高が高くなるからである。

■ 海岸近くでのうねり

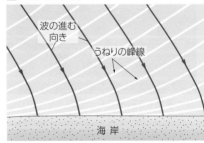

波の進む
向き

うねりの峰線

海岸

海岸に打ち寄せる波

うねりが海岸に近づくと，海底の影響を受け始
め，長波とみなせるようになる。すると水深の
浅いところほど波の進む速さは遅くなり，後ろ
の波が追いついてくる。岸に平行な等深線に
斜めに進んできたうねりは屈折し，結局，海岸
線に平行な波となって打ち寄せる。

■ 太平洋を横断する津波（チリ地震による津波が伝わった時間）

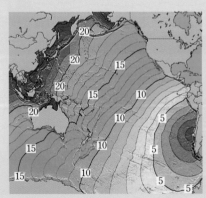

1960 年 5 月 23 日
4 時すぎ（日本時
間）に発生したチリ
地震（$M9.5$）による
津波は，太平洋を
横断し，22.5 時間
後に，約 17000 km
離れた日本に達した
（ p.47 B ）。

地 C 潮汐

1日に2回ずつ満ち引き(昇降)をくり返す海水面の変動を **潮汐** という。潮汐を起こす力を **起潮力** といい，大部分が月による引力と，地球が月との共通重心のまわりを回る公転による慣性力とによってもたらされている。

■ 干潮と満潮

■ 地球にはたらく公転による慣性力

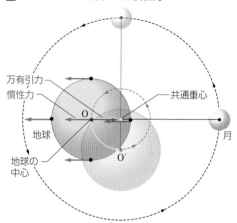

万有引力
慣性力
共通重心
O
地球
月
地球の中心
O′

■ 起潮力

(a) 万有引力

地球　月

→：万有引力
月の中心向きにはたらき，大きさは距離の2乗に反比例する。

(b) 慣性力

地球　月

→：慣性力
地球のどの地点でも大きさと向きが等しい。

(c) 起潮力

地球　月

⇒：起潮力
万有引力と慣性力の合力。

自転

※実際の月はもっと離れている。

月と地球はともにその共通重心のまわりを公転している。このとき，地球の中心では，公転による慣性力が月による万有引力とつりあっている。また，公転による慣性力は地球のどの地点でも大きさ・向きが等しく，月と反対の向きにはたらく(上図，右図(b) ←)。一方，月による万有引力は，地球上の月に近い側で大きく，遠い側で小さい(右図(a) →)。起潮力は万有引力と慣性力の合力であるから，地球表面の起潮力は右図(c) ⇒ のようになり，地球の月に面した側と反対側の両方で海面が上昇する。
地球の自転に伴い，地表の各点は海水位の高い所と低い所をそれぞれ1日に2回ずつ通過することになり，これが潮の満ち引きとして観測される。

■ 大潮と小潮

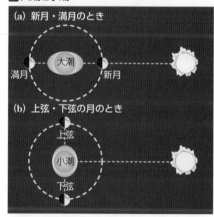

(a) 新月・満月のとき

満月　大潮　新月

(b) 上弦・下弦の月のとき

上弦
小潮
下弦

太陽は月の半分程度の起潮力を及ぼす。
月と地球と太陽が一直線に並ぶ新月と満月のときは，月の起潮力の向きと太陽の起潮力の向きが一致して強めあい，満潮と干潮の潮位差が最大となる(**大潮**)。一方，月と太陽が地球に対して直角の方向にある上弦・下弦の月のときは，起潮力の方向が直交するため強めあいは起こらず，満潮と干潮の潮位差は小さくなる(**小潮**)。

■ 潮汐による海面変動の例

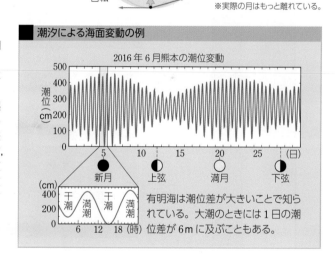

2016年6月熊本の潮位変動

潮位 cm

新月　上弦　満月　下弦

(cm)
干潮　干潮
満潮　満潮

6　12　18 (時)

有明海は潮位差が大きいことで知られている。大潮のときには1日の潮位差が6mに及ぶこともある。

地 D 潮流

潮の満ち引きによって起こる海水の流れを，特に **潮流** という。

■ 渦潮

鳴門海峡の渦潮(徳島県)

■ 鳴門海峡の潮流の向き

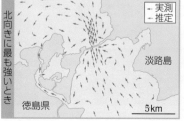

北向きに最も強いとき
徳島県
淡路島
5km

← 実測
← 推定

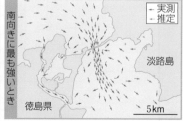

南向きに最も強いとき
徳島県
淡路島
5km

← 実測
← 推定

狭い海峡などで外海と区切られた海域では，潮汐に伴う海水の流出入で強い潮流が生じる。瀬戸内海の鳴門海峡は，激しい潮流によって強い渦が発生することで有名である。

潮汐：tide　　起潮力：tidal force　　大潮：spring tides　　小潮：neap tides　　潮流：tidal current

地球の大気と海洋

大気と海洋

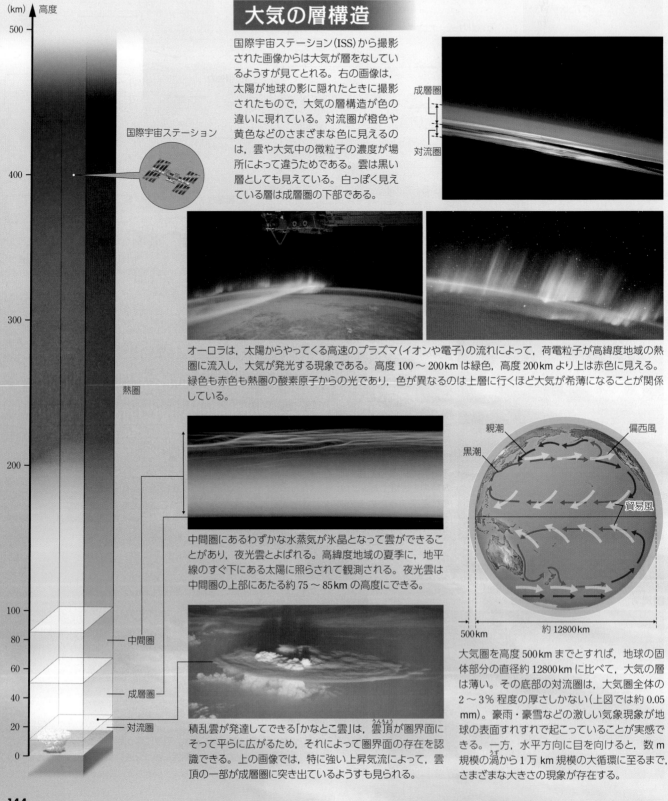

大気の層構造

国際宇宙ステーション(ISS)から撮影された画像からは大気が層をなしているようすが見てとれる。右の画像は,太陽が地球の影に隠れたときに撮影されたもので,大気の層構造が色の違いに現れている。対流圏が橙色や黄色などのさまざまな色に見えるのは,雲や大気中の微粒子の濃度が場所によって違うためである。雲は黒い層としても見えている。白っぽく見えている層は成層圏の下部である。

成層圏

対流圏

オーロラは,太陽からやってくる高速のプラズマ(イオンや電子)の流れによって,荷電粒子が高緯度地域の熱圏に流入し,大気が発光する現象である。高度 100 〜 200 km は緑色,高度 200 km より上は赤色に見える。緑色も赤色も熱圏の酸素原子からの光であり,色が異なるのは上層に行くほど大気が希薄になることが関係している。

中間圏にあるわずかな水蒸気が氷晶となって雲ができることがあり,夜光雲とよばれる。高緯度地域の夏季に,地平線のすぐ下にある太陽に照らされて観測される。夜光雲は中間圏の上部にあたる約 75 〜 85 km の高度にできる。

親潮
偏西風
黒潮
貿易風

約 12800 km

500 km

積乱雲が発達してできる「かなとこ雲」は,雲頂が圏界面にそって平らに広がるため,それによって圏界面の存在を認識できる。上の画像では,特に強い上昇気流によって,雲頂の一部が成層圏に突き出しているようすも見られる。

大気圏を高度 500 km までとすれば,地球の固体部分の直径約 12800 km に比べて,大気の層は薄い。その底部の対流圏は,大気圏全体の2 〜 3 % 程度の厚さしかない(上図では約 0.05 mm)。豪雨・豪雪などの激しい気象現象が地球の表面すれすれで起こっていることが実感できる。一方,水平方向に目を向けると,数 m 規模の渦から 1 万 km 規模の大循環に至るまで,さまざまな大きさの現象が存在する。

(km) 高度
500
400
国際宇宙ステーション
300
熱圏
200
100
80
中間圏
60
成層圏
40
20
対流圏
0

大気の渦

大気には，直径数 m ～数十 m の塵旋風から，地球を一周する直径 1 万 km 規模のジェット気流に至るまで，さまざまな大きさの渦や循環が存在する。下図のように，渦や循環が大きいほど，寿命や周期などの時間が長い傾向にある。

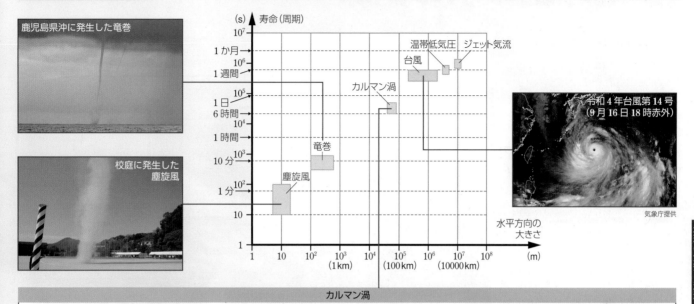

鹿児島県沖に発生した竜巻

校庭に発生した塵旋風

令和 4 年台風第 14 号
(9 月 16 日 18 時赤外)

気象庁提供

地球の大気と海洋

カルマン渦

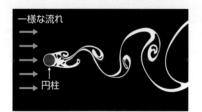

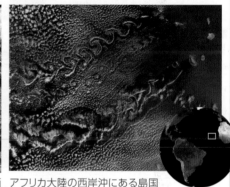

一様な流れ

円柱

一様な流れの中に柱状の物体があると，物体の背後の下流側に，2 列に規則正しく並んだ渦ができることがある。これをカルマン渦という。大気中では，孤立した高い山をもつ島に一定の風が吹き続けると発生し，雲の列として衛星画像で観測されることがある。

済州島

日本付近で冬型の気圧配置になり，大陸から北西の季節風が吹くとき，韓国・済州島から南西方向に延びるカルマン渦の列が見られることがある。

アフリカ大陸の西岸沖にある島国カーボベルデ共和国(北緯 15°付近)には北東の貿易風が吹き，カルマン渦が発生することがある。

海洋の渦

海洋にもさまざまな大きさの渦や循環が存在する。直径数 m ～数十 m の渦潮や，中規模渦とよばれる直径数十 km ～数百 km の渦，数千 km に達する風成循環などがある。

気象庁提供

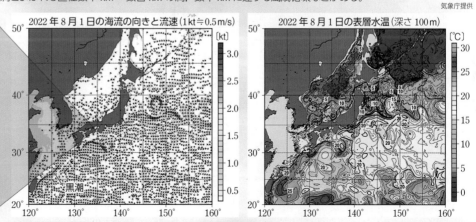

上空から見た鳴門海峡の渦潮

速い流れ

出典：国土地理院撮影の空中写真(2009 年撮影)

50 m

2022 年 8 月 1 日の海流の向きと流速(1 kt ≒ 0.5 m/s)

黒潮

2022 年 8 月 1 日の表層水温(深さ 100 m)

大きいもので直径 20 m にも達する鳴門海峡の渦潮は，潮流の速い流れと遅い流れの境界にあたる所で発生する。

2022 年夏は，2017 年に始まった黒潮大蛇行の継続期間が観測史上最長となった。上図では紀伊半島から東海沖で黒潮の流路が南に大きくそれて，周囲より水温が低い中規模渦(冷水渦)ができていることがわかる。一方，東北沖には，黒潮続流から切り離されて，周囲より水温が高い中規模渦(暖水渦)ができている。

基地 17 地球上の水の循環

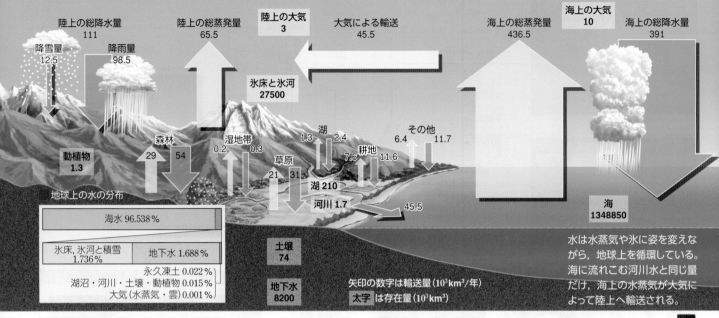

陸上の総降水量 111
陸上の総蒸発量 65.5
陸上の大気 **3**
大気による輸送 45.5
海上の総蒸発量 436.5
海上の大気 **10**
海上の総降水量 391

降雪量 12.5
降雨量 98.5
氷床と氷河 **27500**
湖 1.3
湖 2.4
その他 6.4 11.7

動植物 **1.3**
森林 29 54
湿地帯 0.2 0.3
草原 21 31
耕地 7.6 11.6

湖 **210**
河川 **1.7**
45.5

土壌 **74**
地下水 **8200**

海 **1348850**

地球上の水の分布

海水 96.538%	
氷床, 氷河と積雪 1.736%	地下水 1.688%

永久凍土 0.022%
湖沼・河川・土壌・動植物 0.015%
大気 (水蒸気・雲) 0.001%

矢印の数字は輸送量 (10^3km³/年)
太字は存在量 (10^3km³)

水は水蒸気や氷に姿を変えながら，地球上を循環している。海に流れこむ河川水と同じ量だけ，海上の水蒸気が大気によって陸上へ輸送される。

■ 年平均降水量 (1981 ～ 2010 年の平均)
気象庁提供

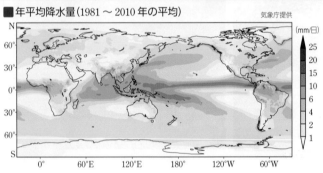

(mm/日) 25 15 10 6 4 2 1

■ 年平均蒸発量 (1981 ～ 2010 年の平均)
気象庁提供

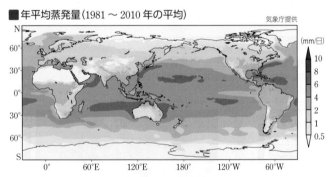

(mm/日) 10 8 6 4 2 1 0.5

■ 年平均降水量－年平均蒸発量 (1981 ～ 2010 年の平均)
気象庁提供

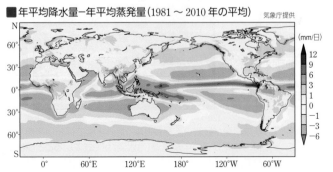

(mm/日) 12 9 6 3 1 0 -1 -3 -6

■ 降水量・蒸発量の緯度別分布と水蒸気輸送

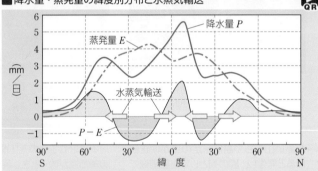

降水量 P
蒸発量 E
水蒸気輸送
$P - E$

黒潮や湾流などの暖流域や亜熱帯高気圧におおわれる海域など，亜熱帯では降水量より蒸発量が多い。熱帯収束帯や，温帯低気圧が頻繁に発達する中緯度の海上などでは，蒸発量より降水量が多い。これらの地域では，大気循環によって亜熱帯から水蒸気が輸送されている。低温で飽和水蒸気量が少ない高緯度域では，蒸発量も降水量も少ない。

■ 年平均の海面の塩分分布 地

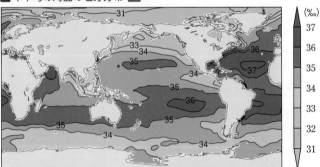

(‰) 37 36 35 34 33 32 31

海洋表層の塩分分布には，降水量と蒸発量の差が反映される。降水量に比べて蒸発量が多いと塩分が高くなり，蒸発量に比べて降水量が多いと塩分が低くなる。また，アマゾン川やガンジス川などの大河川の河口付近では，淡水が流れこむため塩分が低い。塩分が最も高いのは，北大西洋中央部である。

基地 1 気候変動

基 Ａ 気候変動の要因

地球の気候は，さまざまな要因によって変化し続けている。その変化には，太陽や大陸移動が関係する長い時間スケールから，大気や海洋の自然変動による数～十年単位まで，さまざまな時間スケールのものがある。

■ 気候変動のおもな要因

①太陽活動の変動：地球誕生以来の太陽輝度の増大
　　　　　　　　　マウンダー極小期のような活動衰退
　　　　　　　　　約11年周期の変動（♪ p.191）
②小惑星の衝突：巨大隕石などの衝突による太陽光遮断，酸性雨など
③地球軌道要素の変動：離心率変動（10万年周期）
　　　　　　　　　　　地軸の傾きの変化（4.1万年周期）
　　　　　　　　　　　歳差運動と近日点の移動（2万年周期）
④極の移動・大陸移動・造山運動：大陸の離合集散による海流変化（♪ p.24）
　　　　　　　　　　　　　　　　造山運動の盛衰に伴う海水準変動
⑤大気の組成変化（長期・短期）：二酸化炭素・酸素・オゾン・メタンなどの濃度変化（♪ p.96）
⑥火山活動：火山灰や硫酸エーロゾルによる遮光（♪ p.154）
⑦人間活動：化石燃料の消費，森林伐採など → 地球温暖化
　　　　　　化石燃料・薪の燃焼，焼き畑 → エーロゾル増加と雲の変化
　　　　　　フロンガスの放出 → オゾンホール形成 → 偏西風の変化

①～⑦のような外的要因による気候変動・変化に加え，エルニーニョ・南方振動（♪ p.148）などの大気 − 海洋系の変動を含む地球システムの各要素間の相互作用によって複雑な気象現象の変化が生じる。

■ 火山噴火と気候

熱帯域の大規模な火山噴火では，噴煙が成層圏にまで達する。噴煙に含まれる二酸化硫黄（SO_2）の気体から生じた微小な硫酸液滴は，何か月も成層圏を浮遊し，大気循環によって広い範囲に広がっていく。硫酸液滴は太陽放射を宇宙空間へ反射しやすい。1991年のピナトゥボ火山が大噴火した後には，地球の平均地表気温がわずかながら低下した。

フィリピン ピナトゥボ火山

Zoom up　ミランコビッチサイクル 地

1920～30年代，セルビアの物理学者ミルティン・ミランコビッチは，①地球公転軌道の離心率の変化，②自転軸の傾きの変動，③歳差運動と近日点移動などが地球の日射量に周期的な変動を与え，それが気候変動をもたらすという仮説を立てた。この仮説による日射量の変動（④のグラフ）は，1970年代に海洋底コア試料中の有孔虫化石を分析した酸素同位体ステージの海水温変動（⑤のグラフ）とよく一致した。

■ ミランコビッチが立てた仮説による日射量の変動

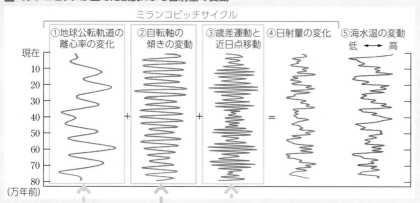

離心率，自転軸の傾き，歳差運動と近日点移動という3つの要因からの日射量への影響を足し合わせて，日射量の変化が計算される。
ミランコビッチサイクルから計算される日射量の変動周期（④のグラフ）は，酸素同位体ステージの海水温変動周期（⑤のグラフ）とよく一致している。

③歳差運動と近日点移動の影響

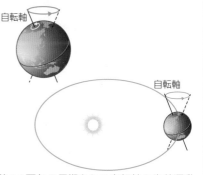

約2.6万年の周期をもつ自転軸の歳差運動（♪ p.179）の効果に加え，他の惑星の影響で近日点が公転軌道上をゆっくりと移動するため，日射量の季節変化が2万年程度の周期で変化する。

①地球公転軌道の離心率の変化

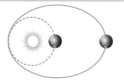

地球の公転軌道は，真円に近い状態から楕円軌道まで，約10万年周期で変動する。太陽からの距離が変わるので日射量も周期的に変化する。

②自転軸の傾きの変動

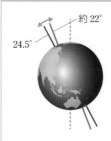

現在，地球の自転軸は公転軌道面に垂直な方向から23.4°傾いているが，この値は約22～24.5°の範囲で4.1万年周期で変化する。これにより極域の日射量も変化する。

地球の環境

2 気候の自然変動

A エルニーニョとラニーニャ

赤道太平洋東部の海面水温が，数年に一度，半年以上にわたって平年より高くなるのが**エルニーニョ**（現象），低くなるのが**ラニーニャ**（現象）である。

■海面水温の平年値(1981〜2010年の30年間の10〜12月平均)との差

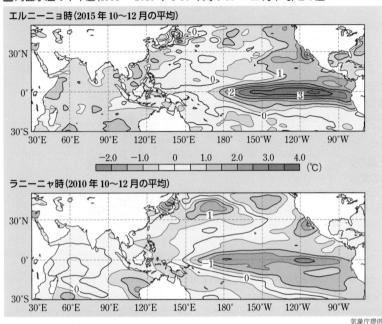

エルニーニョ時(2015年10〜12月の平均)

ラニーニャ時(2010年10〜12月の平均)

気象庁提供

■エルニーニョとラニーニャが発生するメカニズム

(a)平常時

平常時の赤道太平洋では，貿易風が表層の暖水を西に吹き寄せ，西部で積乱雲が発達する。東部では，下から冷たい水が湧き上がって水温が低い。

(b)エルニーニョ時

エルニーニョ時は貿易風が弱まり，表層の暖水が東へ広がって，東部の海面水温が平年より高くなる。また，積乱雲の活動域が太平洋中部に移る。

(c)ラニーニャ時

ラニーニャ時は貿易風が強まり，西部と東部の水温差が平年より拡大する。西部で積乱雲の活動が活発になり，東部で海面水温が平年より低くなる。

■エルニーニョ時の世界の気温の傾向　赤は気温が高くなる傾向を示し，青は気温が低くなる傾向を示す。

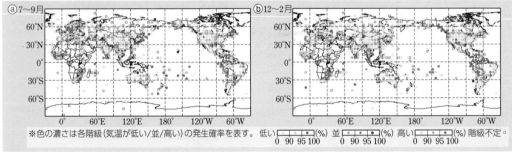

※色の濃さは各階級(気温が低い/並/高い)の発生確率を表す。

気象庁提供

エルニーニョやラニーニャは熱帯域に異常な天候をもたらすが，世界中の天候にも影響を与える。例えば日本では，エルニーニョ時に「冷夏・暖冬」，ラニーニャ時に「暑夏・寒冬」となる傾向がある。こうした遠く離れた複数の地域に異常気象をもたらす現象を，**テレコネクション**（遠隔影響）という。

■エルニーニョ・南方振動　エルニーニョ　ラニーニャ

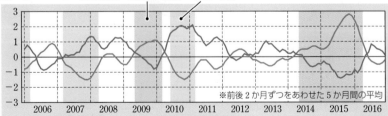

※前後2か月ずつをあわせた5か月間の平均

熱帯太平洋の西部と東部では，一方の海面気圧が平年より高いときは，もう一方が平年より低くなるような変動をしている。これを**南方振動**という。東西の気圧差が減少すれば，貿易風が弱まり，エルニーニョが発生する。一方，水温が高ければ地上気圧は低くなり，水温が低ければ地上気圧は高くなるので，東西の水温差は海面気圧の差と連動する。このように，熱帯太平洋域の大気と海洋は影響を及ぼしあって変動しており，これらの現象をまとめて，**エルニーニョ・南方振動**（**ENSO**）とよぶ。

左図の赤線(———)は，エルニーニョ監視海域の海面水温と，前年までの30年間の平均海面水温との差を示す。
左図の青線(———)は南方振動指数を示す。南方振動指数とは，ダーウィンとタヒチの地上気圧の差を指数化したもので，正の値は貿易風の強まり，負の値は貿易風の弱まりを示す目安となる。

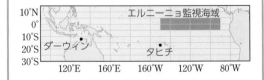

地 B 北大西洋振動と北極振動

北大西洋域には停滞性の大規模高・低気圧が同時に強弱をくり返す卓越変動があり、「北大西洋振動(NAO)」として知られている。

■ 偏西風の強さと気温の分布の関係

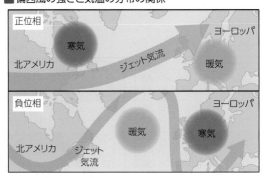

■ 2013年2月(左)と2020年1月(右)の平均海面気圧とその平年値との差　気象庁提供

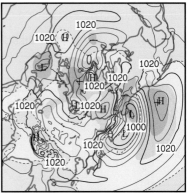
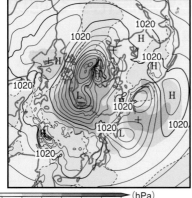

$-24\ -20\ -16\ -12\ -8\ -4\quad 0\quad 4\quad 8\quad 12\ 16\ 20\ 24$ (hPa)

北大西洋域では、地表のアイスランド低気圧とその南方の亜熱帯高気圧(アゾレス高気圧)が同時に強まると(正位相)、上空の偏西風も強化され、移動性の高・低気圧の活動も活発化する。ヨーロッパには南西風が吹きこみ、降水の多い暖冬となる。逆に、これらの停滞性の高・低気圧が同時に弱まると(負位相)、北大西洋上空の偏西風も弱まって北へ蛇行し、しばしばブロッキング高気圧が形成される。この高気圧は温帯低気圧の東進を妨げ、南東側に寒気を南下させるため、ヨーロッパは乾燥し寒波に見舞われやすい。

NAOがより広い地域の中緯度で偏西風の変動と連動すると「北極振動(AO)」とよばれ、偏西風が強い正位相では、北極域に寒気が蓄積する(右図)。北極振動(AO)が負位相に転じると、偏西風は弱まって持続的に蛇行し、極域からの寒気が中緯度の複数の地域に集中的に南下し、寒波や大雪をもたらす(左図)。また、冬季のAOは成層圏の極渦(極域の寒冷な大規模低気圧)の変動を受けやすい。例えば、成層圏突然昇温によって極渦が極端に弱まったあとには、対流圏のAOが負位相に転じる傾向にある。

■ 日本における北極振動の影響

大雪に見舞われた観光地

青森県酸ヶ湯(2013年2月)

記録的暖冬によって雪不足になったスキー場

福島県猪苗代町(2020年1月)

AOはNAOを内包するため、AOの影響は北極域に加えて北米東部・大西洋・ヨーロッパ域で顕著であるが、AOが東アジア・太平洋域にどの程度影響するかは必ずしも明確ではない。しかし、気象庁の分析では、2012～2013年の寒冬にはAOの負位相、2019～2020年の記録的暖冬にはAOの正位相がそれぞれ影響したとみられている。

地球の環境

🔍 Zoom up インド洋ダイポールモード現象

熱帯太平洋のように、熱帯インド洋においても海洋と大気が相互作用する大規模な変動があり、これに伴う海面水温偏差が東西で異なる符号をもつことから、ダイポール(双極子)モードとよばれる。北半球の夏の時期には熱帯南インド洋東部では南東貿易風が吹き、これが平年より強まると、インドネシアのジャワ島沿岸で深いところから冷たい海水が湧昇するとともに、沖合の海面からの蒸発も増えて海面水温が低下する。

一方、熱帯インド洋西部では表層の暖水が吹き寄せられて海面水温が平年より高まる。こうした水温の東西差によって貿易風はさらに強まり、水温偏差も北半球の秋の時期まで強化されていく。これが正の位相で、熱帯インド洋上の積雲対流活動を変化させ、オーストラリアなど周辺地域の天候に影響する。例えば、2019年後半のオーストラリアの深刻な干ばつや広域森林火災の一因と考えられている。また、日本の夏の気温を高める傾向も確認されている。

反対に、南東貿易風が平年より弱まると、熱帯南インド洋東部では平年より水温が高く、西部では水温が低下する。これが負の位相であるが、正位相に比べて水温偏差が弱い傾向にある。

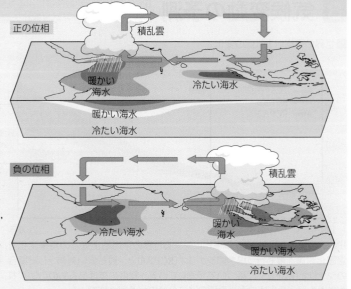

基 3 地球環境問題(1)

基 A 温暖化する地球
過去の気候が数百万年前までさかのぼって復元され，長期的な気候変動について考察できるようになり，地球が温暖化していることがわかってきた。

■ 世界の年平均気温偏差
気象庁

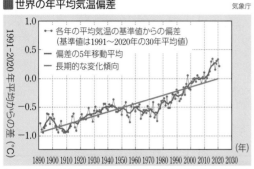

年平均気温とは，陸域における地表付近の気温と海面水温の平均を表したものである。2015年は，1991～2020年の平均気温から0.3℃ほど高い。世界の年平均気温は，100年あたり約0.73℃の割合で上昇している。

■ 大気中の二酸化炭素濃度の変化
気象庁

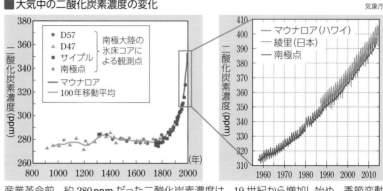

産業革命前，約280ppmだった二酸化炭素濃度は，19世紀から増加し始め，季節変動をくり返しながらついに400ppmに達した。このような大気組成の変化が地球大気の温室効果（🌐p.121）を強め，それが近年の地球温暖化の原因になっているといわれている。

■ 1901～2012年の地上気温変化の分布
IPCC 第五次評価報告書

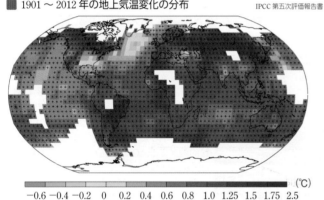

20世紀から現在までに，ほとんどの地域で1℃以上の気温上昇がみられる。特に，北半球の大陸での昇温が大きい。白い部分はデータが不十分なところである。

Column IPCC

IPCC（Intergovernmental Panel on Climate Change，気候変動に関する政府間パネル）とは，温暖化などの人為起源の気候変化の実態や将来予測について，その根拠や影響等を検討することを目的に世界気象機関（WMO）と国連環境計画（UNEP）により1988年に設立された組織で，各国の専門家により構成されている。そのうち，第1作業部会では気候変化の科学的根拠，第2作業部会では気候変化がもたらす影響，第3作業部会では気候変化の緩和に関する評価がそれぞれ行われている。
これまでの活動に対して，2007年にはノーベル平和賞が授与された。

基 B 気候変動の予測
IPCC 第五次評価報告書による気候変動予測では，各国のこれからの対策のとり方によっては，今後100年間で世界の気温が大幅に上昇しうることが予測されている。

■ 世界の平均地上気温の変化

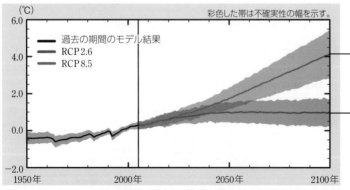

IPCCでは，1986～2005年平均に対する世界の平均地上気温の将来変化を，温暖化対策を最も行う場合のシナリオ（RCP2.6）と，最も低い対策とした場合のシナリオ（RCP8.5）に基づいて予測している。程度の差はあるもののいずれも気温上昇，北半球の海氷面積の減少の傾向が予測されている。

■ 2081～2100年の年平均地上気温の変化の分布予測

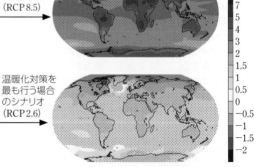

温暖化対策が最も低い場合のシナリオ（RCP8.5）

温暖化対策を最も行う場合のシナリオ（RCP2.6）

2081～2100年における年平均地上気温の予測値を1986～2005年平均からの偏差で表した分布である。北極域は世界平均より早く温暖化し，海上よりも陸上で温暖化が進むと予測されている。

基 C 地球温暖化の影響

地球温暖化によって，海面上昇や海氷・積雪域・氷河・氷床の縮小，激しい気象現象の増加，食糧生産の変化，さらには動植物の生態系や人間の健康への影響など，さまざまな影響が出ると予想されている。

■世界平均海面水位の変化

IPCC 第五次評価報告書

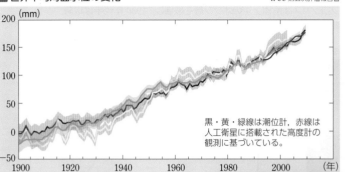

黒・黄・緑線は潮位計，赤線は人工衛星に搭載された高度計の観測に基づいている。

ツバル

1900 ～ 1905 年平均を基準とした世界平均海面水位の長期変化を表している。1901 ～ 2010 年の間に，世界平均海面水位は 0.19 m 上昇した。ツバルなど珊瑚礁を国土とする太平洋の国々は，海面上昇によって国土が水没する危機に直面している。

■世界の降水量の変化

気象庁

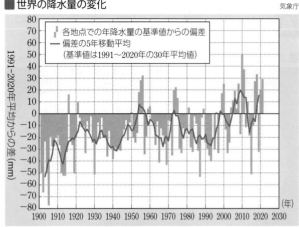

1900 年以降，世界の年降水量はやや増加傾向にある。今後，温暖化が進むと，大雨の頻度や強度・降水量が増加する可能性が高いと予想されている。

■氷河や北極域の海氷・凍土の縮小

過去 20 年間にわたって，北極域の海氷や積雪面積は減少を続けており，氷河も世界中で縮小を続けている。また，シベリアやアラスカなどの永久凍土にも温度上昇がみられ，地域によっては融解や森林の倒壊，さらには温室効果ガスであるメタンの放出なども懸念されている。

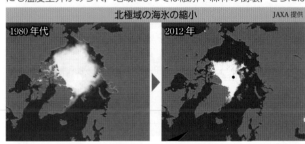

北極域の海氷の縮小　JAXA 提供

ヒマラヤの氷河の縮小

北極海の氷の面積は，2012 年 9 月には 1980 年代の平均的な面積に比べ半分以下に縮小していた。北極域での夏季海氷面積は，今世紀に入ってから過去に例を見ないほど急速に縮小している。

氷河の質量は過去 50 年おおむね減少傾向にあるが，特に 1990 年代からの減少は顕著である。これは地球温暖化の進行とともに対流圏の気温上昇が顕著になってきたためと考えられている。

地球の環境

Column 気候変動問題の解決に向けた取り組み

2015 年に採択されたパリ協定では，気候変動問題への解決に向けて，世界的な平均気温上昇を工業化以前に比べて 2℃ より十分低く保つとともに，1.5℃ に抑える努力をすることなどを世界共通の長期目標とすることを同意した。この目標の実現に向けて，120 以上の国と地域が「2050 年カーボンニュートラル」という目標を掲げている。「カーボンニュートラル」とは，温室効果ガスの排出量と吸収量を均衡させ，人為的な排出量を実質的にゼロにすることを意味する。日本では，2020 年 10 月，政府が 2050 年までに「カーボンニュートラル」の達成を目指すことを宣言している。

13 気候変動に具体的な対策を

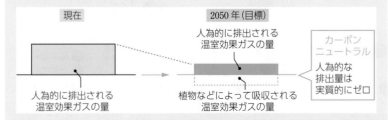

現在

2050 年（目標）

人為的に排出される温室効果ガスの量

人為的に排出される温室効果ガスの量

カーボンニュートラル

人為的な排出量は実質的にゼロ

植物などによって吸収される温室効果ガスの量

Zoom up 将来予測を可能にする気候モデル

地球温暖化対策は，将来の気候がどのように変化するかの予測に基づいて議論される。気候変化の予測には「気候モデル」が用いられる。気候モデルとは，大気や海洋，陸面などからなる地球環境システム（→ p.156）をコンピュータの中で再現したものである。眞鍋淑郎は，単純化した気候モデルを構築し，平均的な気温の高度分布を初めて再現した。さらに，大気中の二酸化炭素濃度を増やした場合には地上気温が上昇することを示し，これが地球温暖化予測の先駆けとなった。

また，大気・海洋・陸面からなるシステムを初めて気候モデルに組みこむなど，気候研究の分野で世界を先導してきた。眞鍋はこれらの功績により，2021 年にノーベル物理学賞を受賞した。

海氷：sea ice　　氷河：glacier　　氷床：ice sheet　　永久凍土：permafrost

基 **A** オゾン層の破壊　人間活動によって放出されたフロンガスは南極上空のオゾン層を破壊し，1980年代半ば以降，特に9月から11月にオゾン濃度が著しく減少した **オゾンホール** が出現するようになった。

■オゾンホール

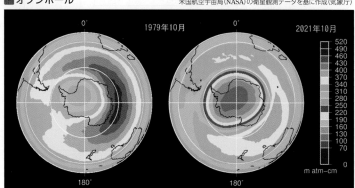

米国航空宇宙局(NASA)の衛星観測データを基に作成(気象庁)

■オゾンホールの面積の季節変化

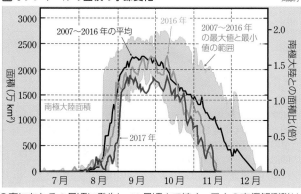

気象庁

オゾンホールとは，南極上空のオゾン量が極端に少なくなる現象のことで，南半球の春にあたる9月頃に発生し，11月頃まで続く。日本の南極観測隊は，1961年以来昭和基地においてオゾン量の観測を実施しており，1982年に忠鉢繁が世界に先駆けてオゾンの急激な減少に気づき，のちにオゾンホールの発見につながった。

■大気中のフロン濃度の変化

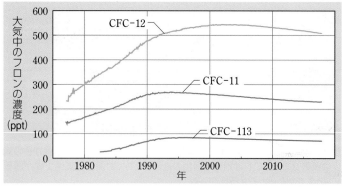

CFC-11，CFC-12，CFC-113はフロンの種類を示す。ppt (parts per trillion の略)は体積比で1兆分の1を表す。

■世界のオゾン量の経年変化

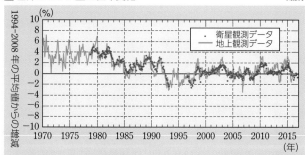

気象庁

1985年に，オゾン層保護のためのウィーン条約が採択され，さらに1987年モントリオール議定書により，具体的な規制内容が取り決められた。これらの取り組みにより，フロン等の大気中での濃度は減少傾向にあるものの，依然としてオゾン濃度は低い状態が続いている。

補足 **オゾン層破壊のしくみ**

オゾン層では，紫外線によって酸素分子が分解されて酸素原子となり，この酸素原子が別の酸素分子と結合することでオゾン分子が生成される。その一方で，オゾン分子は紫外線によって酸素分子と酸素原子に分解されて消滅する。オゾン層では，オゾン分子の生成と消滅のバランスによってオゾンの濃度が保たれている。しかし，ほかの要因でオゾン分子が破壊されるとオゾン分子の生成と消滅のバランスが崩れ，オゾンの濃度が低くなってしまう。

高度40km付近の成層圏に達したフロン(クロロフルオロカーボン，CFC)から塩素原子Clが放出されると，それが触媒となって次々とオゾン分子を破壊していく。これらの反応は，極低温下(−78℃以下)で形成される極成層圏雲(● p.112)の表面で起こり，太陽からの紫外線も必要なことから，オゾンホールは南半球の春季に当たる9月頃に形成される。

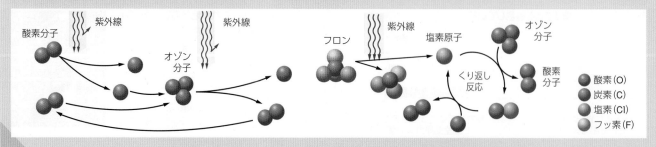

基 B 森林破壊
人間による森林伐採をおもな原因として，地球上の原生林は熱帯地方を中心に急速に減少しつつある。

■原生林の減少
 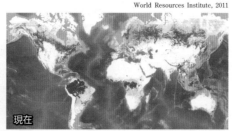

World Resources Institute, 2011

8000年前　現在

世界の森林は，人類の文明が始まる前に比べてその8割が消滅していると報告されている。その原因は，農地への転換，非伝統的な焼畑農法，森林火災，そして木材としての商業目的の森林伐採である。森林面積の減少は，地球全体の気候や生態系への影響のほか，貴重な生物種の絶滅など生物多様性にも悪影響を及ぼす。さらに，植生の減少が二酸化炭素の増加の一因ともなっている。

■森林火災

森林火災は，人為的な要因だけでなく，乾燥による自然発火が要因となることがある。気候変動によって干ばつが起こっている地域では，森林火災が起こりやすい。

■アマゾン・パラ州の森林面積の比較
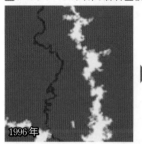 

1996年　2010年

森林である部分を緑色で示している。アマゾンの熱帯林では，約900〜1400億tのCO₂を吸収していると推測されている。これは，世界で人為的に放出されるCO₂などの温室効果ガスの9〜14年分に相当する。しかし，過去40年の農地開発などで，アマゾンの約2割の森林が消滅した。

©JAXA,METI analyzed by JAXA

■伐採された森林（アマゾン）

基 C 砂漠化
降水量が少ない乾燥地域では，気候の自然変動だけでなく，さまざまな人為的要因で土壌水分が減少し，植生が失われて砂漠化しやすい。いったん砂漠化が進行すると，夏季地表温度の上昇などで植生の回復は容易でない。

■砂漠化のおもな原因

干ばつ　チュニジア

過放牧による植生破壊　ケニア
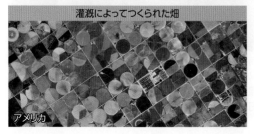
灌漑によってつくられた畑　アメリカ

砂漠化とは，気候の変動や人為的な原因により，乾燥地域などの土地が痩せてしまい，植物が育たなくなり，砂漠の面積が広がっていく現象のことである。
砂漠化の原因となる気候変動は干ばつや大規模な大気循環の変動，人為的な原因には森林伐採や過剰な灌漑・放牧などがある。

■乾燥地域の世界分布
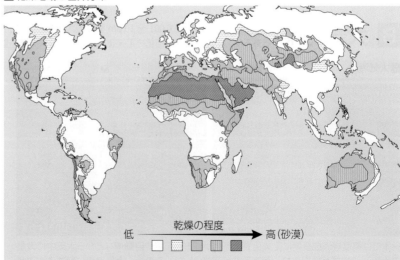

低　乾燥の程度　高（砂漠）

乾燥地域は各大陸の西部亜熱帯域から中緯度内陸域にかけて広く分布している。その総面積は全地表面積の40％をこえ，世界の総人口の3分の1の人々が居住している。地球温暖化の影響で，一層の乾燥化と乾燥地域の拡大が懸念されている。

原生林：primary forest　植生：vegetation　生態系：ecosystem　砂漠化：desertification　干ばつ：drought

5 地球環境問題（3）

A 黄砂

近年，日本における黄砂の観測頻度が増加しており，その原因として大陸における森林の減少，土地の劣化，砂漠化や温暖化に伴う積雪域の減少といった人為的な影響による環境問題との関連が指摘されている。

■ 黄砂

黄砂が飛来した東京（2021年4月）

アジア大陸内陸部の乾燥地域で風に巻き上げられた砂塵（さじん）を **黄砂**（こうさ）という。

■ 30年間（1991〜2020年）の月別黄砂観測日数の平均

国内60地点の統計

	1月	2月	3月	4月	5月	6月	7月	8月	9月	10月	11月	12月
（日）	0.2	1.2	4.4	6.2	2.7	0.2	0.0	0.0	0.0	0.2	0.4	0.2

日本列島への黄砂の飛来は，春季に集中する。早春になると，アジア大陸内陸部の乾燥地域の積雪が消え始め，しだいに裸地面積が増えるとともに，内陸でも低気圧の通過が増えるため，土壌粒子が巻き上げられて移動し，日本に飛来する。夏季以降，降水の増大により土壌粒子の巻き上げが抑えられる。

■ 黄砂の発生場所

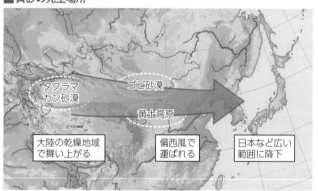

タクラマカン砂漠　ゴビ砂漠　黄土高原

大陸の乾燥地域で舞い上がる　偏西風で運ばれる　日本など広い範囲に降下

黄砂は，アジア内陸のタクラマカン砂漠・ゴビ砂漠や黄土高原などで強風により巻き上げられた土壌粒子が偏西風に乗って運ばれ，日本に飛来したものである。

■ 黄砂が飛来するようす

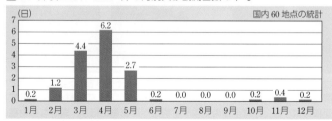

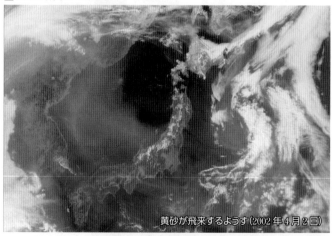

黄砂が飛来するようす（2002年4月2日）

B 大気汚染

大気中に浮遊する半径 0.001〜10 μm 程度の大きさの微粒子を **エーロゾル** という。エーロゾルは雲の凝結核として重要であるが，その一方で都市化・工業化に伴うエーロゾル排出量の増加により大気汚染が深刻化している。

■ 大気汚染

東京都環境局提供

1970年ごろの東京（江東区豊洲）

大気汚染でかすむ北京（中国）のようす

日本では高度経済成長期に工業化や都市化が進み，工場や自動車などから大気中に大量の大気汚染物質が放出され，大気汚染が深刻化した。その後，大気環境に関する法律が制定され，大気環境が大幅に改善された。一方，近年経済成長の著しい中国やインドの多くの都市では大気汚染が深刻化している。北京市では，微小粒子状物質 PM 2.5 の濃度が，日本の環境基準値（1日平均値が 35 μg/m³ 以下）の10倍以上にも達している。

■ ロックダウンによる大気汚染の改善

ロックダウン前（2019年）　ロックダウン中（2020年）

新型コロナウイルス感染症対策として，世界各地でロックダウンが実施された。その結果，大気汚染物質の排出量が減少したと報告された。インドでは 2020年3月25日にロックダウンが実施された後，大気汚染が改善した。

大気汚染物質(PM2.5)の拡散予測

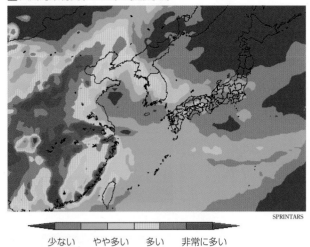

SPRINTARS

少ない　やや多い　多い　非常に多い

近年は人工衛星の観測から、黄砂やPM2.5の監視が可能となり、偏西風に乗った黄砂が太平洋をこえ、北米上空に達することも確認されている。こうした大気汚染物質の動向は、風や降水など大気状態を数値大気モデルに与えることで再現できるようになった。さらに、数値天気予報のもととなる大気状態の予報データを与えた汚染物質の拡散予測も実施されており、火山噴火時の降灰予報にも応用されている。

さまざまなエーロゾル

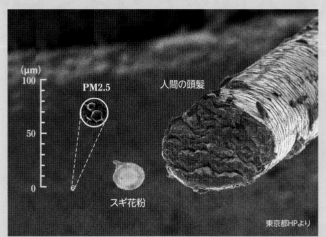

東京都HPより

エーロゾルには、人為起源のものと自然起源のものがある。人為起源のエーロゾルには、工場や自動車から排出される硫酸塩、化石燃料などの燃焼によって放出されるすすなどがある。自然起源のエーロゾルには、黄砂粒子や花粉粒子、火山噴火によって放出される硫酸塩がある。エーロゾルのうち、海塩粒子、直径2.5μm以下の微小粒子をPM2.5という。PM2.5は、吸いこむと呼吸器の深部まで吸入されやすいため、健康に大きな影響をもたらす。

基 C 酸性雨

大気汚染物質は上空の強い風によって輸送され、放出源から遠く離れた地域に影響を及ぼす。こうした越境汚染として長年認識されてきたものに **酸性雨** がある。

酸性雨による被害

酸性雨で被害を受けた樹木(アメリカ)

酸性雨対策として、脱硫装置の設置や硫黄酸化物の排出規制が行われ、1990年代になると酸性雨被害を受けた北欧や東欧、北米の大気環境は大きく改善した。

酸性雨の発生メカニズム

化石燃料を燃焼させる工場や自動車・飛行機から排出された硫黄酸化物(SO_x)・窒素酸化物(NO_x)などが、大気の流れに乗って移動しつつ拡散する間に、硫酸イオンや硝酸イオンの酸性粒子、ガスなどに変化して雨滴に溶けこんで、pH値(水素指数:溶液の水素イオン濃度を表す指数)5.6以下の酸性雨となる。

降水の酸性度の経年変化

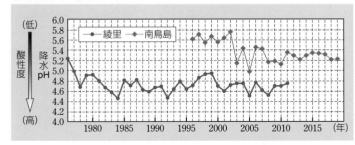

綾里では、観測した全期間(1976～2011年の36年間)を通して有意な変化傾向は見られない。人為的な影響がより少ない南鳥島では、綾里に比べて酸性度は低い。南鳥島における2003年および2005年のpHの顕著な低下は、南鳥島の南西約1200kmにある北マリアナ諸島アナタハン火山における噴火活動が活発化したことが原因の一つと考えられる。しかし、それ以降もpHが2002年以前の値にもどっていないことは、近年、大陸から輸送されてくる酸性物質が増加した影響を受けている可能性が考えられる。

エーロゾル:aerosol　酸性雨:acid rain

155

基6 人間をとりまく自然

基A 地球システム

地球システムは，地圏（岩石圏），水圏，大気圏，生物圏などのサブシステム（圏）から構成される。これらのサブシステムは，相互にエネルギーや物質のやりとりを行っている。

大気圏と生物圏における相互作用：光合成

植物が大気中の二酸化炭素を取りこんで，大気中に酸素を排出する。

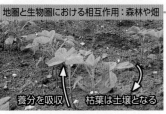

地圏と生物圏における相互作用：森林や畑

植物が土壌中の養分を吸収するとともに，土壌を生成する。

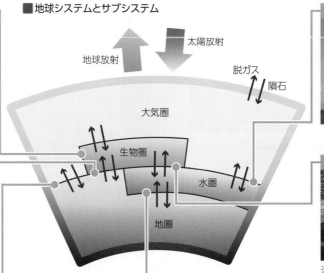

■ 地球システムとサブシステム

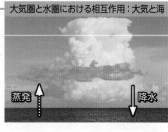

大気圏と水圏における相互作用：大気と海

生物圏と水圏における相互作用：赤潮

兵庫県淡路市

海水から栄養分を取りこんでプランクトンが大量発生した。

地圏と大気圏における相互作用：風化

トルコ・カッパドキア
風化・侵食された凝灰岩の岩石群

地圏と水圏における相互作用：海食崖

イギリス　白亜の壁

地球システムは，共通した性質をもつサブシステム（圏）から構成される。人類も，活動が地球に大きな影響を与える人類圏というサブシステムを形づくっている。サブシステムどうしは，相互に物質・エネルギーの循環ややりとりを行うことによって，影響を及ぼしあう。大気圏，水圏，地圏，生物圏が相互に作用している地表環境では，地球放射・太陽放射などの熱放射や，各圏を通した水の循環が，エネルギーの循環ややりとりに大きな役割をはたしている。

🔍 Zoom up　フィードバックとシステムの安定性

ある現象が起こり，その現象によって引き起こされた結果が，原因となったもとの現象に影響を及ぼすとき，これを **フィードバック** という。フィードバックには，もとの現象を増大させる **正のフィードバック** と，逆にもとの現象を押しとどめる **負のフィードバック** がある。正のフィードバックはシステムを不安定にし，負のフィードバックはシステムを安定化する。

正のフィードバックの例

気温上昇 → 氷床面積減少 → アルベド低下 → 太陽光の吸収量増加 → 気温上昇

気温が上昇することによって氷床面積が減少する。氷床面積の減少が地表での太陽光の吸収量増加につながり，さらなる気温上昇をもたらす。

負のフィードバックの例

気温上昇/気温低下 → 風化作用の促進 → CO_2 消費大 → 温室効果の減少

地表面の温度が上昇すると，風化作用が促進され，大気中の CO_2 が消費されて CO_2 濃度が低下する。大気中の CO_2 濃度が低下すると温室効果が減少し，地表面の温度は低下する。

■ 炭素の循環

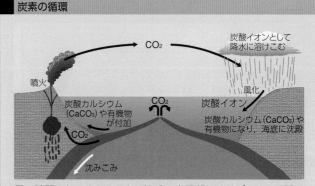

長い時間スケールでみると，地球の表層部ではサブシステム間の相互作用による炭素の大循環が行われている。
火山活動により地圏から大気圏に放出された二酸化炭素は，炭酸イオンとして降水に溶けこみ，陸水となって海洋に至る。炭酸イオンは，海洋中で炭酸カルシウムや有機物となって沈殿する。沈殿した炭酸カルシウムや有機物は，海洋プレートとともに移動して沈みこみ境界で陸（地圏）に付加されたり，地下深部に沈みこんだりする。地下深部に沈みこんだ炭酸カルシウムや有機物は，変成作用を受けて分解して二酸化炭素となり，火山活動などで再び大気圏にもどる。一方，付加して陸の一部となった炭酸カルシウムや有機物は隆起して，地表で風化作用を受けて分解し，二酸化炭素を大気圏に放出する。

基 B 自然の恵み

人類圏という地球のサブシステムを構成する私たち人間は，大気圏や水圏そして地圏といった
サブシステムからさまざまな恩恵を受けて生きている。

■大気・海洋からの恵み

私たちは，大気圏や水圏を利用してエネルギーを得ている。風力発電は，大気圏を利用したエネルギー資源である。また，水圏の一部である海洋から
は水産資源や海底鉱物資源などの海洋資源を得ており，水圏の一部である陸水からは生活用水や農業・工業用水といった水資源を得ている。

風力発電
北海道稚内市

海洋資源

水資源
香川県・満濃池

■火山の恵み

地圏から供給されたマグマは，地表に火山を形成する。プレート沈みこみ境界に位置する日本列島には多くの火山があり，私たちは火山からも多くの恩
恵を受けている。火山のつくる美しい景観は観光・登山などの観光資源となる。また，火山からもたらされた火山灰土は肥沃な大地をもたらし，豊か
な農業資源となる。さらに，火山からの地熱は，温泉や地熱発電のためのエネルギー資源を与えてくれる。

観光・登山
大分県・久住山

肥沃な農地(火山灰土)
群馬県嬬恋村・浅間高原

温泉
大分県・別府温泉

地球の環境

Column 日本の自然 トップ3

2022年9月22日現在

ユーラシア大陸東縁の大陸と海洋の境界に位置する日本列島は，気候
は温暖で湿潤であり，四季豊かな緑あふれる自然環境に恵まれている。
また，変動帯であるプレート沈みこみ境界におかれている日本列島は，
多くの火山や隆起した険しい山岳などが発達し，変化に富む景観にも

恵まれている。
その一方で，集中豪雨や台風などの気象災害，地震災害，津波，火山
災害などが頻発する自然災害列島でもある。

■山の標高

山の名称	高さ(m)
富士山	3776
北岳　　(赤石山脈)	3193
奥穂高岳(飛騨山脈) 間ノ岳　(赤石山脈)	3190
エベレスト(中国・ネパール)	8848

■湖沼の面積

湖沼の名称	面積(km²)
琵琶湖　　(滋賀県)	669.3
霞ヶ浦　　(茨城県)	168.1
サロマ湖(北海道)	151.6
カスピ海(ユーラシア大陸)	374000

■最高気温

地点	年月日	気温(℃)
浜松　(静岡県) 熊谷　(埼玉県)	2020.8.17 2018.7.23	41.1
美濃　(岐阜県) 金山　(岐阜県) 江川崎(高知県)	2018.8.8 2018.8.6 2013.8.12	41.0
デスヴァレー(アメリカ)	1913.7.10	56.7

■活火山の標高

山の名称	高さ(m)
富士山	3776
御嶽山	3067
乗鞍岳	3026
オーホスデルサラド(アルゼンチン・チリ)	6893

■河川の長さと流域面積

川の名称	長さ(km)	流域面積(km²)
信濃川	367	11900
利根川	322	16840
石狩川	268	14330
ナイル川(エジプト)	6695	3349000

■最低気温

地点	年月日	気温(℃)
旭川　(北海道)	1902.1.25	−41.0
帯広　(北海道)	1902.1.26	−38.2
江丹別(北海道)	1978.2.17	−38.1
南極	1983.7.21	−89.2

■カルデラの大きさ

カルデラの名称	南北(km)	東西(km)
屈斜路	20	26
阿蘇	25	18
姶良	17	23
トバ(インドネシア)	長さ約100	幅約30

■最深積雪

地点	年月日	積雪(cm)
伊吹山(滋賀県)	1927.2.14	1182
酸ヶ湯(青森県)	2013.2.26	566
守門　(新潟県)	1981.2.9	463

■最大瞬間風速

地点	年月日	風速(m/s)
富士山	1966.9.25	91.0
宮古島(沖縄県)	1966.9.5	85.3
室戸岬(高知県)	1961.9.16	84.5
グアム(アメリカ)	1997.12.16	105.5

資源：resource　　標高：altitude　　流域面積：basin area　　最深積雪：maximum depth of snow cover

基7 鉱物資源・エネルギー資源

基A 地球資源

人間は，地球システムを構成する岩石圏，水圏，大気圏，生物圏から，さまざまな地球資源を得ている。
そして，地球資源を利用して生活している。

エネルギー資源	化石燃料，地熱，太陽光，水力，風力など	エネルギー資源には，再生できない **化石燃料** と，地熱・太陽光・水力・風力などの再生可能資源がある。
鉱物資源	金属，非金属	鉱物資源には金属，非金属資源がある。
生物資源	食料，森林など	生物資源の多くは農業や牧畜，林業(植林)などのように再生可能資源として利用されている。
水資源	降水，表流水，地下水など ♩p.146	水資源は，人間の生存にとってきわめて重要な資源である。しかし，利用可能な淡水の存在は限られており，その確保は今後の大きな社会的問題である。
土壌資源	土壌 ♩p.69	農業の基礎となる肥沃な土壌資源の存在は限られている。

基B 鉱物資源と鉱床

有用な元素が濃集した岩石(**鉱石**)を多く含み，経済的に採掘できる地質体を **鉱床** という。

■ さまざまな鉱床の成因

鉱床は，火成作用によるもの，熱水作用によるもの，風化・堆積作用によるものに大別される。

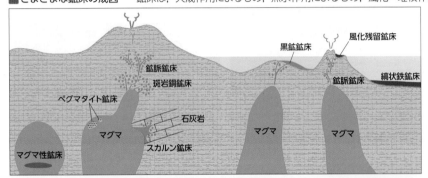

■ 火成作用による鉱床

マグマ性鉱床

クロム鉱床の露天掘り(フィンランド)

マグマから直接鉱石が沈殿するのがマグマ性鉱床である。マグマ性鉱床の代表的なものが，超苦鉄質マグマから晶出したクロムと鉄の酸化物であるクロム鉄鉱床である。

ペグマタイト(巨晶花崗岩)

電気石

福島県石川町

花崗岩質マグマが冷却し結晶化すると，残ったマグマはケイ酸成分と水に富むようになる。こうした水に富む最終残液のマグマから固化したものが，ペグマタイトである。

■ 風化・堆積作用による鉱床

縞状鉄鉱床

鉄鉱床の露天掘り(オーストラリア)

磁鉄鉱・赤鉄鉱とケイ酸塩鉱物あるいは炭酸塩鉱物が層状になった地層である。
現在掘削されている鉄鉱床の大部分が，縞状鉄鉱層(♩p.92)である。

風化残留鉱床：ボーキサイト

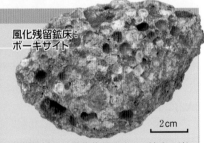

2cm

熱帯地域では風化作用によって地表の岩石からさまざまな元素が溶脱され，アルミニウムが濃集したボーキサイトが形成される。ボーキサイトを含む土壌はやせていて農業には適さない。

Column ウラン鉱石

燐銅ウラン鉱石
産地：フランス

1cm

ウラン鉱床には，ペグマタイト鉱床や花崗岩のような岩石が風化してできた粘土などが堆積して形成された堆積鉱床がある。ウラン鉱石は原子力発電の原料となるが，日本ではほとんど産出せず，すべてオーストラリアなどの諸外国から輸入されている。

■ 熱水作用による鉱床

スカルン鉱床：鉛・亜鉛・銅鉱石

産地：岐阜県飛騨市

10cm

熱水性鉱床は，マグマからもたらされた熱水と天水起源の地下水の混ざった熱水から，金属元素が鉱物として晶出したものである。
地層や岩石の割れ目(鉱脈)にそって熱水が移動し，鉱物が晶出してできた鉱脈鉱床，岩石を構成する鉱物の隙間を熱水が通過する際に銅鉱物が晶出してできた斑岩銅鉱床，海底に熱水が噴出した際に急冷された熱水から鉱物が晶出してできる黒鉱鉱床がある。
また，熱水が石灰岩などの岩石を通過すると，鉱石が沈殿してスカルン鉱床が形成される。

^基C 化石燃料

石炭や石油，天然ガスは，長い時間をかけて，地層に埋もれた生物の遺骸から生成される。このため，**化石燃料** という。化石燃料は炭素が主成分のため，燃焼すると二酸化炭素を排出し，地球温暖化などの環境問題を引き起こす原因となる。

■石炭

地下の石炭を掘り出している（釧路炭鉱）

石炭は，湿地帯などで植物の遺骸が地層中に埋没し，炭化したものである。地球上の石炭は，石炭紀（🔍 p.99）の植物起源のものが最も多い。これに対して日本列島の石炭は，古第三紀の植物起源のものが大部分である。

■石油

石油は，海中のプランクトンなどの生物の遺骸が海底にたまり，地層中で変化したものである。地球上の石油は，中生代（🔍 p.101）の生物起源のものが多い。一方，日本列島の石油は新第三紀の生物が起源となっている。

■オイルシェール

石油を取り出すことができる頁岩である。石油と違って淡水の藻類が起源であり，炭田地帯で産する。

■天然ガス

天然ガスは石油に伴って産する。成因は石油とほぼ同じである。

Column　メタンハイドレート

メタンハイドレートは天然ガスの一種で，水分子のかご状の格子の中にメタン分子が閉じこめられたものである。燃える氷ともよばれ，燃焼による二酸化炭素排出量が少ない。
日本列島の周辺海域には，天然ガス量に換算して日本で1年間に消費される天然ガスの約96年分ものメタンハイドレートが海底堆積物中に埋蔵されており，日本が自前で調達できる有望なエネルギー資源と考えられている。

---

^基D 再生可能エネルギー

太陽光や風力，水力，地熱，バイオマスなどは自然環境の中にあり，再生可能あるいは無尽蔵に得られるため，再生可能エネルギーとして注目されている。

■太陽光

太陽電池を設置することで，太陽光を電気エネルギーに変換し，発電することができる。太陽電池は，日照条件を満たせば，場所を選ばずに設置することができる。

■地熱

菅原バイナリー発電所（大分県）

地中や温泉の熱を利用した発電を地熱発電という。火山国である日本は地熱エネルギー大国といわれているが，開発がまだ十分には進んでいない。

■バイオマス

バイオマス発電所（岡山県真庭市）

森林伐採廃棄物などの再利用可能な生体構成物質起源の産業資源から得られるものを，バイオマスという。バイオマスからは発酵などの方法で，エネルギーを得ることができる。

■水力

富山県黒部ダム

水力発電は，ダムなどに水をため，高い場所から低い場所へ水を移動させることで，発電機を稼働させている。

■風力

神奈川県横浜市

風力発電は風の力を利用した発電方式で，世界的にはよく行われているが，日本ではまだ十分に利用されているとはいえない。

Column　水素（燃料電池）

水素と酸素の化学反応によって電気を生じるのが燃料電池である。最近では，燃料電池を使用した自動車も開発されている。水素は海水などから大量に生成可能なため，比較的容易に得られるエネルギー資源である。燃料電池は将来において有望なエネルギーシステムと考えられている。

© 岩谷産業株式会社

石炭：coal　　石油：petroleum　　オイルシェール：oil shale　　天然ガス：natural gas　　燃料電池：fuel cell

地球の環境

基 1 惑星(1)

基 A 水星

水星は，太陽に最も近い惑星で，大気がほとんどないため，表面温度は太陽側で約400℃，反対側で約−200℃と昼夜の温度差がとても大きい。表面は多くのクレーターでおおわれている。クレーターの多い高地とクレーターが少なく平坦な平原がある。

メッセンジャー，2008

クレーターから放射状に明るい筋が広がる光条クレーターが見える。光条クレーターは比較的若いクレーターである。

■断崖地形

断崖

ドゥッチオクレーター

メッセンジャー，2015

先に形成された古いドゥッチオクレーター（直径約133km）を断崖が横断している。断崖は，水星内部の冷却に伴って，惑星規模で収縮が起きてできたと考えられており，水星表面のあちこちに見られる。

■極に見られる氷

北極

Kandinsky

Prokofiev

水星の自転軸は黄道面に対してほぼ垂直なので，極域のクレーターの底には日が一年中当たらない永久影がある。レーダーをよく反射する場所（写真の黄色）はクレーターの底の永久影の場所と一致し，水の氷があると考えられている。

基 B 金星

金星は，地球とほぼ同じ大きさで，位置的には地球に最も近い惑星である。二酸化炭素を主成分とした厚い大気におおわれていて，温室効果により表面温度は約460℃に達する。全天が雲でおおわれており，可視光線では金星の表面を知ることはできない。

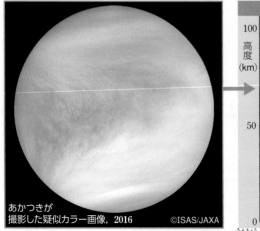

あかつきが撮影した疑似カラー画像，2016　©ISAS/JAXA

金星の大気構造

高度(km)　100　50　0

硫酸の雲　−40℃　130℃

二酸化炭素の大気　460℃

マゼランのレーダー観測，1991

金星は，高度45〜70kmに濃硫酸の雲があり，その雲頂付近に紫外線を吸収する物質が分布している。そのため，紫外線で観測すると模様が見える。模様の移動する速度から，高度70kmの雲頂付近の風速は約100m/sであることがわかっている。この高速の風は **スーパーローテーション(4日循環)** とよばれ，約4日で金星を1周する。

金星表面の約60%は溶岩におおわれた平原で，約16%が山脈や火山である。数億年前には，表面のかなりの部分が溶岩で埋めつくされるほどの大規模な火山活動が起こったと推測されている。

■金星の地形

ⓐ金星の厚い大気を通過する間に小さい天体は燃えつきてしまうため，直径数km以下の小さいクレーターは存在しない。クレーターの周囲の明るい部分は，クレーターからの放出物質が堆積したものである。

ⓑ手前に溶岩が流れた跡がある。ビーナス・エクスプレスの観測結果より，現在も金星で火山活動が続いていると推測されている。

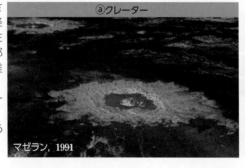

ⓐクレーター

マゼラン，1991

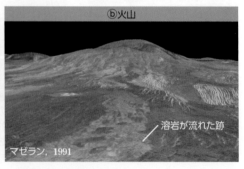

ⓑ火山

溶岩が流れた跡

マゼラン，1991

基 C 火星

火星は，二酸化炭素を主成分とする薄い大気をもち，表面には巨大な火山や峡谷，極冠がある。
また，火星の表面には，かつて液体の水が存在したと考えられる数々の証拠が見つかっている。

マーズ・グローバル・サーベイヤーの観測，
1999～2000

酸化鉄を多く含む岩石でおおわれているため，表面は赤みがかって見える。大気にはごくわずかに水蒸気が含まれ，雲や霧が発生することがある。

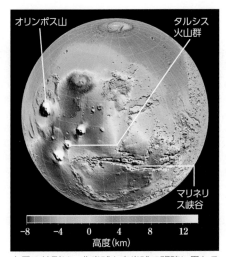

オリンポス山　タルシス火山群

マリネリス峡谷

-8　-4　0　4　8　12
高度(km)

火星の地形は，北半球と南半球で明確に異なる。北半球は低地でクレーターが少なく，南半球は高地でクレーターでおおわれている。

■ オリンポス山

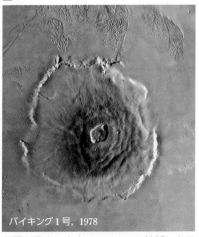

バイキング1号，1978

太陽系最大の火山で，タルシス地域にある。標高は約26kmで，ゆるやかな傾斜をもち，裾野は直径約600kmに広がっている。

■ 火星の夕日 QR

キュリオシティ，2015

火星の大気中の微粒子は，地球の大気中の微粒子より大きく，波長の長い赤や黄色の光を散乱しやすい。そのため，波長の短い青い光だけが太陽付近の空に残る。この現象は，昼間よりも，日没のころに顕著になるため，夕焼けが青く見える。

■ 火星を探査するパーサヴィアランス

パーサヴィアランス，2021

■ 極冠

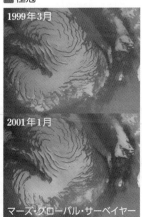

1999年3月

2001年1月

マーズ・グローバル・サーベイヤー

極地域の白い部分は極冠とよばれる二酸化炭素の氷である。極冠は季節変化し，冬期には二酸化炭素が氷となって極に堆積し，夏期には昇華して大気中に戻る。

■ 旋風と砂嵐

火星の大気は薄いため，昼夜で大きな温度差を生じる。また，夏期には極冠の氷が昇華し，大気圧が約25%も増加する。このような日変化や季節変化が強い風や砂嵐を引き起こす要因となっている。
ⓐ高さ約20kmの巨大な旋風。火星ではよく見られる。
ⓑ大規模な砂嵐でほぼ全球が塵におおわれているようすがわかる。

ⓐ旋風(ダストデビル)

マーズ・リコネサンス・オービター，2012

ⓑ砂嵐

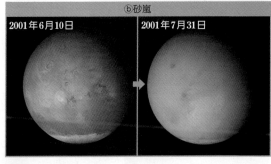

2001年6月10日　　2001年7月31日

■ 火星の水の証拠となる地形

ⓐ

マーズ・グローバル・サーベイヤー，2000

ⓑ

2001 マーズ・オデッセイ，2010

ⓒ

キュリオシティ，2015

ⓐ地下水が流れでてできたと考えられている地形。
ⓑ涙型の中州の存在から，液体の流れがあったことが示唆される。
ⓒ湖の底に堆積したように見える薄板状の泥岩。泥岩の存在は，かつて水が長期間にわたり湖のようにたまっていたことを示す。
ⓐ～ⓒの地形は，過去のある時期に大量の水が火星の表面にあったという推測をより確かなものにしている。

宇宙の構造

火星：Mars　　オリンポス山：Olympus Mons　　極冠：polar ice cap

■ 惑星の諸量　「理科年表」などによる

※確定した衛星数と，（　）で発見された総衛星数を表した。

	天体	太陽からの平均距離 (10⁸km)	太陽からの平均距離 (天文単位)	赤道半径 (km)	体積 (地球=1)	質量 (地球=1)	平均密度 (g/cm³)	自転周期 (日)	対恒星公転周期 (ユリウス年)	衛星数※	偏平率	太陽より受ける輻射量 (地球=1)
地球型惑星	水星	0.579	0.3871	2439.4	0.056	0.05527	5.43	58.6461	0.24085	0	0	6.67
	金星	1.082	0.7233	6051,8	0.857	0.8150	5.24	243.0185	0.61520	0	0	1.91
	地球	1.496	1.0000	6378.1	1.000	1.0000	5.51	0.9973	1.00002	1 (1)	0.00335	1.00
	火星	2.279	1.5237	3396.2	0.151	0.1074	3.93	1.0260	1.88085	2 (2)	0.00589	0.43
木星型惑星	木星	7.783	5.2026	71492	1321	317.83	1.33	0.4135	11.8620	72(95)	0.06487	0.037
	土星	14.294	9.5549	60268	764	95.16	0.69	0.4440	29.4572	66(146)	0.09796	0.011
	天王星	28.750	19.2184	25559	63	14.54	1.27	0.7183	84.0205	27(27)	0.02293	0.0027
	海王星	45.044	30.1104	24764	58	17.15	1.64	0.6653	164.7701	14(14)	0.01708	0.0011

	天体	離心率	黄道面に対する軌道傾斜角 (°)	軌道平均速度 (km/s)	会合周期 (太陽日)	視半径(″) (地球より平均最近距離にて)	赤道重力 (地球=1)	赤道傾斜角 (°)	アルベド (反射能)	極大等級	おもな大気の成分	磁場	環
地球型惑星	水星	0.2056	7.004	47.36	115.9	5.49	0.38	0.03	0.08	−2.5	ナトリウム	有	無
	金星	0.0068	3.394	35.02	583.9	30.16	0.91	177.36	0.76	−4.9	二酸化炭素	無	
	地球	0.0167	0.003	29.78	—	—	1.00	23.44	0.30	—	窒素 , 酸素	有	
	火星	0.0934	1.848	24.08	779.9	8.94	0.38	25.19	0.25	−3.0	二酸化炭素	無	
木星型惑星	木星	0.0485	1.303	13.06	398.9	23.46	2.37	3.12	0.34	−2.9	水素 ヘリウム	有	有
	土星	0.0555	2.489	9.65	378.1	9.71	0.93	26.73	0.34	−0.6			
	天王星	0.0464	0.773	6.81	369.7	1.93	0.89	97.77	0.30	+ 5.4			
	海王星	0.0095	1.770	5.44	367.5	1.17	1.11	28.35	0.29	+ 7.7			

基 **A** 木星

木星は，太陽系最大のガス惑星で，水素とヘリウムが主成分である。表面には，東西方向にそって縞模様が見られ，大赤斑などのたくさんの渦も見られる。また，強い磁場をもつため，オーロラが見られる。

ハッブル宇宙望遠鏡，2021

温度が高い赤茶色の縞と，温度が低い白色の帯が交互に並んでいる。

■ 大赤斑

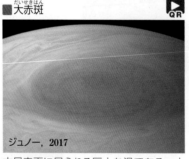

ジュノー，2017

木星表面に見られる巨大な渦である。大赤斑は徐々に小さくなっていて，19世紀後半には東西方向に約 56000 km あったが，2017 年には約 16000 km となっている。

■ 木星の環

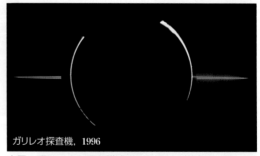

ガリレオ探査機，1996

木星の環は 4 つの環で構成されており，内側からハロー環，主環，アマルテア・ゴッサマー環，テーベ・ゴッサマー環という。写真の主環は，幅約 6000 km，厚さ数十 km である。

■ 南極から見た木星

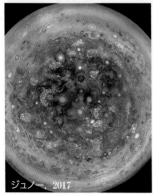

たくさんの渦が見えている。大きい渦は直径 1000 km に及ぶものもある。写真は複数の画像を合成したもので，色彩が強調されている。

ジュノー，2017

■ シューメーカー・レビー第 9 彗星の衝突痕

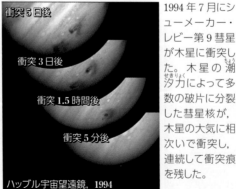

衝突 5 日後
衝突 3 日後
衝突 1.5 時間後
衝突 5 分後

ハッブル宇宙望遠鏡，1994

1994 年 7 月にシューメーカー・レビー第 9 彗星が木星に衝突した。木星の潮汐力によって多数の破片に分裂した彗星核が，木星の大気に相次いで衝突し，連続して衝突痕を残した。

■ 木星のオーロラ

ジェームズ・ウェッブ宇宙望遠鏡，2022

木星の磁場は，地球の 2 万倍強い。極地域の赤い部分がオーロラ。

基 B 土星

土星は，木星に次ぐ大きさのガス惑星で，地上からの観測でもよく見える巨大な環が特徴である。
表面に淡い縞模様が見られ，平均密度は惑星の中で最も小さい。磁場をもち，オーロラが見られる。

カッシーニ，2016

カッシーニの空隙

B環　A環

■ 公転と環の見え方

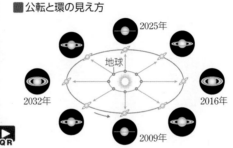

2025年
地球
2032年
2016年
2009年

土星の環は，土星の赤道面に位置しており，土星の公転軌道面から約 26.7°傾いている。そのため地球との位置関係で環の見える角度が変化する。土星の公転周期は約 29.5 年なので，地球から見たときの土星の環の傾きは，約 15 年周期で変動する。

■ 土星の環

氷を主成分とする環は一枚の円盤ではなく，多くの輪で構成され，おもな環には発見された順にアルファベットの名前が付けられている。土星の環は土星の赤道から約 6000km ～約 120000km あたりまで広がっているが，環の厚みは非常に薄い。内側ほど薄く，数 m ～数十 m，外側では少し広がって，F 環よりさらに外側の E 環では 10000km と推定されている。環の構造は衛星の存在と密接に関係している。

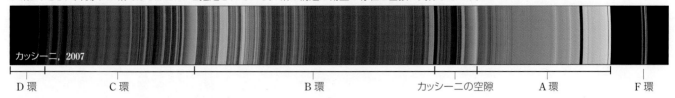

カッシーニ，2007

D 環　　C 環　　B 環　　カッシーニの空隙　　A 環　　F 環

基 C 天王星

天王星は，おもにガスと氷からできていて，自転軸が横倒しになっていることが特徴である。
表面はメタンによって青みがかって見える。現在 27 個の衛星が確認されている。

ハッブル宇宙望遠鏡，2007

■ 天王星の環と衛星

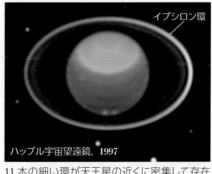

イプシロン環

ハッブル宇宙望遠鏡，1997

11 本の細い環が天王星の近くに密集して存在し，遠方に希薄な R1，R2 環がある

■ 天王星の公転

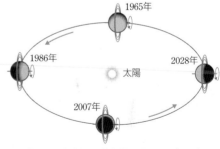

1965年
1986年
太陽
2028年
2007年

自転軸は 98°傾斜し，自転軸と公転面がほぼ平行になっている。そのため，極地方では公転周期の約半分である約 42 年間，昼または夜が続く。

基 D 海王星

海王星は，太陽から最も遠い惑星で，ガスと氷が主体である。
天王星と比べ，表面にあるメタンが多いため，より青く見える。表面温度は太陽系の惑星の中で最も低い。

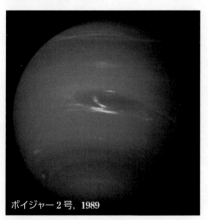

ボイジャー 2 号，1989

■ 暗斑（あんはん）

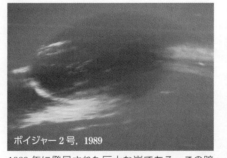

ボイジャー 2 号，1989

1989 年に発見された巨大な嵐である。この暗斑は 1994 年のハッブル宇宙望遠鏡での観測時には消滅していた。

■ 海王星の環

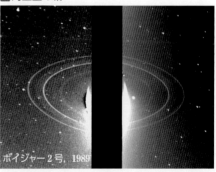

ボイジャー 2 号，1989

5 つの環が確認されている。写真は，暗い環が見えるように海王星を隠して撮影している。

宇宙の構造

土星：Saturn　　天王星：Uranus　　海王星：Neptune　　地球型惑星：terrestrial planet　　木星型惑星：jovian planet

視覚でとらえる 惑星

■惑星の軌道図

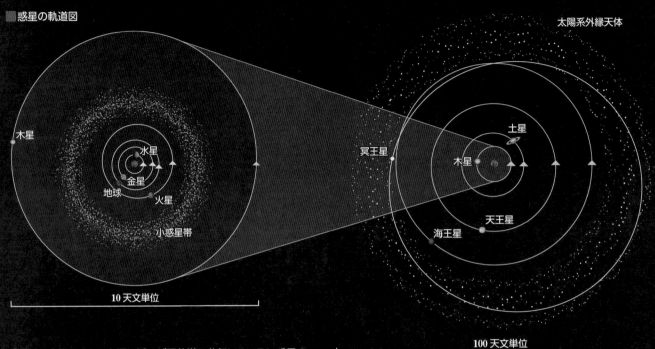

太陽系外縁天体

木星
水星
金星
地球
火星
小惑星帯

10 天文単位

冥王星
土星
木星
天王星
海王星

100 天文単位

惑星は，太陽のまわりを円に近いだ円軌道で公転している。惑星の公転の向きは，太陽の自転の向きと同じである。1 天文単位は太陽と地球の間の平均距離にほぼ等しく，約 1 億 5000 万 km である。太陽系の天体の距離を表す際に，天文単位がよく用いられる。

■自転軸の傾き

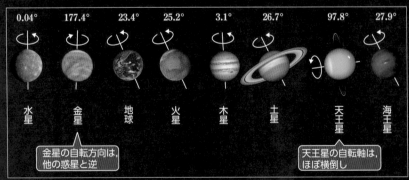

| 0.04° | 177.4° | 23.4° | 25.2° | 3.1° | 26.7° | 97.8° | 27.9° |

水星　金星　地球　火星　木星　土星　天王星　海王星

金星の自転方向は，他の惑星と逆

天王星の自転軸は，ほぼ横倒し

金星と天王星以外の惑星は，自転の向きと公転の向きが同じである。

■太陽からの平均距離（天文単位）

| 0.39 | 0.72 | 1.00 | 1.52 | | 5.20 | | 9.55 |

太陽　水星　金星　地球　火星　　木星　　土星

グラフでみる惑星

■ 赤道半径

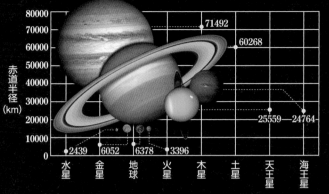

太陽系の惑星の中では木星が最も大きく，木星の赤道半径は地球の11倍程度で，体積は1300倍以上にも及ぶ。

■ 赤道半径と密度

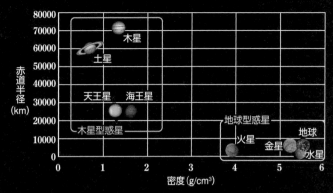

地球型惑星は，岩石や鉄などで構成されているため密度が大きく，木星型惑星は，おもに水素やヘリウムなどのガスで構成されているため密度が小さい。

■ 質量

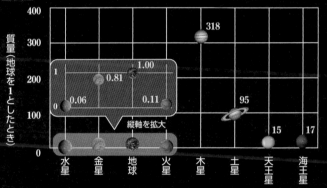

地球型惑星に比べ，木星型惑星は半径や質量が大きい。木星は地球の約318倍，土星は約95倍もの質量がある。

■ 質量と密度

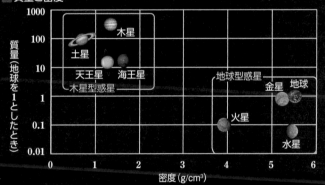

木星は水星の5000倍ほどの質量をもつ。このような桁数が異なる値をグラフで比較する際には，対数目盛りを用いると比較しやすい。

■ 自転周期

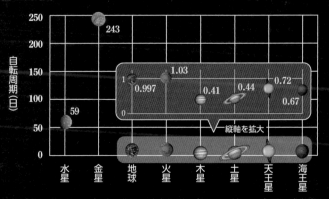

他の惑星に比べて，金星と水星は自転周期が長い。特に，金星の自転周期は長く，公転周期約225日よりも長い。

■ 公転周期

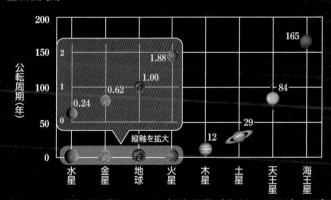

太陽からの平均距離が長くなるほど公転周期が長くなることが，ケプラーの第三法則（● p.183）として知られている。

基 3 月

基 A 月

月は地球のまわりを公転する衛星で，太陽の光を反射して輝いている。大きさは地球の約4分の1で，表面にはたくさんのクレーターが存在する。地球以外で人類が下り立った唯一の天体である。

■月の表側

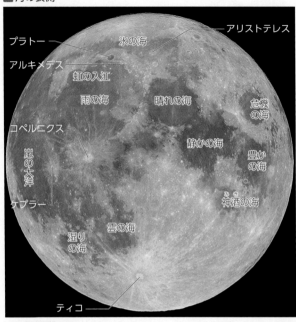

プラトー
アリストテレス
アルキメデス
氷の海
虹の入江
雨の海
晴れの海
危機の海
コペルニクス
静かの海
豊かの海
嵐の大洋
ケプラー
神酒の海
湿りの海
雲の海
ティコ

■月の裏側

かぐやのMI（マルチバンドイメージャ）データから作成された画像　©JAXA/SELENE

月の公転周期と自転周期は一致しており，自転軸が公転面にほぼ垂直であるため，地球からはいつも同じ面が見える。地球から見える面を表側，見えない面を裏側とよぶ。月面の暗い部分は海，明るい部分は高地とよばれる。海はほとんどが表側に分布している。高地にはクレーターが多く，海にはクレーターが少ない。

■月の石

玄武岩

アポロ15号の宇宙飛行士によって採取されたゴルフボール大の月の石の破片。これは月の海の領域を構成する玄武岩に分類される。

角礫岩

アポロ16号の宇宙飛行士によって採取された，月の高地でよく見られる角礫岩。月面への隕石衝突の衝撃で粉々にくだかれた岩石の破片が再び集積し，固まって形成された。

■月面に見られる地形

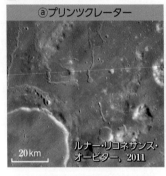

ⓐプリンツクレーター
ルナー・リコネサンス・オービター，2011
20km

ⓑメンデレーエフクレーター
ルナー・リコネサンス・オービター，2010
10km

ⓐ多数のリル（溝）が見られる。月の海で多く見られる蛇行リルとよばれる地形は，古い溶岩地形が新しい溶岩流の熱で部分的に溶かされてできたと考えられる。

ⓑメンデレーエフクレーターの中の四角で囲まれている部分では，小さいクレーターが直線的に並んでいる。潮汐力で分裂した小天体の破片群が連続的に衝突してできたと考えられている。

■太陽・地球・月の比較

	赤道半径（km）	質量（地球＝1）	密度（g/cm³）	地球との平均距離（万km）
太陽	695700	332946	1.41	14960
地球	6378.1	1	5.51	―
月	1737.4	0.0123	3.34	38.44

■月の見かけの大きさ

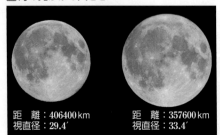

距離：406400km
視直径：29.4′

距離：357600km
視直径：33.4′

月の軌道はだ円形のため，地球と月の間の距離は35.6万〜40.7万kmの範囲で変化する。距離の変化に伴い月の見かけの大きさも変化し，月が最も近いときの月の視直径は最も遠いときに比べて14%大きくなる。

■月の満ち欠け

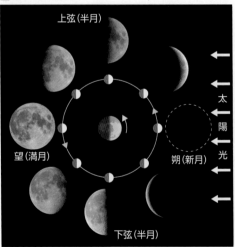

上弦（半月）
望（満月）
朔（新月）
下弦（半月）
太陽光

月が地球のまわりを公転するため，太陽，地球，月の相対的な位置関係は変化する。それに伴って月が太陽に照らされる面が変わり，月の満ち欠けが起こる。朔（新月）→上弦→望（満月）→下弦→朔へもどるこの周期は約29.5日（朔望月）である。

基 B 月の誕生と内部構造

月の誕生については，原始地球に衝突した天体によって，月が誕生したという **ジャイアント・インパクト説** が有力である。

■ジャイアント・インパクト説

① 原始地球に火星程度の大きさの天体が斜めに衝突する。

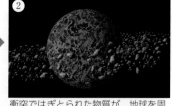

② 衝突ではぎとられた物質が，地球を周回する円盤を形成する。

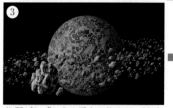

③ 物質がみずからの重力で集まり，地球のまわりに無数の塊ができる。

④ 塊が地球のまわりを回っている間に合体して，1か月～1年で月ができた。

■月の内部構造

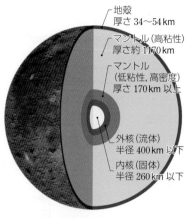

地殻 厚さ34～54km
マントル(高粘性) 厚さ約1170km
マントル(低粘性，高密度) 厚さ170km以上
外核(流体) 半径400km以下
内核(固体) 半径260km以下

アポロの月震計のデータと月の回転や変形の最新のデータを組み合わせて得られた月の内部構造の最新モデルである。月も地球と同じように，地殻，マントル，核の層構造がある。月は地球と比べて平均密度が小さい。そのため金属鉄の核がないか，あっても小さいと考えられている。また，月面の岩石には揮発性物質が乏しいため月にはマグマオーシャンの時期があった可能性が高いこと，地球の物質と月の物質の酸素同位体比が一致していることなどの観測的証拠から，ジャイアント・インパクト説が月の起源に関して現在最有力の説である。

基 C 日食・月食

地球・月・太陽の位置関係によって，日食や月食が発生する。月が太陽の前を横切ると **日食** が起こり，月が地球の影に入ると **月食** が起こる。

■日食

地球から見ると，太陽と月の見かけの大きさは同じくらいである。月が太陽と地球の間に入り，太陽をすっぽり隠すと，皆既日食となる。月の軌道は，完全な円ではないため，月と地球の距離は少しだけ変化する。月と地球の距離が遠くなると，月は太陽全体を隠しきれず，ふちを少し残した金環日食となる。いずれの場合も，太陽が(ほぼ)すべて隠れて見えるのは，地上の狭い範囲に限られており，その周囲では太陽が部分的に隠れる，部分日食が観測される。

■月食

日食とは逆に，月が地球の影に入るのが月食である。地球の大気によって太陽光が屈折するため，波長の長い赤い光は地球の影の中にも入りこむ。そのため，月は真っ黒にはならず，赤銅色になる。また，地球の夜側のどこからでも，月食は観測できる。

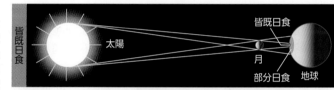

皆既日食: 太陽 / 皆既日食 / 月 / 部分日食 / 地球

金環日食: 太陽 / 金環日食 / 月 / 部分日食 / 地球

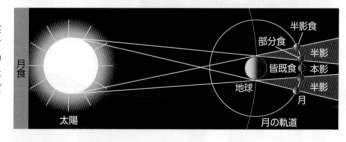

月食: 半影食 / 部分食 / 半影 / 皆既食 / 本影 / 地球 / 半影 / 月 / 太陽 / 月の軌道

皆既日食

ダイヤモンドリング

皆既日食の前後に，月の表面の窪みから，太陽の光がもれて，ダイヤモンドのついた指輪のように見える。

金環日食

皆既月食

■月の軌道の傾きと日食・月食

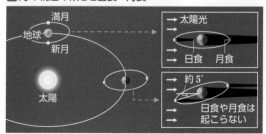

満月 / 地球 / 新月 / 太陽 / 太陽光 / 日食 / 月食 / 約5° / 日食や月食は起こらない

月の軌道は，地球の公転面に対し約5°傾いているため，日食や月食は，新月や満月のたびに起こるわけではない。

■日本で見える日食・月食

日食			
2030/6/1	金環	2035/9/2	皆既

月食			
2023/10/29	部分	2028/7/7	部分
2025/3/14	皆既	2029/1/1	皆既
2025/9/8	皆既	2029/12/21	皆既
2026/3/3	皆既	2030/6/16	部分

日食：solar eclipse　皆既日食：total eclipse　金環日食：annular eclipse　月食：lunar eclipse

宇宙の構造

基 4 衛星

■ おもな衛星の諸量

「理科年表」などによる

母天体	衛星名	発見年	等級(等)	軌道の長半径※1	公転周期(日)	離心率	軌道傾斜角(°)※2	半径(km)	質量※3
地球	月	―	−12.9	60.27	27.3217	0.0555	5.157	1737.4	0.0123
火星	フォボス	1877	11	2.76	0.3189	0.0151	1.08	13 × 11 × 9	1.66×10^{-8}
	ダイモス	1877	12	6.91	1.2624	0.0002	1.79	8 × 6 × 5	2.30×10^{-9}
木星	イオ	1610	5	5.90	1.7691	0.0041	0.036	1829 × 1819 × 1816	4.70×10^{-5}
	エウロパ	1610	5	9.39	3.5512	0.0094	0.466	1563 × 1560 × 1560	2.53×10^{-5}
	ガニメデ	1610	5	14.97	7.1546	0.0013	0.177	2631	7.80×10^{-5}
	カリスト	1610	6	26.33	16.6890	0.0074	0.192	2410	5.67×10^{-5}
土星	ミマス	1789	13	3.08	0.9424	0.0196	1.574	208 × 197 × 191	6.60×10^{-8}
	エンケラドス	1789	12	3.95	1.3702	0.0048	0.003	257 × 251 × 248	1.90×10^{-7}
	テティス	1684	10	4.89	1.8878	0.0001	1.091	538 × 528 × 526	1.09×10^{-6}
	ディオネ	1684	10	6.26	2.7369	0.0022	0.028	563 × 561 × 560	1.93×10^{-6}
	レア	1672	10	8.75	4.5175	0.0002	0.333	765 × 763 × 762	4.06×10^{-6}
	タイタン	1655	8	20.27	15.9454	0.0288	0.306	2575	2.37×10^{-4}
天王星	アリエル	1851	13	7.47	2.5204	0.0012	0.041	581 × 578 × 578	1.49×10^{-5}
	ウンブリエル	1851	14	10.41	4.1442	0.0039	0.128	585	1.41×10^{-5}
	チタニア	1787	13	17.07	8.7059	0.0011	0.079	789	3.94×10^{-5}
	オベロン	1787	13	22.83	13.4632	0.0014	0.068	761	3.32×10^{-5}
	ミランダ	1948	15	5.08	1.4135	0.0013	4.338	240 × 234 × 233	7.59×10^{-7}
海王星	トリトン	1846	13	14.33	5.8769	0.0000	156.865	1353	2.09×10^{-4}
冥王星	カロン	1978	18	16.49	6.39	0.0	0.1	606	0.1

※1 母天体の赤道半径を1としたとき　　※2 母天体の赤道を基準面　　※3 母天体に対する比

基 A 火星の衛星

火星には衛星が2つあり，フォボスとダイモスという。小惑星が捕獲されたか，地球の月と同じように火星に天体が衝突して形成されたと考えられているが，まだ決定的な説はない。

■ フォボス

大きさ約27kmである。フォボスは火星に近いほうの衛星で，火星の上空6000kmを公転している。火星の潮汐力の影響で100年に1.8mの割合で火星に近づいている。
右下に直径9kmの大きな衝突クレーターが見える。

マーズ・リコネサンス・オービター 2008

■ ダイモス

大きさ約15kmである。ダイモスはフォボスに比べて起伏に乏しく，表面のクレーターの多くはレゴリスでおおわれている。写真の鮮明な形状のクレーターは，最近の衝突でつくられたものと考えられている。

マーズ・リコネサンス・オービター，2009

基 B 木星の衛星

木星には，90個以上の衛星が発見されている。ガリレオ衛星は，地球から小口径の望遠鏡でも観察できる。イオには激しい火山噴火が見られ，エウロパの表面の氷の下には液体の水があると予想されている。

■ ガリレオ衛星

木星の4つの大きい衛星を最初に発見したガリレオ・ガリレイにちなんでガリレオ衛星とよぶ。木星に近いほうから，イオ，エウロパ，ガニメデ，カリストである。

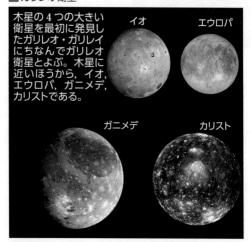
イオ　　エウロパ
ガニメデ　　カリスト

■ イオの火山

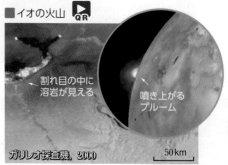
割れ目の中に溶岩が見える
噴き上がるプルーム
ガリレオ探査機，2000
50km

イオは，太陽系で最も活発な火山活動をしている。イオは木星からの強い潮汐力を受けており，公転軌道が少しだ円であるために潮汐力の大きさが周期的に変化する。この潮汐力の変化により，イオの内部が加熱され，火山活動が生じている。

■ エウロパの表面

ガリレオ探査機，1996

エウロパの表面はおもに水の氷でできていて，たくさんの暗褐色の筋やシミのような模様がある。地下に大規模な液体の海が存在すると考えられている。

基C 土星の衛星

土星には，140個以上の衛星が発見されており，衛星数は木星とともに非常に多い。多くの衛星はクレーターでおおわれた表面をもつ。タイタンには厚い大気層があり，表面に液体のメタンが存在している。

■タイタン

カッシーニ，2005

厚い大気におおわれており，可視光線では表面は見えないが，近赤外線で見ると表面に暗い部分と明るい部分があるのがわかる。

タイタンの地表面

ホイヘンス，2005

ホイヘンスが撮影した川と尾根の画像。比較的明るい高地から，暗い低地の平原に流れる川が見える。

タイタンでは，地球の水循環に似たメタンの循環が起きている。表面から蒸発したメタンは大気中で雲を形成し，雨となり，川となって大地を侵食し，再び蒸発する。

■エンケラドス（エンセラダス）

カッシーニ，2008

南極付近で噴出する氷

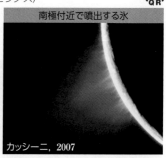

カッシーニ，2007

南極付近で氷の火山活動が起こっている。地下の浅いところに90℃をこえる内部海があると推測され，地球の海底熱水噴出孔（♩p.28）に似た環境が現在のエンケラドスにあると考えられている。生命誕生に適したこのような環境があることで，エンケラドスで生命存在の可能性がさらに高まった。

基D その他の衛星

天王星には27個の衛星が発見されており，5つの大きい衛星がある。海王星には14個の衛星が発見されている。準惑星である冥王星は5つの衛星をもつ。

■ミランダ（天王星の衛星）

ボイジャー2号，1986

天王星の5大衛星の中では一番小さく一番内側にある。天王星の潮汐力により，複雑な地形が形成されたと考えられている。

■チタニア（天王星最大の衛星）

ボイジャー2号，1986

表面は衝突クレーターにおおわれており，比較的新しいクレーターもある。

■トリトン（海王星最大の衛星）

ボイジャー2号，1989

氷の火山活動が観測されている。南極付近にあるいくつもの黒い斑点は氷の火山から噴き出した物質だと考えられている。

■カロン（冥王星最大の衛星）

ニュー・ホライズンズ，2015

カロンの表面はおもに水の氷でおおわれていると推定されている。

宇宙の構造

Column 月・惑星探査

太陽系天体への探査は月から始まった。これまでに水星から土星までの惑星については，その周回軌道上から探査機による全球的な観測が行われている。天王星・海王星に関しては探査機が近くを通って観測を行ったのみであるが，それでも地球からの観測よりはるかに高い解像度で惑星の表面が撮像され，衛星や環（リング）の詳細な情報も取得された。

月・金星・火星には探査機が着陸した。月面の岩や砂は地球にもち帰られて分析され，月と地球の形成過程に関する研究が大いに進んだ。火星ではローバーが天体表面の砂や岩石を詳しく調べ，火星表面にかつて水が存在したことは今や確実となった。

2019年に発表されたアルテミス計画では月に人が滞在し，月を拠点としてさらに遠い宇宙へ行くための拠点構築を行う。月の極域に存在するかもしれない水（氷）などの資源利用も目指している。

■おもな月・惑星探査

	打ち上げ	探査機	備考
月	1969年	アポロ11号（米）	初の有人月面着陸
	2007年	かぐや（日）	月周回軌道から観測
水星	2004年	メッセンジャー（米）	
	2018年	ベピコロンボ計画（日欧）	2025年，水星周回軌道に投入される予定
金星	1989年	マゼラン（米）	レーダーにより地形を観測
	2010年	あかつき（日）	金星大気や表面の観測
火星	1975年	バイキング1号（米）	
	2011年	マーズ・サイエンス・ラボラトリー（米）	探査車「キュリオシティ」が火星表面で探査
	2020年	マーズ2020（米）	探査車「パーサヴィアランス」が探査
木星	1989年	ガリレオ（米）	
	2011年	ジュノー（米）	
土星	1997年	カッシーニ（米）	探査機「ホイヘンス」がタイタンに着陸
	1977年	ボイジャー1，2号（米）	木星や土星などの惑星や衛星の近くを通過して観測

タイタン：Titan エンケラドス：Enceladus ミランダ：Miranda チタニア：Titania トリトン：Triton カロン：Charon

基5 太陽系の小天体

基A 小惑星

火星の軌道の外側から木星の軌道あたりまでに多く存在する小天体を 小惑星(しょうわくせい) という。
小惑星は，火星と木星の軌道の間の小惑星帯(メインベルト)に特に多く存在する。

■小惑星の分布

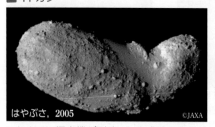

小惑星は，軌道によって太陽に近いほうから，近地球小惑星，小惑星帯小惑星，木星トロヤ群小惑星などに分けられる。

※形が不規則なものは直交する方向の長さ

	小惑星	直径※(km)	平均密度(g/cm³)	探査をした(する予定の)探査機
近地球小惑星	イトカワ	$0.54 \times 0.29 \times 0.21$	1.9	はやぶさ
	リュウグウ	$1.00 \times 1.00 \times 0.88$	1.2	はやぶさ2
	エロス	$38 \times 15 \times 14$	2.7	ニア・シューメーカー
小惑星帯小惑星	ケレス	939	2.2	ドーン
	ベスタ	$573 \times 557 \times 446$	3.5	ドーン
	イダ	$59.8 \times 25.4 \times 18.6$	2.6	ガリレオ探査機
木星トロヤ群小惑星	ヘクトル	225	—	—
	パトロクロス	140	0.8	(ルーシー)

■ケレス

小惑星帯最大かつ最初に発見された小惑星。ケレスは準惑星に分類されることもある。

ドーン，2015

■ベスタ

小惑星帯で2番目に大きい小惑星。

ドーン，2011

■イトカワ

はやぶさ，2005　©JAXA

これまでに探査機が到達した小惑星の中で最も小さい。

■リュウグウ

はやぶさ2，2018　©JAXA，東大など

赤道と極が盛り上がったひし形の輪郭をしている。表面には岩塊が点在し，大きなクレーターも見られる。

■イダと衛星ダクティル

ダクティル(イダの衛星)

ガリレオ探査機，1993

初めて衛星が発見された小惑星。

基B 太陽系外縁天体

太陽系の天体の中で，海王星の軌道より外側の天体を 太陽系外縁天体 という。太陽系外縁天体には，冥王星型天体，エッジワース・カイパーベルトやオールトの雲の天体などが含まれる。

■太陽系外縁天体の軌道

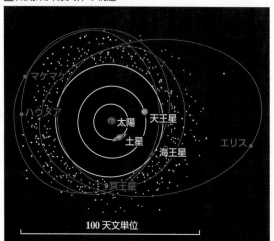

100 天文単位

■さまざまな太陽系外縁天体

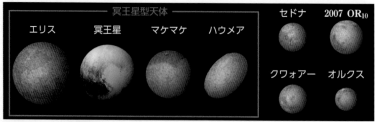

冥王星型天体

エリス　冥王星　マケマケ　ハウメア

セドナ　2007 OR₁₀
クワォアー　オルクス

■冥王星

冥王星(めいおうせい)はかつては惑星に分類されていた。表面の色の違いは物質組成の違いを表している。冥王星と衛星のカロン(p.169)は常に向きあっている面が変わらず，カロンと反対側の表面に窒素と一酸化炭素の氷が集中している。

ニューホライズンズ，2015

■アロコス

ニューホライズンズ，2019

基 C 彗星

彗星(すいせい)は 核，コマ，尾 に分けられる。彗星には，周期的に太陽に近づいてくる周期彗星と，一度だけ太陽に近づき二度ともどってこない非周期彗星がある。周期彗星は，周期が200年より短い短周期彗星と，200年より長い長周期彗星に分類される。

■彗星の構造

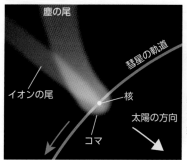

塵の尾
彗星の軌道
イオンの尾
核
太陽の方向
コマ

核は，彗星の本体で氷と塵(ちり)からなる。コマは，核から揮発性成分が昇華する際に放出されるガスや塵が彗星の核の周囲に形成した一時的な大気である。尾は，イオンの尾と塵の尾があり，それぞれ少し異なった方向に伸びている。イオンの尾は，コマのガスが太陽風の影響を受けて，太陽と反対方向に伸びた構造になる。また，彗星から放出され，核と異なる軌道へ移った塵が，塵の尾として見える。

■ヘール・ボップ彗星

イオンの尾
塵の尾
太陽の方向

■ネオワイズ彗星

■オールトの雲

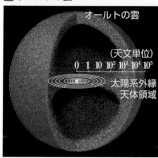

オールトの雲
（天文単位）
0 1 10 10² 10³ 10⁴ 10⁵
太陽系外縁天体領域

周期彗星の軌道はだ円である。短周期彗星の軌道面は黄道面に近いものが多く，惑星軌道より外側の太陽系外縁天体がドーナツ状に分布する領域（エッジワース・カイパーベルト）が起源と考えられている。一方，長周期彗星は軌道面に偏りがなくさまざまな方向から太陽へ接近する。そこで，オランダの天文学者オールトが，長周期彗星の起源となる天体が太陽系の外縁に球殻のように分布しているという説を提唱し，その場所は提案者にちなんで「オールトの雲」とよばれている。

■チュリュモフ・ゲラシメンコ彗星

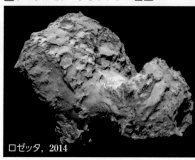

ロゼッタ，2014

直径約4kmと約2kmの2つの核がゆっくりと衝突して結合したような形をしている。

基 D 流星

宇宙空間にある塵が，地球の大気に突入して超高層の大気の分子と衝突し，発光する現象を 流星 という。毎年ある特定の時期に出現する流星を 流星群 とよぶ。また，黄道面付近には多くの塵が存在しており，それが黄道光として観測される。

■流星

数cmより小さい塵が流星となる。塵は大気中で蒸発してしまう。塵が大きいほど，または突入する速度が速いほど明るい流星になる。

■流星群が見えるしくみとおもな流星群

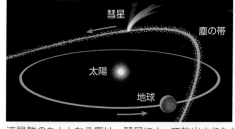

彗星
塵の帯
太陽
地球

流星群名	ピークの時期	極大時の1時間当たりの数(ZHR)
しぶんぎ座	1月4日頃	120
4月こと座	4月22日頃	18
ペルセウス座	8月13日頃	100
オリオン座	10月21日頃	15
しし座	11月18日頃	15
ふたご座	12月14日頃	120

流星群のもととなる塵は，彗星によって放出されたものが多い。例えば，しし座流星群のもととなる塵を放出するのはテンペル・タットル彗星という周期彗星である。彗星は太陽に近づくたびにガスや塵を放出するため，彗星の軌道付近に帯状に塵が分布する。地球の公転軌道とこの塵の帯は交差しているため，毎年11月中旬に地球が帯の中を通過し，流星として観測される。十数個の流星群が確認されている。

■流星群のようす

しし座流星群

放射点
地上からの見え方
実際の流星
観測者

流星群のもととなる塵は帯状に分布し，帯内の塵はほぼ同じ軌道を運動している。地球がその塵の帯に突入すると，塵はどれも平行に地球大気に衝突する。これを地上から見ると天球上のある一点を中心として放射状に流星が飛んでくるように見える。このある一点を放射点とよぶ。放射点の位置にある星座の名前をとって○○座流星群とよぶことが多い。

■黄道光(こうどうこう)

黄道

小惑星や彗星などの太陽系小天体から放出された塵は，黄道面付近に多く存在している。これらの塵が太陽光を散乱し，黄道光として観測される。地上からは日没後の西の空や明け方の東の空に黄道にそって伸びる淡い光の帯として見える。

宇宙の構造

6 隕石と系外惑星

A 隕石

天体が地球に落下し，燃えつきないで地表に落ちたものが **隕石** である。大型の隕石はクレーターをつくる。隕石には石質隕石，石鉄隕石，鉄隕石があり，太陽系起源の情報が得られる。小さな塵である宇宙塵も，大量に地球に降ってきている。

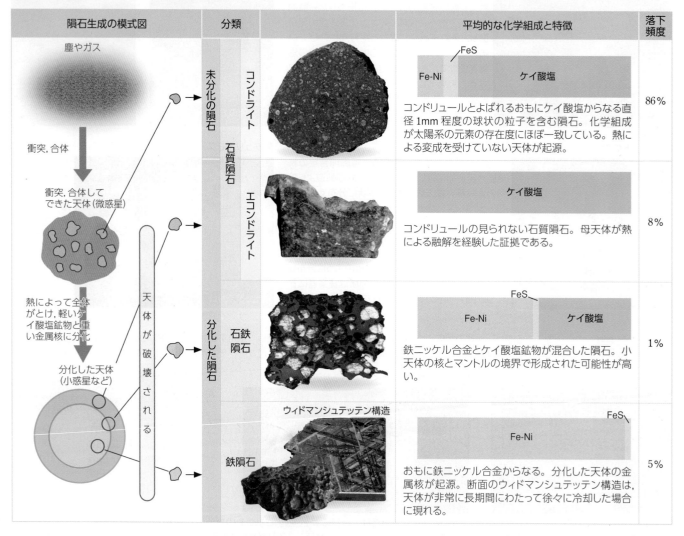

隕石生成の模式図	分類			平均的な化学組成と特徴	落下頻度
塵やガス 衝突, 合体 衝突, 合体してできた天体 (微惑星) 熱によって全体がとけ, 軽いケイ酸塩鉱物と重い金属核に分化 分化した天体 (小惑星など) 天体が破壊される	未分化の隕石	石質隕石	コンドライト	FeS Fe-Ni ケイ酸塩 コンドリュールとよばれるおもにケイ酸塩からなる直径 1mm 程度の球状の粒子を含む隕石。化学組成が太陽系の元素の存在度にほぼ一致している。熱による変成を受けていない天体が起源。	86%
			エコンドライト	ケイ酸塩 コンドリュールの見られない石質隕石。母天体が熱による融解を経験した証拠である。	8%
	分化した隕石	石鉄隕石		FeS Fe-Ni ケイ酸塩 鉄ニッケル合金とケイ酸塩鉱物が混合した隕石。小天体の核とマントルの境界で形成された可能性が高い。	1%
		鉄隕石		ウィドマンシュテッテン構造 FeS Fe-Ni おもに鉄ニッケル合金からなる。分化した天体の金属核が起源。断面のウィドマンシュテッテン構造は，天体が非常に長期間にわたって徐々に冷却した場合に現れる。	5%

■南極にある火星起源の隕石

南極で見つかったアランヒルズ隕石(ALH84001)。閉じこめられていたガスの貴ガス(希ガス)の同位体組成が，バイキングが測定した火星大気の成分と一致し，火星起源であることが確認された。現在40個程度の火星隕石が見つかっている。

■バリンジャー・クレーター

アメリカ・アリゾナ州にあるクレーター。今から 5 万年前，直径 20 ～ 30 m の鉄隕石が衝突してできたと考えられている。現在地球では約 190 個の衝突クレーターが確認されている。

Column スペースガード

恐竜の絶滅は，小天体の衝突が引き金となったことがほぼ定説となっている。天体の衝突は，地球に大きな影響を与えたのである。地球規模ではないが，1908年に起こったツングースカの大爆発や 2013 年のチェリャビンスクの隕石落下は，局地的に人的被害をもたらした。こうした天体衝突を未然に検知し被害を最小限にするためには，地球近傍の天体を発見し監視しなければならない。

PHA とよばれる地球に衝突して被害をもたらす可能性の高い天体は，2019 年 5 月現在約 1900 個が確認されており，今後観測が進めばさらに増えていくだろう。

※ PHA（Potentially Hazardous Asteroids）：地球の軌道との最小交差距離が 0.05 AU 以下で，直径 140 m 以上の天体

基B 系外惑星

太陽系の外にある，太陽以外の恒星のまわりを公転する惑星を **系外惑星** という。多くの恒星に系外惑星が存在している可能性があり，系外惑星は次々と発見されている。地球に似た環境をもつ惑星も見つかってきた。

■発見された系外惑星の数（2022年5月時点）

検出法	個数
直接撮像法	59
ドップラーシフト法	927
トランジット法	3845

大きさ	個数
地球程度以下	493
地球の1.25〜2倍程度	1008
海王星程度	1682
木星程度	526
地球の15倍以上	180

■系外惑星とハビタブルゾーン

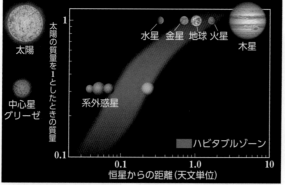

液体の水が存在できる範囲を **ハビタブルゾーン** とよぶ。地球の生物は液体の水を必要としているため，液体の水が存在できるかどうかで，生命が生存可能かどうかを定義している。ハビタブルゾーンの位置はおもに中心星の明るさにより決まるが，ハビタブルゾーン内の惑星であっても大気の性質（温室効果の有無）などにより，その惑星に生命が生存可能かどうかは変わる。

■水の状態図

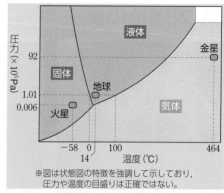

※図は状態図の特徴を強調して示しており，圧力や温度の目盛りは正確ではない。

水はその温度と圧力に応じて気体・液体・固体いずれかの状態をとる。地球表面ではその温度・圧力条件から，水が液体として存在できる。しかし，火星表面では温度が低く，水はすべて固体になる。逆に金星表面では温度が高く，水はすべて気体になる。したがって，これらの惑星のうち表面に水を液体として保持できるのは地球だけである。

■系外惑星の検出法

直接撮像法

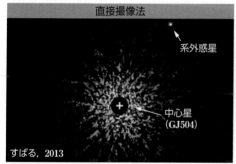

すばる，2013

直接撮像法は惑星そのものの光を捉える方法である。惑星は中心星に比べて非常に暗いため，直接撮像は難しかったが，中心星を隠す技術の進歩により，中心星からある程度離れていて，大きい系外惑星であれば直接撮像が可能になった。さらに惑星のスペクトルを観測できるようになれば，系外惑星の表面の具体的な環境が推定できるだろう。

ドップラーシフト法

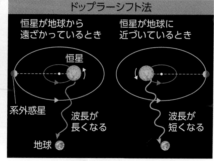

恒星に惑星が存在する場合，恒星はわずかであるが周期的に地球に近づいたり遠ざかったりするため，恒星の光の波長も周期的に変化する。このようなスペクトルの変化を利用して惑星の有無を調べる方法がドップラーシフト法である。

トランジット法

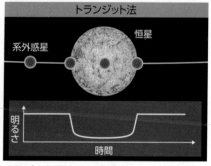

惑星が中心星の前を横切る場合，中心星は一部を隠されてわずかに暗くなる。この明るさの周期的な変化を観測し，惑星の公転周期や直径を推定する方法がトランジット法である。ケプラー探査機はこの方法でいくつもの系外惑星の候補天体を発見している。

宇宙の構造

Column 小惑星探査機「はやぶさ2」とリュウグウ

「はやぶさ2」は地球の水や生命の起源を探るため，始原的なC型小惑星であるリュウグウを訪れ，弾丸を衝突させて地下の物質を採取した。採取された物質にはタンパク質の構成要素であるアミノ酸が23種類も含まれていた。また生成に水が必要な粘土鉱物も存在した。C型小惑星は太陽系に広く存在する。そのC型小惑星にアミノ酸や水が存在することは，生命の材料が太陽系に広く存在していることを意味する。それらが地球上に降り注ぎ，ある種の条件が整って生命が誕生したのだろう。

「はやぶさ2」の成功はイオンエンジン・自律航法・標本採取・サンプルリターンという4つの技術の上に成り立っている。これらを組み合わせた探査計画の実現は日本発の方法であり，それが大きな成功に繋がった。諸外国が計画する将来の惑星探査もこうした方向性を踏襲することだろう。

■「はやぶさ2」とリュウグウ（想像図）

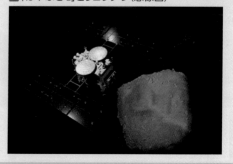

系外惑星：extrasolar planet　ハビタブルゾーン：habitable zone　ドップラーシフト法：Doppler-shift method　トランジット法：transit method

基 **A** 太陽系の誕生

星間雲は恒星が生まれる場所である。星間雲の中の密度が高い場所で **原始太陽** が誕生し，周囲には
ガスや塵からなる円盤状の **原始太陽系円盤** ができた。惑星や小天体は，原始太陽系円盤の中で生まれた。

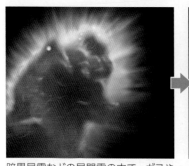 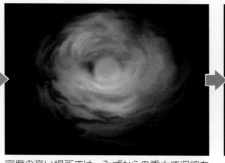 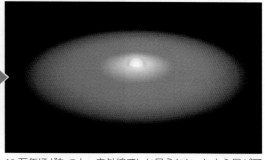

暗黒星雲などの星間雲の中で，ガスや
塵が分裂と収縮をくり返し，星間雲の
中で密度のむらが成長する。

密度の高い場所では，みずからの重力で収縮を
始め，中心部にガスや塵が集まって原始星が誕
生する。まわりには原始太陽系円盤が形成される。

10万年ほどたつと，赤外線でしか見えなかった中心星が可
視光線でも見えるようになる。円盤内では，中心星への物
質の落下が続いており，それが赤外線放射として見える。

■ うみへび座 TW 星の原始惑星系円盤

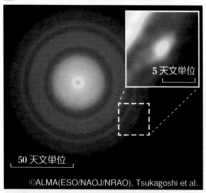

5 天文単位

50 天文単位

©ALMA(ESO/NAOJ/NRAO), Tsukagoshi et al.

中心星から 52 天文単位の位置（図の白い点線
の枠囲みの中）に電波源が発見された。これ
は形成途中の惑星の周囲にある円盤，もしく
は原始惑星系円盤内にある塵が蓄積したもの
で，やがて惑星になる存在だとも考えられる。

■ 若い恒星 PDS70 と原始惑星系円盤

惑星

©ALMA(ESO/NAOJ/NRAO), Benisty et al.

若い恒星 PDS70 とその周囲にある原始惑星
系円盤（外側の二重リング部分）。内側のリン
グと中心星の間にある天体は惑星である。こ
の惑星には地球の衛星である月の 3 個分の質
量をもつ周惑星円盤が付随している。

■ 惑星の質量と密度

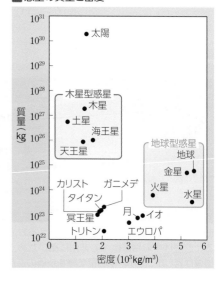

基 **C** 地球の進化

微惑星の衝突，合体によって，原始地球は大きくなっていく。大きくなるにしたがって，**マグマオーシャン** や
原始大気 が形成される。しだいに微惑星の衝突は少なくなって地球の表面温度は低くなり，**原始海洋** が誕生した。

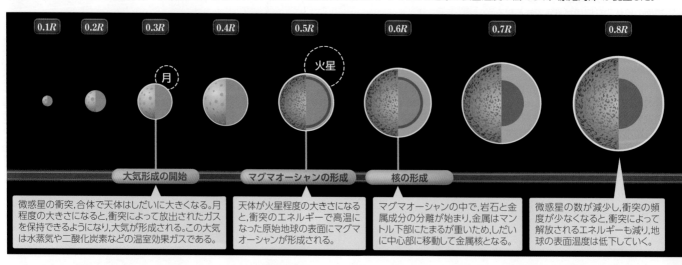

微惑星の衝突，合体で天体はしだいに大きくなる。月
程度の大きさになると，衝突によって放出されたガス
を保持できるようになり，大気が形成される。この大気
は水蒸気や二酸化炭素などの温室効果ガスである。

天体が火星程度の大きさにな
ると，衝突のエネルギーで高温に
なった原始地球の表面にマグマ
オーシャンが形成される。

マグマオーシャンの中で，岩石と金
属成分の分離が始まり，金属はマン
トル下部にたまるため重いため，しだい
に中心部に移動して金属核となる。

微惑星の数が減少し，衝突の頻
度が少なくなると，衝突によって
解放されるエネルギーも減り，地
球の表面温度は低下していく。

基 B 惑星の形成と内部構造

原始太陽系円盤の中で塵が集まって微惑星ができ，それが衝突，合体をくり返して**原始惑星**となった。惑星が形成された場所により，内部構造が異なる。

■惑星の形成過程と内部構造

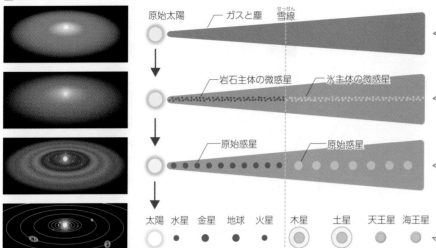

原始太陽　ガスと塵　雪線

原始太陽系円盤の中で塵(ダスト)が成長すると赤道面に集まり，ダスト層が形成される。

岩石主体の微惑星　氷主体の微惑星

ダスト層がある程度の厚みになると，分裂し多数の塊ができる。これが微惑星である。

原始惑星　原始惑星

微惑星は衝突，合体をくり返してしだいに大きくなる。大きくなったものほど重力が強くなり，まわりの微惑星をさらに引きつけ，いっそう成長し，取りこめる微惑星が周囲になくなったところで成長がとまる。原始惑星の誕生である。

太陽　水星　金星　地球　火星　木星　土星　天王星　海王星

雪線の内側では小さな原始惑星が形成され，地球型惑星となった。雪線の外側では氷粒子が存在できたため固体成分が多く，大きな原始惑星が形成され，木星型惑星となった。

原始太陽系円盤の中で，太陽の近くでは温度が高くなるため，ある場所から内側では氷粒子は存在できない。その境界が雪線である。

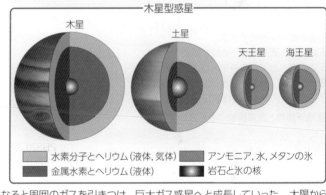

地球型惑星
水星　金星　地球　火星

■ 地殻(岩石)　■ マントル(岩石)　■ 鉄が主体の核

木星型惑星
木星　土星　天王星　海王星

■ 水素分子とヘリウム(液体，気体)　■ アンモニア，水，メタンの氷
■ 金属水素とヘリウム(液体)　■ 岩石と氷の核

木星型惑星のもととなった大きな原始惑星は周囲に取りこめる微惑星がなくなると周囲のガスを引きつけ，巨大ガス惑星へと成長していった。太陽から遠い天王星や海王星の領域では原始惑星が大きくなるのに時間がかかる。ガスを集めることができる大きさに達したときには周囲に原始太陽系円盤のガスがあまり残っていなかったため木星や土星ほど大きくならなかった。

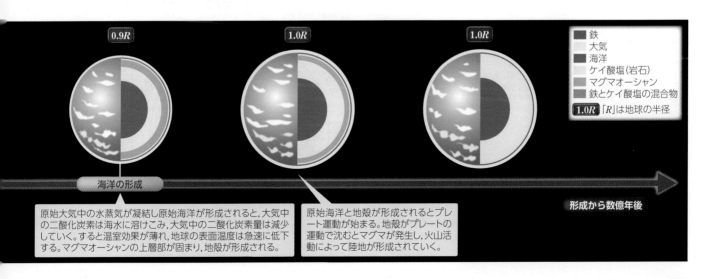

0.9R　1.0R　1.0R

■ 鉄
■ 大気
■ 海洋
■ ケイ酸塩(岩石)
■ マグマオーシャン
■ 鉄とケイ酸塩の混合物
1.0R 「R」は地球の半径

海洋の形成　　　　　　　　　　　　　　　　　形成から数億年後

原始大気中の水蒸気が凝結し原始海洋が形成されると，大気中の二酸化炭素は海水に溶けこみ，大気中の二酸化炭素量は減少していく。すると温室効果が薄れ，地球の表面温度は急速に低下する。マグマオーシャンの上層部が固まり，地殻が形成される。

原始海洋と地殻が形成されるとプレート運動が始まる。地殻がプレートの運動で沈むとマグマが発生し，火山活動によって陸地が形成されていく。

宇宙の構造

地球を取り巻く大空を巨大な球と見立てて，それに恒星が固定されていると考える。この巨大な球を **天球** という。天体の位置は天球上の座標で表すことができ，地上からの観測では **地平座標** や **赤道座標** などの **天球座標** がよく用いられる。

■天球

地球の自転により，天球は23時間56分で1周する。

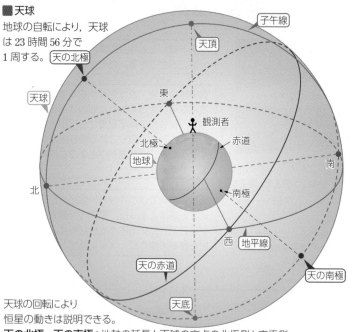

天球の回転により恒星の動きは説明できる。

天の北極・天の南極：地軸の延長と天球の交点の北極側と南極側
天の赤道：地球の赤道を天球上に投影した大円
天頂・天底：観測者の頭上とその真下
子午線：天の北極と南極を結ぶ大円のうち，天頂と天底を通るもの

■地平座標

観測者の視点の座標である。同じ天体であっても観測時刻や場所によって異なる。

h：高度
z：天頂距離
A：方位角

■赤道座標

天球上の天体の位置の座標で，地球の緯度や経度と同じように考える。観測者の位置や時刻に無関係で示せる。

α：赤経
t：時角
δ：赤緯

■地平座標と赤道座標の表し方

座標		記号	基準	方向	範囲
地平座標	高度	h	地平線	天頂へ	0°〜90°
	天頂距離	z	天頂	地平線へ	
	方位角	A	南点	西回り	0°〜360°

座標		記号	基準	方向	範囲
赤道座標	赤経	α	春分点	東回り	0ʰ〜24ʰ
	時角	t	天の赤道と天の子午線の交点	西回り	0ʰ〜24ʰ
	赤緯	δ	天の赤道	天の北極	0°〜＋90°
				天の南極	0°〜−90°

現在は，太陽の動きを基準とした **太陽暦** を用いている。太陽暦では，約4年に1回 **うるう年** を設けて，実際の太陽の動きに合うように調整している。また，太陰太陽暦を使用していた時代に，季節を表すために **二十四節気** が考え出された。

■太陽暦，太陰暦，太陰太陽暦

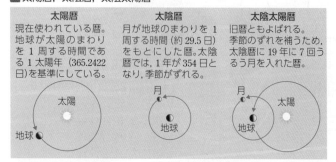

太陽暦
現在使われている暦。地球が太陽のまわりを1周する時間である1太陽年（365.2422日）を基準にしている。

太陰暦
月が地球のまわりを1周する時間（約29.5日）をもとにした暦。太陰暦では，1年が354日となり，季節がずれる。

太陰太陽暦
旧暦ともよばれる。季節のずれを補うため，太陰暦に19年に7回うるう月を入れた暦。

1太陽年は365.2422日であるため，1年を365日とすると端数がでる。そのため，1年を366日とするうるう年を設けて調整している。現在，世界中の国で使われている **グレゴリオ暦** では，① 西暦が4でわり切れる年をうるう年，② ①の例外として，西暦が100でわり切れて400でわり切れない年を平年，としている。

■二十四節気と雑節

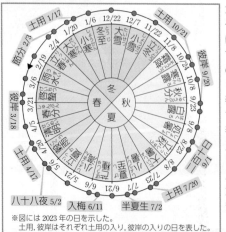

※図には2023年の日を示した。
土用，彼岸はそれぞれ土用の入り，彼岸の入りの日を表した。

1年を24に区切り，それぞれに名称がつけられている。現在では，黄道上の太陽の位置で決めている（15°ごと）。例えば，春分点を太陽が通過する日が春分の日で，春分は約15日間ある。月日は年によって少し異なる。雑節は二十四節気を補う季節の移り変わりの目安である。

地 C 時刻

実際の太陽の動きをもとにした **視太陽時** では，日によって1日の長さが異なる。そのため，1日の長さが一定になるように **平均太陽時** が定められ，経度0°での平均太陽時を **世界時** としている。

■ 恒星日と太陽日

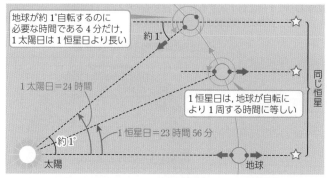

地球が約1°自転するのに必要な時間である4分だけ，1太陽日は1恒星日より長い

約1°

1太陽日＝24時間

1恒星日は，地球が自転により1周する時間に等しい

1恒星日＝23時間56分

約1°

太陽　地球　同じ恒星

1恒星日は，天球が恒星とともに1周する時間で，地球の自転周期である23時間56分となる。ところが，地球は公転もしているため，天球上を1周する太陽は，約4分遅れ，1太陽日は24時間である。

■ 平均太陽

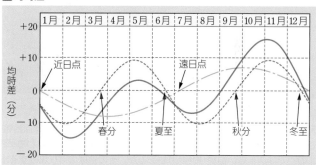

黄道　天の赤道　春分点　平均太陽

9月 8月 7月 6月 5月 4月 3月 2月 1月 12月 11月 10月

真太陽（実際の太陽の位置）

太陽が南中してから，次に南中するまでの時間を視太陽日という。季節により，視太陽日の1日の長さは異なる。そのため，天の赤道上を一定の速さで動く **平均太陽** を仮想して，1日の長さを決めている。平均太陽を基準とした時刻を平均太陽時という。

■ 協定世界時

日付変更線

+13 +14

+12

時差（協定世界時とのずれ）　（時間）

-1 0 +1 +2 +3 +4 +5 +6 +7 +8 +9 +10 +11 -12 -11 -10 -9 -8 -7 -6 -5 -4 -3 -2

セシウム原子時計

現在はセシウム原子時計による国際原子時をもとに，世界共通の標準時である協定世界時（UTC）を定めている。
世界各国や地域の標準時は，協定世界時からのずれで表す。経度15°で1時間となり，日本標準時（JST）はプラス9時間である。

■ 均時差

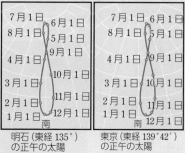

+20
+10
均時差（分）
0
-10
-20

1月 2月 3月 4月 5月 6月 7月 8月 9月 10月 11月 12月

近日点　遠日点

春分　夏至　秋分　冬至

------ ①地球の公転面と天の赤道が一致していない影響による南中時のずれ
— — ②地球の公転がだ円軌道のため速度が一定でない影響による南中時のずれ
—— 均時差（①＋②）

太陽は正午に南中するとは限らない。①地球の公転面と天の赤道が一致していないこと，②地球の公転がだ円軌道のため速度が一定でないことにより，視太陽は平均太陽に対し，南中時に最大約15分前後のずれを生じる。このずれ（視太陽時－平均太陽時）を **均時差** という。また，日本各地の経度の違いによっても，南中時刻は変化する。

■ うるう秒

協定世界時が実際の太陽の動きとずれないように，1972年以降うるう秒を入れて調整している。地球の自転速度は，月の潮汐力や海流，地震などの影響により変化すると考えられている。かつての自転周期はもっと短かったようだ。

最近のうるう秒の挿入
（2022年まで）
2017年1月1日
2015年7月1日
2012年7月1日
2009年1月1日
2006年1月1日
1999年1月1日
1997年7月1日
1996年1月1日
1994年7月1日
1993年7月1日
1992年7月1日
1991年1月1日
1990年1月1日
1988年1月1日

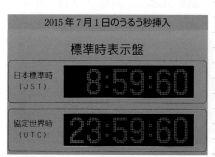

2015年7月1日のうるう秒挿入

標準時表示盤

日本標準時（JST）　8:59:60

協定世界時（UTC）　23:59:60

Column 太陽が描く8の字

1年を通して同じ時刻に太陽の位置を観測すると，8の字を描く。これをアナレンマとよぶ。太陽が1年をかけて南北に移動するとともに，均時差によって東西にも位置が少し変化するために起きる。
毎日正午に観察すれば，この図の位置に太陽があるはずだが，天気によって記録できない日も多く，確認は難しい。

7月1日 6月1日
8月1日 5月1日
4月1日 9月1日
3月1日 10月1日
2月1日 11月1日
1月1日 12月1日
南

明石（東経135°）の正午の太陽

7月1日 6月1日
8月1日 5月1日
4月1日 9月1日
3月1日 10月1日
2月1日 11月1日
1月1日 12月1日
南

東京（東経139°42′）の正午の太陽

宇宙の構造

9 地球の自転

A 天体の日周運動

地球の自転によって，天体は地軸のまわりを1日に約1周するように見える。これを **日周運動** という。見る方角や地球上の緯度によって，天体の日周運動のようすは異なる。

■中緯度での天体の日周運動

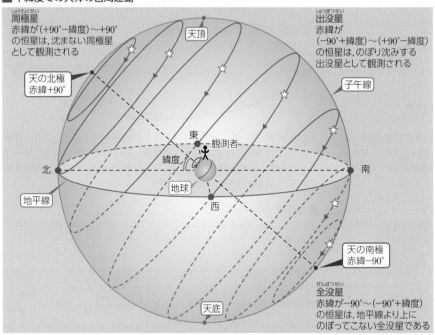

周極星
赤緯が（+90°−緯度）～+90°
の恒星は，沈まない周極星
として観測される

天頂

出没星
赤緯が
（−90°+緯度）～（+90°−緯度）
の恒星は，のぼり沈みする
出没星として観測される

天の北極
赤緯+90°

子午線

東

観測者

緯度

北

地球

南

地平線

西

天の南極
赤緯−90°

全没星
赤緯が−90°～（−90°+緯度）
の恒星は，地平線より上に
のぼってこない全没星である

天底

■北極（緯度90°）での日周運動

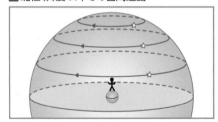

緯度が90°の北極や南極では，恒星は天頂を中心に回りのぼることも沈むこともなく，天球上の半分の恒星が1年中出ている。また，太陽が半年間空に出たままの白夜と，太陽が半年間出てこない極夜がある。

■赤道（緯度0°）での日周運動

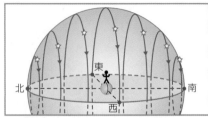

北　東　南　西

緯度が0°の赤道では，すべての恒星が東からのぼり西へ沈む。真東からのぼる恒星は垂直に移動し，天頂を通って真西へ沈む。赤道では，天球上のすべての星を見ることができる。

天体の日周運動は，地球の自転による見かけの運動である。地球は地軸を中心に西から東に自転しているので，天体は東からのぼり西に沈む。天体は南中時，すなわち子午線上で高度が最大となる。北の空では沈まない恒星（周極星）があるが，その他はのぼり沈みする出没星で，南の空の恒星は短い時間しか出てこない。また，天球上の南半球の星の一部は全没星で見ることができない。

■恒星の見え方

北

東

南

西

日本付近で見られる恒星の動きである。恒星は，北の空では反時計回りに回り，東の空では右上に移動し，南の空では左から右へ弧を描いて移動し，西の空では右下へ移動する。

Column　天動説と地動説

■天動説とプトレマイオス

宇宙の中心に地球があるという天動説は，恒星の動きを説明しやすいが，惑星の動きや明るさが変化する理由の説明が難しい。プトレマイオスは，地球が中心から少し離れた所にあるとし，周転円を用いて惑星の複雑な動きを再現した。

■地動説とコペルニクス

コペルニクスは，太陽のまわりを地球などの惑星が回っているという地動説を唱えた。月は衛星として地球のまわりを回る。天動説に対し，軌道がとてもシンプルで，惑星や月の動きが納得しやすい。ところが，地球が中心にあるべきという概念はしぶとく，のちにガリレオ・ガリレイも宗教裁判にかけられるなど非常に苦労した。

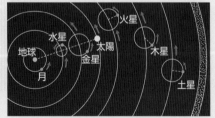

火星
水星
地球　太陽　木星
金星
月　　土星

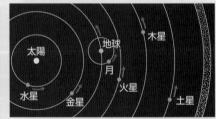

太陽　地球　木星
月
火星
水星
金星　　土星

　自転：rotation　　日周運動：diurnal motion　　天動説：geocentrism　　地動説：heliocentrism

B フーコーの振り子

フーコーの振り子は地球の自転の証拠となる。振り子の振動面は、赤道では回転せず、緯度が高いほど回転角度が大きくなり、北極や南極では振動面は 1 日で約 1 回転する。

■ フーコーの振り子

葛飾区郷土と天文の博物館

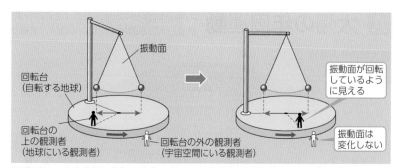

振動面

回転台（自転する地球）

回転台の上の観測者（地球にいる観測者）

回転台の外の観測者（宇宙空間にいる観測者）

振動面が回転しているように見える

振動面は変化しない

1851 年、フランスの物理学者フーコーは振り子の実験を行った。この実験では、重いおもりを長いワイヤーで高い場所からぶら下げ、振り子の振動面を観察する。

振動面は、宇宙空間に対して変化しないので、自転する地球上からは少しずつ回転していくように見える。この振動面の回転が、地球の自転の直接の証拠となる。上から見た振動面の回転の向きは、地球の自転とは逆である。

■ 緯度による振り子の違い

北極（北緯 90°）

振動面は 1 日で 1 回転する

赤道

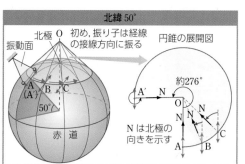

北緯 50°

初め、振り子は経線の接線方向に振る

北極 O

振動面

円錐の展開図

約276°

A′　N

N は北極の向きを示す

赤道（緯度 0°）

振動面は回転しない

赤道

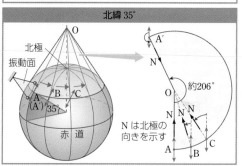

北緯 35°

北極

振動面

約206°

N は北極の向きを示す

フーコーの振り子は、北極や南極では振動面が 1 日に 1 回転するが、赤道ではまったく回転しない。日本のような中緯度で振動面が 1 日に回転する角度は、図のように、その緯度の線に接する円錐を広げた扇形の角度に等しくなる。この緯度による違いは、緯度に関係したコリオリの力（◯ p.123）で説明できる。

■ フーコーの振り子の回転角度

緯度	1 日の振動面の回転角度
90°	360°
60°	312°
45°	255°
30°	180°
0°	0°

■ 国際宇宙ステーション（ISS）の軌道

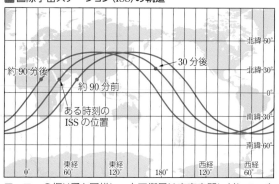

約 90 分後

30 分後

約 90 分前

ある時刻の ISS の位置

北緯 60°
北緯 30°
0°
南緯 30°
南緯 60°

東経 60°　東経 120°　180°　西経 120°　西経 60°

フーコーの振り子と同様に、人工衛星は宇宙空間に対して一定の向きに動いているが、地球が自転しているため、軌道にずれが生じる。ISS が 1 周する約 90 分の間に、地球は約 22.5°自転する。そのため、ISS が 1 周するごとに、地球の自転と反対の向きに約 22.5°軌道がずれていく。

C 歳差運動

太陽や月、惑星から、傾いている地軸を引き起こそうとする力がはたらき、地軸の向きは変わっていく。この地軸の向きの変化を **歳差運動** といい、約 26000 年で天球上で円を描くように 1 周する。

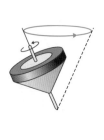

コマの首振り運動

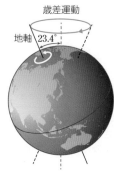

歳差運動

地軸 23.4°

紀元前 2000 年

こぐま座

りゅう座

北極星

黄道の北極

ベガ

ケフェウス座

西暦 0 年

西暦 2000 年

西暦 14000 年

地軸（地球の自転軸）は約 23.4°傾いており、その先に現在の北極星がある。しかし、地軸の向きはずっと同じわけではない。回転の遅くなったコマは首を振りながら回転する。同じように、地軸が公転面に対して垂直に立っていないため、地球でも首振り運動が起こる。これを歳差運動という。太陽や月、惑星の引力により、傾いている地軸を引き起こそうとする力がはたらくこと、地球が完全な球でなく回転だ円体であることにより、歳差運動が起こる。歳差運動により、天の北極は約 26000 年の周期で天球上を円を描くように移動する。約 12000 年後には、こと座のベガが天の北極近くに位置し、北極星となることだろう。

10 地球の公転

A 太陽の年周運動

太陽は1日約1°天球の黄道上を西から東へ動き，1年で1周する。これを **年周運動** という。黄道と天の赤道がずれているのは，地軸が公転面に対して傾いているからである。

■ 太陽の年周運動

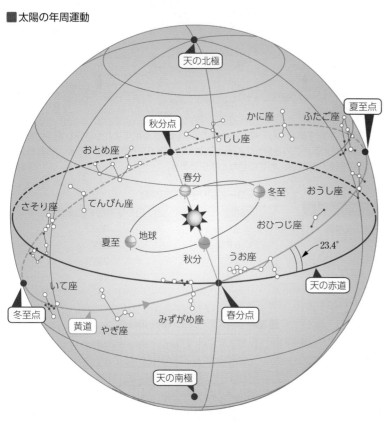

太陽は天球上を1年で1周する。この太陽の通り道を **黄道** といい，天の赤道に対して23.4°傾いている。黄道と天の赤道は2点で交わり，太陽が南から北へ交差する点を **春分点**，北から南に交差する点を秋分点という。春分点は赤道座標の基準となっている。太陽が最も北に位置する点を夏至点，最も南に位置する点を冬至点という。暦の春分，夏至，秋分，冬至の日（♩ p.176）は，太陽がこれらの点を通過する日である。それぞれの季節によく見える，真夜中に南中する星座は太陽と反対側にある。春分点などの位置は，地球の歳差運動（♩ p.179）によってずれていくが，毎年のずれは非常に小さい。

■ 南中高度の変化

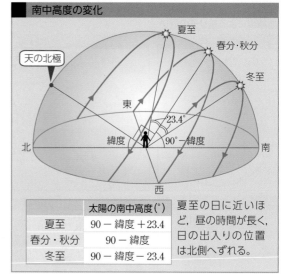

	太陽の南中高度（°）
夏至	90 − 緯度 ＋ 23.4
春分・秋分	90 − 緯度
冬至	90 − 緯度 − 23.4

夏至の日に近いほど，昼の時間が長く，日の出入りの位置は北側へずれる。

■ 星図と黄道

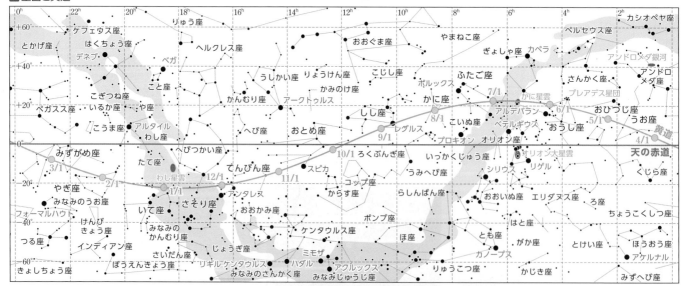

天の赤道付近の星図である。天の赤道は真横に直線となっていて，黄道は曲がって描かれている。平面にしたために黄道は曲がっているが，実際の黄道はまっすぐである（この星図を丸めると，黄道の線は斜めの面上にある）。黄道が通っている星座は，さそり座といて座の間のへびつかい座も含めて13個ある。黄道付近は月や惑星も通るため，天体観測ではこれらの星座名を聞くことが多い。月が恒星を隠したり，惑星が恒星と接近したりすることなどがしばしば起きる。

地 B 地球の公転

地球の公転は **年周視差** と **年周光行差** が証拠となる。年周視差は近い恒星で観測でき，年周光行差は距離によらず，ほぼすべての恒星で観測できる。また，**ドップラー効果** でも地球の公転を説明できる。

■年周視差

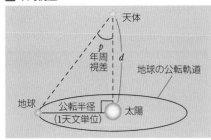

地球の公転により，近い恒星は遠い恒星に対して，見かけの位置がわずかにずれる。1年間のずれの半分を年周視差という。年周視差は距離と反比例し，角度の単位である **秒**（″）で表す。

$1″$ は $\dfrac{1°}{3600}$ である。

■年周視差と距離

星	視差(″)	距離(光年)
ケンタウルス座 α	0.755	4.3
バーナード星	0.548	5.9
ウォルフ 359	0.421	7.7
シリウス	0.379	8.6
プロキオン	0.285	11.5
カプタイン星	0.256	12.8

地球の公転軌道の半径と年周視差から，恒星までの距離がわかる。年周視差 p〔″〕と恒星までの距離 d〔光年〕は

$$d = \frac{3.26}{p}$$

となる。

■星の位置による年周視差の違い

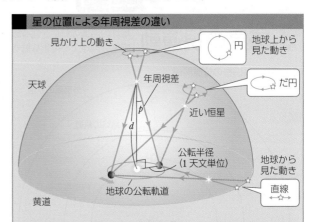

年周視差を実際に観測すると，地球に近い恒星が天球上をだ円に動くことが多い。地球の公転面（黄道面ともいう）に垂直な方向にある恒星は円を描き，公転面の方向にある恒星は直線を描く。ただし，年周視差は非常に小さいので，星座の形が変わって見えることはない。

■年周光行差

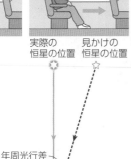

雨が頭上から鉛直（地面に対して直角方向）に降っていても，歩いたり走ったりすると，雨が手前から降るように見える。電車や自動車では変化がさらに大きく，前のほうから雨がやってくるように見える。
同じように，地球の公転により，天球上のほぼすべての恒星の見かけの位置は変化して見える。地球が公転で動いていく方向に，恒星の位置がわずかに変化する。実際の位置と見かけの位置がずれて見えるこの現象を **光行差** といい，地球の公転による光行差を **年周光行差** という。年周光行差は年周視差とともに，地球の公転の証拠となっている。

■星の位置による年周光行差の違い

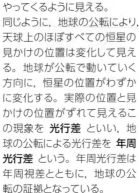

地球の公転面に対して垂直な方向の恒星は，年周光行差によって円運動をする。また公転面の方向の恒星は直線を描き，その他の恒星はだ円に動く。いずれの長半径も同じで，地球の公転の速さに対応する。年周光行差は最大 20.5″ である。

■ドップラー効果

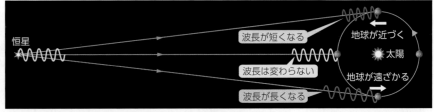

音のドップラー効果では，音源が近づいてくる場合は高音に聞こえ，音源が遠ざかる場合は低音に聞こえる。光も波なので，同様にドップラー効果がある。恒星から速さ 30 万 km/s でやってくる光は，公転する地球が速さ 30km/s で動いているため，わずかに波長がずれて観測される。波長のずれは恒星のスペクトルを使って観測され，地球の公転の速さが直接計算できる。また，こうしたドップラー効果によるスペクトルの変化は，さまざまな天体観測に利用されている。

年周視差：annual parallax　　年周光行差：annual aberration　　ドップラー効果：Doppler effect

11 惑星の運動

A 惑星の視運動

地球の内側の軌道を回る惑星を **内惑星**，外側の軌道を回る惑星を **外惑星** という。
惑星は天球上で複雑な動きをする。

■ 内惑星と外惑星の位置関係

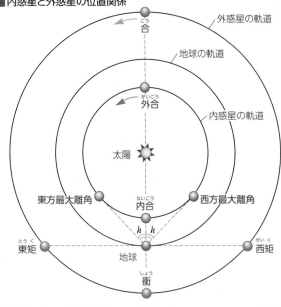

内惑星は，真夜中に見えることはなく，内合と外合で見かけの大きさはかなり異なる。東方最大離角や西方最大離角のとき，太陽から最も離れて見える。外惑星は，衝のときに真夜中に南中して最も大きく見える。

■ 外惑星の動きと見え方

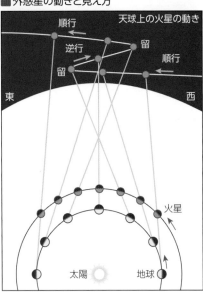

外惑星は，天球上をいつもは西から東へ動いている（**順行**）が，衝の前後だけ地球が外惑星を追いこすようになり西へ動く（**逆行**）。順行と逆行の間は惑星はほぼ止まって見える（**留**）。

■ 黄道にそって並ぶ惑星

2022/6/28 沖縄県・石垣島

惑星の公転面はだいたい同じで，惑星は地球から見て黄道付近を移動している。そのため，ときどき近くに並んで見えることがある。

■ 金星の満ち欠けと見かけの大きさ

2015/5/2　2015/6/7　2015/7/11　2015/7/27

地球に最も軌道が近い金星は，内惑星であるため月のように満ち欠けをくり返す。さらに，地球との距離が大きく変わるため，外合のころは小さく，内合の前後は大きく見える。

■ 金星の太陽面通過

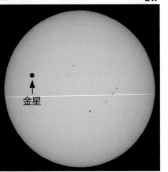

金星

内惑星は，内合時に太陽面を通過することがある。金星より，水星の太陽面通過のほうが頻繁に起こるが，水星は小さいので観測が難しい。

B 会合周期

惑星はそれぞれ一定の周期で公転していて，地球からの惑星の見え方にも周期がある。
外惑星の衝から衝，内惑星の内合から内合の時間を **会合周期** という。内惑星と外惑星では，会合周期の計算が異なる。

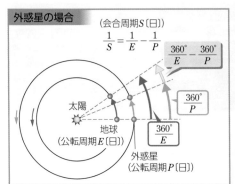

外惑星の場合
（会合周期 S〔日〕）
$$\frac{1}{S} = \frac{1}{E} - \frac{1}{P}$$
$$\frac{360°}{E} - \frac{360°}{P}$$
$$\frac{360°}{P}$$
$$\frac{360°}{E}$$
太陽　地球（公転周期 E〔日〕）　外惑星（公転周期 P〔日〕）

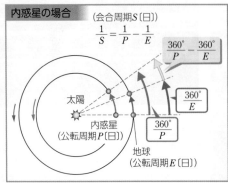

内惑星の場合
（会合周期 S〔日〕）
$$\frac{1}{S} = \frac{1}{P} - \frac{1}{E}$$
$$\frac{360°}{P} - \frac{360°}{E}$$
$$\frac{360°}{E}$$
$$\frac{360°}{P}$$
太陽　内惑星（公転周期 P〔日〕）　地球（公転周期 E〔日〕）

外惑星と地球は，それぞれ軌道上を1日に $\frac{360°}{P}$，$\frac{360°}{E}$ 公転する。外惑星は地球よりも公転周期が長く，地球は外惑星よりも1日に $\frac{360°}{E} - \frac{360°}{P}$ だけ先へ進む。衝の位置から出発し，この角度が蓄積されて $360°$ になったとき，再び衝の位置となるので
$$\left(\frac{360°}{E} - \frac{360°}{P}\right) \times S = 360° \text{ より} \quad \frac{1}{S} = \frac{1}{E} - \frac{1}{P}$$
内惑星は地球よりも公転周期が短く，P，E の関係が逆になる。

地 C ケプラーの法則

17世紀にケプラーは，惑星の運動に関する3つの法則を導いた。
この太陽と惑星との運動の関係は，他の天体においても成りたつ。

第一法則（だ円軌道の法則）
　惑星は，太陽を1つの焦点とするだ円軌道を公転する。

第二法則（面積速度一定の法則）
　惑星と太陽を結ぶ線分が一定時間に通過する面積は一定である。

第三法則（調和の法則）
　惑星の公転周期 T の2乗は，惑星の太陽からの平均距離 a の3乗に比例する。

■第一法則

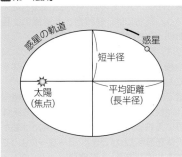

惑星が公転するだ円軌道において，焦点の1つの位置に太陽がある。太陽と惑星の平均距離は，だ円の長半径である。

■第二法則

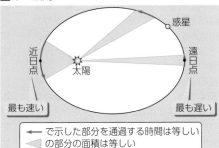

- ← で示した部分を通過する時間は等しい
- ◢ の部分の面積は等しい

太陽と惑星を結ぶ線分が一定時間に動いてできる面積は，惑星がどこにあっても等しい。つまり，太陽に近いほど惑星の公転速度が速い。

■第三法則

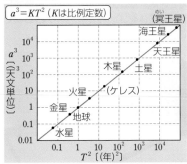

$$a^3 = KT^2 \quad (K は比例定数)$$

惑星	平均距離 a（天文単位）	公転周期 T（ユリウス年）	$\dfrac{a^3}{T^2}$
水星	0.3871	0.24085	0.9999
金星	0.7233	0.61520	0.9998
地球	1.0000	1.00002	1.0000
火星	1.5237	1.88085	1.0000
（ケレス）	2.766	4.6	1.0000
木星	5.2026	11.8620	1.0008
土星	9.5549	29.4572	1.0053
天王星	19.2184	84.0205	1.0055
海王星	30.1104	164.7701	1.0055
（冥王星）	39.838	248	1.0280

どの惑星においても，公転周期 T の2乗と太陽からの平均距離 a の3乗は比例する。

補足　だ円

だ円は，2つの焦点からの距離の和が等しい点が集まったものである。糸を結び，2つの焦点の位置でピンに絡めて，糸を引きながらペンを動かすと，簡単にだ円を描くことができる。
また，焦点の間の距離が長いと平べったくなり，焦点が重なると円になる。

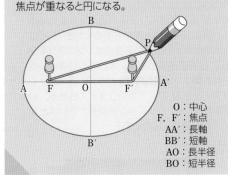

- O：中心
- F, F′：焦点
- AA′：長軸
- BB′：短軸
- AO：長半径
- BO：短半径

■だ円軌道による離角の違い

水星の軌道は，ややつぶれただ円になっていて，太陽と水星の間の距離は変化する。図のように2月と8月に東方最大離角を迎える場合，その大きさはかなり異なる。

Column　ヨハネス・ケプラー

ドイツで生まれたケプラーは，ティコが行った観測記録を分析した。火星の軌道が円でなくだ円であることや軌道を動く速さが一定でないことを発見し，「新しい天文学」という本を発表した。さらに「宇宙の調和」という本で，惑星の公転軌道と公転周期との間にある関係を発表した。これらが今でも，惑星の運動で最も基本的な3法則として知られている。

Zoom up　ボーデの法則

太陽と惑星の間の距離は，単純な数列で表現できるとした経験的な法則で，チチウスによって発見され，ボーデによって広められたので，チチウス・ボーデの法則ともいう。この法則では，水星，金星，地球，火星，ケレス（小惑星），木星，土星，天王星について，太陽からの平均距離 a（天文単位）は

$$a = 0.4 + 0.3 \times 2^n$$

で表す数値に近い。しかし，海王星より遠い天体については，うまく当てはまらない。この法則は力学的に説明できないが，ケレス（小惑星）や天王星を見つけるのに役立った。

惑星	n の値	平均距離 a（天文単位） 法則値	平均距離 a（天文単位） 実際
水星	$-\infty$	0.4	0.3871
金星	0	0.7	0.7233
地球	1	1.0	1.0000
火星	2	1.6	1.5237
（ケレス）	3	2.8	2.766
木星	4	5.2	5.2026
土星	5	10.0	9.5549
天王星	6	19.6	19.2184
海王星	—	—	30.1104
（冥王星）	7	38.8	39.838

天体望遠鏡の使い方

天体望遠鏡の種類

天体望遠鏡は遠くの天体の弱い光を集めるため，望遠鏡を使うと天体を明るく大きく見ることができる。小口径の望遠鏡はレンズで光を集める **屈折望遠鏡** が多く，大口径の望遠鏡は鏡で光を集める **反射望遠鏡** が多い。その他，レンズと反射鏡の両方を使うタイプもある。いずれにしても，レンズや反射鏡が大きいほど集光力があるが，高価である。

屈折望遠鏡

反射望遠鏡

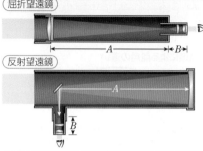

天体望遠鏡の倍率

レンズや反射鏡はそれぞれ，平行光線が集まる焦点があり，レンズや反射鏡から焦点までの距離を焦点距離 A という。また，接眼レンズ（アイピース）にも焦点距離 B があり，$\dfrac{A}{B}$ が天体望遠鏡の倍率になる。

大口径の望遠鏡ほど焦点距離 A が大きく，倍率が高くなる。一方，接眼レンズの種類や焦点距離 B はさまざまで，接眼レンズをかえると倍率が変わる。例えば，焦点距離 A が1000mm の望遠鏡では，焦点距離 B が 20mm の接眼レンズをつけると倍率は 50 倍で，焦点距離 B が10mm の接眼レンズをつけると倍率は 100 倍となる。

経緯台と赤道儀

望遠鏡をとりつけ，その向きを調整する台を架台という。架台には，経緯台と赤道儀の 2 種類があり，向きの調整の方法が異なる。

経緯台は，高度と方位を調整する。つまり，縦方向や横方向に望遠鏡を動かしながら天体を視野に入れる。

赤道儀では，回転軸の向きを天の北極（北極星付近）に合わせてから，望遠鏡を動かして天体を視野に入れる。その後は赤経方向だけ動かせば天体を追うことができる（モーターによって追尾するものもある）。赤緯（0〜＋90°，0〜−90°）と赤経（0〜24ʰ）の目盛りがあれば，それを利用して天体を導入する（視野に入れる）こともできる。

最近は，天体を自動導入することができる架台が増えてきた。マニュアルのとおりに設置すれば，目的の天体をコントローラーやパソコンで導入できる。

太陽黒点の観測

太陽は非常に明るく，目で直接見ることは絶対にしない（失明するなど危険である）。太陽観測用にかなり暗くなるフィルターもあるが，太陽投影板に太陽像を映しだし，白い紙の上で黒点をスケッチするのが一般的である。間違って接眼レンズを見ないように，また接眼レンズから出る強い光に当たらないように注意する。太陽を望遠鏡の視野に入れるには，筒の影が丸くなることなどを利用するとよい。このとき，使わないファインダーにはふたをする。

太陽投影板を取りつけた屈折望遠鏡

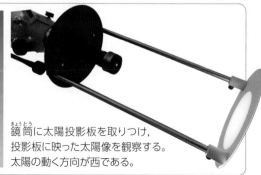

鏡筒に太陽投影板を取りつけ，投影板に映った太陽像を観察する。太陽の動く方向が西である。

天体写真の撮り方

カメラのマニュアルをよく読み，日時などのカメラのさまざまな設定を確認してから撮影しよう。天体写真は夜間にとることが多いので，懐中電灯なども準備しておこう。

カメラとレンズだけで撮影

星座の写真をとる場合は，三脚にカメラをつけて，星にピントを合わせ，感度を高くし，絞りをできるだけ小さくして，シャッタースピードを数秒〜数十秒間で撮影することが多い。手でシャッターを押すとカメラが動いてしまうので，リモコンやセルフタイマーを使う。数分間以上の長い時間シャッターが開けられないカメラは，数十秒以内でとった複数の写真をパソコンで合成する。三脚は，しっかりしたものがよい。また，明るい星でピントをしっかり合わせよう。

F値が小さい明るいレンズがよい

リモコン

向きを合わせやすい自由雲台が便利

星座の撮影

用意するもの：カメラ（標準か広角のレンズ付），三脚，リモコン（セルフタイマーで代用できる）

とり方：カメラのファインダーで星座がバランスよく入っていることを確認する。感度は ISO 800〜3200 程度，絞りは最も小さな数値にして，10 秒前後シャッターを開けると，星が動かず，星座の形のわかる写真がとれる。連続写真から動画をつくることもできる。

天体の観測には，天体望遠鏡を使うことが多い。小口径の望遠鏡でも，肉眼よりも数十〜数百倍明るく見える。なお，望遠鏡は精密機器であるため，取り扱いに注意が必要である。また，観測記録としてかつてはスケッチしていたが，最近は写真にとることが多くなった。とり方にコツがあるが，一般的なカメラでも撮影できる。

星槎大学 客員教授
たけ だ　やす お
武田　康男

屈折赤道儀望遠鏡の構造

ファインダーの調整
天体望遠鏡に天体を導入するには，太陽以外はファインダーを使うことが多い。ファインダーは本体よりも小さく，倍率も小さいため，見える範囲が広い。ファインダーと本体の向きが合っているかを，明るい天体や遠くの景色で事前に確認，調整する。

天体の導入
クランプをゆるめて望遠鏡をゆっくり動かし，天体をファインダーの視野に入れる。天体がファインダーの十字線の中央にくるように，微動ハンドルで調整すると，望遠鏡本体の視野にも入る。

接眼レンズの選び方
接眼レンズは，最初に焦点距離の大きなものを選び，倍率を低くする。ピントを慎重に合わせ，倍率が低い状態で天体を視野の中央に入れた後，高い倍率の接眼レンズと交換しよう。

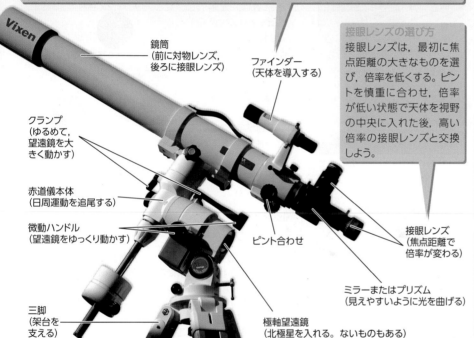

鏡筒
（前に対物レンズ，後ろに接眼レンズ）

ファインダー
（天体を導入する）

クランプ
（ゆるめて，望遠鏡を大きく動かす）

赤道儀本体
（日周運動を追尾する）

微動ハンドル
（望遠鏡をゆっくり動かす）

ピント合わせ

接眼レンズ
（焦点距離で倍率が変わる）

ミラーまたはプリズム
（見えやすいように光を曲げる）

三脚
（架台を支える）

極軸望遠鏡
（北極星を入れる。ないものもある）

月の観測
月は明るいので，望遠鏡の視野に入れやすいが，満月前後のときはまぶしいので注意しよう。低倍率で全体の形を，高倍率でクレーターなどの模様を観測する。月が細いときは，地球に反射した光が当たった地球照が見えることがある。

惑星の観測
肉眼でもよく見える金星，火星，木星，土星などは，ファインダーを使って簡単に導入できるが，天王星や海王星は星図を使って位置を確認する。惑星の観測には倍率を高くすることが多いが，土星の環や木星の衛星などは低倍率でも見える。惑星はピントが合わせにくいので，慎重に合わせる。また，惑星の高度が低いときは像がゆらいで，模様がわかりにくい。

恒星の観測
星図を見ながら，ファインダーで目的の天体を慎重に視野に入れる。肉眼で見えない7等星以下の恒星も見える。また，2等星以下でも色がわかるようになり，色の違う二重星や連星などもわかる。変光星の観測では，周囲の星との明るさを比較する。

星雲・星団の観測
ファインダーで見えるものもあるが，見えない場合は星図を使い，近くの恒星を目安にして導入する。星雲は倍率が低いほうがよく見えることが多いが，空が暗くないとよくわからない。星団は見つけやすいが，適した倍率の接眼レンズを選びたい。

宇宙の構造

天体望遠鏡にカメラをつけて撮影
接眼レンズなしでカメラをつける場合（月や星雲・星団など）と，接眼レンズを入れてカメラをつける場合（惑星など）がある。月と惑星など天体によって明るさがかなり違うので，感度とシャッタースピードを適切に合わせ，リモコンかセルフタイマーを使う。なお，月などは，スマートフォンを接眼レンズに近づけ，手でしっかり持って撮影することもできる。

天体望遠鏡にカメラをつける方法

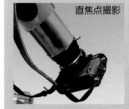

直焦点撮影　接眼レンズを使わず，アダプターでカメラボディを取りつける。月の全体や星雲・星団などの撮影に向いている。

拡大撮影　アダプター内に接眼レンズを入れることで拡大できる。月のクレーター，金星や水星の満ち欠け，土星の環，木星や火星の模様，木星の衛星などの撮影に向いている。

土星の環の撮影
用意するもの：天体望遠鏡，カメラ，アダプター，リモコン（セルフタイマーで代用できる）
とり方：天体望遠鏡の視野に土星を入れる。接眼部にアダプターを取りつけ（適切な接眼レンズを入れ），カメラを取りつける。ピント合わせを前後に動かしながら，ピントを慎重に合わせ，リモコンかセルフタイマーでシャッターを開ける。このとき，感度は大きくし，赤道儀で追尾する。

基 A 太陽の構造

太陽は，水素とヘリウムが主成分で，直径は約 140 万 km（地球の 109 倍）である。表面温度は 5800 K で，中心核は 1600 万 K と高温である。

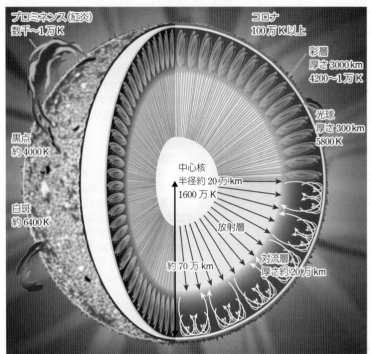

太陽の中心部では水素の核融合反応が起きている。核融合反応により，中心部で高エネルギーの γ 線（波長の短い光）として生まれたエネルギーは，放射によってだんだんと低エネルギーの光（波長の長い光）に変化しながら外側へ伝わっていく。表面から深さ約 20 万 km に達すると，エネルギーはおもに対流で伝わる。

私たちが可視光線で太陽を見たときの表面は光球とよばれる。光球には黒点という，暗い領域がある。黒点は温度が低く，磁場が強い。光球の外側にある厚さ約 3000 km の層が彩層で，日食のときには薄紅色に輝く。彩層上部の温度は 1 万 K ほどだが，その外側で温度は数百万 K まで急上昇する。この高温で希薄な大気がコロナである。コロナにはプロミネンスとよばれる，温度が数千〜 1 万 K 程度のプラズマが出現することがある。

Zoom up ニュートリノ 地

太陽の中心部での水素の核融合反応に伴って，ニュートリノがつくられる。ニュートリノは，質量が 0 で他の物質とはほとんど相互作用しない（地球でさえも簡単に突き抜けてしまう）素粒子として存在が唱えられ，発見された。ニュートリノは，スーパーカミオカンデ（♪ p.208）のような巨大な専用装置で検出することができる。

太陽からくるニュートリノをつかまえてみると，その量は太陽の明るさから計算した値の $\frac{1}{3}$ 〜半分程度しかなかった。この理論予想と観測結果の不一致は，太陽ニュートリノ問題とよばれた。

現在，太陽ニュートリノ問題は，ニュートリノには質量があり，その結果ニュートリノ振動が起きることで説明されている。

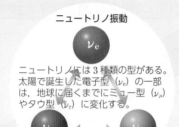

ニュートリノ振動

ニュートリノには 3 種類の型がある。太陽で誕生した電子型 (ν_e) の一部は，地球に届くまでにミュー型 (ν_μ) やタウ型 (ν_τ) に変化する。

補足 プラズマ

原子や分子が電離して，陽イオンと電子に分かれて自由に運動している状態。宇宙に存在する物質の多くは，プラズマ状態にある。

基 B 太陽のエネルギー源

太陽の中心部では水素がヘリウムになる **核融合反応** が起こり，膨大なエネルギー（毎秒 3.85×10^{26} J）が生み出されている。

■太陽での核融合反応(p-p 連鎖)

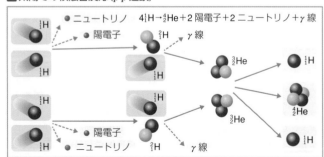

$$4{}^{1}_{1}H \rightarrow {}^{4}_{2}He + 2\text{陽電子} + 2\text{ニュートリノ} + \gamma\text{線}$$

質量が太陽程度か，それより軽い恒星の中心部では，おもに p-p 連鎖とよばれる水素の核融合反応が起こる。図は ppI とよばれる p-p 連鎖の 86 % ほどを占める主反応である。4 個の水素の原子核（陽子）から，1 個のヘリウム原子核ができる。

Zoom up CNO サイクル 地

CNO サイクルは，炭素（C），窒素（N），酸素（O）を触媒として起こる，水素の核融合反応である。質量が太陽程度以上の恒星で，中心部の温度が 1000 万 K を大きくこえると，p-p 連鎖よりも CNO サイクルがおもなエネルギー源となる。

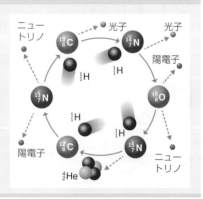

基 C　太陽の表面

太陽の表面の円盤状に輝く大気層が **光球** である。太陽の表面には温度が低く磁場が強い領域である **黒点** や，温度が少し高い **白斑**，粒状の模様の **粒状斑** が見られる。

■ 白色光で見た太陽の表面

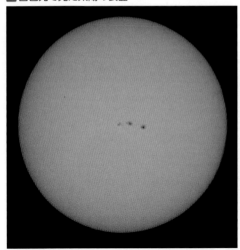

太陽像を投影板に投影する，あるいは専用のサングラスで大幅に減光した上で太陽を見ると，ふちのある円盤に見える。このとき，可視光線で見えている領域が光球である。よく観察すると，中心からふちへと暗くなっていくのがわかる。これを **周辺減光** という。

■ 黒点

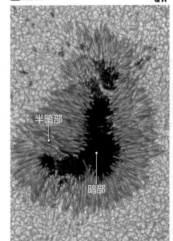

半暗部

暗部

黒点には数百 mT（ミリテスラ）（● p.16）ほどの磁場がある。この磁場が太陽の内部からの対流運動を妨げ，内部から高温のガスが上昇しにくくなるため，黒点は周囲に比べて温度が低い。暗い暗部のまわりを半暗部が取り囲む構造をしている。暗部と半暗部では磁場の構造が異なっている。

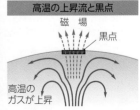

高温の上昇流と黒点

磁場　　黒点

高温のガスが上昇

■ 白斑

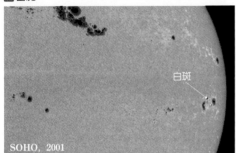

白斑

SOHO, 2001

黒点の周囲に見られる明るい構造が白斑である。白斑にも磁場があり，この磁場がプラズマを押しのけ，表面よりやや深い高温の領域が見えるため，周囲に比べて明るく見える。

■ 粒状斑

ひので, 2006

光球では，粒状斑が刻々と形を変えていくようすから対流運動を観察できる。粒状斑の大きさは約 1000 km，寿命は約 10 分である。

■ チューリッヒの黒点の分類

A		
B		
C		
D		
E		
F		
G		
H		
J		

0°　10°　20°　30°

宇宙の構造

基 D　太陽の自転

太陽の自転は，黒点の動きで確認できる。自転周期は赤道で 27 日で，緯度が高いほど長くなっていく。黒点が，東から西に移動していることから，太陽が自転していることがわかる。

■ 黒点の観察（● p.184）

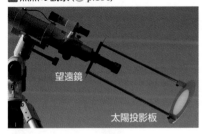

望遠鏡

太陽投影板

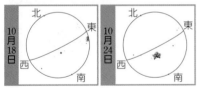

10月18日　北　東　西　南

10月24日　北　東　西　南

黒点を観察すると，黒点が生まれたり消えたりするところや，形を変えながら太陽の自転とともに移動していくようすが見られる。

■ 黒点の移動

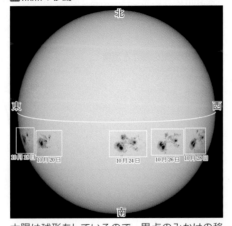

北

東　　　西

南

10月18日　10月20日　10月24日　10月26日　10月28日

太陽は球形をしているので，黒点のみかけの移動速度は端で小さく，中央で大きい。

■ 自転周期

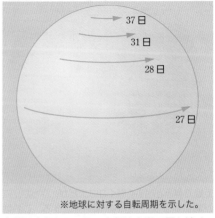

37 日

31 日

28 日

27 日

※地球に対する自転周期を示した。

太陽は自転している。自転は赤道で最も速く，緯度が高くなるとだんだん遅くなる。これを差動回転という。

黒点：sunspot　　白斑：facula　　粒状斑：granule　　周辺減光：limb darkening　　自転：rotation　　差動回転：differential rotation

基 **A 太陽の外層**

光球のすぐ外側の大気層を **彩層** という。その外側には **コロナ** が大きく広がっている。
コロナは，非常に高温で 100 万 K をこえ，そこから宇宙空間に荷電粒子が流れ出している。

■彩層

インドネシア，2016

皆既日食のとき，太陽の光球からの強い光がさえぎられると，光球の外側にある彩層が見える。この薄紅色に輝く姿が，彩層の名前の由来である。

■コロナ

極大期	極小期

ザンビア，2001　　硫黄島，2009

コロナの広がりは，太陽の活動によって異なる。太陽活動が活発なときには大きく広がり，静穏なときには小さくなっている。このことからも，コロナの成因は磁場との関係が強いことがわかる。コロナ中の磁力線にそって，筋状の構造が見える。

■スピキュール

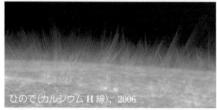

ひので(カルシウム H 線)，2006

彩層に見られる，針のように細い構造をスピキュールという。ジェット現象だと考えられている。

■プロミネンス(紅炎) QR

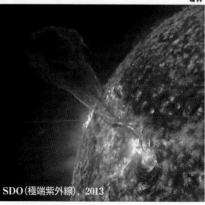

SDO(極端紫外線)，2013

ダークフィラメント

プロミネンス

胎内自然天文館(Hα 線)，2013

コロナの中に浮かぶガスの雲を **プロミネンス** という。右の図は，水素原子の Hα 線という波長 656.3 nm の赤い光で見た太陽である。ふちから飛び出しているように見えるのはプロミネンスである。同じ構造が太陽面上にあると，背後からの光をさえぎる暗い構造(ダークフィラメント)として見える。

■コロナホール QR

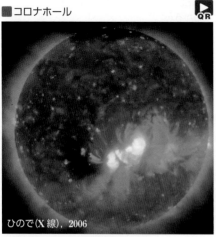

ひので(X 線)，2006

X 線で見ると明るく輝くコロナだが，ぽっかり穴があいたように，暗い領域も存在する。これはコロナホールとよばれ，太陽風(p.190)はコロナホールやその境界から吹き出すと考えられている。

■太陽の大気の厚さと温度

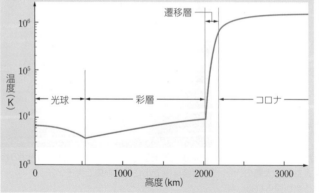

光球の底では温度は 5800 K ほどだが，彩層との境界で 4200 K まで下がる。彩層では温度が少しずつ上がっていき，遷移層で 1 万 K から 100 万 K をこえる温度にまで，急激に上昇して，コロナは 100 万 K をこえる温度になる。なぜコロナがこれほど高温になっているのかはわかっていない。

_地**B** 太陽のスペクトル

太陽の光はおもに可視光線で，スペクトルには紫から赤までさまざまな色が含まれる。ところどころに細い **暗線(吸収線)** があり，太陽大気中の元素の種類がわかる。

■ 分光器とスペクトル

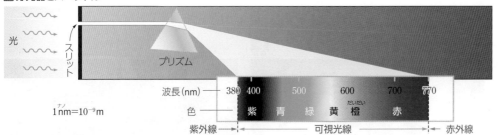

光
スリット
プリズム

波長(nm) — 380 400 500 600 700 770
1 ナ ノ nm=10⁻⁹m
色 — 紫 青 緑 黄 橙 赤
紫外線 — 可視光線 — 赤外線

太陽の光を分光器で観測すると，光は赤から青に分かれ，連続した光の帯が見える。この光の帯を **スペクトル** という。

■ 太陽のスペクトルと吸収線

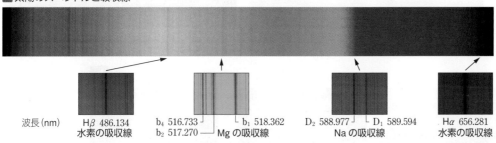

波長(nm)
Hβ 486.134
水素の吸収線
b₄ 516.733
b₂ 517.270
b₁ 518.362
Mg の吸収線
D₂ 588.977
D₁ 589.594
Na の吸収線
Hα 656.281
水素の吸収線

波長の短いほうから長いほうへ，色が青から赤へと変化していく。太陽のスペクトルに見られる数多くの暗線を **フラウンホーファー線** という。暗線から，その波長の光を吸収する物質があることやその存在量がわかる。

■ 太陽のおもな構成元素 _基

水素を1億個としたときの原子の個数。

元素		個数
水素	H	100000000
ヘリウム	He	9600000
酸素	O	86000
炭素	C	36000
窒素	N	11000
ネオン	Ne	11000
マグネシウム	Mg	3600
ケイ素	Si	3600
鉄	Fe	3200
硫黄	S	1600
アルゴン	Ar	360
アルミニウム	Al	300
カルシウム	Ca	230
ナトリウム	Na	210
ニッケル	Ni	180
塩素	Cl	32
リン	P	29
マンガン	Mn	25

_{宇宙の構造}

■ 吸収スペクトルや輝線スペクトルができるしくみ

ⓐ 白熱電球(連続スペクトル)

スリット
プリズム
白熱電球

ⓑ ナトリウム(吸収スペクトル)

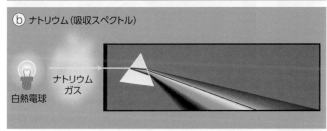

白熱電球
ナトリウムガス

ⓒ ナトリウムの蒸気(輝線スペクトル)

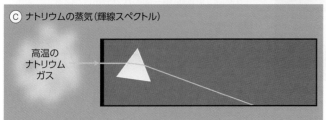

高温のナトリウムガス

■ さまざまなスペクトル

ⓐ 白熱電球(連続スペクトル)

ⓑ ナトリウム(吸収スペクトル)

ⓒ ナトリウムの蒸気(輝線スペクトル)

ⓓ 水素(輝線スペクトル)

ⓔ 水銀の蒸気(輝線スペクトル)

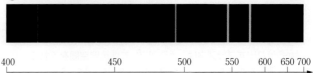

400 450 500 550 600 650 700
波長(nm)

白熱電球から出る光は，いろいろな波長の光を含んでいるため，強度がなめらかに変化する連続スペクトルを示す。
水素やナトリウムといった原子は，原子の種類で決まる特定の波長の光を吸収したり放出したりするため，吸収スペクトルや輝線スペクトルを示す。

スペクトル：spectrum　　吸収線：absorption line　　分光器：spectrometer　　フラウンホーファー線：Fraunhofer line

14 太陽の活動

A フレア

フレア は太陽の大気で発生する爆発現象である。
フレアによって **コロナ質量放出** が起こり，地球にさまざまな影響を及ぼす。

■さまざまな波長で見たフレア

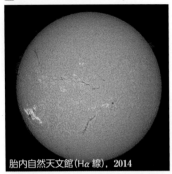
胎内自然天文館(Hα線)，2014

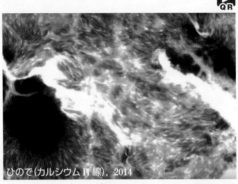
ひので(カルシウム H 線)，2014

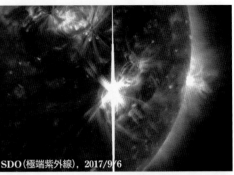
SDO(極端紫外線)，2017/9/6

太陽の大気で起こる爆発現象がフレアである。磁力線がつなぎかわることにより，10^{22}J をこえる磁場のエネルギーが解放され，フレアが起こる。それぞれの画像の白い部分がフレアである。

■コロナ質量放出

2017/9/6 12:30

2017/9/6 13:30

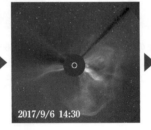
2017/9/6 14:30

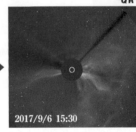
2017/9/6 15:30

フレアに伴ってコロナを構成するプラズマ(p.186) が放出されることも多い。このコロナ中のプラズマの放出をコロナ質量放出とよぶ。

B 太陽風

コロナから吹き出すプラズマの流れを **太陽風** という。
イオンや電子が宇宙空間に流れていき，地球を取り巻く地球の磁気圏に影響する。

■太陽風と磁気圏

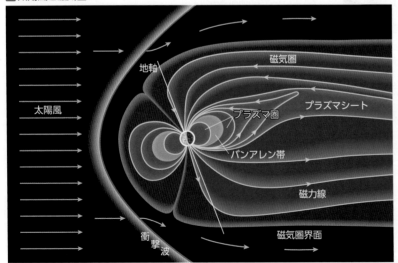

太陽風
地軸
磁気圏
プラズマ圏
プラズマシート
バンアレン帯
磁力線
衝撃波
磁気圏界面

太陽から流れ出すプラズマは，太陽風として惑星間空間を流れる。地球には磁場があり，太陽風を遮蔽する効果がある。地球の磁気圏の構造は，太陽風と地球の磁場(地磁気)のバランスで決まっている。フレアに伴い，コロナ質量放出で惑星間空間に放出されたプラズマや，高エネルギーの荷電粒子が地球の磁気圏にやってくると，地磁気を乱す **磁気嵐** を発生させる。

■バンアレン帯

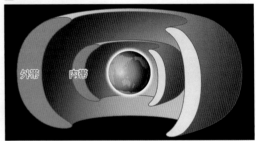
外帯　内帯

地磁気に捕捉された陽子と電子が **バンアレン帯** をつくっている。電子は内帯と外帯に分布しており，陽子は電子の内帯の内側に単一の帯状で分布している。

地磁気

地球の磁場はほぼ双極子構造をしている。現在は北極に S 極，南極に N 極があるが，地磁気は不規則に逆転する(p.17)ことが知られている。

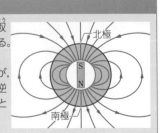
北極
南極

地 C 太陽の周期活動

太陽活動は周期的に変化している。黒点の数は太陽活動の活発さによって変化し，活発な時期には黒点の数は多く，そうでない時期には黒点の数は少ない。

■黒点相対数と蝶形図

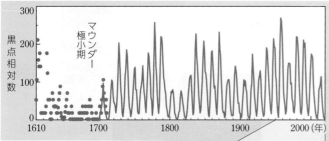

黒点数の推移を見るために **黒点相対数** がよく用いられる。黒点相対数 R は観測方法などで決まる係数 k と，黒点群の数 g，黒点数 s から $R = k(10g + s)$ で求められる。黒点相対数は約11年の周期で増減をくり返す。

また，黒点の現れる緯度を示した図を **蝶形図** という。黒点が増え始める時期には中緯度によく現れ，その後は低緯度へと移動していくことがわかる。蝶がはねを広げた形に見えることが，蝶形図の名前の由来である。

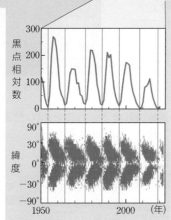

Zoom up 太陽の周期活動の原因

太陽の周期活動は，次のような過程により起こると考えられている。

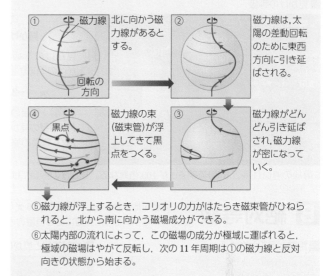

① 北に向かう磁力線があるとする。

② 磁力線は，太陽の差動回転のために東西方向に引き延ばされる。

③ 磁力線がどんどん引き延ばされ，磁力線が密になっていく。

④ 磁力線の束（磁束管）が浮上してきて黒点をつくる。

⑤ 磁力線が浮上するとき，コリオリの力がはたらき磁束管がひねられると，北から南に向かう磁場成分ができる。

⑥ 太陽内部の流れによって，この磁場の成分が極域に運ばれると，極域の磁場はやがて反転し，次の11年周期は①の磁力線と反対向きの状態から始まる。

磁場の極性まで考えると，太陽活動は約22年周期である。

地 D 太陽の活動と地球への影響

太陽風が強く吹くと，磁気圏が変化し地磁気が乱れる。フレアが発生すると，強い磁気嵐やオーロラが発生する。

宇宙の構造

■地球への影響

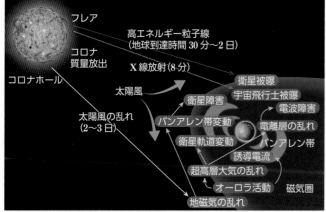

フレアによって，地球にくるX線や紫外線が強くなると，**デリンジャー現象** とよばれる通信障害を起こす。他にもいろいろな障害を起こしたり，オーロラが発生したりするなど，地球に影響を及ぼす。

■オーロラ

フェアバンクスでのオーロラ
2012/3/29

北海道での低緯度オーロラ
2003/10/30

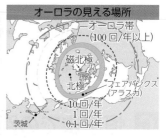
オーロラの見える場所
オーロラ帯（100回/年以上）
磁北極
北極
フェアバンクス（アラスカ）
茨城
10回/年
1回/年
0.1回/年

太陽からの荷電粒子が地球の磁気圏に飛びこんでくると，オーロラを起こすことがある。荷電粒子はフレアやコロナ質量放出に伴うものだけでなく，コロナホールから吹き出す太陽風もまた，供給源になっている。

■宇宙天気

予報　2022/08/31 15:00 JST ~ 2022/09/01 14:59 JST

太陽フレア	プロトン現象	地磁気擾乱	放射線帯電子	電離圏嵐	デリンジャー現象	スポラディックE層
やや活発	静穏	静穏	静穏	静穏	静穏	活発
Lv.2	Lv.1	Lv.1	Lv.1	Lv.1	Lv.1	Lv.3

地球の磁気圏は，フレアやコロナ質量放出，太陽風などにより，太陽の影響を絶え間なく受けて，刻々と変化している。また，磁気圏で発生する磁気嵐をはじめとする諸現象は，私たちのくらしに無縁ではない。そのため，磁気圏の状態を **宇宙天気** として把握することは，現代の人類にとって重要である。

太陽風：solar wind　　バンアレン帯：Van Allen radiation belt　　デリンジャー現象：Dellinger phenomenon　　オーロラ：aurora

基地 15 恒星の性質

補足　恒星

太陽のように，みずから輝いている天体を恒星という。

基 A 見かけの等級

恒星の明るさは 等級 で表され，地球上から見たときの恒星の明るさを 見かけの等級 という。

■見かけの等級

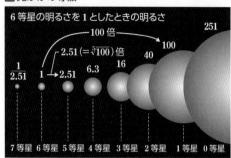

6等星の明るさを 1 としたときの明るさ

251
100 倍
100
$2.51(=\sqrt[5]{100})$ 倍
40
$\dfrac{1}{2.51}$　1 →2.51　6.3　16

7等星　6等星　5等星　4等星　3等星　2等星　1等星　0等星

見かけの等級 地

見かけの等級は，0 等星の見かけの明るさを基準に表す。

$$m = -2.51\log_{10}\dfrac{F}{F_0}$$

m〔等〕：恒星の見かけの等級
F：恒星の見かけの明るさ
F_0：0 等星の見かけの明るさ

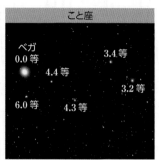

こと座

ベガ
0.0 等　　　3.4 等
4.4 等
3.2 等
6.0 等　　4.3 等

■全天の星の数

見かけの等級	星の数
−1 等級	2
0 等級	7
1 等級	12
2 等級	67
3 等級	190
4 等級	710
5 等級	2000
6 等級	5600

5 等級の違い（1 等と 6 等）で明るさが 100 倍異なる。見かけの等級だけでは，恒星の本来の明るさを比較できない。

地 B 絶対等級

仮に恒星を地球から 10 パーセク（32.6 光年）の距離に置いたと仮定したときの，恒星の明るさを 絶対等級 という。絶対等級は，異なった距離にある恒星の本来の明るさを表す指標である。

■距離と明るさの関係

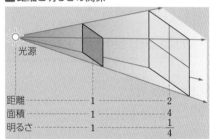

光源

距離	1	2
面積	1	4
明るさ	1	$\dfrac{1}{4}$

恒星の発する光は，恒星から遠ざかるにつれてどんどん広がり，見かけの明るさは距離の 2 乗に反比例して暗くなっていく。そのため，恒星の真の明るさが同じでも，遠いものは暗く，近いものは明るく見える。

■絶対等級と見かけの等級

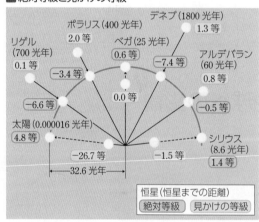

デネブ（1800 光年）
1.3 等
ポラリス（400 光年）
2.0 等　　ベガ（25 光年）
リゲル（700 光年）　　0.6 等
0.1 等　　　　　　　　　−7.4 等　アルデバラン（60 光年）
−3.4 等　　　　　　　　　　0.8 等
−6.6 等　　0.0 等　　　　−0.5 等
太陽（0.000016 光年）
4.8 等
−26.7 等　　−1.5 等　　シリウス（8.6 光年）
1.4 等
32.6 光年

恒星（恒星までの距離）
絶対等級　見かけの等級

見かけの等級は，恒星の本来の明るさを表していない。恒星の本来の明るさは，絶対等級によって比べることができる。

絶対等級

$$M - m = 5 + 5\log_{10} p$$
$$= 5 - 5\log_{10} d$$

M〔等〕：恒星の絶対等級
m〔等〕：見かけの等級
p〔″〕：年周視差
d〔パーセク〕：恒星までの距離

地 C 恒星までの距離

地球の公転を利用して距離を求める方法を 年周視差法，恒星のスペクトルから距離を推定する方法を 分光視差法 という。

■年周視差法

地球の公転により，恒星の見かけの位置は 1 年を通してわずかに変化する。この変化の大きさの半分を 年周視差 といい，太陽中心から見た恒星の位置と，地球から見た恒星の位置との差の最大値に等しい。

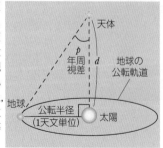

天体
p 年周視差
d　地球の公転軌道
地球
公転半径　太陽
（1天文単位）

年周視差は近い恒星ほど大きくなる。年周視差が 1″（◐ p.215）になる距離を 1 パーセク（pc）といい，約 3.26 光年（3.085×10^{16} m）である。年周視差 p〔″〕と距離 d〔パーセク〕は $d = \dfrac{1}{p}$ の関係がある。年周視差法で距離を測定できるのは，比較的近い恒星に限られている。

■分光視差法

主系列星については，そのスペクトル型と絶対等級との関係がわかっている。したがって，たくさんの恒星を含む星団などの HR 図（◐ p.194）を作成し，どの恒星が主系列星であるかがわかると，その恒星の見かけの等級と絶対等級との差から，その恒星までの距離を知ることができる。この方法により，約 1000 パーセクまでの星団の距離を求めることができる。

Zoom up　標準光源法

天体の見かけの等級は，天体の絶対等級と距離とで決まる。天体の絶対等級が何らかの方法でわかれば，その天体までの距離が測定できる。これを 標準光源法 という。脈動変光星（◐ p.201）や Ia 型超新星は，その絶対等級がわかるので，いわば明るさのわかった 標準光源 として，距離の測定に用いられる。

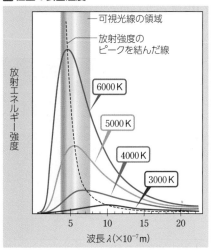 D 恒星の色とスペクトル型

恒星の色は表面温度と関係があり，青白い星は高温，赤い星は低温である。
恒星は **スペクトル型** に分類され，恒星の表面温度や色と関係している。

■ 恒星の表面温度

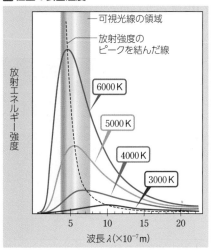

― 可視光線の領域
― 放射強度のピークを結んだ線

放射エネルギー強度

6000 K
5000 K
4000 K
3000 K

波長 λ（×10^{-7} m）

どんな波長の光も反射することなく吸収し，また自分でも光を放射する理想的な物体を黒体という。恒星からの放射は黒体からの放射に近い。恒星の表面温度が上がると，どの波長（色）で見ても，より明るく輝くようになる。しかし，波長の短い青い光のほうが，波長の長い赤い光よりもその変化が大きいので，全体として色が赤から青へと変わっていく。ある温度で最も明るく輝く光の波長は温度に反比例することが **ウィーンの変位則** として知られている。

ウィーンの変位則

$$\lambda_m T = 2.9 \times 10^{-3}$$

λ_m〔m〕：最も明るく輝く光の波長
T〔K〕：絶対温度

■ 恒星の色

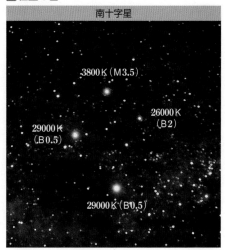

南十字星

3800 K（M3.5）
26000 K（B2）
29000 K（B0.5）
29000 K（B0.5）

シュテファン・ボルツマンの法則

黒体から毎秒 1 m^2 当たりに放射されるエネルギー E〔J/(m^2·s)〕は絶対温度 T〔K〕の 4 乗に比例する。

$$E = \sigma T^4 \quad \sigma：シュテファン・ボルツマン定数$$

この法則より，半径 R の恒星が毎秒放射するエネルギー（恒星の本来の明るさ）L〔J/s〕は，恒星の表面積が $4\pi R^2$ であるので，次の式で表される。

$$L = 4\pi R^2 \cdot E = 4\pi R^2 \cdot \sigma T^4$$

E
恒星
R
表面積 $4\pi R^2$

補足 距離の表し方

天文単位（au）：1 天文単位は太陽と地球の平均距離にほぼ等しい。太陽系内の距離を表すのに用いられる。

1 天文単位 = 1.50 × 10^8 km

光　　年（ly）：光が 1 年間に伝わる距離を 1 光年という。遠い天体まで距離を表す単位として用いられる。

1 光年 = 9.46 × 10^{12} km

パーセク（pc）：年周視差が 1″になる距離を 1 パーセクという。

1 パーセク = 3.085 × 10^{13} km

宇宙の構造

■ 恒星のスペクトルと特徴

		スペクトル（Hγ　He　Hβ　Na　Hα　波長400〜700 nm）	特徴	温度（K）	色
O 型	O6.5		ヘリウムイオンの強い吸収線が見られる	39000	
B 型	B0		ヘリウム原子の吸収線が強い	29000	
	B6		水素の吸収線が強くなり始める		
A 型	A1		水素の強い吸収線が特徴	9600	
	A5			8300	
F 型	F0		カルシウムイオンや金属原子の吸収線が強くなり始める	7200	
	F5		水素の吸収線も強い	6600	
G 型	G0		カルシウムイオンの強い吸収線が特徴	6000	
	G5		金属原子の吸収線がより強く現れている	5600	
K 型	K0		金属原子の吸収線が強い	5300	
	K5		水素の吸収線は目立たなくなる	4400	
M 型	M0		酸化チタンのような分子の吸収線が見られる	3900	
	M5			3300	

さまざまな恒星のスペクトルを，温度の高い順に上から並べてある。ところどころに水素（Hα，Hβ など），ヘリウム（He），ナトリウム（Na）などの暗線（吸収線）が見られ，こうした元素が恒星の大気中に存在していることがわかる。スペクトルに見られる吸収線によって，O，B，A，F，G，K，M 型などのスペクトル型に分類され，それぞれの型を 0 から 9 の数字をつけて，さらに細かく 10 分割している。太陽は G2 型である。

分光視差：spectroscopic parallax　　ウィーンの変位側：Wien's displacement law　　シュテファン・ボルツマンの法則：Stefan-Boltzmann law

■ HR 図（ヘルツシュプルング・ラッセル図）

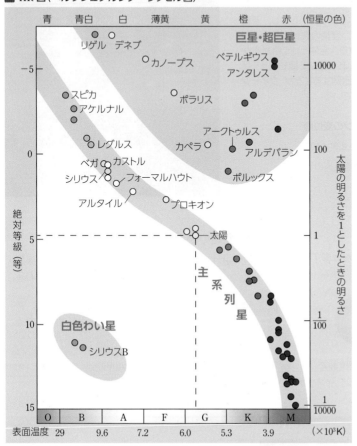

HR 図上で左上から右下に斜めに並ぶ多くの恒星を **主系列星** という。HR 図上で右上に位置する表面温度が低く明るい星を **赤色巨星**，左下に位置する表面温度が高く暗い星を **白色わい星** という。

■ 恒星の大きさ

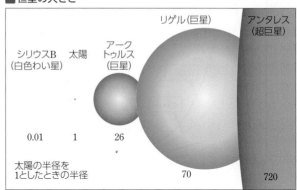

巨星は半径が非常に大きく，表面温度が低い。白色わい星は，半径が非常に小さい。

■ HR 図上での恒星の大きさ

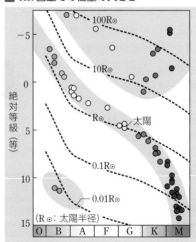

シュテファン・ボルツマンの法則（ ♪ p.193）から，恒星の半径と表面温度が決まれば本来の明るさが求められ，絶対等級が決まる。主系列星では温度が高い星ほど半径が大きいこと，白色わい星は半径が小さいこと，赤色巨星は半径が大きいことなどがわかる。

■ HR 図で見たさまざまな恒星の進化

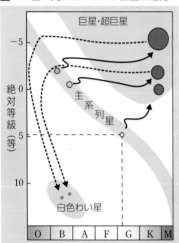

■ HR 図で見た太陽の進化

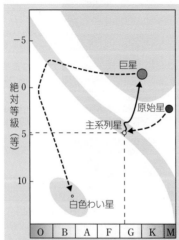

■ 質量光度関係

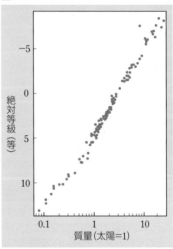

恒星が主系列にいる間，その明るさはほとんど変化しない。主系列星の明るさは，恒星の年齢に関係なく，質量だけでほぼ決まる。このため，図のような **質量光度関係** が成立する。**光度**（恒星の本来の明るさ）は，質量の3乗にほぼ比例する。質量が大きいほど，その中心の圧力が高く，温度も高く明るくなる。

_地 B 恒星の諸量

※1 実視等級とは、Vバンドとよばれる波長域で測定した見かけの等級のことで、人間の目で見た場合の明るさとよく一致するのでこうよばれる。
※2 太陽を1としたとき

	星名		位置		スペクトル型	実視等級※1(等)	絶対等級(等)	距離(光年)	視差(10⁻³″)	質量※2	半径※2	有効温度(K)	平均密度(g/cm³)
			赤経(h m)	赤緯(° ")									
	太陽		—	—	G2	−26.75	4.8	0.000016	—	1	1	5777	1.41
主系列星	エリダヌス座α	アケルナル	1 37.7	−57 14	B3	0.5	−2.6	139	23	—	—	—	—
	わし座α	アルタイル	19 50.8	+08 52	A7	0.77	2.2	17	195	—	1.9	8250	—
	ふたご座α	カストル	7 34.6	+31 53	A1	1.6	0.6	51	64	—	—	—	—
	おおいぬ座α	シリウス	6 45.1	−16 43	A1	−1.46	1.4	8.6	379	2.14	1.7	10400	0.55
	ほ座α	スピカ	13 25.2	−11 10	B1	1.0	−3.4	250	13	—	—	—	—
	みなみのうお座α	フォーマルハウト	22 57.7	−29 37	A3	1.16	1.7	25	130	—	1.8	9300	—
	こいぬ座α	プロキオン	7 39.3	+05 14	F5	0.38	2.67	11	285	1.78	2.1	6450	0.25
	こと座α	ベガ	18 36.9	+38 47	A0	0.03	0.6	25	130	—	2.6	9500	—
	しし座α	レグルス	10 8.4	+11 58	B7	1.35	−0.6	79	41	—	3.7	13000	—
	ケンタウルス座αA	リギル・ケンタウルス	14 39.6	−60 50	G2	−0.01	4.38	4.3	755	—	—	—	—
	バーナード星		17 57.8	+4 42	M5	9.54	13.23	5.9	548	—	—	—	—
	BD+36° 2147		11 3.3	+35 58	M2	7.49	10.46	8.3	393	—	—	—	—
	ロス154		18 49.8	−23 50	M4.5	10.37	13.01	9.7	337	—	—	—	—
	ロス248		23 41.9	+44 11	M6	12.29	14.77	10.4	314	—	—	—	—
	エリダヌス座ε		3 32.9	−9 27	K2	3.72	6.18	10.5	311	—	—	—	—
	CD−36° 15693		23 5.9	−35 51	M2	7.35	9.77	10.7	305	—	—	—	—
	ロス128		11 47.7	+0 48	M4.5	11.12	13.49	10.9	298	—	—	—	—
	はくちょう座61A		21 6.9	+38 45	K5	5.20	7.49	11.4	287	—	—	—	—
	はくちょう座61B		21 6.9	+38 45	K7	6.05	8.33	11.4	286	—	—	—	—
	BD+59° 1915A		18 42.8	−59 38	M4	8.94	11.18	11.6	280	—	—	—	—
	BD+59° 1915B		18 42.8	−59 38	M5	9.70	12.00	11.3	289	—	—	—	—
	BD+43° 44A		0 18.4	+44 01	M2	8.09	10.32	11.7	279	—	—	—	—
	BD+43° 44B		0 18.4	+44 01	M6	11.12	13.35	11.7	279	—	—	—	—
	インディアン座ε		22 3.4	−56 47	K5	4.69	6.89	11.8	276	—	—	—	—
	くじら座τ		1 44.1	−15 56	G8	3.49	5.68	11.9	274	—	—	—	—
	ロイテン725-32		1 12.5	−17 00	M5.5	12.10	14.26	12.0	271	—	—	—	—
	BD+5° 1668		7 27.4	+5 14	M3.5	9.84	11.94	12.4	263	—	—	—	—
	カプタイン星		5 11.7	−45 01	M0	8.86	10.90	12.8	256	—	—	—	—
	CD−39° 14192		21 17.3	−38 52	M0	6.69	8.71	12.9	253	—	—	—	—
	クリューガー60A		22 28.0	+57 42	M2	9.59	11.58	13.0	250	—	—	—	—
	クリューガー60B		22 28.0	+57 42	M5	11.41	13.40	13.0	250	—	—	—	—
	ロス614A		6 29.4	−2 49	M4.5	11.12	13.04	13.5	242	—	—	—	—
	カシオペヤ座ηA		0 49.1	+57 49	G0	3.44	4.6	19	168	0.87	1.03	5940	1.14
	カシオペヤ座ηB		0 49.1	+57 49	M0	7.22	8.3	19	168	0.54	0.81	3800	1.41
	へびつかい座70A		18 5.5	+2 30	K0	4.03	5.5	17	197	0.89	0.85	5290	2.0
	へびつかい座70B		18 5.5	+2 30	K6	5.98	7.5	17	197	0.66	0.80	4250	1.8
	ほうおう座ζA		1 8.4	−55 15	B6	3.9	−0.2	217	15	6.1	3.4	15000	0.22
	ほうおう座ζB		1 8.4	−55 15	A0	5.8	1.7	217	15	3.0	2.0	11000	0.53
	はくちょう座32B		20 15.5	+47 43	B3	5.6	−2.0	1087	3	8.2	3.9	19000	0.19
巨星・超巨星	オリオン座β	リゲル	5 14.5	−08 12	B8	0.1	−7.0	863	4	—	—	—	—
	はくちょう座α	デネブ	20 41.4	+45 17	A2	1.2	−7.0	1412	2	—	—	—	—
	りゅうこつ座α	カノープス	6 24.0	−52 42	F0	−0.7	−5.6	309	11	—	—	—	—
	こぐま座α	ポラリス	2 31.8	+89 16	F7	2.0	−3.6	433	8	—	—	—	—
	ぎょしゃ座α	カペラ	5 16.7	+46 00	G5	0.1	−0.5	43	76	—	—	—	—
	ふたご座β	ポルックス	7 45.3	+28 02	K0	1.1	1.0	34	96	—	—	—	—
	うしかい座α	アークトゥルス	14 15.7	+19 11	K1.5	−0.06	−0.3	37	89	—	26	4200	—
	さそり座α	アンタレス	16 29.4	−26 26	M1.5	0.96	−5.2	554	6	—	720	3500	—
	オリオン座α	ベテルギウス	5 55.2	+07 24	M1	0.42	−5.5	498	7	—	690	3600	—
	おうし座α	アルデバラン	4 35.9	+16 31	K5	0.9	−0.7	67	49	—	—	—	—
	ペガスス座β		23 3.8	+28 50	M2	2.42	−1.4	192	17	—	110	3300	—
	ぎょしゃ座ζA		5 2.5	+41 40	K4	4.0	−2.5	652	5	8.3	160	3700	2.4×10⁻⁶
	はくちょう座32A		20 15.5	+47 43	K6	4.2	−4.3	1630	2	23	350	3200	7.5×10⁻⁷
白色わい星	おおいぬ座αB	シリウスB	6 45.1	−16 43	—	8.44	11.3	9	379	0.98	0.085	26000	2.3×10⁶
	エリダヌス座40B		4 15.3	−7 39	—	9.53	11.0	16	201	0.59	0.014	17100	3.3×10⁵

恒星名のあとにあるA、Bは連星(♪ p.201)で、Aは主星、Bは伴星を表す。

「理科年表」などによる

宇宙の構造

地 **A　星の一生**　星間雲から原始星が誕生し，中心部の温度が十分高くなると水素の核融合反応が始まり主系列星となる。主系列星になると，星は長い間安定して輝く。その後の恒星の運命は，その質量によって大きく異なる。

■恒星の進化

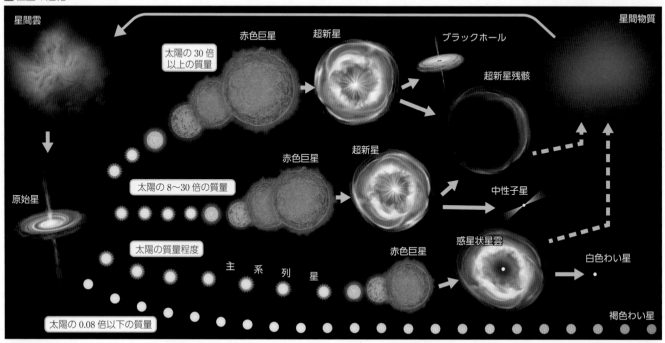

■内部構造の進化

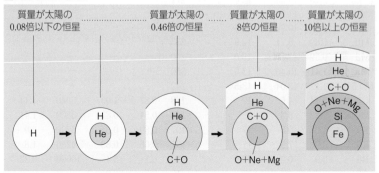

質量が太陽の0.08倍以下の恒星　質量が太陽の0.46倍の恒星　質量が太陽の8倍の恒星　質量が太陽の10倍以上の恒星

生まれたばかりの恒星は大部分が水素(H)でできている。主系列星になると，核融合反応で中心部の水素はヘリウム(He)に変わっていく。恒星の質量が太陽の0.46倍以上であれば，収縮によって中心温度は1億Kに達し，核融合反応によりヘリウムが炭素(C)と酸素(O)とに変わっていく。この後，質量が十分に大きければさらに炭素，ネオン(Ne)，酸素，ケイ素(Si)の核融合反応へと進んでいき，最後は鉄(Fe)の核ができてそのまわりを燃えかすの元素の層が取り囲む構造になる。

星間雲の濃い部分が重力で収縮し **原始星** が誕生する。さらに収縮が進み，中心部の温度が高くなると水素の核融合反応が始まり，主系列星となる。質量が太陽の8倍以上の星は，(赤色)巨星となった後，**超新星爆発** を起こす。このとき，もとの1億倍以上に明るくなり，超新星とよばれる。外側には **超新星残骸** (🌙 p.198)を，中心部には **中性子星** や **ブラックホール** を残す。質量が太陽の0.08倍以下の恒星では，温度が十分に上がらず，水素の核融合反応が起きない **褐色わい星** となる。

■主系列星の寿命

スペクトル型	質量(太陽を1)	光度(太陽を1)	主系列にいる時間(百万年)
O5	40	405000	1
B0	15	13000	11
A0	3.5	80	440
F0	1.7	6.4	3000
G0	1.1	1.4	8000
K0	0.8	0.46	17000
M0	0.5	0.08	56000

■太陽の一生

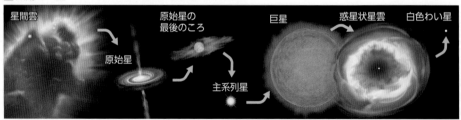

太陽質量程度の星は，(赤色)巨星となった後，ヘリウムの核融合反応が始まり一度収縮するが，再び膨張し外側のガスを放出する。最後は核融合反応の止まった，高温・高密度の白色わい星となってしだいに冷えていく。

基 B 星間雲

宇宙空間には，水素やヘリウムを主とする星間ガスや星間塵などの星間物質が存在する。星間物質の密度が高くなったところを 星間雲 という。

散光星雲		暗黒星雲
輝線星雲と反射星雲がある。輝線星雲は，高温でガスが電離し，みずから輝いている。反射星雲は，低温で星の光を反射している。	**輝線星雲** 高温の大質量星の光で電離したガスが輝く　**反射星雲** 星の光を反射して輝く	低温・高密度で塵を多く含むガスが背後の星を隠す位置にあると，暗黒星雲となって見える。　**暗黒星雲** 背後の星の光を隠す

散光星雲

さんかく座の散光星雲（NGC604）

輝線星雲。近傍の星の光で電離したガスが，みずから光を放って輝いている。

オリオン座の散光星雲（NGC2071，M78）

反射星雲。近傍の星の光を散乱・反射して光っている。暗黒星雲も見える。

おおかみ座の暗黒星雲

近赤外線での観測

450光年ほどの距離にある暗黒星雲を赤外線で見た姿である。可視光線では星雲に隠されて見えない星も，いくつか見えている。

ばら星雲

いっかくじゅう座にある輝線星雲。電離した水素が光を放っている。

三裂星雲（NGC6514，M20）

青い部分が反射星雲，赤い部分が輝線星雲。手前にある暗黒星雲が光をさえぎっているため，3つに裂けて見える。

わし星雲の創造の柱

ジェームズ・ウェッブ宇宙望遠鏡（中間赤外線での観測），2022

M16（わし星雲）の中心部にある暗黒星雲。伸びた構造の先端に，生まれたばかりの星が隠されている。

基 C 星の誕生

低温の星間物質の中に密度の高い領域ができると，みずからの重力で収縮を始め，原始星が誕生する。原始星の周囲には円盤ができ，この円盤に垂直な方向にジェットが噴き出す。

■ 星が誕生している場所（トラペジウム）

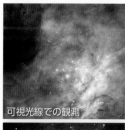

可視光線での観測

近赤外線での観測

トラペジウムはオリオン大星雲の中心部付近にある星の集団である。この領域では新しい星が活発につくられている。近赤外線での観測ではたくさんの褐色わい星も見られる。

■ ハービッグ・ハロー天体（HH 46/47）

地球の方向に飛び出したジェット

地球と反対方向に飛び出したジェット

生まれたばかりの星から放出されるジェットが周囲のガスと衝突してできるのがハービッグ・ハロー天体である。
星の本体は中央の暗黒星雲の中に隠れている。

■ Tタウリ型星（おおかみ座IM星と取り巻く円盤）

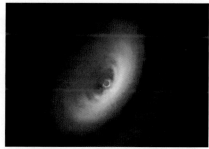

原始星から主系列星への進化の段階にある天体がTタウリ型星である。水素の核融合反応は始まっておらず，収縮に伴う重力エネルギーの解放で輝いている。原始星を取り囲んでいたガスが薄まり始めた状態だと考えられている。写真中央の灰色の丸の位置に星の本体がある。

星間雲：interstellar cloud　　散光星雲：diffuse nebula　　暗黒星雲：dark nebula

宇宙の構造

18 星の一生(2)

A 惑星状星雲

赤色巨星となった星の外層から流れ出したガスが，星の光で電離して輝くのが **惑星状星雲** である。中心にある星はやがて白色わい星となる。ガスの流出のしかたによって，さまざまな形状ができる。

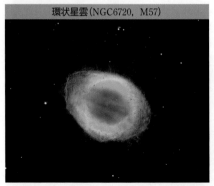
環状星雲(NGC6720，M57)

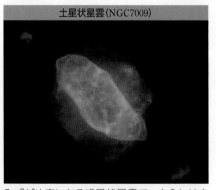
土星状星雲(NGC7009)

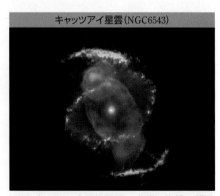
キャッツアイ星雲(NGC6543)

こと座にある惑星状星雲。中心にある高温の白色わい星からの光が，周囲のガスを電離している。

みずがめ座にある惑星状星雲で，中心には白色わい星がある。惑星状星雲の形は，星からのガスがどのように放出されたかによる。

りゅう座にある惑星状星雲。非常に複雑な構造をしていることで知られている。

B 重い星の最期

太陽の8倍以上の質量をもつ恒星は，その一生の終わりに超新星爆発を起こし，中性子星やブラックホールとなる。爆発した星の外層が周囲の星間物質と衝突してできる構造が超新星残骸である。

■ 超新星(SN1987A)

超新星爆発前 / 超新星爆発後

■ 超新星残骸

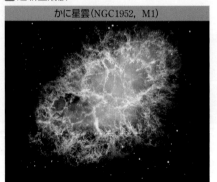
かに星雲(NGC1952，M1)

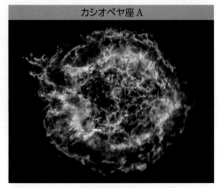
カシオペヤ座A

大マゼラン雲の中で起こったII型超新星。左の写真に矢印で示された星が超新星爆発を起こした。

1054年に観測された超新星が残した超新星残骸。中心にはパルサーがある。1054年の超新星は，中国の古記録や藤原定家の明月記に書き残されている。

爆発した星の外層の膨張速度から逆算して，約300年前に起こった超新星の残した超新星残骸だと考えられている。最初は強い電波源として発見され，カシオペヤ座Aと命名された。

■ 新星

白色わい星

主系列星などの恒星と白色わい星が連星系(🌙p.201)をなすとき，白色わい星の潮汐力によって相手の恒星からガスが流れこむ。ガスが一定量たまると暴走的な核反応を起こして急に明るくなる。これが古くから **新星** とよばれた現象の正体である。

■ パルサーの構造

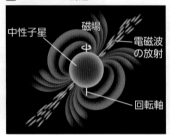
中性子星 / 磁場 / N / 電磁波の放射 / S / 回転軸

■ パルサー(かに星雲の中心部)

質量が太陽程度の中性子星の半径は約10kmで，原子核と同じくらい高密度である。中性子星は，もとの星がもっていた磁場を保ったまま収縮した星であり，非常に強い磁場をもつ。強い磁場をもち，回転する中性子星をパルサーという。この磁場のはたらきで電磁波の放射は磁極に集中し，自転に伴い周期的に電磁波の放射が観測される。

Zoom up　ブラックホール

ブラックホールとは

かつてブラックホールは実在するのかどうかが問題であったが，今では実在するものとして受け入れられている。質量が太陽の10倍もあるような重い星は，内部の核融合反応を終えた後，超新星爆発を起こして中性子星を残すと考えられている。ところが，質量が太陽の30倍もあるもっと重い星では，後に残る中性子星が限界質量（せいぜい太陽質量の3倍程度までと考えられている）をこえ，みずからの重さを支えきれずに，つぶれてしまう。これを止められる力はもはや存在せず，際限なく崩壊が続く。これがブラックホールである。

光であっても逃げ出すことができないほど，重力の強い天体があるのではないか，という説は18世紀から存在していた。ブラックホールはまさにそのような天体である。ブラックホールのまわりには事象の地平面があり，この地平面の内部に落ちた物体は外へ出てくることができない。ブラックホールとは，この事象の地平面の内側まで圧縮されてしまった天体と考えてよい。

もし太陽が半径3km以下に圧縮できれば，ブラックホールになる。この半径は，シュワルツシルト半径とよばれ，質量に比例する。

■ブラックホールの想像図

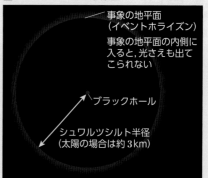

事象の地平面（イベントホライズン）
事象の地平面の内側に入ると，光さえも出てこられない
ブラックホール
シュワルツシルト半径（太陽の場合は約3km）

恒星質量ブラックホール

はくちょう座 X-1 は，高密度の天体と青色超巨星の連星（◯ p.201）である。青色超巨星から流れ出たガスは，高密度の天体のまわりに降着円盤をつくる。降着円盤のガスはぶつかりあい，熱を発生しX線で輝いている。降着円盤を観測した結果，この高密度の天体の質量は太陽の15倍程度と推定された。白色わい星や中性子星としては重すぎるため，ブラックホールだと考えられている。こうしたブラックホールは，質量が恒星程度であるため，恒星質量ブラックホールとよばれる。

■はくちょう座 X-1 の想像図

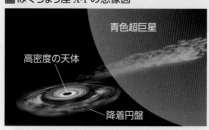

青色超巨星
高密度の天体
降着円盤

超巨大質量ブラックホール

活動銀河（◯ p.203）の中心や，私たちの銀河系を含むほとんどの銀河の中心にも，ブラックホールがあると考えられている。こうしたブラックホールは，質量が太陽の10万倍をこえるため，超巨大質量ブラックホールとよばれる。

私たちの銀河系の中心にあるブラックホールは，周囲の星やガスの運動から，その質量は太陽の400万倍と推定されている。このブラックホールは，いて座 A* とよばれる電波源にある。

ブラックホールシャドウの撮影

ブラックホールの本体は見ることはできず，撮影もできない。しかし，ブラックホールのまわりの高温の降着円盤は光を放っているので，ブラックホールがこの光をさえぎったり曲げたりしてつくり出す影（ブラックホールシャドウ）は見ることができる。近年になって「超長基線電波干渉法」とよばれる技術により，複数の電波望遠鏡を組み合わせて超高解像度観測が実現し，ブラックホールシャドウの撮影ができるようになってきた。

■ブラックホールシャドウ

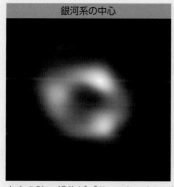
銀河系の中心

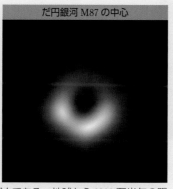
だ円銀河 M87 の中心

中央の暗い部分がブラックホールシャドウである。地球から6000万光年の距離にあるだ円銀河 M87 の中心のブラックホールは太陽の約65億倍の質量である。ブラックホールシャドウは，ブラックホールの表面である「事象の地平面」より2.5倍大きい。

※この結果が確かであることを検証するために，各国の研究者たちが別々にデータを解析し，この最先端の研究課題に取り組んでいる。

■イベント・ホライズン・テレスコープ（EHT）

ジェームズ・クラーク・マクスウェル望遠鏡
サブミリ波望遠鏡
IRAM 30m 望遠鏡
大型ミリ波望遠鏡
サブミリ波干渉計
アルマ望遠鏡
APEX
南極点望遠鏡

アルマ望遠鏡を含む，地球上の各所にある電波望遠鏡で取得したデータを結合することで，解像度20マイクロ秒角を実現した。この解像度は，月面にあるゴルフボールが見えることに相当する。

宇宙の構造

地 **A** 星団　星の集団を **星団** という。数十〜数百個程度のまばらな星の集団である **散開星団**（さんかいせいだん）と，数万〜数百万個程度のまとまった
ほぼ球状の星の集団である **球状星団** がある。散開星団には若い星が多く，球状星団には年老いた星が多い。

■ 散開星団 基

さそり座の散開星団（NGC6475，M7）

プレセペ星団（NGC2632，M44）

■ 散開星団（プレアデス星団）の HR 図

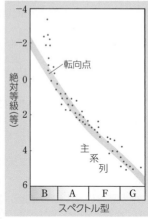

散開星団の星は
若いが，重い星
はすでに主系列
を離れつつある。
HR 図上で主系
列から離れつつ
ある点（転向点）
の位置から星団
の年齢を推定す
ることができる。

■ 球状星団 基

ω 星団（NGC5139）

りょうけん座の球状星団（NGC5272，M3）

■ 球状星団（M3）の HR 図

球状星団の年老
いた星は，ごく
軽い星だけが主
系列にとどまっ
ている。巨星へと
進化した星が見
られる。

■ 銀河系の星団の分布

散開星団は円盤部に，球状星団はハ
ローに分布している。
円盤部には，重元素を多く含む星（種
族Ⅰとよばれる）が多い。バルジやハ
ローには，重元素が少ない星（種族Ⅱ
とよばれる）が多い。
ちなみに，宇宙で最初にできた星は重
元素をまったく含まないと考えられ，
種族Ⅲとよばれる。

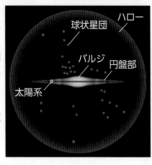

■ 散開星団と球状星団

	散開星団	球状星団
星の分布	まばら	ほぼ球状に密集
年齢	1 億〜 60 億年	90 億年以上
星の数	100 〜 1 万個	10 万〜 1000 万個
分布する場所	円盤部	ハロー
星の種族	種族Ⅰ（重元素を多く含む星）	種族Ⅱ（重元素が少ない星）
銀河系内の星団の数	2 万個以上	約 200 個

■ おもな星団

散開星団	星座	視直径（'）	距離（光年）	星数
NGC869	ペルセウス	29	7170	200
NGC884	ペルセウス	29	7500	150
NGC1039，M34	ペルセウス	35	1430	60
プレアデス（M45）	おうし	109	410	100
ヒアデス	おうし	329	160	—
プレセペ（M44）	かに	95	590	50
かみのけ	かみのけ	275	280	80

球状星団	星座	潮汐直径（'）	距離（光年）	スペクトル型
NGC104	きょしちょう	94	14700	G4
ω 星団，NGC5139	ケンタウルス	114	17300	F5
NGC5272，M3	りょうけん	76	33900	F6
NGC5904，M5	へび	57	24500	F7
NGC6121，M4	さそり	65	7200	F8
NGC6205，M13	ヘルクレス	50	25100	F6
NGC6656，M22	いて	58	10400	F5

地 B 連星

2つの恒星が互いの重力で引きあい，その共通の重心のまわりを公転しているものを **連星** という。
2つのうち，明るく見えるほうを **主星** ，暗く見えるほうを **伴星** という。

■ 実視連星

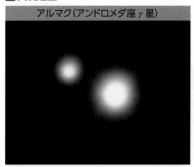

アルマク（アンドロメダ座γ星）

連星のうち，望遠鏡などで直接，位置の異なる複数の星に分解できるものを実視連星という。

■ 分光連星

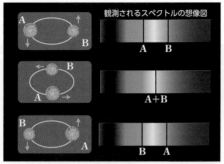

観測されるスペクトルの想像図

A　B

A+B

B　A

連星は，直接位置の違いが見えなくても，分光観測によりスペクトル線のドップラー効果，特にその周期的変化から軌道運動の存在が確認できることがある。これが分光連星である。

■ 食連星

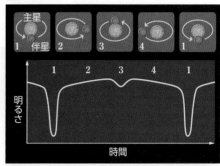

主星

伴星

明るさ／時間

連星の軌道面に近い角度から見ると，主星と伴星が互いに食を起こして明るさを変えることがある。このような連星を食連星という。

■ 連星の質量

2つの星が連星となっている場合，万有引力（🌑p.14）で互いを引っ張りながら運動している。そのため，その運動のようすがわかれば2つの星の間にはたらく万有引力の強さがわかり，連星を構成する星の質量を知る手がかりとなる。
距離のわかっている実視連星では，2つの星の質量の和がわかる。分光連星では，質量比を求められる場合がある。食連星では，一つ一つの星の質量まで推定できることもある。

■ 連星の連動

2つの星の質量が同じ場合

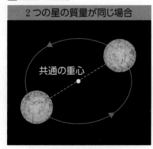

共通の重心

連星は2つの星の共通の重心のまわりを公転する。共通の重心は2つの星の中間にあり，軌道の大きさもほぼ同じである。

2つの星の質量が異なる場合

共通の重心

共通の重心は，質量が大きい星に近い。質量の小さい星の軌道は，大きい星の軌道より大きくなる。

1つの星の質量が圧倒的に大きい場合

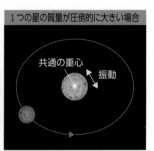

共通の重心／振動

共通の重心は，大きい星の中にある。質量の小さい星は，大きい星のまわりを公転し，大きい星はそれに合わせて振動する。

宇宙の構造

地 C 脈動変光星

膨張したり収縮したりしながら，その明るさを変える星を **脈動変光星** という。
脈動変光星には，変光周期と絶対等級の関係がわかっているものがあり，その関係を **周期光度関係** とよぶ。

■ ミラの変光曲線

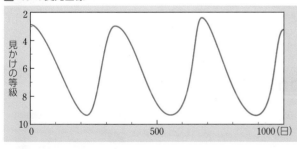

見かけの等級／（日）

くじら座 o 星ミラは，古くから知られる脈動変光星。ミラに代表されるミラ型変光星は，変光周期や振幅が変化する。

■ ケフェウス座δ星の変光曲線

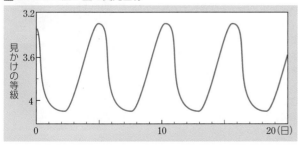

見かけの等級／（日）

ケフェウス座δ星は周期的な変光をする。ケフェウス座δ星は，種族Ⅰのセファイド型変光星である。

■ 周期光度関係

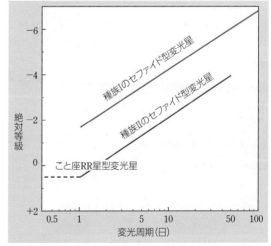

絶対等級／変光周期（日）

種族Ⅰのセファイド型変光星

種族Ⅱのセファイド型変光星

こと座RR星型変光星

脈動変光星は，いくつかのグループに分けられる。ここにあげた変光星のグループは，いずれも特定の周期光度関係を示す。変光周期がわかると，絶対等級を求めることができるため，距離の測定に用いられる。

連星：binary star　　実視連星：visual binary　　分光連星：spectroscopic binary　　食連星：eclipsing binary

銀河系と銀河

基 A　銀河系

私たちがいる銀河を **銀河系** という(天の川銀河ともいう)。銀河系は約2000億個の恒星と星間物質からなる渦巻銀河である。半径は約5万光年で、太陽系は銀河系の中心から2.8万光年の場所にある。銀河系の中心部には巨大なブラックホールがある。

■ 赤外線で見た天の川

■ いて座の方向の天の川

銀河面内に暗黒星雲が散在するため、可視光線で見る天の川は複雑な形に見える。赤外線は、星間塵による吸収の影響を受けにくいため、円盤部やバルジの形がよく見える。

■ 銀河系の構造

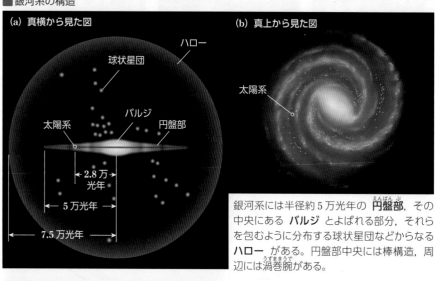

(a) 真横から見た図　　(b) 真上から見た図

銀河系には半径約5万光年の **円盤部**、その中央にある **バルジ** とよばれる部分、それらを包むように分布する球状星団などからなる **ハロー** がある。円盤部中央には棒構造、周辺には渦巻腕がある。

■ 銀河系の水素分布 地

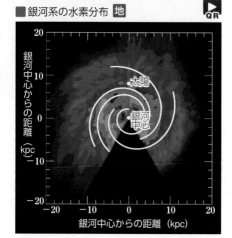

銀河系内の水素ガスの分布図。緑が水素分子、赤が水素原子のガスの分布を示している。

円盤部とハローの恒星の運動 地

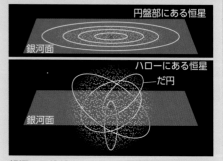

銀河の円盤部にある星は、銀河面内を円軌道で公転している。一方、銀河のハローにある星は銀河面内にとどまらず、バラバラの軌道を描いて銀河の中心のまわりをだ円軌道で運動している。

Zoom up　腕が巻きつかない理由 地

一般に銀河の内部では、内側ほど短い周期で星やガスが銀河の中心のまわりを公転している。このため、銀河が数回転するうちに渦巻腕はきつく巻きこまれてしまい、腕が開いた渦巻銀河は多くないはずである。しかし実際には、腕の開いた渦巻銀河も数多く存在する。渦巻のジレンマとよばれたこの謎は、密度波という考え方の登場で解決した。

渦巻模様は銀河円盤に発生する密度の波動現象で、円盤がDVDのように剛体回転する場合は渦巻模様にならないが、内側と外側で回転周期が異なり、ずれながら回転する実際の銀河では、波模様が自然に渦巻模様になる。星やガスは渦巻腕にくっついて回っているのではなく、密度の濃い渦巻腕の部分を次々に通り過ぎていくので、腕が巻きつくことはない。

地 B 銀河の分類

銀河 は多くの恒星と星間物質が集まった天体である。銀河はその形状によりだ円銀河や渦巻銀河などに大別される。不規則な形の銀河や衝突で変形している銀河もある。

■ ハッブル分類（銀河の形状による分類）

1926年，ハッブル（アメリカ）は銀河をだ円銀河，渦巻銀河，棒渦巻銀河，不規則銀河の4種類に大別することを提案した。さらにハッブルは，だ円銀河をその偏平率（♪p.12）で，渦巻銀河と棒渦巻銀河は渦巻腕の巻きこみ度で細分して，全体をおんさ型の系列に並べる分類法を提案した。ハッブルの提案した分類は **ハッブル分類** とよばれ，複雑すぎず簡単すぎず適切なものだったため，現在でも使われている。

ハッブルは当時の銀河の進化の考え方を背景に，だ円銀河を早期型，渦巻銀河や不規則銀河を晩期型とよんだが，現在ではこの考え方は正しくないことが証明されている。

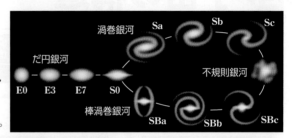

■ さまざまな銀河

だ円銀河 E1型（NGC4486，M87）
ハッブル宇宙望遠鏡
年老いた星が球状に集まっていて，その中心核からはジェットが噴き出している。

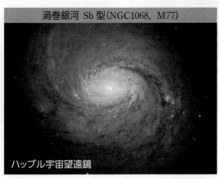

渦巻銀河 Sb型（NGC1068，M77）
ハッブル宇宙望遠鏡
中心核には，巨大ブラックホールがあり，セイファート銀河の性質を示す。

渦巻銀河 Sc型（NGC5457，M101）
ハッブル宇宙望遠鏡
若い星とガスが連なる渦巻腕が外側では数本に分岐しているように見える。

棒渦巻銀河 SBb型（NGC1097）
VIMOS
棒の両端から渦巻腕が伸び，棒の中にも暗黒星雲の渦巻が見えている。

不規則銀河（NGC4449）
ハッブル宇宙望遠鏡
明確な渦巻腕はないが，若い星が多い。

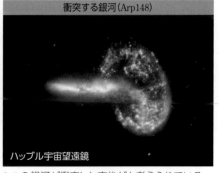

衝突する銀河（Arp148）
ハッブル宇宙望遠鏡
2つの銀河が衝突した直後だと考えられている。

宇宙の構造

地 C 活動銀河

非常に強い電磁波（♪p.120）を出している一連の銀河を **活動銀河** という。活動銀河の中心には，巨大なブラックホールがあり，そこに落ちこむガスのエネルギーが，X線から電波の全波長帯で放射されると考えられている。

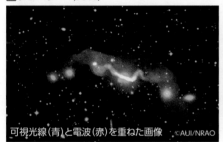

■ クェーサー（3C31）
可視光線（青）と電波（赤）を重ねた画像 ©AUI/NRAO
クェーサーは，非常に遠い場所にあるため，可視光線では暗い点にしか見えないが，光度（本来の明るさ）は極めて大きい。中心核から両側にジェットを伴うことが多い。

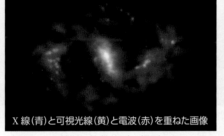

■ セイファート銀河（NGC4151）
X線（青）と可視光線（黄）と電波（赤）を重ねた画像
セイファート銀河は比較的近い場所にあり，その中心核がクェーサーに似た性質を示す。活動性は少し低いが，クェーサーを理解する鍵となる天体である。

■ 電波銀河（ヘルクレスA銀河）
可視光線の画像に電波（赤）を重ねた画像
特に強い電波を放射している銀河が，電波銀河である。銀河の大きさをはるかにこえる長さの電波ジェットをもつ銀河もある。

だ円銀河：elliptical galaxy　　渦巻銀河：spiral galaxy　　棒渦巻銀河：barred spiral galaxy　　不規則銀河：irregular galaxy

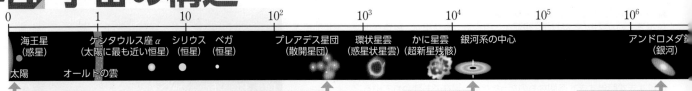

| | 0 | | 1 | | 10 | | 10^2 | | 10^3 | | 10^4 | | 10^5 | | 10^6 |

海王星（惑星）　ケンタウルス座 α（太陽に最も近い恒星）　シリウス（恒星）　ベガ（恒星）　プレアデス星団（散開星団）　環状星雲（惑星状星雲）　かに星雲（超新星残骸）　銀河系の中心　アンドロメダ銀河（銀河）

太陽　　オールトの雲

■ 太陽系

太陽系の一番外にある惑星，海王星までの距離は約 45 億 km。光の速さで約 4 時間，つまり約 0.0005 光年である。

■ プレアデス星団 (M45)

プレアデス星団までの距離は約 400 光年。直径約 10 万光年の銀河系の中では，太陽系のご近所である。

■ 銀河系

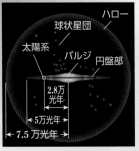

ハロー
球状星団
太陽系
バルジ
円盤部
2.8万光年
5万光年
7.5万光年

私たちのいる銀河系の直径は約 10 万光年である。

■ アンドロメダ銀河 (NGC224, M31)

隣の銀河であるアンドロメダ銀河までの距離は約 230 万光年。銀河系の外にあることが最初に確認された銀河である。

Zoom up　ダークマター 地

ダークマターとは

1933 年ツヴィッキーは，銀河団の中を動き回る銀河の速度が，銀河質量の和として求めた銀河団の全質量で決まる速度より大きいことから，銀河団には光では見えない未知の物質が大量にあるはずだと指摘した。1970 年代になり，ルービンたちは，渦巻銀河の回転速度が外側でも減少しないことを示し，それぞれの銀河にも光では見えない物質であるダークマター（暗黒物質）が大量に存在していることを示唆した。

■ 銀河系の回転曲線

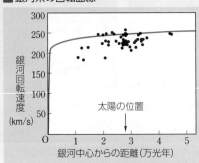

銀河回転速度 (km/s)
300
250
200
150
100
50
0　1　2　3　4　5
銀河中心からの距離(万光年)
太陽の位置

銀河系の外縁部に星以外の物質がなければ，外側では回転速度は銀河中心からの距離の平方根に反比例して減少するはずである。恒星やガスの運動から求めた銀河系の回転速度が太陽より外側でも減少しないことは，ダークマターの存在の証拠と考えられている。

■ 重力レンズ効果

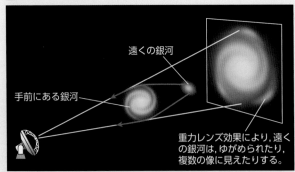

遠くの銀河
手前にある銀河
重力レンズ効果により，遠くの銀河は，ゆがめられたり，複数の像に見えたりする。

銀河や銀河団の重力場は空間をゆがめ，その背後からの光の経路を曲げるはたらきをする。一般相対性理論から導かれるこのような現象を重力レンズ効果とよぶ。重力レンズ効果としては，その背後にある天体の像をゆがめたり，複数の像をつくったりするほか，像を拡大・増幅する効果もあることが知られている。

■ 重力レンズ効果によってリング状に見える遠くの銀河

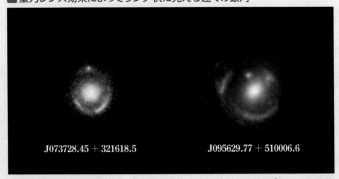

J073728.45 + 321618.5　　　J095629.77 + 510006.6

黄色く見えるだ円銀河のほぼ背後の遠方宇宙に青色の銀河があり，その像が重力レンズ効果を受けて，だ円銀河を取り巻くリング状，あるいは複数の像に見えている。このような重力レンズ効果を説明するには，銀河の質量だけでなく，ダークマターの質量も考える必要がある。

太陽からの距離（光年）

10^7　　　　　10^8　　　　　10^9　　　　10^{10}

NGC5457（銀河）　　NGC1068（銀河）　　ステファンの五つ子（銀河群）　　Abell1689（銀河団）　　観測できた最遠の銀河

地 A 銀河群

数十個以下の銀河の集まりを **銀河群** という。

■銀河群（ステファンの五つ子）

ハッブル宇宙望遠鏡

ステファンの五つ子とよばれる約3億光年の距離にある銀河群だが、そのうちの1つは距離が約4000万光年で、他の4つの手前に偶然重なって見えている。

Column 天体カタログ

恒星の位置、明るさなどを記録したカタログとしては1989年にNASAがハッブル望遠鏡の撮影用に発表したガイド星表カタログGSCなどがある。GSC-Iには6等から15等までの約2000万個の星がリストアップされている。

星雲や銀河など広がった天体のカタログとしては、18世紀末にメシエが109個の天体をリストにしたメシエカタログや、19世紀末にドレイヤが約8000個の天体をリストにした新一般カタログ（NGCカタログ）がある。これらのカタログには、だ円銀河、渦巻銀河、球状星団、ガス星雲などさまざまな天体が含まれている。ちなみにアンドロメダ銀河は、メシエカタログではM31、NGCカタログではNGC224である。

地 B 銀河団

数百個や数千個の銀河の集団を **銀河団** という。さらに大きな超銀河団も存在する。

■銀河団（Abell1689）

ハッブル宇宙望遠鏡

銀河団 Abell1689 は、距離約24億光年のかなたにある銀河団である。この銀河団の重力場のため、その背後にある銀河からの光は重力レンズ効果を受けて、変形し増幅されて見えるものが多数あることが、ハッブル宇宙望遠鏡の観測で確かめられている。

■銀河団（MS0735）

可視光線の画像に電波（赤）とX線（青）を重ねた画像

約26億光年の距離にある銀河団 MS0735 である。中央の銀河から高速のジェットが噴出し、銀河団全体が高温のガスで満たされていることがわかる。

宇宙の構造

地 C 宇宙の大規模構造

宇宙には、銀河が連なる領域と銀河があまり存在しない領域があり、そうした泡構造を **宇宙の大規模構造** という。

■銀河の分布

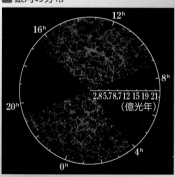

2.8 5.7 8.7 12 15 19 21（億光年）

SDSS（スローン・デジタル・スカイサーベイ）が専用望遠鏡でとらえた銀河の分布。数万個の銀河について赤方偏移からその距離を求めた結果、銀河が泡の膜のように連なって存在する場所と、銀河があまり存在しない泡の内側のような場所（超空洞）があることがわかった。このような構造を宇宙の大規模構造という。

■大規模構造のようす

SDSSなどにより実際に測定された銀河の分布をコンピュータの中で再現しておけば、仮想宇宙船に乗って宇宙の好きなところに行き、そこからの景色を眺めることができる。この図は、そのようにして国立天文台がつくったものである。

地 **A** **宇宙の膨張**

遠い銀河を観測すると，スペクトルが赤いほうにずれる **赤方偏移**（せきほうへんい）が見られる。赤方偏移は，宇宙が膨張しているために起きる。銀河の遠ざかる速さ（後退速度）と距離が比例する関係を **ハッブル‐ルメートルの法則** という。

■宇宙の膨張

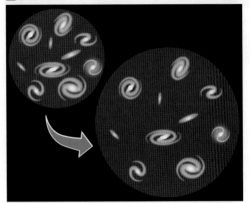

宇宙は膨張していて，どの銀河からも他の銀河が遠ざかるように見える。この空間の広がりにより赤方偏移が生じる。

■ハッブル‐ルメートルの法則

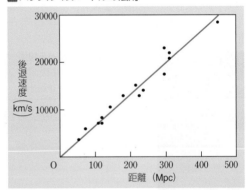

後退速度 v〔km/s〕と，銀河までの距離 r〔Mpc〕が比例することを示したハッブル‐ルメートルの法則は，ハッブル定数 H〔km/(s·Mpc)〕を用いて $v = Hr$ と表される。図は，Ia 型超新星の観測によるもので，ハッブル定数 H の値は約 70 km/(s·Mpc) である。
なお，$1\,\mathrm{Mpc} = 10^6\,\mathrm{pc} = 3.26 \times 10^6$ 光年である。

■赤方偏移

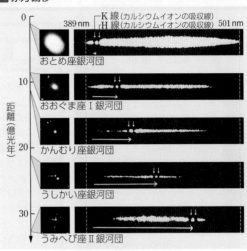

原子は，特定の波長の光を放射したり吸収したりする。赤方偏移は，水素原子の輝線やカルシウムイオンなどの吸収線から測定する。
赤方偏移 z は，本来の波長 λ のスペクトル線の波長が，観測では $\Delta\lambda$ だけ長い光として観測される場合，$z = \dfrac{\Delta\lambda}{\lambda}$ で与えられる。光の速さを c とすると，赤方偏移 z の銀河の後退速度 v は，z が 1 より十分小さいときには $v = cz$ で計算することができる。赤方偏移が大きいほど，銀河の後退速度が大きく，遠い距離にある銀河である。

■129 億光年の距離にある銀河

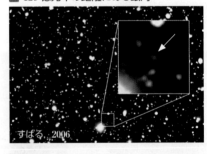

すばる望遠鏡で発見された距離約 129 億光年かなたの銀河 IOK−1 である。ビッグバンから約 9 億年後の姿を見ていることになる。2006 年に発見されてから 5 年間，人類が見た最も遠い銀河（赤方偏移の世界記録）であった。

■「宇宙の距離」と「見える宇宙の果て」

光の速さには限りがあり，宇宙は膨張している。そのため，「距離」という概念は単純でない。本書では，距離として「光が伝わってきた距離」を目安に用いているが，「現在の実際の距離」を表しているわけではないことに注意が必要である。
また，宇宙の年齢は 138 億歳であり，光の速さで 138 億年かかる距離までの宇宙の情報が，現在地球に届いている。これが「見える宇宙の果て」である。しかし，見ることはできないが，「見える宇宙の果て」の先にも宇宙が広がっている。

🔍 Zoom up **ダークエネルギー**

宇宙の膨張は加速していると考えられている。膨張が加速するためには，未知のエネルギーの存在が必要であり，未知のエネルギーにはダークエネルギーという名前がつけられた。ダークエネルギーの存在は，宇宙背景放射の分布の精密な測定と解析から導かれたが，それとは独立に，Ia 型超新星を距離の測定のものさし（◎ p.192）として，宇宙の膨張の歴史を調べた解析からも，ほぼ同じ結果が得られている。
Plank 衛星の観測によると，宇宙の中身を占める割合は，私たちが見ることができる物質，つまり星などを形成している物質はわずか 5 ％，27 ％は未知の物質であるダークマター（◎ p.204）が，68 ％がダークエネルギーである。
ダークエネルギーとダークマターは，宇宙の大部分を占めているが，その正体はまだ解明されていない。これらの正体については，21 世紀の物理学の最大の謎として，世界が競って研究に取り組んでいる。今後，すばる望遠鏡など世界の第一線で活躍する観測機器によって，この謎が解き明かされることが期待されている。

■宇宙のエネルギーの割合

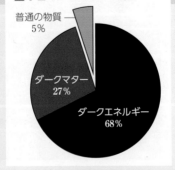

普通の物質 5 ％
ダークマター 27 ％
ダークエネルギー 68 ％

B 宇宙の進化

宇宙は 138 億年前に誕生し，現在まで宇宙は膨張し続けている。
太陽系が誕生したのは，宇宙の誕生から約 92 億年後のことである。

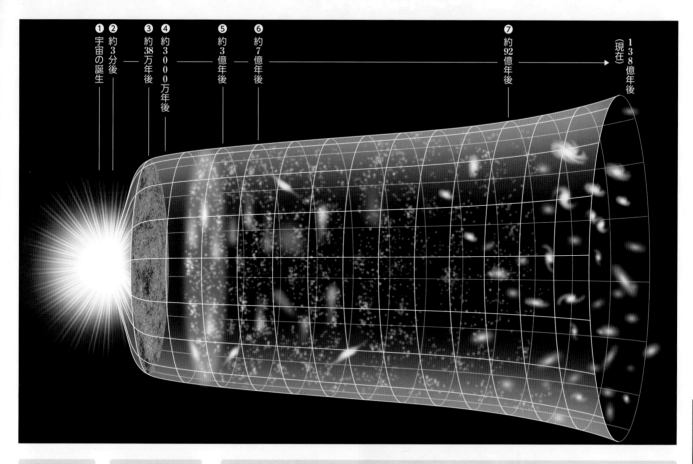

① 宇宙の誕生
② 約3分後
③ 約38万年後
④ 約3000万年後
⑤ 約3億年後
⑥ 約7億年後
⑦ 約92億年後
（現在）138億年後

宇宙の構造

① 宇宙の誕生

約 138 億年前に宇宙は誕生した。宇宙が誕生した直後は，高温で高密度の状態（ビッグバン）であった。

② 原子核の形成：約3分後

急激な膨張の中，最初の3分間で陽子と中性子およびヘリウムの原子核がつくられた。

③ 宇宙の晴れ上がり：約38万年後

宇宙の誕生から約 38 万年後，宇宙の温度が約 3000 K まで下がり，陽子と電子が結合して中性の水素原子ができる。宇宙が中性化すると，プラズマとの相互作用がなくなるため，光は散乱されなくなる。このことを宇宙の晴れ上がりとよび，このときの光が宇宙マイクロ波背景放射として観測される。これ以降，宇宙は膨張とともにさらに冷えていく。

■ 宇宙マイクロ波背景放射のスペクトル 地

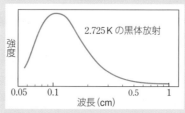

2.725 K の黒体放射

強度

0.05　0.1　0.5　1
波長 (cm)

宇宙マイクロ波背景放射の強さを全天にわたり測定した結果，そのエネルギー分布は温度 2.725 K の黒体放射のスペクトルで見事に再現されることがわかった。宇宙マイクロ波背景放射は，ビッグバンの証拠になる。

■ 宇宙マイクロ波背景放射のむら 地

宇宙マイクロ波背景放射は全天でほぼ一様だが 10 万分の 1 のレベルでは場所によるゆらぎがある。図は，Plank 衛星が観測した宇宙マイクロ波背景放射の 10 万分の 1 程度のむらを，色で示したものである。赤は温度が高く，青は温度が低いことを示している。測定結果を再現する研究から，宇宙膨張のモデルの検証が進められた。宇宙の年齢は約 138 億歳であり，宇宙の膨張は一度減速したものの，約 70 億年前からは膨張が加速しているようである。

■ インフレーション 地

宇宙マイクロ波背景放射の温度が一様であることを説明するため，ビッグバンの前にインフレーションとよばれる急激な膨張現象が起こり，宇宙全体が同じ条件で始まったという説がある。

④ 宇宙の暗黒時代：約3000万年後 地

宇宙の誕生から約 3000 万年後，宇宙の温度はドライアイス程度にまで冷える。物質からの光がない状態となった宇宙を暗黒時代とよぶ。

⑤ 銀河や恒星の誕生：約3億年後 地

膨張する宇宙の中で，ダークマターの分布のゆらぎが成長していき，物質の密度の濃い部分で最初の星や原始銀河が生まれたと考えられる。原始銀河は衝突，合体をくり返して成長していく。

⑥ 宇宙の夜明け：約7億年後 地

原始銀河の中の高温の星からの紫外線により，一度冷えた周囲の銀河間の空間が暖められ，中性の水素原子が再び電離したと考えられる。これを宇宙の再電離，または宇宙の夜明けとよぶ。すばる望遠鏡の原始銀河の観測などから宇宙の夜明けはビッグバンから約 7 億年後に起きたものと推定される。

⑦ 太陽系の誕生：約92億年後 地

地球上の鉱物や隕石の放射性同位体の分析から，地球の年齢は約 46 億年とされている。太陽系の誕生もその直前で，宇宙の誕生から約 92 億年後と考えられている。

宇宙の観測

望遠鏡の観測のしくみ

ガリレオ・ガリレイが望遠鏡を自作して，天体の観測を始めたのは約400年前の1609年のことである。天体観測を通じて，人類の宇宙観は天動説から地動説へと転回した。1920年代のハッブルの観測は，銀河系の外に広がる広大な膨張する宇宙の存在の認識につながった。

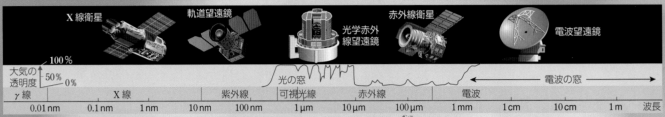

宇宙からの電磁波の大気透過率と対応する熱放射の波長の関係を示している。波長の短いγ線，X線，紫外線，および赤外線の一部は大気に吸収され地上では観測できないため，ロケットや人工衛星に搭載した望遠鏡で大気圏外から観測する。

■ 大気と補償光学

地球の大気はその温度分布の乱れのため，透過する電磁波を乱している。このため地上での観測では，大気の状態に応じて天体像がぼけてしまう。2000年頃から実用化された補償光学は大気の乱れの影響をリアルタイムで測定して直す高度な技術で，望遠鏡光学系の回折限界とよばれる解像力を達成することができる。

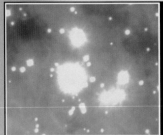
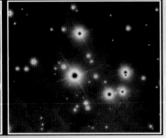

図はオリオン大星雲のトラペジウム領域を撮影したものである。左はすばる望遠鏡の1999年のファーストライトでの画像。右は2006年に補償光学装置を用いて撮影された画像で，視力が10倍改善されている。

■ 撮像と分光

天体望遠鏡の焦点面に検出器を置くと天体撮影ができる。天体の光をスリットを通して分光器に導き回折格子などによりスペクトル分解すると分光観測ができる。分光観測は天体の組成や温度・密度・運動などの物理状態を知るために欠かせない手段である。

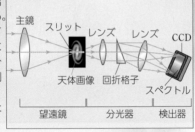

■ 望遠鏡の歴史

1609年にガリレオ・ガリレイは屈折望遠鏡を自作したといわれている。レンズの大型化には限界があり，現在では鏡を組み合わせた反射望遠鏡が主流となっている。

ニュートリノや重力波の観測

宇宙線，ニュートリノ，重力波など電磁波以外の信号もとらえられるようになり，宇宙の理解はこの数十年で大きく進展した。

ニュートリノ測定装置

東京大学宇宙線研究所は岐阜県神岡鉱山の地下にニュートリノの検出装置スーパーカミオカンデを1996年に建設した。巨大な水槽の中でニュートリノの反応で生じる光を水槽の周囲に並べた光電子増倍管でとらえる設備である。先行装置による超新星ニュートリノの発見により小柴昌俊が2002年に，ニュートリノ振動の発見により梶田隆章が2015年にノーベル賞を受賞した。

重力波望遠鏡

2015年，アメリカのレーザー干渉計重力波天文台LIGOは，2か所に設置したアンテナで，2つのブラックホールが合体衝突するときに発生する重力波をとらえることに初めて成功した。また，東京大学宇宙線研究所は神岡鉱山の地下に重力波の検出を目指したレーザー干渉計KAGRAを建設している。下の画像はKAGRAである。

宇宙からは天体の温度や物理過程に応じて電波・可視光・X線などさまざまな電磁波や，宇宙線，ニュートリノ，重力波など電磁波以外の信号が届いている。宇宙の理解は，これらの信号を測定しその意味を物理的に読み解くことで進んできた。

国立天文台 名誉教授
家　正則
（いえ　まさのり）

望遠鏡での観測

望遠鏡の大型化，宇宙空間への打ち上げ，各種電磁波をとらえる測定器の技術が大いに進歩し，宇宙を多角的に観測することができるようになってきた。

すばる望遠鏡

1999年，国立天文台はハワイ島マウナケア山頂に直径8.2mの鏡を備えたすばる望遠鏡を完成させた。この望遠鏡はコンピュータ制御技術を駆使して主鏡の形を常に整える方式で製作された。

■初期宇宙史 ♪ p.206
すばる望遠鏡はビッグバンから約9億年後，現在から129億年前の銀河の確認に成功した。

■太陽系外惑星の発見 ♪ p.173
1995年のドップラー法による最初の系外惑星の発見以来，トランジット法による発見も増え，多数の恒星について系外惑星の存在が確認されている。補償光学の発展により，すばる望遠鏡ではいくつかの系外惑星の撮影にも成功している。

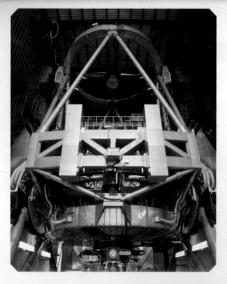

電波望遠鏡　アルマ ♪ p.174

日本，アメリカ，ヨーロッパなどの国際協力科学事業としてチリのアタカマ高原の直径16kmに及ぶ敷地に展開設置されたアルマ望遠鏡は66台のアンテナからなる電波干渉計で2011年から観測を始めた。ミリ波，サブミリ波の電波領域でさまざまな星間分子線の観測を軸に星の誕生のようすを解明する観測が行われている。

TMT

日本，アメリカ，カナダ，中国，インドは国際協力でマウナケア山頂に直径30mの望遠鏡TMTの建設を始めている。492枚の六角形の部分鏡を敷き詰めて全体を1枚の鏡のようにする。2030年代初めの完成が期待されている。

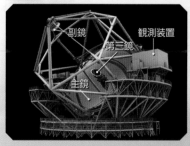

副鏡　観測装置
第三鏡
主鏡

ハッブル宇宙望遠鏡 ♪ p.162, 163, 203, 205

1990年に打ち上げられたハッブル宇宙望遠鏡は主鏡の研磨ミスがあり，当初は期待された性能がでなかった。1993年に補正メガネをスペースシャトルの宇宙飛行士が取りつけることに成功し，現在でも大気圏外から素晴らしい画像を送り続けている。

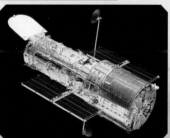

惑星探査

1958年から始まったさまざまな探査機による太陽系の探査により，惑星や衛星の画像が得られ，個性ある天体の性質と生いたちの理解が深まっている。

火星探査機 ♪ p.161

火星探査車マーズローバー・キュリオシティは2012年に火星に着陸した。地表を移動し，土壌を採取して生命反応の有無などを測定している。

ボイジャー ♪ p.163, 169

NASAが1970年代後半に打ち上げた宇宙探査機ボイジャー1号と2号は木星，土星などの外惑星を次々にスイングバイして，それらの衛星を含む数多くの高解像度写真を撮影した。両機はその後も飛行を続け2013年には太陽系外へ脱出した。

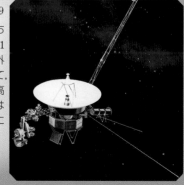

♪ 望遠鏡や探査機が撮影した画像を見てみよう！

1 気象庁震度階級関連解説表（抜粋）

（平成21年3月31日改定）

- 気象庁が発表している震度は，原則として地表や低層建物の一階に設置した震度計による観測値です。この資料は，ある震度が観測された場合，その周辺で実際にどのような現象や被害が発生するかを示すもので，それぞれの震度に記述される現象から震度が決定されるものではありません。
- 地震動は，地盤や地形に大きく影響されます。震度は震度計が置かれている地点での観測値であり，同じ市町村であっても場所によって震度が異なることがあります。また，中高層建物の上層階では一般に地表よりゆれが強くなるなど，同じ建物の中でも，階や場所によってゆれの強さが異なります。
- 震度が同じであっても，地震動の振幅（ゆれの大きさ），周期（ゆれがくり返すときの1回当たりの時間の長さ）および継続時間などの違いや，対象となる建物や構造物の状態，地盤の状況により被害は異なります。
- この資料では，ある震度が観測された際に発生する被害の中で，比較的多く見られるものを記述しており，これより大きな被害が発生したり，逆に小さな被害にとどまる場合もあります。また，それぞれの震度階級で示されているすべての現象が発生するわけではありません。

震度階級	人の体感・行動	屋内の状況	屋外の状況	木造建物（住宅） 耐震性が高い	木造建物（住宅） 耐震性が低い	鉄筋コンクリート造建物 耐震性が高い	鉄筋コンクリート造建物 耐震性が低い
0	人はゆれを感じないが，地震計には記録される。						
1	屋内で静かにしている人の中には，ゆれをわずかに感じる人がいる。						
2	屋内で静かにしている人の大半が，ゆれを感じる。眠っている人の中には，目を覚ます人もいる。	電灯などのつり下げ物が，わずかにゆれる。	——				
3	屋内にいる人のほとんどが，ゆれを感じる。歩いている人の中には，ゆれを感じる人もいる。眠っている人の大半が，目を覚ます。	棚にある食器類が音を立てることがある。	電線が少しゆれる。				
4	ほとんどの人が驚く。歩いている人のほとんどが，ゆれを感じる。眠っている人のほとんどが，目を覚ます。	電灯などのつり下げ物は大きくゆれ，棚にある食器類は音を立てる。座りの悪い置物が，倒れることがある。	電線が大きくゆれる。自動車を運転していて，ゆれに気付く人がいる。				
5弱	大半の人が，恐怖を覚え，物につかまりたいと感じる。	電灯などのつり下げ物は激しくゆれ，棚にある食器類，書棚の本が落ちることがある。座りの悪い置物の大半が倒れる。固定していない家具が移動することがあり，不安定なものは倒れることがある。	まれに窓ガラスが割れて落ちることがある。電柱がゆれるのがわかる。道路に被害が生じることがある。	——	壁などに軽微なひび割れ・亀裂がみられることがある。	——	——
5強	大半の人が，物につかまらないと歩くことが難しいなど，行動に支障を感じる。	棚にある食器類や書棚の本で，落ちるものが多くなる。テレビが台から落ちることがある。固定していない家具が倒れることがある。	窓ガラスが割れて落ちることがある。補強されていないブロック塀が崩れることがある。据付けが不十分な自動販売機が倒れることがある。自動車の運転が困難となり，停止する車もある。	——	壁などにひび割れ・亀裂がみられることがある。	——	壁，梁（はり），柱などの部材に，ひび割れ・亀裂が入ることがある。
6弱	立っていることが困難になる。	固定していない家具の大半が移動し，倒れるものもある。ドアが開かなくなることがある。	壁のタイルや窓ガラスが破損，落下することがある。	壁などに軽微なひび割れ・亀裂がみられることがある。	壁などのひび割れ・亀裂が多くなる。壁などに大きなひび割れ・亀裂が入ることがある。瓦が落下したり，建物が傾いたりすることがある。倒れるものもある。	壁，梁（はり），柱などの部材に，ひび割れ・亀裂が入ることがある。	壁，梁（はり），柱などの部材に，ひび割れ・亀裂が多くなる。
6強	立っていることができず，はわないと動くことができない。ゆれにほんろうされ，動くこともできず，飛ばされることもある。	固定していない家具のほとんどが移動し，倒れるものが多くなる。	壁のタイルや窓ガラスが破損，落下する建物が多くなる。補強されていないブロック塀のほとんどが崩れる。	壁などにひび割れ・亀裂がみられることがある。	壁などに大きなひび割れ・亀裂が入るものが多くなる。傾くものや，倒れるものが多くなる。	壁，梁（はり），柱などの部材に，ひび割れ・亀裂が多くなる。	壁，梁（はり），柱などの部材に，斜めやX状のひび割れ・亀裂がみられることがある。1階あるいは中間階の柱が崩れ，倒れるものがある。
7	立っていることができず，はわないと動くことができない。ゆれにほんろうされ，動くこともできず，飛ばされることもある。	固定していない家具のほとんどが移動したり倒れたりし，飛ぶこともある。	壁のタイルや窓ガラスが破損，落下する建物がさらに多くなる。補強されているブロック塀も破損するものがある。	壁などのひび割れ・亀裂が多くなる。まれに傾くことがある。	傾くものや，倒れるものがさらに多くなる。	壁，梁（はり），柱などの部材に，ひび割れ・亀裂がさらに多くなる。1階あるいは中間階が変形し，まれに傾くものがある。	壁，梁（はり），柱などの部材に，斜めやX状のひび割れ・亀裂が多くなる。1階あるいは中間階の柱が崩れ，倒れるものが多くなる。

■ライフライン・インフラ等への影響

ガス供給の停止	安全装置のあるガスメーター（マイコンメーター）では震度5弱程度以上のゆれで遮断装置が作動し，ガスの供給を停止する。さらにゆれが強い場合には，安全のため地域ブロック単位でガス供給が止まることがある※。
断水，停電の発生	震度5弱程度以上のゆれがあった地域では，断水，停電が発生することがある※。
鉄道の停止，高速道路の規制等	震度4程度以上のゆれがあった場合には，鉄道，高速道路などで，安全確認のため，運転見合わせ，速度規制，通行規制が，各事業者の判断によって行われる。（安全確認のための基準は，事業者や地域によって異なる。）
電話等通信の障害	地震災害の発生時，ゆれの強い地域やその周辺の地域において，電話・インターネット等による安否確認，見舞い，問合せが増加し，電話等がつながりにくい状況が起こることがある。そのための対策として，震度6弱程度以上のゆれがあった地域などの災害の発生時に，通信事業者により災害用伝言ダイヤルや災害用伝言板などの提供が行われる。
エレベーターの停止	地震管制装置付きのエレベーターは，震度5弱程度以上のゆれがあった場合，安全のため自動停止する。運転再開には，安全確認などのため，時間がかかることがある。

※震度6強程度以上のゆれとなる地震があった場合には，広い地域で，ガス，水道，電気の供給が停止することがある。

❷ おもな鉱物の分類

類	鉱物名	化学組成	結晶系※1	色	条痕色※2	へき開※3	硬度※4	比重	備考
元素鉱物	ダイヤモンド(金剛石)	C(多形の関係)	立方	無色(黄,灰,ピンク,黒など)	無	四方向に完全	10	3.5	炭素原子が共有結合。天然で最も硬い物質。宝石や研磨材に利用。
	石墨		六方	黒~鋼灰	黒	一方向に完全	1~2	2.1~2.3	軟らかく層状にはがれやすい。潤滑剤に利用。黒鉛ともよばれる。
	自然硫黄	S	直方	黄	白,黄	なし(不完全)	1.5~2.5	2.1	火山噴気の昇華物や温泉沈殿物として生成。硫酸の原料に利用。
	自然金	Au	立方	黄金	黄金,黄	なし	2.5~3	16~19.3	展性・延性に富み,薄くのばすことができる。貴金属として重用。
	自然水銀	Hg	液体※5	錫白	—	なし	—	13.6	常温で液体である唯一の鉱物。温度や圧力を検知する機器に利用。
硫化鉱物	辰砂	HgS	三方	深紅~赤~褐赤	濃赤	三方向に完全	2~2.5	8.0~8.2	水銀の主要な鉱石。朱色の塊状で産する。顔料・漢方薬に利用。
	方鉛鉱	PbS	立方	鉛灰	鉛灰	三方向に完全	2.5	7.4~7.6	鉛の主要な鉱石。立方体や八面体の自形結晶で産することも多い。
	黄鉄鉱	FeS_2	立方	真鍮黄	帯緑黒~帯褐黒	なし(不明瞭)	6.5	5.0	多くの金属鉱床で見られ,火成岩・変成岩などにも広く分布する。
	輝安鉱	Sb_2S_3	直方	鉛灰~鋼灰	黒灰,鉛灰	一方向に完全	2	4.6	融点が低く,ろうそくの炎でもとける。アンチモンの原料となる。
	黄銅鉱	$CuFeS_2$	正方	真鍮黄	緑黒	なし(不明瞭)	3.5	4.1~4.3	ほとんどの銅鉱床で見られる代表的な銅鉱石。青緑色の炎色反応。
	閃亜鉛鉱	ZnS	立方	黄褐,黒,無,橙緑	黄,褐,白	四方向に完全	3.5~4	3.9~4.2	亜鉛の最も重要な鉱石。多くは鉄を含つ黒色・金属光沢を示す。
酸化鉱物 水酸化鉱物	赤鉄鉱	$Fe^{3+}_2O_3$	三方	赤~赤褐,灰,鋼灰~黒	赤褐~赤	なし	5.5~6.5	4.9~5.3	幅広い産状と形状を示す3価の鉄の酸化鉱物。赤色顔料にもなる。
	磁鉄鉱	$FeFe^{3+}_2O_4$	立方	黒	黒	なし	5.5~6	5~5.2	火成岩・変成岩の副成分鉱物。砂鉄としても産出。磁性が強い。
	クロム鉄鉱	$FeCr_2O_4$	立方	黒	黒褐,灰	なし	5.5	4.5~5.1	かんらん岩や蛇紋岩,砂鉱中に産出する。クロムの重要な鉱石。
	コランダム(鋼玉)	Al_2O_3	三方	無,黄,灰,青,赤,ピンクなど	白	なし	9	4.0~4.1	非常に硬く工業的に利用。宝石(ルビー,サファイア)にもなる。
ケイ酸塩鉱物	石英(水晶=石英の結晶)	SiO_2	三方	無~白,黄,紫,褐,黒など	白	なし	7	2.6~2.65	固溶体をつくらないが,わずかな不純物や放射線の影響で着色する。
	斜長石	$NaAlSi_3O_8$-$CaAl_2Si_2O_8$	三斜	無~白,淡灰,淡青,赤など	白	二方向に完全	6~7	2.6~2.8	光の干渉により光彩を放つラブラドライトも斜長石の仲間である。
	カリ長石[正長石]	$KAlSi_3O_8$	単斜	無~白,黄,ピンク,帯緑など	白	二方向に完全	6	2.5~2.6	青白い光を放つムーンストーン(月長石)もカリ長石の仲間である。
	かんらん石	$(Mg,Fe)_2SiO_4$	直方	淡黄~緑,無,白	白	なし(不完全)	6~7	3.2~3.3	透明な草緑色の結晶はペリドットとよばれ,8月の誕生石になる。
	輝石(単斜輝石／直方輝石)	(Ca,Mg,Fe,Na) $(Mg,Fe,Fe^{3+},Al)Si_2O_6$	単斜／直方	無~暗緑,灰,褐,淡黄など	白~淡緑,淡褐	二方向に完全	5.5~6	3.1~3.5	東洋の神秘の宝石である「翡翠」も輝石の仲間から構成されている。
	角閃石[普通角閃石]	$(Ca,Na)_{2-3}(Mg,Fe,Al)_5$ $Si_6(Si,Al)_2O_{22}(OH)_2$	単斜	灰緑~暗緑,褐~黒,灰	淡灰緑	二方向に完全	5~6	2.9~3.5	幅広い組成範囲をもつ固溶体。アスベスト状になることもある。
	黒雲母	$K(Mg,Fe)_3(AlSi_3)O_{10}(OH,F)_2$	単斜	黒褐,緑褐,黒	灰~白	一方向に完全	2.5~3	2.8~3.4	へき開により薄くはがれることから「千枚はがし」の異名がある。
	白雲母	$KAl_2(AlSi_3)O_{10}(OH,F)_2$	単斜	無~白,淡黄,淡緑,ピンク	白	一方向に完全	2~2.5	2.8~2.9	微細粒のものはファンデーションなどの化粧品にも利用される。
	らん晶石		三斜	青~青緑,灰,白	白	三方向に完全と良好	4~7	3.5~3.7	高圧を受けた広域変成岩の指標となる。硬度の方向依存性が顕著。
	けい線石	$Al_2(SiO_5)$(多形の関係)	直方	白,無,淡緑,黄	白	一方向に完全	6.5~7.5	3.2~3.3	低圧・高温条件の広域変成岩の指標となるアルミノケイ酸塩鉱物。
	紅柱石		直方	ピンク~赤褐,白,黄灰,褐など	白	二方向に完全	6.5~7	3.1~3.2	接触変成岩や低温・低圧条件の広域変成岩を特徴づける変成鉱物。
	トパーズ(黄玉)	$Al_2SiO_4(F,OH)_2$	直方	無~白,黄,青,ピンクなど	白	一方向に完全	8	3.6	11月の誕生石。水晶に似るが,条線が縦であることから区別可能。
	ざくろ石(ガーネット)	$(Mg,Fe,Mn,Ca)^{2+}_3$ $(Al,Fe,Cr)^{3+}_2(SiO_4)_3$	立方	赤~赤橙~橙黄,緑,褐,黒など	白	なし	6.5~7.5	3.4~4.3	変成岩や火成岩に含まれる。美しいものは1月の誕生石にもなる。
	滑石	$Mg_3Si_4O_{10}(OH)_2$	単斜・三斜	白~淡緑,灰白,黄褐	白	一方向に完全	1	2.7~2.8	爪で傷つけられるほど軟らかい。窯業原料,薬品充てん剤に利用。
	菫青石	$(Mg,Fe)_2Al_3(AlSi_5)O_{18}$	直方	青~青緑,無,灰,淡紫など	白	なし(不完全)	7	2.5~2.8	変成岩や火成岩に含まれる。菫色の美しいものは宝石にもなる。
	オパール	$SiO_2 \cdot nH_2O$	非晶質※5	無,白,黄,橙,赤など	白	なし	6	2.1	10月の誕生石。ケイ酸球の積層構造が光の干渉により遊色を示す。
炭酸塩鉱物	あられ石	$CaCO_3$(多形の関係)	直方	無~白,灰,黄,青,ピンクなど	白	一方向に完全	3.5~4	2.9~3.0	貝殻や真珠・珊瑚の構成鉱物。高圧下では方解石より安定となる。
	方解石		三方	無,白,黄,ピンク,青,灰など	白	三方向に完全	3	2.7	多様な産状と形態を示す。希塩酸に発泡して溶ける。複屈折が大。
	菱マンガン鉱	$MnCO_3$	三方	ピンク~赤,褐,灰,無	白	三方向に完全	3.5~4	3.5~3.7	濃紅色の美しいものはインカ・ローズとよばれ,宝飾品にもなる。
リン酸塩鉱物	燐灰石	$Ca_5(PO_4)_3(F,Cl,OH)$	六方	無,白,黄,緑,青,ピンクなど	白	なし(不明瞭)	5	3.1~3.2	火成岩や変成岩の副成分鉱物。生物の骨や歯の構成鉱物でもある。
硫酸塩鉱物	石膏	$CaSO_4 \cdot 2H_2O$	単斜	無~白,淡黄,淡褐	白	一方向に完全	2	2.3	多くの鉱床や温泉沈殿物,蒸発岩などに産する。建築材にも利用。
ハロゲン化鉱物	蛍石	CaF_2	立方	無,白,紫,緑,ピンク,黄など	白	四方向に完全	4	3.0~3.3	多様な色を示す。加熱により青白い蛍光を発する。へき開が顕著。
	岩塩	$NaCl$	立方	無~白,赤,青,紫など	白	三方向に完全	2.5	2.2	海水や塩湖が干上がって岩塩層を形成。潮解性があり湿気に弱い。

火成岩のおもな造岩鉱物

巻末資料

※1 結晶系　結晶は,規則的に配列した原子によって構成されている。原子のくり返し方にはパターンがあり,そのパターンによって特徴的な形状を示す。これを結晶系という。
　　　　　表の略語は次の結晶系を示す。立方:立方(等軸)晶系,正方:正方晶系,直方:直方(斜方)晶系,単斜:単斜晶系,三斜:三斜晶系,六方:六方晶系,三方:三方(菱面体)晶系
※2 条痕色　鉱物の中には,結晶の色と粉末状態で見える色が異なることがある。粉末状態での色を条痕色という。
※3 へき開　鉱物に強い力が加わった際,特定の方向に規則的に割れたり,板のようにはがれる性質をいう(→p.58)。
※4 硬　度　数値はモース硬度(→p.58)を示す。　※5 自然水銀は常温で液体,オパールは非晶質であるが,いずれも例外的に鉱物として認められている。

③ 大気の諸量

高度(km)	温度(℃)	気圧(hPa)	密度(kg/m³)	平均分子量(kg/kmol)
1000	726.85	7.51×10^{-11}	3.56×10^{-15}	3.94
950	726.85	8.98×10^{-11}	4.45×10^{-15}	4.12
900	726.85	1.09×10^{-10}	5.76×10^{-15}	4.40
850	726.85	1.34×10^{-10}	7.82×10^{-15}	4.85
800	726.84	1.70×10^{-10}	1.14×10^{-14}	5.54
750	726.84	2.26×10^{-10}	1.79×10^{-14}	6.58
700	726.82	3.19×10^{-10}	3.07×10^{-14}	8.00
650	726.78	4.89×10^{-10}	5.71×10^{-14}	9.72
600	726.70	8.21×10^{-10}	1.14×10^{-13}	11.51
550	726.52	1.51×10^{-9}	2.38×10^{-13}	13.09
500	726.09	3.02×10^{-9}	5.22×10^{-13}	14.33
450	725.07	6.45×10^{-9}	1.18×10^{-12}	15.25
400	722.68	1.45×10^{-8}	2.80×10^{-12}	15.98
350	716.91	3.45×10^{-8}	7.01×10^{-12}	16.74
300	702.86	8.77×10^{-8}	1.92×10^{-11}	17.73
250	668.18	2.48×10^{-7}	6.07×10^{-11}	19.19
200	581.41	8.47×10^{-7}	2.54×10^{-10}	21.30
150	361.24	4.54×10^{-6}	2.08×10^{-9}	24.10
100	−78.07	3.20×10^{-4}	5.60×10^{-7}	28.40
95	−84.73	7.60×10^{-4}	1.39×10^{-6}	28.73
90	−86.28	1.84×10^{-3}	3.42×10^{-6}	28.91
85	−84.26	4.46×10^{-3}	8.22×10^{-6}	28.964
80	−74.51	1.05×10^{-2}	1.85×10^{-5}	28.964
75	−64.75	2.39×10^{-2}	3.99×10^{-5}	28.964
70	−53.57	5.22×10^{-2}	8.28×10^{-5}	28.964
65	−39.86	1.09×10^{-1}	1.63×10^{-4}	28.964
60	−26.13	2.20×10^{-1}	3.10×10^{-4}	28.964
55	−12.38	4.25×10^{-1}	5.68×10^{-4}	28.964
50	−2.50	7.98×10^{-1}	1.03×10^{-3}	28.964
48	−2.50	1.02	1.32×10^{-3}	28.964
46	−6.23	1.31	1.71×10^{-3}	28.964
44	−11.75	1.69	2.26×10^{-3}	28.964
42	−17.27	2.20	2.99×10^{-3}	28.964
40	−22.80	2.87	4.00×10^{-3}	28.964
38	−28.33	3.77	5.37×10^{-3}	28.964
36	−33.87	4.99	7.26×10^{-3}	28.964
34	−39.41	6.63	9.89×10^{-3}	28.964
32	−44.66	8.89	1.36×10^{-2}	28.964
30	−46.64	11.97	1.84×10^{-2}	28.964
28	−48.62	16.16	2.51×10^{-2}	28.964
26	−50.61	21.88	3.43×10^{-2}	28.964
24	−52.59	29.72	4.69×10^{-2}	28.964
22	−54.58	40.48	6.45×10^{-2}	28.964
20	−56.50	55.29	8.89×10^{-2}	28.964
19	−56.50	64.67	1.04×10^{-1}	28.964
18	−56.50	75.65	1.22×10^{-1}	28.964
17	−56.50	88.50	1.42×10^{-1}	28.964
16	−56.50	103.52	1.66×10^{-1}	28.964
15	−56.50	121.11	1.95×10^{-1}	28.964
14	−56.50	141.70	2.28×10^{-1}	28.964
13	−56.50	165.79	2.67×10^{-1}	28.964
12	−56.50	193.99	3.12×10^{-1}	28.964
11	−56.38	226.99	3.65×10^{-1}	28.964
10	−49.90	264.99	4.14×10^{-1}	28.964
9	−43.42	308.00	4.67×10^{-1}	28.964
8	−36.94	356.51	5.26×10^{-1}	28.964
7	−30.45	411.05	5.90×10^{-1}	28.964
6	−23.96	472.17	6.60×10^{-1}	28.964
5	−17.47	540.48	7.36×10^{-1}	28.964
4	−10.98	616.60	8.19×10^{-1}	28.964
3	−4.49	701.21	9.09×10^{-1}	28.964
2	2.00	795.01	1.007	28.964
1	8.50	898.76	1.112	28.964
0	15.00	1013.25	1.225	28.964

④ 飽和水蒸気圧

温度(℃)	飽和水蒸気圧(hPa) 水面	氷面
−40	0.18	0.13
−39	0.20	0.14
−38	0.23	0.16
−37	0.25	0.18
−36	0.28	0.20
−35	0.31	0.22
−34	0.34	0.25
−33	0.38	0.27
−32	0.41	0.30
−31	0.46	0.34
−30	0.50	0.38
−29	0.55	0.42
−28	0.61	0.46
−27	0.67	0.51
−26	0.73	0.57
−25	0.80	0.63
−24	0.88	0.69
−23	0.96	0.77
−22	1.05	0.85
−21	1.14	0.93
−20	1.25	1.03
−19	1.36	1.13
−18	1.48	1.24
−17	1.61	1.37
−16	1.75	1.50
−15	1.91	1.65
−14	2.07	1.81
−13	2.25	1.98
−12	2.44	2.17
−11	2.64	2.37
−10	2.86	2.60
−9	3.09	2.84
−8	3.34	3.10
−7	3.61	3.38
−6	3.90	3.68
−5	4.21	4.02
−4	4.54	4.37
−3	4.90	4.76
−2	5.28	5.18
−1	5.68	5.63
0	6.11	6.11
1	6.57	
2	7.06	
3	7.58	
4	8.14	
5	8.73	
6	9.35	
7	10.02	
8	10.73	
9	11.48	
10	12.28	
11	13.13	
12	14.03	
13	14.98	
14	15.99	
15	17.06	
16	18.19	
17	19.38	
18	20.65	
19	21.98	
20	23.39	
21	24.88	
22	26.45	
23	28.10	
24	29.85	
25	31.69	
26	33.62	
27	35.66	
28	37.81	
29	40.07	
30	42.44	
31	44.94	
32	47.56	
33	50.31	
34	53.21	
35	56.24	
36	59.42	
37	62.76	
38	66.26	
39	69.93	
40	73.77	

Tetens (1930) より

5 気象庁が発表する注意報・警報

①気象庁の発表する注意報や警報

	発表される場面	注意報・警報の種類
注意報	災害が起こる恐れがある場合	気象等に関する16の現象(大雨, 洪水, 強風, 風雪, 大雪, 波浪, 高潮, 雷, 融雪, 濃霧, 乾燥, なだれ, 低温, 霜, 着氷, 着雪)と津波に対して発表される。 ※地面現象注意報はその原因となる現象によって大雨注意報・なだれ注意報または融雪注意報に, 浸水注意報はその原因となる現象によって大雨注意報または融雪注意報に含めて発表される。
警報	重大な災害が起こる恐れがある場合	気象等に関する7つの現象(大雨(土砂災害, 浸水害), 洪水, 暴風, 暴風雪, 大雪, 波浪, 高潮)と津波, 火山噴火に対して発表される。 ※地面現象警報は大雨警報に, 浸水警報は大雨特別警報または大雨警報に含めて発表される。
特別警報	重大な災害が起こる恐れが著しく大きい場合	気象等に関する6つの現象(大雨(土砂災害, 浸水害), 暴風, 暴風雪, 大雪, 波浪, 高潮)と津波, 火山噴火に対して発表される。 ※地面現象特別警報は, 気象特別警報に含めて発表される。

地面現象とは, 大雨, 大雪等による山崩れ, 地すべり等のことである。

②気象等に関する特別警報の発表基準

現象の種類	基準	
大雨	台風や集中豪雨により数十年に一度の降雨量となる大雨が予想される場合	
暴風	数十年に一度の強度の台風や同程度の温帯低気圧により	暴風が吹くと予想される場合
高潮		高潮になると予想される場合
波浪		高波になると予想される場合
暴風雪	数十年に一度の強度の台風と同程度の温帯低気圧により雪を伴う暴風が吹くと予想される場合	
大雪	数十年に一度の降雪量となる大雪が予想される場合	

③津波・火山・地震に関する特別警報の発表基準

現象の種類	基準
津波	高いところで3mをこえる津波が予想される場合 (大津波警報を特別警報に位置づける)
火山	居住地域に重大な被害を及ぼす噴火が予想される場合 (噴火警報(居住地域)を特別警報に位置づける)
地震	震度6弱以上の大きさの地震動が予想される場合 (緊急地震速報(震度6弱以上)を特別警報に位置づける)

(気象庁のホームページより)

6 天気図の記号

①**風向と風力** 風向は矢の向きで, 風力は矢羽根の数で表す。

②**天気** 観測地点を表す○の中に, 下図のような天気記号を書き入れて示す。雲量によって快晴・晴・曇に分ける。雲量は観測地点の空全体を10として, 雲におおわれている面積を割合で示す。雲量が0〜1は快晴, 2〜8は晴, 9〜10は曇である。

③**気圧** 海面更正した気圧の下2桁の数値を天気記号の右上に記入する。例えば, 1008hPaは08, 985hPaは85のように記入する。

④**気温** 天気記号の左上に数字で記入する。18であれば, 18℃を意味する。

■天気記号

快晴	晴	曇	雨	雨強し	にわか雨	霧雨
○	⊖	◎	●	●ツ	●ニ	●キ

みぞれ	雪	雪強し	にわか雪	あられ	ひょう	雷

雷強し	霧	煙霧	ちり煙霧	砂じん嵐	地ふぶき	天気不明

■風向

■記入例

北の風
風力4
曇
1008hPa
18℃

■前線記号

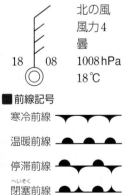

寒冷前線

温暖前線

停滞前線

閉塞前線
へいそく

■気象庁風力階級

風力	記号	風速(m/s)	風力	記号	風速(m/s)	風力	記号	風速(m/s)
0		0〜0.3未満	5		8.0〜10.8未満	10		24.5〜28.5未満
1		0.3〜1.6未満	6		10.8〜13.9未満	11		28.5〜32.7未満
2		1.6〜3.4未満	7		13.9〜17.2未満	12		32.7以上
3		3.4〜5.5未満	8		17.2〜20.8未満			
4		5.5〜8.0未満	9		20.8〜24.5未満			

台風の番号は，気象庁が毎年1月1日以後に発生した順につけている。

また，北西太平洋または南シナ海の領域で発生する台風には，この領域で発生する台風防災に関する各国の政府間組織である台風委員会（日本含む14カ国等が加盟）が，次の表の140個の名前を用意し，発生順に表の「1 ダムレイ」から順番に名称をつけている。なお，表の「140 サオラー」まで用いたら，再び「1 ダムレイ」に戻り，くり返す。

	命名した国と地域	呼名（片仮名読み）	意味
1	カンボジア	Damrey（ダムレイ）	象
2	中国	Haikui（ハイクイ）	イソギンチャク
3	北朝鮮	Kirogi（キロギー）	がん（雁）
4	香港	Kai-tak（カイタク）	啓徳（旧空港名）
5	日本	Tembin（テンビン）	てんびん座
6	ラオス	Bolaven（ボラヴェン）	高原の名前
7	マカオ	Sanba（サンバ）	マカオの名所
8	マレーシア	Jelawat（ジェラワット）	淡水魚の名前
9	ミクロネシア	Ewiniar（イーウィニャ）	嵐の神
10	フィリピン	Maliksi（マリクシ）	速い
11	韓国	Gaemi（ケーミー）	あり（蟻）
12	タイ	Prapiroon（プラピルーン）	雨の神
13	米国	Maria（マリア）	女性の名前
14	ベトナム	Son-Tinh（ソンティン）	ベトナム神話の山の神
15	カンボジア	Ampil（アンピル）	タマリンド
16	中国	Wukong（ウーコン）	（孫）悟空
17	北朝鮮	Jongdari（ジョンダリ）	ひばり
18	香港	Shanshan（サンサン）	少女の名前
19	日本	Yagi（ヤギ）	やぎ座
20	ラオス	Leepi（リーピ）	ラオス南部の滝の名前
21	マカオ	Bebinca（バビンカ）	プリン
22	マレーシア	Rumbia（ルンビア）	サゴヤシ
23	ミクロネシア	Soulik（ソーリック）	伝統的な部族長の称号
24	フィリピン	Cimaron（シマロン）	野生の牛
25	韓国	Jebi（チェービー）	つばめ（燕）
26	タイ	Mangkhut（マンクット）	マンゴスチン
27	米国	Barijat（バリジャット）	風や波の影響を受けた沿岸地域
28	ベトナム	Trami（チャーミー）	花の名前
29	カンボジア	Kong-rey（コンレイ）	伝説の少女の名前
30	中国	Yutu（イートゥー）	民話のうさぎ
31	北朝鮮	Toraji（トラジー）	桔梗
32	香港	Man-yi（マンニィ）	海峡（現在は貯水池）の名前
33	日本	Usagi（ウサギ）	うさぎ座
34	ラオス	Pabuk（パブーク）	淡水魚の名前
35	マカオ	Wutip（ウーティップ）	ちょう（蝶）
36	マレーシア	Sepat（セーパット）	淡水魚の名前
37	ミクロネシア	Mun（ムーン）	6月
38	フィリピン	Danas（ダナス）	経験すること
39	韓国	Nari（ナーリー）	百合
40	タイ	Wipha（ウィパー）	女性の名前
41	米国	Francisco（フランシスコ）	男性の名前
42	ベトナム	Lekima（レキマー）	果物の名前
43	カンボジア	Krosa（クローサ）	鶴
44	中国	Bailu（バイルー）	白鹿
45	北朝鮮	Podul（ポードル）	やなぎ
46	香港	Lingling（レンレン）	少女の名前
47	日本	Kajiki（カジキ）	かじき座
48	ラオス	Faxai（ファクサイ）	女性の名前
49	マカオ	Peipah（ペイパー）	魚の名前
50	マレーシア	Tapah（ターファー）	なまず
51	ミクロネシア	Mitag（ミートク）	女性の名前
52	フィリピン	Hagibis（ハギビス）	すばやい
53	韓国	Neoguri（ノグリー）	たぬき
54	タイ	Bualoi（ブアローイ）	お菓子の名前
55	米国	Matmo（マットゥモ）	大雨
56	ベトナム	Halong（ハーロン）	湾の名前
57	カンボジア	Nakri（ナクリー）	花の名前
58	中国	Fengshen（フンシェン）	風神
59	北朝鮮	Kalmaegi（カルマエギ）	かもめ
60	香港	Fung-wong（フォンウォン）	山の名前（フェニックス）
61	日本	Kammuri（カンムリ）	かんむり座
62	ラオス	Phanfone（ファンフォン）	動物
63	マカオ	Vongfong（ヴォンフォン）	すずめ蜂
64	マレーシア	Nuri（ヌーリ）	オウム
65	ミクロネシア	Sinlaku（シンラコウ）	伝説上の女神
66	フィリピン	Hagupit（ハグピート）	むち打つこと
67	韓国	Jangmi（チャンミー）	ばら
68	タイ	Mekkhala（メーカラー）	雷の天使
69	米国	Higos（ヒーゴス）	いちじく
70	ベトナム	Bavi（バービー）	ベトナム北部の山の名前
71	カンボジア	Maysak（メイサーク）	木の名前
72	中国	Haishen（ハイシェン）	海神
73	北朝鮮	Noul（ノウル）	夕焼け
74	香港	Dolphin（ドルフィン）	白いるか。香港を代表する動物の一つ。
75	日本	Kujira（クジラ）	くじら座
76	ラオス	Chan-hom（チャンホン）	木の名前
77	マカオ	Linfa（リンファ）	はす（蓮）
78	マレーシア	Nangka（ナンカー）	果物の名前
79	ミクロネシア	Saudel（ソウデル）	伝説上の首長の護衛兵
80	フィリピン	Molave（モラヴェ）	木の名前
81	韓国	Goni（コーニー）	白鳥
82	タイ	Atsani（アッサニー）	雷
83	米国	Etau（アータウ）	嵐雲
84	ベトナム	Vamco（ヴァムコー）	ベトナム南部の川の名前
85	カンボジア	Krovanh（クロヴァン）	木の名前
86	中国	Dujuan（ドゥージェン）	つつじ
87	北朝鮮	Surigae（スリゲ）	鷲の名前
88	香港	Choi-wan（チョーイワン）	彩雲
89	日本	Koguma（コグマ）	コグマ座
90	ラオス	Champi（チャンパー）	赤いジャスミン
91	マカオ	In-fa（インファ）	花火
92	マレーシア	Cempaka（チャンパカ）	ハーブの名前
93	ミクロネシア	Nepartak（ニパルタック）	有名な戦士の名前
94	フィリピン	Lupit（ルピート）	冷酷な
95	韓国	Mirinae（ミリネー）	天の川
96	タイ	Nida（ニーダ）	女性の名前
97	米国	Omais（オーマイス）	徘徊
98	ベトナム	Conson（コンソン）	歴史的な観光地の名前
99	カンボジア	Chanthu（チャンスー）	花の名前
100	中国	Dianmu（ディアンムー）	雷の母
101	北朝鮮	Mindulle（ミンドゥル）	たんぽぽ
102	香港	Lionrock（ライオンロック）	山の名前
103	日本	Kompasu（コンパス）	コンパス座
104	ラオス	Namtheun（ナムセーウン）	川の名前
105	マカオ	Malou（マーロウ）	めのう（瑪瑙）
106	マレーシア	Meranti（ムーランティ）	木の名前
107	ミクロネシア	Rai（ライ）	ヤップ島の石の貨幣
108	フィリピン	Malakas（マラカス）	強い
109	韓国	Megi（メーギー）	なまず
110	タイ	Chaba（チャバ）	ハイビスカス
111	米国	Aere（アイレー）	嵐
112	ベトナム	Songda（ソングダー）	北西ベトナムにある川の名前
113	カンボジア	Sarika（サリカー）	さえずる鳥
114	中国	Haima（ハイマー）	タツノオトシゴ
115	北朝鮮	Meari（メアリー）	やまびこ
116	香港	Ma-on（マーゴン）	山の名前（馬の鞍）
117	日本	Tokage（トカゲ）	とかげ座
118	ラオス	Nock-ten（ノックテン）	鳥
119	マカオ	Muifa（ムイファー）	梅の花
120	マレーシア	Merbok（マールボック）	鳥の名前
121	ミクロネシア	Nanmadol（ナンマドル）	有名な遺跡の名前
122	フィリピン	Talas（タラス）	鋭さ
123	韓国	Noru（ノルー）	のろじか（鹿）
124	タイ	Kulap（クラー）	ばら
125	米国	Roke（ロウキー）	男性の名前
126	ベトナム	Sonca（ソンカー）	さえずる鳥
127	カンボジア	Nesat（ネサット）	漁師
128	中国	Haitang（ハイタン）	海棠
129	北朝鮮	Nalgae（ナルガエ）	つばさ
130	香港	Banyan（バンヤン）	木の名前
131	日本	Hato（ハト）	はと座
132	ラオス	Pakhar（パカー）	淡水魚の名前
133	マカオ	Sanvu（サンヴー）	さんご（珊瑚）
134	マレーシア	Mawar（マーワー）	ばら
135	ミクロネシア	Guchol（グチョル）	うこん
136	フィリピン	Talim（タリム）	鋭い刃先
137	韓国	Doksuri（トクスリ）	わし（鷲）
138	タイ	Khanun（カーヌン）	果物の名前，パラミツ
139	米国	Lan（ラン）	嵐
140	ベトナム	Saola（サオラー）	ベトナムレイヨウ

8 地学学習のための基礎知識

A. 数学の基礎知識

①三角比・三角関数

図のような直角三角形を考える。
∠$A = \theta$ としたとき

$$\sin\theta = \frac{a}{c}, \quad \cos\theta = \frac{b}{c}$$
$$\tan\theta = \frac{a}{b}$$

と定義し，これらを **三角比** という。
三角比の間には次の関係がある。

$$\sin(90° - \theta) = \cos\theta$$
$$\cos(90° - \theta) = \sin\theta$$
$$\tan\theta = \frac{\sin\theta}{\cos\theta}$$
$$\sin^2\theta + \cos^2\theta = 1$$

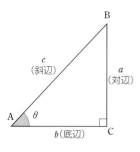

②指数による表し方

大きな数：$100 = 10 \times 10 = 10^2$
$1000 = 10 \times 10 \times 10 = 10^3$

小さな数：$0.01 = \dfrac{1}{10 \times 10} = \dfrac{1}{10^2} = 10^{-2}$

$0.001 = \dfrac{1}{10 \times 10 \times 10} = \dfrac{1}{10^3} = 10^{-3}$

③対数の表し方

$a > 0$, $a \neq 1$ のとき
$a^y = x \Leftrightarrow y = \log_a x$ （y は a を底とする x の対数という）
$a = 10$ のときを **常用対数** といい，$y = \log x$ とする。
$10^0 = 1$, $10^1 = 10$ から，$\log 1 = 0$, $\log 10 = 1$

B. 波

①波とその要素

海の波の場合，波の山を峰といい，谷から峰までの高さを波高という。従って，波高は振幅の2倍となる。

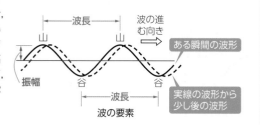

波の要素

②波の反射と屈折

波の速さは，媒質の密度などによって異なる。

波の速さが異なる2つの媒質の境界面に斜めに波が入射するとき，右図のように一部は反射し，他の一部は屈折して進む。

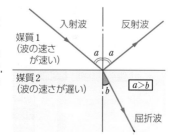

C. 単位と定数

①基本単位

物理量	単位	
	名称	記号
時間	秒	s
長さ	メートル	m
質量	キログラム	kg
電流	アンペア	A
熱力学温度（絶対温度）	ケルビン	K
物質量	モル	mol
光度	カンデラ	cd

②地学で用いるおもな定数

量	定数と単位
万有引力定数	$6.67430 \times 10^{-11} \mathrm{N \cdot m^2/kg^2}$
真空中の光の速さ	$2.99792458 \times 10^8 \mathrm{m/s}$
地球の赤道半径	6378.137km
地球の標準重力	$9.80665 \mathrm{m/s^2}$
太陽定数	$1.36 \mathrm{kW/m^2}$
1天文単位	$1.495978707 \times 10^8 \mathrm{km}$
1光年	$9.4607304725808 \times 10^{12} \mathrm{km}$
1パーセク	3.26光年 $= 3.09 \times 10^{13} \mathrm{km}$

③地学でよく使われる単位

物理量	単位		備考
	名称	記号	
面積	平方メートル	$\mathrm{m^2}$	
体積	立方メートル	$\mathrm{m^3}$	
密度	キログラム毎立方メートル	$\mathrm{kg/m^3}$	
速度，速さ	メートル毎秒	m/s	
加速度	メートル毎秒毎秒	$\mathrm{m/s^2}$	
力	ニュートン	N	
圧力	パスカル	Pa	$1\mathrm{Pa} = 1\mathrm{N/m^2}$
エネルギー仕事・熱量	ジュール	J	
仕事率・電力	ワット	W	
温度	度	℃	$T[\mathrm{K}] = t[℃] + 273$
比熱	ジュール毎キログラム毎ケルビン	$\mathrm{J/(kg \cdot K)}$	
磁束密度	テスラ	T	
角度	度	°	
	分	′	$60′ = 1°$
	秒	″	$60″ = 1′$

D. 元素の周期表

族 / 周期	1	2	3	4	5	6	7	8	9	10	11	12	13	14	15	16	17	18	周期 / 族

原子量は，炭素原子 $^{12}_{6}C$ 1個の質量を基準とし，これを 12 としたときの，他の原子 1 個の質量の相対値を表している。同位体（同じ元素の原子で質量が異なるもの）が存在する原子は，それらの存在比で平均した値になっている。安定同位体がなく，天然で特定の同位体組成を示さない元素についてはその元素の放射性同位体の質量数（原子核を構成する粒子－陽子と中性子－の数）の一例を（ ）内に示す。

元素名の※は，人工的に作られた元素であることを示している。104Rf 以降の元素は超アクチノイド元素などとよばれ，詳しい性質はわかっていない。

3Li は天然の同位体存在度に大きな変動幅があるため，原子量を 3 桁にしている。

凡例:
- ■ 単体は常温で気体
- ■ 単体は常温で液体
- ■ 単体は常温で固体
- ■ は金属元素
- ■ は非金属元素
- 単体は強磁性体
- 単体は半導体
- ☢ すべて放射性同位体からなる元素

原子番号 00 元素記号 / 元素名 / 原子量

周期 1

- 1H 水素 1.008
- 2He ヘリウム 4.003

周期 2

- 3Li リチウム 6.94
- 4Be ベリリウム 9.012
- 5B ホウ素 10.81
- 6C 炭素 12.01
- 7N 窒素 14.01
- 8O 酸素 16.00
- 9F フッ素 19.00
- 10Ne ネオン 20.18

周期 3

- 11Na ナトリウム 22.99
- 12Mg マグネシウム 24.31
- 13Al アルミニウム 26.98
- 14Si ケイ素 28.09
- 15P リン 30.97
- 16S 硫黄 32.07
- 17Cl 塩素 35.45
- 18Ar アルゴン 39.95

周期 4

- 19K カリウム 39.10
- 20Ca カルシウム 40.08
- 21Sc スカンジウム 44.96
- 22Ti チタン 47.87
- 23V バナジウム 50.94
- 24Cr クロム 52.00
- 25Mn マンガン 54.94
- 26Fe 鉄 55.85
- 27Co コバルト 58.93
- 28Ni ニッケル 58.69
- 29Cu 銅 63.55
- 30Zn 亜鉛 65.38
- 31Ga ガリウム 69.72
- 32Ge ゲルマニウム 72.63
- 33As ヒ素 74.92
- 34Se セレン 78.97
- 35Br 臭素 79.90
- 36Kr クリプトン 83.80

周期 5

- 37Rb ルビジウム 85.47
- 38Sr ストロンチウム 87.62
- 39Y イットリウム 88.91
- 40Zr ジルコニウム 91.22
- 41Nb ニオブ 92.91
- 42Mo モリブデン 95.95
- 43Tc テクネチウム※ (99)
- 44Ru ルテニウム 101.1
- 45Rh ロジウム 102.9
- 46Pd パラジウム 106.4
- 47Ag 銀 107.9
- 48Cd カドミウム 112.4
- 49In インジウム 114.8
- 50Sn スズ 118.7
- 51Sb アンチモン 121.8
- 52Te テルル 127.6
- 53I ヨウ素 126.9
- 54Xe キセノン 131.3

周期 6

- 55Cs セシウム 132.9
- 56Ba バリウム 137.3
- ランタノイド 57～71
- 72Hf ハフニウム 178.5
- 73Ta タンタル 180.9
- 74W タングステン 183.8
- 75Re レニウム 186.2
- 76Os オスミウム 190.2
- 77Ir イリジウム 192.2
- 78Pt 白金 195.1
- 79Au 金 197.0
- 80Hg 水銀 200.6
- 81Tl タリウム 204.4
- 82Pb 鉛 207.2
- 83Bi ビスマス 209.0
- 84Po ポロニウム (210)
- 85At アスタチン (210)
- 86Rn ラドン (222)

周期 7

- 87Fr フランシウム (223)
- 88Ra ラジウム (226)
- アクチノイド 89～103
- 104Rf ラザホージウム※ (267)
- 105Db ドブニウム※ (268)
- 106Sg シーボーギウム※ (271)
- 107Bh ボーリウム※ (272)
- 108Hs ハッシウム※ (277)
- 109Mt マイトネリウム※ (276)
- 110Ds ダームスタチウム※ (281)
- 111Rg レントゲニウム※ (280)
- 112Cn コペルニシウム※ (285)
- 113Nh ニホニウム※ (278)
- 114Fl フレロビウム※ (289)
- 115Mc モスコビウム※ (289)
- 116Lv リバモリウム※ (293)
- 117Ts テネシン※ (293)
- 118Og オガネソン※ (294)

ランタノイド

- 57La ランタン 138.9
- 58Ce セリウム 140.1
- 59Pr プラセオジム 140.9
- 60Nd ネオジム 144.2
- 61Pm プロメチウム※ (145)
- 62Sm サマリウム 150.4
- 63Eu ユウロピウム 152.0
- 64Gd ガドリニウム 157.3
- 65Tb テルビウム 158.9
- 66Dy ジスプロシウム 162.5
- 67Ho ホルミウム 164.9
- 68Er エルビウム 167.3
- 69Tm ツリウム 168.9
- 70Yb イッテルビウム 173.0
- 71Lu ルテチウム 175.0

アクチノイド

- 89Ac アクチニウム (227)
- 90Th トリウム 232.0
- 91Pa プロトアクチニウム 231.0
- 92U ウラン 238.0
- 93Np ネプツニウム (237)
- 94Pu プルトニウム (239)
- 95Am アメリシウム (243)
- 96Cm キュリウム (247)
- 97Bk バークリウム (247)
- 98Cf カリホルニウム (252)
- 99Es アインスタイニウム※ (252)
- 100Fm フェルミウム※ (257)
- 101Md メンデレビウム※ (258)
- 102No ノーベリウム※ (259)
- 103Lr ローレンシウム※ (262)

E. 地学学習のためのおもな生物用語

真核生物	真核細胞（DNA が核膜に囲まれ，ミトコンドリアなどの細胞小器官をもつ細胞）からなる生物。
原核生物	原核細胞（DNA がむき出しになっていて，細胞小器官をもたない細胞）からなる生物。
単細胞生物	体がただ 1 つの細胞からなる生物。
多細胞生物	体が多数の細胞からなる生物。
光合成	生物が光のエネルギーを利用して，二酸化炭素と水から炭水化物などの有機物をつくるはたらき。
種	生物を分類するときの最小の単位。
属	共通の特徴をもった種をまとめて 1 つのなかまとしたもの。属の上に科，目，綱，門，界，ドメインなどの段階がある。
種小名	二名法の学名（世界共通の生物の種の名前）で，属名のあとに付ける名称。ラテン語化した形容詞形の言葉を用いる。
脊索	原索動物と脊椎動物の幼生で背側に見られる原始的な支持構造。脊椎動物では成長すると脊椎におきかわる。
維管束	シダ植物と種子植物の根，茎，葉を貫いている道管や師管などからなる束状の複合組織。
食物連鎖	生態系において，捕食者と被食者の食う食われるという点に着目した一連の鎖のようにつながる生物種間の関係。
ニッチ	多様な種が共存する環境において，その生物種がはたしている生態的地位。
バイオマーカー	原核生物や真核生物の活動によってつくられた生物指標有機物。
化学合成細菌	無機物を酸化するときに生じる化学エネルギーを用いて ATP（アデノシン三リン酸）を合成し，そのエネルギーを使って二酸化炭素から有機物を合成する細菌。
進化	生物の形や機能，あるいは遺伝情報の不可逆的な変化。
系統樹	生物の類縁関係と祖先 － 子孫関係を，分岐する枝（線）でつなぎ示したもの。

文 献

岩森光, 2016: マントル対流と全地球ダイナミクス. 火山, **61**(1), 1-22.

上田誠也, 1989: プレート・テクトニクス. 岩波書店.

歌代勤・清水大吉郎・高橋正夫, 1978: 地学の語源をさぐる. 東京書籍.

内田悦生・高木秀雄(編), 2008: 地球・環境・資源 – 地球と人類の共生をめざして –. 共立出版.

小倉義光, 1999: 一般気象学【第2版】. 東京大学出版会, 308pp.

貝塚爽平, 1998: 発達史地形学. 東京大学出版会, p.145.

活断層研究会(編), 1991: 日本の活断層図. 東京大学出版会.

唐戸俊一郎, 2000: レオロジーと地球科学. 東京大学出版会, p.12.

クリフ・オリエル, 太田陽子(訳), 1991: 火山. 古今書院, p.86.

黒田吉益・諏訪兼位, 1968: 偏光顕微鏡と岩石鉱物【第2版】. 共立出版.

原子力発電環境整備機構, 2004: 概要調査地区選定上の考慮事項の背景と技術的根拠 : 3.2.2. 日本列島周辺のプレート運動の状況. pp.3-20 – 3-43.

国立天文台(編), 2022: 理科年表. 丸善.

酒井治孝, 2003: 地球学入門 – 惑星地球と大気・海洋のシステム –. 東海大学出版会, 284pp.

周藤賢治・小山内康人, 2002: 岩石学概論 上・記載岩石学—岩石学のための情報収集マニュアル. 共立出版.

高橋正樹, 2015: 日本の火山図鑑. 誠文堂新光社, p.15.

高橋裕, 1990: 河川工学. 東京大学出版会.

竹内均, 1973: 地震の科学. NHKブックス, **181**, 日本放送出版協会, 225pp.

竹内均・上田誠也, 1964: 地球の科学 大陸は移動する. NHKブックス, **6**, 日本放送出版協会, pp.156-158.

田中均・林智洋・本多栄喜・早川祐貴・田口清行・村本雄一郎, 2009: 褶曲について – 授業を行う際の留意点 –. 日本科学教育学会研究会研究報告, **24**(2), 63-68.

束田和弘・小池敏夫, 1997: 岐阜県上宝村一重ケ根地域より産出したオルドビス紀コノドント化石について. 地質学雑誌, **103**(2), 171-174.

日本気象学会地球環境問題委員会(編), 2014: 地球温暖化 – そのメカニズムと不確実性 –. 朝倉書店, 168pp.

日本古生物学会(編), 1987: 化石の科学. 朝倉書店, pp.56-57.

日本地球化学会(編), 2012: 地球と宇宙の化学事典. 朝倉書店, 500pp.

豊遙秋・青木正博, 1996: 鉱物・岩石. 保育社.

町田洋・大場忠道・小野昭・山崎晴雄・河村善也・百原新(編著), 2003: 第四紀学. 朝倉書店, 336pp.

都城秋穂・安芸敬一(編), 1979: 岩波講座 地球科学12. 岩波書店.

力武常次, 1981: 固体地球科学入門. 共立出版, pp.35-37.

Allègre, C. J., J. P. Poirier, E. Humler and A. W. Hofmann, 1995: The chemical composition of the Earth. *Earth Planet. Sci. Lett.*, **134**, 515-526.

Alvarez, L. W., W. Alvarez, F. Asaro and H. V. Michel, 1980: Extraterrestrial cause for the Cretaceous–Tertiary extinction. *Science*, **208**(4448), 1095-1108, doi:10.1126/science.208.4448.1095

Bird, P., 2003: An updated digital model of plate boundaries. *Geochem. Geophys. Geosyst.*, **4**(3), 1027, doi:10.1029/2001GC000252

Bloxham, J. and A. Jackson, 1992: Time–dependent mapping of the magnetic field at the core–mantle boundary. *J. Geophys. Res.*, **97**(B13), 19537-19563.

Bullard, E., J. E. Everett and A. G. Smith, 1965: The fit of the continents around the Atlantic. *Philos. Trans. R. Soc. Lond. A.*, **258**(1088), 41-51.

Cook, K. H., 2013: *Climate dynamics*. Princeton Univ. Press, p.94.

Cravens, T. E., 1997: *Physics of solar system plasmas*. Cambridge Univ. Press, Cambridge, UK.

Davies and Gorsline, 1976: Oceanic sediments and sedimentary processes. In Riley J. and R. Chester(Eds.), *Chemical Oceanography*, 2nd ed., 5. Academic, San Diega, CA.

Dziewonski, A. M. and D. L. Anderson, 1981: Preliminary reference Earth model. *Phys. Earth Planet. Inter.*, **25**, 297-356.

Emmanuelle J. Javaux, Andrew H. Knoll, Malcolm R. Walter, 2004: TEM evidence for eukaryotic diversity in mid–Proterozoic oceans. *Geobiology*, **2**(3), 121-132

Finlay, C. C., S. Maus, C. D. Beggan, M. Hamoudi, F. J. Lowes, N. Olsen and E. Thebault, 2010: Evaluation of candidate geomagnetic field models for IGRF-11. *Earth, Planets and Space*, **62**, 787-804.

Gebbie, G. and P. Huybers, 2012: The mean age of ocean waters inferred from radiocarbon observations: sensitivity to surface sources and accounting for mixing histories. *J. Phys. Oceanogr.*, **42**, 291-305, doi:10.1175/JPO-D-11-043.1

Goody, R. M., 1964: *Atmospheric radiation* I: *theoretical basis*. Oxford Univ. Press.

Holmes, A., 1965: *Principles of Physical Geology*, Second Edition, Nelson, London, 1288pp.

Honda, S., 1995: A simple parameterized model of Earth's thermal history with the transition from layered to whole mantle convection. *Earth Planet. Sci. Lett.*, **131**, 357-369.

IPCC, 2013: *Climate Change* 2013: The Physical Science Basis. Contribution of Working Group I to the Fifth Assessment Report of the Intergovernmental Panel on Climate Change [Stocker, T. F., D. Qin, G.-K. Plattner, M. Tignor, S. K. Allen, J. Boschung, A. Nauels, Y. Xia, V. Bex and P. M. Midgley (eds.)], Cambridge University Press, Cambridge, United Kingdom and New York, NY, USA, 1535pp.

Isozaki, Y., S. Maruyama and F. Furuoka, 1990: Accreted oceanic materials in Japan. *Tectonophysics*, **181**, 179-205.

Larson, R. L. and W. C. Pitman III, 1972: World-wide correlation of mesozoic magnetic anomalies, and its implications. *Geol. Soc. Am. Bull.*, **83**(12), 3645-3662.

Lidberg, M., J. M. Johansson, H.-G. Scherneck and G. A. Milne, 2010: Recent results based on continuous GPS observations of the GIA process in Fennoscandia from BIFROST., *J. Geod.*, **50**, 8-18.

Lisiecki, L. E. and M. E. Raymo, 2005: A Pliocene–Pleistocene stack of 57 globally distributed benthic $\delta^{18}O$ records. *Paleoceanography*, **20**, PA1003, doi:10.1029/2004PA001071.

Lyle, M., 1988: Climatically forced organic carbon burial in equatorial Atlantic and Pacific oceans. *Nature*, **335**, 529-532.

Mankinen, E. A. and C. M. Wentworth, 2003: Preliminary paleomagnetic results from the coyote creek outdoor classroom drill hole, Santa Clara Valley, California., USGS Open-File Report 03-187.

Maruyama, S., Y. Isozaki, G. Kimura and M. Terabayashi, 1997: Paleogeographic maps of the Japanese Islands: Plate tectonic synthesis from 750 Ma to the present. *Island Arc*, **6**(1), 121-142.

McDonough, W. F. and S.-s. Sun, 1995: The composition of the Earth. *Chem. Geol.*, **120**, 223-253.

Millennium Ecosystem Assessment. Ecosystems and Human Well-being, 2005: Current State and Trends, **1**, 627pp

Moody, R. T. J. and A. Y. Zhuravlev, 2001: *Atlas of the evolving earth*, vol.1: from the origin of the earth to the Silurian, Macmillan Library Reference.

Oki, T. and S. Kanae, 2006: Global hydrological cycles and world water resources. *Science*, **313**, 1068-1072.

Ozawa, T., 1970: Notes on the phylogeny and classification of the superfamily Verbeekinoidea (Studies of the Permian verbeekinoidean foraminifera-I). *Mem. Fac. Sci.*, *Kyushu Univ.*, *ser. D*, 20(1), 17-58.

Parfitt, E. A. and L. Wilson, 2008: *Fundamentals of physical volcanology*. Blackwell Pub. p.66.

Petit, J. R., J. Jouzel, D. Raynaud, N. I. Barkov, J.-M. Barnola, I. Basile, M. Bender, J. Chappellaz, M. Davis, G. Delaygue, M. Delmotte, V. M. Kotlyakov, M. Legrand, V. Y. Lipenkov, C. Lorius, L. Pèpin, C. Ritz, E. Saltzman and M. Stievenard, 1999: Climate and atmospheric history of the past 420,000 years from the Vostok ice core, Antarctica., *Nature*, **399**, 429-436.

Pollack, H. N., S. J. Hurter and J. R. Johnson, 1993: Heat loss from the Earth's interior: analysis of the global data set. *Reviews of Geophysics*, **31**(3), 267-280.

Scotese, C. R., 2001: *Atlas of Earth History*, Volume 1, Paleogeography, PALEOMAP Project., Arlington, Texas, 52pp, https://www.researchgate.net/publication/264741875_Atlas_of_Earth_History

Sellers, W. D., 1965: *Physical climatology*. Chicago: the University of Chicago Press, 272pp.

Shapiro, M. A. and D. Keyser, 1990: Fronts, jet streams and the tropopause, Extratropical Cyclone: The Erik Palmèn Memorial Volume, C. W. Newton and E.O. Holopaninen(Eds.), *Amer. Meteor. Soc.*, 167-191.

Smit, J., 1999: The global stratigraphy of the Cretaceous–Tertiary boundary impact ejecta. *Annual Review of Earth and Planetary Sciences*, **27**, 75-113.

Tanaka, A., M. Yamano, Y. Yano and M. Sasada, 2004: Geothermal Gradient and Heat Flow Data in and around Japan, Digital Geoscience Map DGM P5, Geological Survey of Japan.

Taylor, S. R. and S. M. McLennan, 1981: The composition and evolution of the continental crust: rare earth element evidence from sedimentary rocks. *Phil. Trans. R. Soc. Lond. A*, **301**, 381-399.

Tetens, O., 1930: Über einige meteorologische Begriffe. *Z. Geophys.*, **6**, 297-309.

Trenberth, K. E., J. M. Caron. 2001: Estimates of Meridional Atmosphere and Ocean Heat Transports. *Journal of Climate*, **14**, 3433-3443

Turcotte, D. L. and G. Schubert, 1982: *Geodynamics: applications of continuum physics to geological problems*. John Wiley, New York.

Vine, F. J., 1968: Magnetic anomalies associated with mid-ocean ridges. *The History of the Earth's Crust*: *a symposium*, Robert A. Phinney(Ed.), Princeton Univ. Press, 73-89.

Yoshida, M. and Y. Hamano, 2015: Pangea breakup and northward drift of the Indian subcontinent reproduced by a numerical model of mantle convection. *Sci. Rep.* **5**, 8407, doi:10.1038/srep08407.

出 典

表紙　積乱雲と落雷：武田康男
表紙　土星：NASA/JPL/Space Science Institute
p.33　Mooney, Walter. (2015). Crust and Lithospheric Structure-Global Crustal Structure. 10.1016/B978-0-444-53802-4.00010-5.
p.35　片麻岩：産総研地質調査総合センターウェブサイト（https://gbank.gsj.jp/musee/#R40314）
p.51　福徳岡ノ場（噴煙柱）：海上保安庁ホームページ（https://www1.kaiho.mlit.go.jp/GIJUTSUKOKUSAI/kaiikiDB/kaio24-2.htm）
p.55　西之島：海上保安庁ホームページ（https://www1.kaiho.mlit.go.jp/GIJUTSUKOKUSAI/kaiikiDB/kaiyo18-2.htm）
p.68　花崗岩の風化：日本応用地質学会「応用地質Q＆A 中国四国版 1. 土木地質 土-16」（https://www.jseg.or.jp/chushikoku/Q&A/1-16.pdf）
p.76　続成作用を受けた堆積岩：AAPG Memoir 28 A Color Illustrated Guide to Constituents, Textures, Cements & Porosities of Sandstones & Assoc. Rocks CD-ROM.
p.79　Column 内　赤色立体地図：アジア航測株式会社，データ：基盤地図情報数値 標高モデル（5m メッシュ）を使用
p.83　地質図：5万分の1地質図幅「大町」（加藤碩一，佐藤岱生，三村弘二，滝沢文教，産総研地質調査総合センター）（https://www.gsj.jp/Map/JP/geology4-10.html）
p.91　姶良 Tn 火山灰の層厚の分布：産総研地質調査総合センター「姶良カルデラ入戸火砕流堆積物分布図」（https://www.gsj.jp/data/LVI/01/GSJ_MAP_LVI_01_2022-L.pdf）を加工して作成
p.97　ドロップストーン，キャップカーボネート：東京大学大学院理学系研究科
p.97　ディッキンソニア：© UC Museum of Paleontology Understanding Science, https://ucmp.berkeley.edu/
p.98　ハルキゲニア・ピカイア：Courtesy of Smithsonian Institution. Photo by C. Clark
p.101　アーケアンサス：David Dilcher, NAS Emeritus Professor, Dr., Dr. h.c. Departments of Geology and Biology Research affiliate, Indiana Geological Survey Honorary Dean, College of Paleontology, Shenyang Normal University, China
p.102　恐竜類やワニ・トカゲなどを含む分類群の頭骨，哺乳類の祖先形の頭骨：Benton, J. M., 2015: Vertebrate palaeontology/Michael J. Benton. - Fourth edition, 123pp
p.105　マイクロテクタイト：Campbell, C.E., Oboh-Ikuenobe, F.E., and Eifert, T.L., 2008, Megatsunami deposit in Cretaceous-Paleogene boundary interval of southeastern Missouri: Geological Society of America Special Paper 437, p.189–198, https://doi.org/10.1130/2008.2437(11).
p.107　デスモスチルス（全身骨格）：産総研地質調査総合センターウェブサイト（https://gbank.gsj.jp/musee/#F15156-1）
p.107　デスモスチルス（臼歯）：産総研地質調査総合センターウェブサイト（https://www.gsj.jp/event/2007fy-event/19.html）
p.107　マンモスの化石：INTERNATIONAL MAMMOTH COMMITTEE/National Geographic Creative
p.122　緯度による受熱量の違いが引き起こす熱輸送：NASA CERES EBAF Edition 4.1
p.136　2018年台風21号通過時の大阪湾の最大潮位：京都大学 森信人・志村智也，関西大学 安田誠宏，鳥取大学 金洙列，大阪市立大学 中條壮大
p.144-145　積乱雲：NASA/ESA，カルマン渦（済州島）：NASA Worldview
p.150　1901年〜2012年の地上気温変化の分布：Figure SPM. 1 (b) from IPCC, 2013: Summary for Policymakers. In: Climate Change 2013: The Physical Science Basis. Contribution of Working Group I to the Fifth Assessment Report of the Intergovernmental Panel on Climate Change [Stocker, T.F., D. Qin, G.-K. Plattner, M. Tignor, S.K. Allen, J. Boschung, A. Nauels, Y. Xia, V. Bex and P.M. Midgley (eds.)]. Cambridge University Press, Cambridge, United Kingdom and New York, NY, USA, pp.1–30, doi:10.1017/CBO9781107415324.004.
p.150　世界の平均地上気温の変化：Figure SPM. 7 (a) from IPCC, 2013: Summary for Policymakers. In: Climate Change 2013: The Physical Science Basis. Contribution of Working Group I to the Fifth Assessment Report of the Intergovernmental Panel on Climate Change [Stocker, T.F., D. Qin, G.-K. Plattner, M. Tignor, S.K. Allen, J. Boschung, A. Nauels, Y. Xia, V. Bex and P.M. Midgley (eds.)]. Cambridge University Press, Cambridge, United Kingdom and New York, NY, USA, pp.1–30, doi:10.1017/CBO9781107415324.004.
p.150　2081〜2100年の年平均地上気温の変化の分布予測：Figure SPM. 8 (a) from IPCC, 2013: Summary for Policymakers. In: Climate Change 2013: The Physical Science Basis. Contribution of Working Group I to the Fifth Assessment Report of the Intergovernmental Panel on Climate Change [Stocker, T.F., D. Qin, G.-K. Plattner, M. Tignor, S.K. Allen, J. Boschung, A. Nauels, Y. Xia, V. Bex and P.M. Midgley (eds.)]. Cambridge University Press, Cambridge, United Kingdom and New York, NY, USA, pp.1–30, doi:10.1017/CBO9781107415324.004.
p.151　世界平均海面水位の変化：Figure SPM. 3 (d) from IPCC, 2013: Summary for Policymakers. In: Climate Change 2013: The Physical Science Basis. Contribution of Working Group I to the Fifth Assessment Report of the Intergovernmental Panel on Climate Change [Stocker, T.F., D. Qin, G.-K. Plattner, M. Tignor, S.K. Allen, J. Boschung, A. Nauels, Y. Xia, V. Bex and P.M. Midgley (eds.)]. Cambridge University Press, Cambridge, United Kingdom and New York, NY, USA, pp.1–30, doi:10.1017/CBO9781107415324.004.
p.155　大気汚染物質（PM2.5）の拡散予測：SPRINTARS／九州大学 竹村俊彦
p.160　水星：NASA/Johns Hopkins University Applied Physics Laboratory/Carnegie Institution of Washington
p.160　断面地形・極に見られる氷：NASA/Johns Hopkins University Applied Physics Laboratory/Carnegie Institution of Washington/National Astronomy and Ionosphere Center, Arecibo Observatory
p.160　金星のレーダー観測画像・クレーター・火山：NASA/JPL
p.161　火星・火星で活動するパーサヴィアランス・極冠・砂嵐・地下水の流れでた跡・薄板状の泥岩：NASA/JPL/MSSS
p.161　火星の地形：NASA/JPL/GSFC
p.161　オリンポス山：NASA/JPL
p.161　旋風：NASA
p.161　火星の夕日：NASA/JPL-Caltech/MSSS/Texas A&M Univ
p.161　洪水地形：NASA/JPL-Caltech/ASU
p.162　木星：NASA, ESA, Amy Simon (NASA-GSFC), Michael H. Wong (UC Berkeley), Joseph DePasquale (STScI)
p.162　大赤斑：NASA/JPL-Caltech/SwRI/MSSS/Bjorn Jonsson

p.162　極軌道から見た木星：NASA/JPL-Caltech/SwRI/MSSS/Betsy Asher Hall/Gervasio Robles
p.162　SL9の衝突跡：JPL/NASA/STScI
p.162　木星のオーロラ：NASA, ESA, CSA, Jupiter ERS Team, and Judy Schmidt
p.162　木星の環：NASA/JPL/Cornell University
p.163　土星：NASA/JPL-Caltech/Space Science Institute
p.163　土星の環：NASA/JPL/Space Science Institute
p.163　天王星：NASA, ESA, and M. Showalter (SETI Institute)
p.163　天王星の環と衛星：NASA/JPL/STScI
p.163　海王星・暗斑・海王星の環：NASA/JPL
p.164-165 金星・金星・海王星：NASA
p.164-165 火星：NASA, ESA, the Hubble Heritage Team (STScI/AURA), J. Bell (Cornell University), and M. Wolff (Space Science Institute, Boulder)
p.164-165 木星：NASA, ESA, and A. Simon (Goddard Space Flight Center)
p.164-165 土星：NASA and The Hubble Heritage Team (STScI/AURA)
p.164-165 天王星：NASA, ESA, and M. Showalter (SETI Institute)
p.166　プリンツクレーター・メンデレーエフクレーター：NASA/GSFC/Arizona State University
p.166　玄武岩：Arizona State University, Tom Story
p.166　角礫岩：NASA
p.168　フォボス・ダイモス：NASA/JPL-Caltech/University of Arizona
p.168　ガリレオ衛星：NASA/JPL/DLR
p.168　イオの火山（右上）：NASA/JPL/USGS
p.168　イオの火山・エウロパの表面：NASA/JPL/University of Arizona
p.169　タイタン：NASA/JPL/University of Arizona/University of Idaho
p.169　タイタンの地表面：ESA/NASA/JPL/University of Arizona
p.169　エンセラダス・南極付近で噴出する氷：NASA/JPL/Space Science Institute
p.169　ミランダ・トリトン：NASA/JPL/USGS
p.169　チタニア：NASA/JPL
p.169　カロン：NASA/Johns Hopkins University Applied Physics Laboratory/Southwest Research Institute
p.170　イダとダクティル：NASA/JPL
p.170　ベスタ・ケレス：NASA/JPL-Caltech/UCLA/MPS/DLR/IDA
p.170　冥王星：NASA/Johns Hopkins University Applied Physics Laboratory/Southwest Research Institute
p.170　アロコス：NASA/Johns Hopkins Applied Physics Laboratory/Southwest Research Institute, National Optical Astronomy Observatory
p.171　チュリュモフゲラシメンコ彗星：ESA/Rosetta/MPS for OSIRIS Team MPS/UPD/LAM/IAA/SSO/INTA/UPM/DASP/IDA
p.172　ALH84001：NASA/JSC/Stanford University
p.188　プロミネンス：NASA/SDO and the AIA, EVE, and HMI science teams
p.190　コロナ質量放出：SOHO (ESA & NASA)
p.193　恒星のスペクトル：AURA, NOAO, NSF
p.197　NGC604：NASA and The Hubble Heritage Team (AURA/STScI)
p.197　NGC2071：Martin Pugh
p.197　ばら星雲：Evangelos Souglakos
p.197　三裂星雲：NASA/JPL-Caltech/NOAO
p.197　わし星雲の創造の柱：NASA, ESA, CSA, STScI
p.197　トラペジウム：K. L. Luhman (Harvard-Smithsonian Center for Astrophysics, Cambridge, Mass.); and G. Schneider, E. Young, G. Rieke, A. Cotera, H. Chen, M. Rieke, R. Thompson (Steward Observatory, University of Arizona, Tucson, Ariz.) C. R. O'Dell and S. K. Wong (Rice University) and NASA/ESA
p.197　HH46/47：ESO/Bo Reipurth
p.197　Tタウリ型星：ESO/H. Avenhaus et al./DARTT-S collaboration
p.198　NGC6720：NASA, ESA, C. R. O'Dell (Vanderbilt University), and D. Thompson (Large Binocular Telescope Observatory)
p.198　NGC7009：B. Balick (U. Washington) et al., WFPC2, HST, NASA
p.198　NGC6543：X-ray: NASA/UIUC/Y. Chu et al., Optical: NASA/HST
p.198　SN1987A：Australian Astronomical Observatory
p.198　NGC1952：NASA, ESA, J. Hester, A. Loll (ASU)
p.198　カシオペヤ座A：NASA/CXC/SAO
p.198　パルサー：NASA/CXC/ASU/J.Hester et al.
p.199　ブラックホールシャドウ：EHT Collaboration
p.200　NGC6475：Dieter Willasch (Astro-Cabinet)
p.200　NGC2632：Bob Franke
p.200　NGC5139：ESO/INAF-VST/OmegaCAM
p.200　NGC5272：Karel Teuwen
p.202　赤外線で見た天の川：2MASS/UMass/IPAC/NASA/NSF.
p.203　NGC4486：NASA, ESA, and the Hubble Heritage Team (STScI/AURA)
p.203　NGC1068：NASA, ESA, Andrè van der Hoeven
p.203　NGC5457：NASA, ESA, CFHT, NOAO
p.203　NGC1097：ESO
p.203　NGC4449：NASA, ESA, A. Aloisi (STScI/ESA), and The Hubble Heritage (STScI/AURA)-ESA/Hubble Collaboration
p.203　Arp148：NASA, ESA, the Hubble Heritage (STScI/AURA)-ESA/Hubble Collaboration, and A. Evans (University of Virginia, Charlottesville/NRAO/ Stony Brook University)
p.203　セイファート銀河：ESA/Hubble & NASA
p.203　電波銀河：NASA, ESA, S. Baum and C. O'Dea (RIT), R. Perley and W. Cotton (NRAO/AUI/NSF), and the Hubble Heritage Team (STScI/AURA)
p.204　M45：Robert Gendler
p.204　NGC224：Lorenzo Comolli
p.204　リング状に見える銀河：NASA/ESA/SLACS Survey Team
p.205　ステファンの五つ子：NASA, ESA, and the Hubble SM4 ERO Team
p.205　Abell1689：NASA, ESA, the Hubble Heritage Team (STScI/AURA), J. Blakeslee (NRC Herzberg Astrophysics Program, Dominion Astrophysical Observatory), and H. Ford (JHU)
p.205　MS0735, X-ray: NASA/CXC/Univ. of Waterloo/A.Vantyghem et al; Optical: NASA/STScI; Radio: NRAO/VLA
p.205　銀河の分布：M. Blanton and SDSS Collaboration, www.sdss.org
p.207　宇宙マイクロ波背景放射のむら：ESA and the Planck Collaboration
p.209　アルマ：Clem & Adri Bacri-Normier (wingsforscience.com)/ESO
p.209　ハッブル宇宙望遠鏡：NASA
p.209　キュリオシティ：NASA/JPL-Caltech/MSSS

索 引

あ

アア溶岩	51
アイスランド式噴火	52
アイスランド低気圧	129
アイソスタシー	19
IPCC	150
始良 Tn 火山灰	91
アウストラロピテクス	107
アウターライズ地震	43
亜寒帯ジェット気流	122,126,130
亜寒帯循環系	140
秋雨前線	124,130
秋吉帯	110
アクアマリン	61
アーケアンサス	101
アコンカグア	13
アスペリティ	43
アセノスフェア	19
暖かい雨	115
圧密作用	76
圧力傾度力	139
アナレンマ	177
亜熱帯高圧帯	122
亜熱帯ジェット気流	122,126,130
亜熱帯循環系	140
アノマロカリス	98
アパタイト	57
阿武隈帯	33,110
あま雲	119
天の川	202
アメシスト	61
アメダス	134
アランヒルズ隕石	172
アリューシャン低気圧	129,140
アルベド	121
アルミノケイ酸塩鉱物	57
暗黒星雲	174,197
安山岩	62,64
暗線	189,193
アンドロメダ銀河	204
暗斑	163
暗部	187
アンモナイト	29,100

い

イオ	168
イオンの尾	171
維管束	99
生きている化石	88
イクチオステガ	99
イザナギプレート	109
異常気象	125
異常震域	39
異常巻きアンモナイト	100
伊豆・小笠原弧	109
イーダ	107
イダ	170

Ia型超新星 (continued)

Ia 型超新星	192,206
イチョウ	88,101
糸魚川 - 静岡構造線	110
移動性高気圧	125,128,130
イトカワ	170
イノセラムス	100
イリジウム	105
色指数	62
印象化石	88
隕石	172
隕石衝突説	105
インド大陸	25
インブリケーション	81
インフレーション	207
引力	14

う

ウィルソン・サイクル	25
ウィワクシア	98
ウインタテリウム	106
ウィンドプロファイラ	134
ウィーンの変位則	120,193
ウェゲナー	24
うす雲	119
渦潮	143,145
渦鞭毛藻	89
渦巻銀河	202,203
宇宙天気	191
宇宙の暗黒時代	207
宇宙の大規模構造	205
宇宙の晴れ上がり	207
宇宙の膨張	206
宇宙の夜明け	207
宇宙マイクロ波背景放射	207
うね雲	119
うねり	142
ウマの進化	106
海風	117
ウミサソリ	98
ウミユリ	98
ウラン鉱石	158
雨量計	134
うるう年	176
うるう秒	177
うろこ雲	119
上盤	30
雲海	119
雲頂高度	116
運搬	68,70

え

衛星	168,169
HR 図	194
Hk タフ	91
エウロパ	168
エオゾストロドン	101
液状化現象	45
エクマン収束	139
エクマン吹送流	139
エクマン層	139

エクマン輸送 (continued)

エクマン輸送	139
エコンドライト	172
SiO₄ 四面体	56
SDSS	205
S 波	20
エダフォサウルス	99
エッジワース・カイパーベルト	170,171
エディアカラ生物群	97
AT 火山灰	91
NGC カタログ	205
N 値	82
エネルギー資源	158
エベレスト	13
MIS	108
エメラルド	61
エラトステネス	12
エリス	170
エルニーニョ	148
エルニーニョ・南方振動	148
エーロゾル	115,154
縁海	109
遠隔影響	148
沿岸湧昇	139
エンケラドス	169
猿人	107
遠心力	14
エンセラダス	169
ENSO	148
鉛直分力	16
円盤部	202
塩分	138,146
遠洋性堆積物	75

お

尾	171
オイルシェール	159
横臥褶曲	31
黄玉	57
黄鉄鉱	57
オウムガイ	100
応力	30
大潮	143
大森公式	40
大谷石	35
小笠原気団	128
小笠原高気圧	128,130
隠岐帯	110
押し波	40
オゾン層	96,99,112,152
オゾンホール	152
オパビニア	98
オパール	61
オホーツク海気団	128
オホーツク海高気圧	128,130
おぼろ雲	119
親潮	140
オリンポス山	161
オルソセラス	98
オルドビス紀	92,98
オールトの雲	171
オーロラ	144,162,191
温室効果	121
温室効果ガス	121
温帯低気圧	124,128,130,133
温暖化	101,150

温暖前線	124
温度計	134
温度勾配	21
温度風	127

か

海王星	163
外核	18
海岸段丘	71,72
海岸地形	72
皆既日食	167
貝形虫	89
海溝	13,29
外合	182
会合周期	182
海山	36
塊状溶岩	51
海食崖	72
海食台	72
海進	80,108
海水の組成	138
海退	80,108
貝塚	108
海底谷	75
海底扇状地	75
回転だ円体	12
海氷	141
開放ニコル	34,58
カイメン	98
海洋酸素同位体ステージ	108
海洋資源	157
海洋地殻	18,28
海洋底拡大説	25
海洋プレート	26,111
海洋無酸素事変	104
海陸風	117
海流	140
外惑星	182
化学化石	88
化学岩	76,77
化学的風化	69
河岸段丘	70,71
鍵層	91
核	171
角距離	20
角閃石	56,59
核–マントル境界	18,19
核融合反応	186,196
角礫岩	166
花崗岩	65,86
火砕岩	76,77
火砕丘	53
火砕物	50
火砕流	50,66
火砕流堆積物	50
笠雲	118
火山	27
火山ガス	50,66
火山岩	62,64,86
火山岩塊	51
火山弧	109
火山災害	66
火山砕屑岩	77
火山砕屑物	50
火山性地震	43
火山前線	55

火山帯	55
火山弾	51
火山地形	52
火山泥流	66
火山島	36
火山の恵み	157
火山灰	51,56
火山灰鍵層	91
火山フロント	55
火山噴出物	50
火山防災マップ	67
火山礫	51
火山列	36
可視画像	135
可視光線	120
カシパンウニ	106
荷重痕	81
火星	161
火成岩	62,63,64,86
化石	88
化石燃料	159
河川地形	70
下層雲	118
架台	184
活火山	前Ⓐ,27,66,157
カッシーニの空隙	163
褐色わい星	196
滑石	57
活断層	前Ⓑ
活動銀河	203
火道	50
かなとこ雲	119,144
かに星雲	198
ガニメデ	168
下部マントル	18
花粉	89
カヘイ石	106
壁雲	132
下方ニコル	58
過飽和	115
カーマン・ライン	112
神居古潭帯	前Ⓒ,33,110
カリスト	168
カリ長石	56,59
ガリレオ衛星	168
カール	74
軽石	51
カルカロドン	106
カルスト地形	69
カルデラ	53,67,157
カルニオディスクス	97
カルマン渦	145
過冷却水滴	115
カレンフェルト	69
カロン	169
感雨器	134
岩塩	57,76,77
環礁	73
岩床	63
干渉色	59
岩石圏	156
乾燥断熱減率	116
干潮	143
間氷期	108
カンブリア紀	92,98
カンブリア紀型動物群	104

カンブリア紀の爆発 98	緊急地震速報 40	巻積雲 119	コロナ 186,188	自形 62
γ線 186	均時差 177	巻層雲 119,124	コロナ質量放出 190	時刻 177
岩脈 63	金星 160	元素鉱物 57	コロナホール 188	子午線 176
かんらん岩 65	金属水素 175	現代型動物群 104	混濁流 75	CCD 75
かんらん石 56,57,59	近地球小惑星 170	玄武岩 64,166	昆虫 105	示準化石 89,91
寒流 140	キンバーライト・パイプ 60	玄武洞 63	コンドライト 22,172	地震 27,38,42
寒冷前線 124	キンベレラ 97		ゴンドワナ大陸 24	地震計 41

き

気圧 113	**く**	**こ**	コンベアーベルト 141	地震災害 44,45,46,47
気圧傾度力 123	クェーサー 203	合 182		地震波 20
気圧の尾根 125	クサリサンゴ 98	高圧型変成岩 33	**さ**	地震波速度 18,19
気圧の谷 125	クックソニア 99	広域変成岩 32	彩雲 118	地震波トモグラフィー 23,37
輝安鉱 57	屈折望遠鏡 184,185	広域変成作用 32	サイクロン 132	地震モーメント 39
気候変化 150	屈折率 59	降下火砕物 50	最高気温 157	指数 11,215
気候変動 147,150	苦鉄質岩 62	光球 186,187	歳差運動 147,179	地すべり 78
気象衛星 135	苦鉄質鉱物 56,59,62	黄砂 154	最終氷期 108	沈みこみ境界 55
気象観測 135	グーテンベルク不連続面 18	高山 13	最深積雪 157	沈みこみ帯 29,55
気象庁マグニチュード 39	雲 114	向斜 31	再生可能エネルギー 159	自然硫黄 57
気象レーダー 134	雲粒 115	向斜軸 31	砕屑岩 76,77	自然金 57
輝石 56,59	クリノメーター 82	向斜軸面 31	砕屑粒子 68,70	自然水銀 57
季節水温躍層 138	グリーンタフ 109	鉱床 158	彩層 186,188	示相化石 89
季節風 129	グルーブマーク 81	降水 115	最大瞬間風速 157	始祖鳥 101
輝線星雲 197	グレイケニテス 101	降水雲 119	最低気温 157	視太陽時 177
北大西洋深層水 141	グレゴリオ暦 176	降水量 146	砂岩 76,77,87	シダ植物 99,101
北大西洋振動 149	クレーター 160,166	恒星 192	砂丘 73	10種雲形 118
気団 128	黒雲母 56,59	恒星日 177	桜島 53	湿潤断熱減率 116
起潮力 143	黒鉱 109,158	合成ダイヤモンド 60	ざくろ石 57	実視連星 201
基底礫岩 80	黒潮 140	剛性率 19,39	砂し 72	湿度計 134
気嚢 105	クロスラミナ 81	鉱石 158	砂州 72	質量光度関係 194
基盤岩 110	黒瀬川帯 110	高積雲 119	擦痕 74	磁鉄鉱 17,56,57
逆断層 30,42	黒ボク土 69	豪雪 137	雑節 176	シトリン 61
逆転層 121		高層雲 119,124	差動回転 187	磁場 16
逆行 182	**け**	高層天気図 126	砂漠化 153	シベリア気団 128
キャップカーボネート 97	経緯台 184	構造土 74	サファイア 61	シベリア高気圧 128,129,131
級化成層 81	系外惑星 173,209	紅柱石 34,57	サブシステム 156	シベリア洪水玄武岩 104
級化層理 81	蛍光 58	光度 194	サヘラントロプス・チャデンシス	四放サンゴ 98
吸収線 189,193	ケイ酸塩鉱物 56,172	硬度 58	107	縞状鉄鉱床 158
球状星団 200,202	傾斜 82	黄道 180	サンアンドレアス断層 28	縞状鉄鉱層 96
旧人 107	傾斜不整合 80	黄道光 171	散開星団 200	四万十帯 110
キュリー点 17	けい線石 57	降灰 66	酸化鉱物 57	ジャイアント・インパクト説
凝灰岩 76,77	ケイソウ 89	後背湿地 70	三郡-周防帯 33	167
凝結 114	ケイ長質岩 62	鉱物 56	三郡帯 110	斜交葉理 81
凝結核 115	ケイ長質鉱物 56,59	鉱物資源 158	三郡-智頭帯 33	斜長石 56,59
強風域 136	傾度風 123	鉱脈 158	三郡-蓮華帯 33	シャドーゾーン 20
恐竜 100,102	頁岩 77	古気候 108	散光星雲 197	斜面崩壊 78
極循環 122	結晶質石灰岩 35	黒色層 104	珊瑚礁 73	周期 142
極成層圏雲 112	結晶分化作用 54	黒体 120,193	三畳紀 92,100	周期光度関係 201
極前線ジェット気流	月食 12,167	黒体放射 120	酸性雨 155	周期彗星 171
122,127,130	K-Pg境界 105	黒点 186,187	酸素同位体 108	褶曲 31
極半径 12	ケプラーの法則 183	黒点相対数 191	三波川帯 33,110	褶曲山脈 29
極偏東風 122	ケレス 170	小潮 143	三葉虫 98	周極星 178
裾礁 73	Ky21タフ 91	弧状列島 109	残留磁気 17	自由対流高度 116
巨晶花崗岩 158	圏 156	古生代 92,98		集中豪雨 137
巨星 194	巻雲 119,124	古生代型動物群 104	**し**	周辺減光 187
極冠 161	圏界面 112	古第三紀 92,106	シアノバクテリア 96	重力 14
キラウエア火山 50,52	原岩 32	古地磁気 25	ジェット気流 126	重力異常 15,105
きり雲 119	原始海洋 96,174	古地磁気学 17	GNSS測量 31	重力加速度 14
霧島山 前Ⓐ	原始星 194,196	ゴニアタイト 100	CNOサイクル 186	重力波望遠鏡 208
キリマンジャロ 13	原始大気 96,174	コノドント 89,98,110	ジオイド 13	重力補正 15
記録的短時間大雨情報 137	原始太陽 174	琥珀 88	ジオイドの高さ 13	重力レンズ効果 204
銀河 203	原始太陽系円盤 174	コペルニクス 178	磁化 17	秋霖 130
銀河群 205	原始惑星 175	コマ 171	紫外線 120	主系列星 194,196
銀河系 200,202,204	原人 107	コマチアイト 63	時角 176	主水温躍層 138
銀河団 205	原生代 92,96	固溶体 56,57	磁気嵐 16,49,190	主星 201
金環日食 167	原生林 153	暦 176	磁気異常 25	種族Ⅰ 200
	顕生累代 92	コランダム 57,61	磁気圏 190	種族Ⅱ 200
		コリオリの力 123		種族Ⅲ 200

出没星	178	水中土石流	75	石鉄隕石	172

出没星 178
シュテファン・ボルツマンの法則 193
主要動 40
ジュラ紀 92,100
順行 182
春分点 180
衝 182
衝撃石英 105
条件つき不安定 116
消光 59
常時観測火山 66
衝上断層 31
上層雲 118
衝突帯 29
鍾乳洞 69
蒸発量 146
上部マントル 18
上方ニコル 58
縄文海進 108
小惑星 170
昭和新山 53
初期微動継続時間 40
食連星 201
シルル紀 92,98
震央 38,40
進化 104
深海粘土 75
深海平原 13
真核生物 96
震源 38,40
震源域 38
震源球 41
震源距離 40
震源メカニズム解 41
人工水晶 61
辰砂 57
侵食 68,70
新人 107
新星 198
深成岩 62,65,86
新生代 92,106,108
深層 138
深層崩壊 78
新第三紀 92,106
震度 38
震度計 38
深発地震面 43
人類 107
人類圏 156
人類の拡散 107

す

吸い上げ効果 136
水銀柱 113
水月湖 93
水圏 156
水準測量 31
水準点 31
水晶 61
水蒸気圧 114
水蒸気画像 135
水蒸気量 114
水星 160
彗星 171
吹送距離 142

水中土石流 75
水平分力 16
水力発電 159
数値年代 93
スカルン鉱床 158
ずきん雲 119
スコリア 51
スコリア丘 52
すじ雲 119
スターチアン氷河時代 97
ストロマトライト 96
ストロンボリ火山 52
ストロンボリ式噴火 52
砂嵐 161
スノーボール・アース仮説 97
スーパークロン 17,101
すばる望遠鏡 209
スーパーローテーション 160
スピキュール 188
スプライト 112
スプリッギナ 97
スペクトル 189,193
スペクトル型 193
スペースガード 172
スモーキークオーツ 61
スラブ内地震 43

せ

星間雲 174,196,197
星間ガス 197
西岸境界流 139
星間塵 197
星間物質 196,197
正規重力 14
西矩 182
整合 80
生痕 81
生痕化石 81,88
静止気象衛星 135
星団 180
成層火山 52
成層圏 112,113
星団 200
正断層 30,42
西南日本弧 109
正のフィードバック 156
セイファート銀河 203
生物岩 76,77
生物圏 156
生物資源 158
生物的風化 69
西方最大離角 182
世界時 177
赤緯 176
積雲 119
石英 56,59,61
赤外画像 135
赤外線 120
赤外放射 120,121
石材 35
石質隕石 172
赤色巨星 194,196
積雪計 134
積雪深計 134
石炭 159
石炭紀 92,98

石鉄隕石 172
赤鉄鉱 57
赤道儀 184
赤道座標 176
赤道低圧帯 122
赤道半径 12
赤道湧昇 139
赤方偏移 206
石墨 57
石油 159
積乱雲 112,117,119,124,132
石灰岩 76,77
石灰質ナノプランクトン 75,89,91
石基 62
赤経 176
石膏 57
接触変成岩 32,34,35
接触変成作用 32
雪線 175
絶対安定 116
絶対等級 192
絶対不安定 116
節理 63
セドナ 170
セファイド型変光星 201
セメンテーション 76
セラタイト 100
遷移層 18
先カンブリア時代 92,96
全球凍結 97
前弧 109
扇状地 70
全磁力 16
前震 39
前線 124
前線面 124
全天日射計 134
セントヘレンズ火山 53
潜熱 114
旋風 161
全没星 178
閃緑岩 65

そ

層雲 119
造岩鉱物 56
双極子磁場 16
走向 82
造山帯 29
走時曲線 20
層序 80
双晶 59
層状雲 118,124,132
層積雲 119
相対湿度 114
相対年代 92
層理面 80
続成作用 76
測量 31
素粒子 186

た

太陰太陽暦 176
太陰暦 176
体化石 88

大気圧 113
大気汚染 154
大気汚染物質 155
大気圏 156
大気の組成 112
大気の大循環 122
大気の窓 120
太古代 92,96
大酸化イベント 96
対数 11,215
対数グラフ 11
堆積 68,70
堆積岩 76,87
堆積構造 81
堆積残留磁気 17
大赤斑 162
堆積物 76
堆積物重力流 75
タイタン 169
台風 132,133,136
太平洋高気圧 128,130
太平洋プレート 26,42
ダイモス 168
ダイヤモンド 57,60
ダイヤモンドリング 167
太陽系外縁天体 170
太陽日 177
太陽定数 120
太陽電池 159
太陽投射板 184
太陽風 17,190
太陽放射 120
太陽面通過 182
太陽暦 176
第四紀 92,106
大陸移動説 24
大陸地殻 18
大陸プレート 26
大理石 32,35
対流 186
対流雲 118
対流圏 112,113
大量絶滅 104
ダウンドラフト 137
だ円銀河 203
高潮 136
ダークエネルギー 206
ダクティル 170
ダークフィラメント 188
ダークマター 204,206
他形 62
多形 57
蛇行河川 70
多色性 59
ダスト層 175
ダストデビル 161
脱水作用 76
竜巻 137,145
盾状火山 52
縦波 20
多島海 73
棚倉構造線 110
谷風 117
タービダイト 75,81
断崖 160
炭酸塩鉱物 57

炭酸塩補償深度 75
短周期彗星 171
単成火山 52
炭素 57
単層 80
断層 30,38
断層面 38,41
炭素質隕石 18
炭素の循環 156
断熱変化 114
暖流 140

ち

澄江動物群 98
地殻 18
地殻熱流量 21
地殻変動 31
地下水 68
置換化石 88
地球温暖化 150
地球型惑星 162,175
地球システム 156
地球だ円体 12
地球のエネルギー収支 121
地球放射 120
地形補正 15
地圏 156
地溝帯 28
地衡風 123
地衡流 139
地磁気 16,49,190
地磁気の永年変化 17
地磁気の三要素 16
地質図 83,84,110
地質断面図 84
地質柱状図 90
地質調査 82
地質年代 92
千島弧 109
地上気象観測所 134
地上天気図 126
地層 80
地層の対比 91
地層累重の法則 80
地体構造 110
チタニア 169
秩父帯 110
地動説 178
地熱発電 159
千葉セクション 93
チバニアン 93
乳房雲 119
地平座標 176
チベット高気圧 130
チャート 76,77
中央海嶺 25,28,54
中央構造線 前⑧,前ⓒ,110
中間圏 112,113
中間質岩 62
柱状節理 63
中性子星 196,198
中生代 92,100
中層雲 118
チュチュルブ・クレーター 105
超銀河団 205
超苦鉄質岩 62,65

蝶形図 191	同位体 93	日本版改良藤田スケール 137	バルジ 202	**ふ**
長江気団 128	東海地震 47	にゅうどう雲 119	バルハン 73	ファインダー 185
長周期地震動 44	同化作用 54	ニュートリノ 186,208	ハロー 202	ファラロンプレート 109
長周期彗星 171	等級 192	ニルソニア 101	波浪 142	V字谷 68,70
超新星 198	トウキョウホタテ 106		ハロゲン化鉱物 57	フィードバック 156
超新星残骸 196,198	東矩 182	**ぬ**	ハワイ式噴火 52	フィヨルド 73
超新星爆発 196,198	島弧 29,109	ヌンムリテス 106	ハワイ-天皇海山列 36	フィリピン海プレート 26,42
潮汐 143	等高度線 126		バンアレン帯 190	フウインボク 99
超大陸 25	島弧-海溝系 29,109	**ね**	半暗部 187	風化 68
長波 142	同質異像 57	熱塩循環 141	半影 167	風化残留鉱床 158
潮流 143	東方最大離角 182	熱圏 112,113	パン皮状火山弾 51	風向風速計 134
鳥類 105	東北地方太平洋沖地震 38,46	熱残留磁気 17	斑岩銅鉱床 158	風成循環 140
直接撮像法 173	東北日本弧 109	熱磁化曲線 17	パンゲア 24,104	風成塵 108
直立二足歩行 107	等粒状組織 62	熱水噴出孔 28	半減期 93	風力発電 157,159
直角貝 98	特別警報 66,137,213	熱帯収束帯 122	半自形 62	風浪 142
直交ニコル 34,58	土砂災害 78	熱帯低気圧 132,136	反射星雲 197	フェーン現象 116
塵の尾 171	土壌 69	熱輸送 122	反射望遠鏡 184	フォッサマグナ 110
	土壌資源 158	年縞 93	反射法地震探査 82,111	フォボス 168
つ	土星 163	年周運動 180	斑晶 62	付加作用 111
月 166	土星状星雲 198	年周光行差 181	板状節理 63	付加体 111
月の海 166	土石流 79	年周視差 181,192	斑状組織 62	不規則銀河 203
月のおさがり 106	ドップラー効果 181,201	年平均気温 150	伴星 201	吹き寄せ効果 136
月の高地 166	ドップラーシフト法 173	燃料電池 159	万有引力 14	覆瓦構造 81
津波 46,142	トパーズ 57		万有引力定数 14	複屈折 58
冷たい雨 115	トランジット法 173	**の**	氾濫原 70	複成火山 52
梅雨 130	トランスフォーム断層 28	野島断層 38	斑れい岩 65	ブーゲー異常 15
つるし雲 118	トリゴニア 100	ノジュール 76		ブーゲー補正 15
	トリチェリの実験 113		**ひ**	フーコーの振り子 179
て	トリトン 169	**は**	PM 2.5 155	富士山 前Ⓐ,52
低圧型変成岩 33	ドリーネ 69	梅雨前線 124,130	ピエール・キュリー 17	プシロフィトン 99
TMT 209	トリプラキディウム 97	バイエラ 101	ピカイア 98	フズリナ 98
泥岩 76,77	トルネード 137	バイオマス 159	東アフリカ大地溝帯 28	不整合 80
ティクターリク 99	トルマリン 61	背弧海盆 109	微化石 89	伏角 16
デイサイト 64	ドロップストーン 97	背斜 31	ビカリア 106	物理探査 82
T軸 41	トンボロ 72	背斜軸 31	引き波 40	物理的風化 68
低速度層 19		背斜軸面 31	P軸 41	筆石 98
停滞前線 124	**な**	ハウメア 170	被子植物 101	プトレマイオス 178
Tタウリ型星 197	内核 18	破局噴火 67	非周期彗星 171	負のフィードバック 156
ディッキンソニア 97	内核-外核境界 18,19	白亜紀 17,92,100	ひずみ 38	部分日食 167
底盤 63	内合 182	白色わい星 194,196	日高帯 前©,33,110	部分融解 54
ティラノサウルス 100	内惑星 182	爆弾低気圧 129,131	飛騨帯 33,110	不飽和 115
テスラ 16	ナウマンゾウ 107	白斑 186,187	日立変成岩 110	ブーマ・シーケンス 75
デスモスチルス 107	ナップ 31	薄片 58,59	ビッグバン 207	冬型の気圧配置 131
鉄隕石 172	ナップ構造 111	波高 142	ひつじ雲 119	フラウンホーファー線 189
デナリ 13	南海トラフ 42,47	ハザードマップ 67	P-T境界 104	プラズマ 186
デボン紀 92,99	南岸低気圧 129	バージェス型動物群 98	P波 20	ブラックホール 196,199
デリンジャー現象 191	難揮発性元素 18	波状雲 118	P-P連鎖 186	プランジ褶曲 31,85
テレコネクション 148	南極周極流 140	パーセク 192,193	ヒマラヤ山脈 29	プラントオパール 89
天球 176	南極中層水 141	バソリス 63	ヒューロニアン氷河時代 97	フリーエア補正 15
天球座標 176	南極底層水 141	旗雲 118	氷河 74,97,108	ブリッジマナイト 18
転向点 200	南中高度 180	ハチノスサンゴ 98	氷河地形 74	プリニー式噴火 53
電磁波 120	南方振動 148	蜂の巣状雲 119	氷期 108	ブルカノ式噴火 53
天体カタログ 205		ハッブル定数 206	標高 157	フルートマーク 81
天頂 176	**に**	ハッブル-ルメートルの法則 206	氷山 141	プルーム 37
天頂距離 176	二酸化炭素濃度の変化 150	ハッブル分類 203	標準貫入試験 82	フレア 49,190
天底 176	西之島 55	発泡 50	標準光源 192	プレアデス星団 200,204
天動説 178	二十四節気 176	ハドレー循環 122	標準重力 14	プレート 26,28,36
天然ガス 159	二重深発地震面 43	ハビタブルゾーン 173	氷晶 114	プレート運動 36
天王星 163	日周運動 178	パホイホイ溶岩 51	氷晶雨 115	プレート間地震 43
天の赤道 176	日照計 134	はやぶさ2 173	氷床コア 108	プレート収束境界 29,42
電波銀河 203	日食 167	パラケラテリウム 106	氷成堆積物 24,97	プレートすれ違い境界 28,42
天文単位 164,193	ニッポニテス 100	ハリケーン 132	表層混合層 138	プレートテクトニクス 25,26
電離層 113	日本海 109	バリンジャー・クレーター 172	表層崩壊 78	プレート内地震 43
	日本海溝 42	春一番 129	氷堆石 74	プレート発散境界 28,42
と	日本海の拡大 111	ハルキゲニア 98	表面波 20,142	ブロッキング高気圧 125,130
等圧面高度 126	日本海盆 109	パルサー 198	微惑星 175	プロミネンス 186,188

噴煙柱 50,53
噴火記録 67
噴火警戒レベル 66
分光器 189
分光視差 192
分光連星 201
噴石 66

へ

平均海面 13
平均太陽 177
平均太陽時 177
平行不整合 80
閉塞前線 124
へき開 58
ペグマタイト 158
ベスタ 170
ペリドット 61
ベリル 61
ヘール・ボップ彗星 171
ペルム紀 92,98
ペレーの毛 51
ベレムナイト 100
偏角 16
片岩 34
偏光顕微鏡 58
変光星 201
変成岩 32,34,35,87
変成鉱物 32
変成作用 32
変成相 32
変成帯 33
偏西風 122
偏西風波動 125
偏東風 133
偏平率 12,203
片麻岩 34,87
片麻状組織 32,34
片理 32,34

ほ

方位角 176
棒渦巻銀河 203
貿易風 122
方解石 57
防災マップ 67
放散虫 75,89
放射 186
放射性炭素法 93
放射性同位体 93
放射性発熱 21
放射性崩壊 93
放射年代 93
放射冷却 120
方状節理 63
紡錘状火山弾 51
紡錘虫 98
宝石 60,61
暴風域 136
暴風警戒域 136
飽和水蒸気圧 114
飽和水蒸気量 114
ボーエンの反応原理 55
捕獲岩 18,23
ボーキサイト 69,158
北米プレート 26,42

堡礁 73
補償光学 208
補償流 55
補助面 41
蛍石 57,58
北極振動 149
ホットスポット 36,54
ポットホール 70
ボーデの法則 183
哺乳類 101,106
ホモ・エレクトス 107
ホモ・サピエンス 107
ホモ・ネアンデルターレンシス 107
ポリプティコセラス 100
ボーリングコア 90
ボーリング調査 82
ホルン 74
ホルンフェルス 32,34
本影 167
本震 39

ま

マイクロテクタイト 105
迷子石 74
舞鶴帯 110
マウナケア火山 52
マウンダー極小期 191
マグニチュード 39
マグマ 54
マグマオーシャン 96,174
マグマ混合 54
マグマ性鉱床 158
マグマだまり 50,54,63
枕状溶岩 28,51,96
マケマケ 170
まさ 68
真砂 68
マッキンリー 13
マリノアン氷河時代 97
マール 52
満潮 143
マントル 18
マントル対流 37
マンモス 107

み

見える宇宙の果て 206
御影石 35
見かけの等級 192
三日月湖 70
水資源 157,158
水の循環 146
水の分布 146
密度波 202
美濃‐丹波帯 110
ミマツダイアグラム 53
脈動変光星 192,201
ミランコビッチサイクル 147
ミランダ 169

む

無色鉱物 56,62

め

冥王星 170

冥王星型天体 170
冥王代 92,96
明月記 49,198
メガロドン 106
メシエカタログ 205
メタセコイア 106
メタンハイドレート 159
メランジュ 111

も

木星 162
木星型惑星 162,175
木星トロヤ群小惑星 170
モース硬度 58
持上げ凝結高度 116
モノチス 100
モホ不連続面 18,21
モホロビチッチ 21
モホロビチッチ不連続面 21
モーメントマグニチュード 39
モレーン 74
モンスーン 129
モンブラン 13

や

夜光雲 112,144
山風 117
山谷風 117
大和海盆 109
大和海嶺 109

ゆ

有孔虫 75,89
有色鉱物 56,62
融雪火山泥流 66
ユカタン半島 105
U字谷 74
ユーステノプテロン 99
ユーラシアプレート 26,42

よ

溶岩 50
溶岩円頂丘 52
溶岩台地 52
溶岩ドーム 52
溶岩流 50,66
溶食作用 69
揚子江気団 128
葉理 80
翼竜 105
横ずれ断層 28,30,42
横波 20
余震 39
余震域 39
4日循環 160
ヨハネス・ケプラー 183
予報円 136

ら

ラグーン 72
ラジアン 14
ラジオゾンデ 134
裸子植物 88,99
ラニーニャ 148
ラブ波 20
ラミナ 80

らん晶石 57
乱層雲 119,124
乱泥流 75

り

リアス海岸 73
陸風 117
陸繋島 72
陸上進出 99
離心率 147
リソスフェア 19,26
リニア 99
リニアメント 前⑧
リプルマーク 81
留 182
硫化鉱物 57
琉球弧 109
リュウグウ 170,173
流痕 81
硫酸塩鉱物 57
粒状斑 187
流星 112,171
流星群 171
流氷 141
流紋岩 64,86
領家帯 33,110
菱マンガン鉱 57
燐灰石 57
リン酸塩鉱物 57
リンボク 99

る

ルチルクオーツ 61
ルートマップ 84
ルビー 61

れ

冷却節理 63
礫岩 76,77
レーマン不連続面 18
レイリー波 20
漣痕 81
連吹時間 142
レンズ雲 118
連星 201

ろ

漏斗雲 119
露点 114
露頭 84,90
露頭線 84
ロボク 99

わ

環 162
惑星 160,162
惑星状星雲 196,198
わた雲 119
和達清夫 43
和達‐ベニオフ帯 43
腕足動物 98

索引

新課程 フォトサイエンス 地学図録

ISBN978-4-410-29094-7

■執筆・編集協力者

家 正則	国立天文台名誉教授	関井 隆	国立天文台特任教授
井口智長	長野県松本深志高等学校教諭	高橋正樹	日本大学教授
石橋 隆	大阪大学総合学術博物館研究員	武田康男	星槎大学客員教授
磯村恭朗	雙葉高等学校教諭	田中浩紀	弘前大学准教授
井上貞行	早稲田大学高等学院教諭	谷健一郎	国立科学博物館研究主幹
岩森 光	東京大学教授	對比地孝亘	国立科学博物館研究主幹
遠藤一佳	東京大学教授	中村 尚	東京大学教授
片岡龍峰	国立極地研究所准教授	成瀬 元	京都大学准教授
加納靖之	東京大学准教授	林 美幸	晃華学園高等学校教諭
久世直毅	京都府立嵯峨野高等学校教諭	八木勇治	筑波大学教授
小泉治彦	千葉県立木更津高等学校教諭	安井真也	日本大学教授
小林則彦	筑波大学附属駒場中・高等学校教諭	吉田二美	産業医科大学助教
清水久芳	東京大学教授	利渉幾多郎	名古屋市立向陽高等学校教諭
下林典正	京都大学教授		

初版
第1刷 2016年6月1日 発行
改訂版
第1刷 2018年12月1日 発行
新課程版
第1刷 2022年11月1日 発行
第2刷 2023年2月1日 発行
第3刷 2023年3月1日 発行
第4刷 2024年2月1日 発行

■表紙
株式会社クラップス

■本文デザイン
株式会社ウエイド 株式会社クラップス

■本文レイアウト
株式会社クラップス

■イラスト作成
カモシタハヤト 川崎悟司 神林光二 木下真一郎
熊アート 七宮賢司 深澤 泉・松永えりか 田中利枝

■写真・映像撮影
久保政喜

■写真・図版・映像資料提供（敬称略）
上松佐知子 朝日新聞社 アジア航測株式会社 阿部求 アフロ 雨宮和夫 荒井友佳子・神谷隆宏 有松亘 池下章裕 石川鉱石採掘跡保存会 石渡明
一般財団法人 地球の石科学財団 奇石博物館 大阪市立自然史博物館 奥野淳一 海上保安庁 海上保安庁海洋情報部 海洋研究開発機構 鹿児島市
学校法人柳学園 蒼開中学校・高等学校 葛飾区郷土と天文の博物館 加藤愛太郎 神奈川県立生命の星・地球博物館 金丸龍夫 株式会社地球科学総合研究所 株式会社東光土質
株式会社パスコ 川上紳一 川村教一 川村信人 気象庁 北本朝展（国立情報学研究所「デジタル台風」） 岐阜県文化財保護センター 木村光佑 共同通信社
釧路コールマイン株式会社 倉敷市自然史博物館 倉本真一 群馬県立ぐんま天文台 公益財団法人 地震予知総合研究振興会
公益財団法人広島県教育事業団・広島県立埋蔵文化財センター コーベット・フォトエージェンシー 国土交通省 国土交通省関東地方整備局 国土交通省近畿地方整備局
国土地理院 国立科学博物館 国立研究開発法人 情報通信研究機構（NICT） 国立天文台 国立天文台4次元デジタル宇宙プロジェクト 酒井治孝 佐野弘好・小嶋智
札幌地質探究部（http://sapporochitan.com/） 産業技術総合研究所地質調査総合センター 吉川敏之・中澤努
産業技術総合研究所地質情報基盤センター（GSJM34482,R40314,F15156,F15284） 地震調査研究推進本部 シワードテクノロジー株式会社 信州資料ネット 星槎国際高等学校
祖父江義明 胎内自然天文館 高橋亜子 高谷精二 田切美智雄 小さな化石の標本室・横井隆幸 東京大学宇宙線研究所 神岡宇宙素粒子研究施設
東京大学宇宙線研究所 重力波観測研究施設 東京大学総合研究博物館 東京都建設局/東京都土木技術支援・人材育成センター 特定非営利活動法人住宅地盤品質協会
栃木県立博物館 中島淳一 中西裕之 名古屋大学 名古屋大学宇宙地球環境研究所年代測定研究部 ナショナルジオグラフィック 西伊豆町 西弘嗣・松井浩紀
日本応用地質学会 西村卓也 乗本祐慈（国立天文台 岡山天体物理観測所）・粟野諭美（岡山天文博物館） 八戸市 久田嘉章 廣瀬敬 フォトライブラリー 福井県立恐竜博物館
福井県年縞博物館 藤田耕史 物質・材料研究機構 古村孝志 毎日フォトバンク 前田直樹 増川玄哉 益富地学会館 ミネラルショップ 室戸ジオパーク推進協議会
本郷和人 山賀進 山口大学工学部 学術展示資料館（http://www.msoc.eng.yamaguchi-u.ac.jp/） 山梨宝石博物館 ユニフォトプレス 吉田晶樹
りくべつ宇宙地球科学館（銀河の森天文台） 若松加寿江・先名重樹 渡邊裕
123RF alamy amanaimages Blanton, M. and SDSS Collaboration, www.sdss.org Cynet Photo ESA and the Planck Collaboration ESO
fujii akira/Nature Production/amanaimages Getty Images Hildebrand, A., M. Pilkington and M. Connors JAXA
Museo Galileo, Florence - Photo by Franca Principe NASA NNP NOAA OPO PASJ Photo Yvonne Arremo, Swedish Museum of Natural History PIXTA
PPS University of California Museum of Paleontology USDA

編 者	数研出版編集部
発行者	星野泰也
発行所	数研出版株式会社

〒101-0052 東京都千代田区神田小川町2丁目3番地3
〔振替〕00140-4-118431
〒604-0861 京都市中京区烏丸通竹屋町上る大倉町205番地
〔電話〕代表(075)231-0161
ホームページ https://www.chart.co.jp
印刷所 寿印刷株式会社

日本で見られるおもな星座

星図（●p.180）やHR図（●p.194）と一緒に見てみよう。

うしかい座　おうし座　おおぐま座　おとめ座　ぎょしゃ座　こいぬ座　こぐま座　こと座　さそり座　しし座　はくちょう座　ふたご座　おおいぬ座　オリオン座　かに座　わし座

写真提供：佐久市天体観測施設　うすだスタードーム

世界の特徴的な地形

④ヨーロッパアルプスの褶曲（オーストリア）　⓭ナイアガラの滝（アメリカ・カナダ）　⑪珊瑚礁の発達する島